“十二五”普通高等教育本科国家级规划教材

大学数学系列教材

（第四版）

大学数学 1

湖南大学数学学院　组编

易学军　朱郁森　袁朝晖　主编

中国教育出版传媒集团

高等教育出版社·北京

内容提要

湖南大学数学学院组编的大学数学系列教材共包括5册。本书是第1册，主要介绍微积分基本概念、基本理论和基本方法及其应用。内容包括集合与函数、极限、函数的连续性、函数的导数和微分、导数与微分的应用、函数的积分、定积分的应用和常微分方程。各节后配有适量习题，各章后配有综合复习题，书末附有常用积分表。本书增加了数字资源板块，包括背景引入、数学家简介、典型例题、综合题参考答案与中学部分选修内容等，增强了可读性。

本书结构严谨、内容丰富、重难点突出，概念、定理及理论叙述准确、精炼。例题典型、习题精挑细选，具有代表性、启发性和挑战性，便于教学。教材内容深度、广度符合“工科类本科数学基础课程教学基本要求”，适合高等院校理工类各专业学生使用。

图书在版编目（CIP）数据

大学数学. 1 / 湖南大学数学学院组编；易学军，朱郁森，袁朝晖主编. --4版. --北京：高等教育出版社，2022. 9

大学数学系列教材

ISBN 978-7-04-059231-3

Ⅰ. ①大… Ⅱ. ①湖… ②易… ③朱… ④袁… Ⅲ. ①高等数学-高等学校-教材 Ⅳ. ①O13

中国版本图书馆CIP数据核字（2022）第142719号

DAXUE SHUXUE 1

策划编辑 安 琪　　责任编辑 高 丛　　封面设计 张 志　　版式设计 徐艳妮
责任绘图 邓 超　　责任校对 胡美萍　　责任印制 赵 振

出版发行 高等教育出版社
社　　址 北京市西城区德外大街4号
邮政编码 100120
印　　刷 高教社（天津）印务有限公司
开　　本 787mm×1092mm 1/16
印　　张 19.25
字　　数 410千字
购书热线 010-58581118
咨询电话 400-810-0598
网　　址 http://www.hep.edu.cn
　　　　 http://www.hep.com.cn
网上订购 http://www.hepmall.com.cn
　　　　 http://www.hepmall.com
　　　　 http://www.hepmall.cn
版　　次 2008年10月第1版
　　　　 2022年9月第4版
印　　次 2022年9月第1次印刷
定　　价 47.50元

物 料 号 59231-00

大学数学系列教材

（第四版）

湖南大学数学学院　组编

第四版前言

为了配合高等教育“新世纪高等教育教学改革工程”，并体现湖南大学课程教学改革的特色和经验，我院于2001年组织部分教师编写出版了《大学数学系列教材》。系列教材可满足高等学校非数学类理工科各专业数学系列课程教学的需要，内容包括传统的“高等数学”“线性代数”“概率论与数理统计”和“复变函数与积分变换”，并统一用“大学数学”具名。系列教材几经再版修订，初版、第二版和第三版先后入选“普通高等教育‘十五’国家级规划教材”“普通高等教育‘十一五’国家级规划教材”和“‘十二五’普通高等教育本科国家级规划教材”，除作为湖南大学理工类各专业通识教育平台数学核心课程的指定教材外，也被国内多所高校选作本科相关专业的数学课程教材，二十年来受到师生们的广泛好评。

近年来，面对“新工科、新医科、新农科、新文科”背景下理工类专业人才培养的新要求，大学数学课程教材改革发展的要求十分迫切，为此我们对这套教材做了进一步修订。本次修订工作与一流本科课程的建设紧密结合，更加关注大学数学课程的思想性、系统性、应用性、创新性，改写了部分内容，调整了部分章节，对全书文字的表达、符号的使用做了进一步推敲，订正了已发现的错误，精选补充了部分例题和习题，增加了数字化资源，将纸质教材与数字教学资源一体化设计，以新形态教材的形式出版。系列教材凝聚了每一版主编们的教研成果，顺应数学教育发展形势，以期充分发挥大学数学课程在人才培养中的关键基础作用。

本书是在《大学数学系列教材(第三版)大学数学1》的基础上修订而成的，由易学军、朱郁森、袁朝晖任主编，参与编审与习题编写的还有彭亚新、韦志坚、胡合兴和晏华辉等，内容主要包括集合与函数、极限、函数的连续性、函数的导数和微分、导数与微分的应用、函数的积分、定积分的应用和常微分方程。

第二、三版前言

本系列教材第四版的编写和出版继续得到我院各位教师和学校教务处以及高等教育出版社的大力支持，在此一并致谢！在教材的使用过程中，恳请广大专家、教师和学生提出宝贵的意见和建议，以便我们进一步改进。

湖南大学数学学院

2022年3月

目　　录

附录 积分表

第一章

集合与函数

“集合”的一般概念起源于19世纪末德国著名数学家康托尔对实数理论的研究.通过引入无穷集,康托尔把数学引入了一个奇妙无比的新世界.目前,集合论已经成为现代数学的基础,而函数是高等数学中研究和讨论的主要对象,本书从介绍集合与函数的概念开始学习高等数学.

推动微积分发展的典型问题

第一节　集合与映射

一、集合及其运算

1. 集合及其表示法

可数集与不可数集

在数学中,所谓**集合**(或简称集)是指具有某种特征的事物组成的总体,组成集合的各个事物称为该集合的**元素**.若元素个数是有限的,则称该集合为**有限集**,否则称为**无限集**.如果 a 是集合 A 的元素,就说 a 属于 A,记作 $a\in A$;如果 a 不是集合 A 的元素,就说 a 不属于 A,记作 $a\notin A$.通常,全体实数构成的集合记作 $\mathbf{R}$.全体非负整数(自然数)构成的集合记作 $\mathbf{N}$,即

$$\mathbf{N}=\{0,1,2,\cdots,n,\cdots\}.$$

全体整数构成的集合记作 $\mathbf{Z}$,即

$$\mathbf{Z}=\{0,1,-1,2,-2,\cdots,n,-n,\cdots\}.$$

全体有理数构成的集合记作 $\mathbf{Q}$,即

$$\mathbf{Q}=\left\{\frac{p}{q}\,\middle|\,p,q\in\mathbf{Z},q\neq 0,\text{且 } p \text{ 与 } q \text{ 互质}\right\}.$$

全体复数构成的集合记作 $\mathbf{C}$,即

$$\mathbf{C}=\{a+b\mathrm{i}\mid a,b\in\mathbf{R},\mathrm{i}^2=-1\}.$$

若集合 A 中每一个元素都是集合 B 中的元素,则称 A 是 B 的**子集**,或称 A 包含于 B,记为 $A\subseteq B$;或称 B 包含 A,也可记为 $B\supseteq A$.不含任何元素的集合称为**空集**,记为 $\varnothing$,例如集合 $\{x\mid x\in\mathbf{R},x^2+1=0\}$ 就是空集,规定空集是任何一个集合的子集.

如果 $A\subseteq B$ 且 $B\subseteq A$,则称 A 与 B **相等**,记为 $A=B$ 或 $B=A$.

对一非空实数集 A,若存在常数 $M>0$,使对 A 中任何元素 x 均有 $|x|\leqslant M$,则称 A 为**有界集**;若对 A 中任何元素 x,有 $x\leqslant M$,则称 A 有**上界**;若对 A 中任何元素 x,有 $x\geqslant -M$,则称 A 有**下界**.

在高等数学中最常用的一类实数集是区间,设 $a,b\in\mathbf{R}$,且 $a<b$,数集 $\{x\mid a<x<b,x\in\mathbf{R}\}$ 称为**开区间**,记为 (a,b); 数集 $\{x\mid a\leqslant x\leqslant b,x\in\mathbf{R}\}$ 称为**闭区间**,记为 $[a,b]$.类似地,记 $[a,b)=\{x\mid a\leqslant x<b,x\in\mathbf{R}\}$,$(a,b]=\{x\mid a<x\leqslant b,x\in\mathbf{R}\}$,称为**半开区间**;$a$ 和 b 分别称为区间的左端点和右端点.此外还有无限区间(或无穷大区间),引进记号 $+\infty$(读作正无穷大)及 $-\infty$(读作负无穷大),则可类似表示无限区间,如 $[a,+\infty)=\{x\mid x\geqslant a,x\in\mathbf{R}\}$,$(-\infty,b)=\{x\mid x<b,x\in\mathbf{R}\}$,$(-\infty,-\infty)=\{x\mid x\in\mathbf{R}\}$.

以后在不需要指明所论区间是否包含端点,以及是有限区间还是无限区间时,就简单地称它为区间,且常用字母 I 表示.

邻域是常用的一种集合.设 $x_0\in\mathbf{R}$,对 $\delta\in(0,+\infty)$,数集 $\{x\mid |x-x_0|<\delta,x\in\mathbf{R}\}$ 称为点 x_0 的 δ **邻域**,记作 $U(x_0,\delta)$,即

$$U(x_0,\delta)=\{x\mid |x-x_0|<\delta,x\in\mathbf{R}\},$$

点 x_0 称为这邻域的**中心**,δ 称为这邻域的**半径**.

若只考虑 x_0 邻近但不包括点 x_0 自身,即 $\{x\mid 0<|x-x_0|<\delta,x\in\mathbf{R}\}$,称之为点 x_0 的**去心 δ 邻域**,记为 $\hat{U}(x_0,\delta)$,即

$$\hat{U}(x_0,\delta)=\{x\mid 0<|x-x_0|<\delta,x\in\mathbf{R}\}.$$

当不强调邻域的半径时,常将 x_0 点的邻域与去心邻域分别简记为 $U(x_0)$ 和 $\hat{U}(x_0)$.

另外,$\{x\mid x_0-\delta<x\leqslant x_0,x\in\mathbf{R}\}$ 称为 x_0 的**左邻域**,记为 $U(x_0^-,\delta)$;$\{x\mid x_0\leqslant x<x_0+\delta,x\in\mathbf{R}\}$ 称为 x_0 的**右邻域**,记为 $U(x_0^+,\delta)$.不强调邻域的半径时,常将左、右邻域分别简记为 $U(x_0^-)$ 和 $U(x_0^+)$.相应的也有去心左、右邻域的概念.

2. 集合的关系及运算

我们把研究某一问题时所考虑的事物的全体叫做**全集**,对于全集 X 的给定子集 A 和 B,定义

(1) 集合的余(或补)集:$A^C=\{x\mid x\in X \text{ 且 } x\notin A\}$;①

(2) 集合的交集:$A\cap B=\{x\mid x\in A \text{ 且 } x\in B\}$;

(3) 集合的并集:$A\cup B=\{x\mid x\in A \text{ 或 } x\in B\}$;

(4) 集合的差集:$A-B=\{x\mid x\in A \text{ 且 } x\notin B\}$.

由上述定义可知

$$A-B=A\cap B^C.$$

两个集合的余集、交集、并集和差集可以用图形直观表示,见图 1-1 中的阴影部分.

给定非空集 A,B,称 A,B 的元素所构成的有序对的集合 $\{(x,y)\mid x\in A,y\in B\}$ 为 A 与 B 的**直积**,亦称笛卡儿(Descartes)积,记为 $A\times B$.

---

① 中华人民共和国国家标准(GB 3102.11—93)“物理科学和技术中使用的数学符号”中,用 $\complement_X A$ 表示 A 的余集.

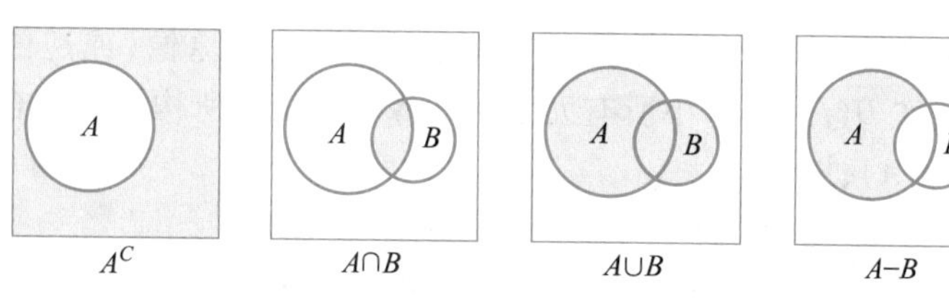

图 1-1

例如，$M=\{x \mid 1\leqslant x\leqslant 3\}$，$N=\{y \mid -2\leqslant y\leqslant -1\}$，则 $M\times N$ 和 $N\times M$ 分别为图 1-2 中坐标平面上所示的矩形.

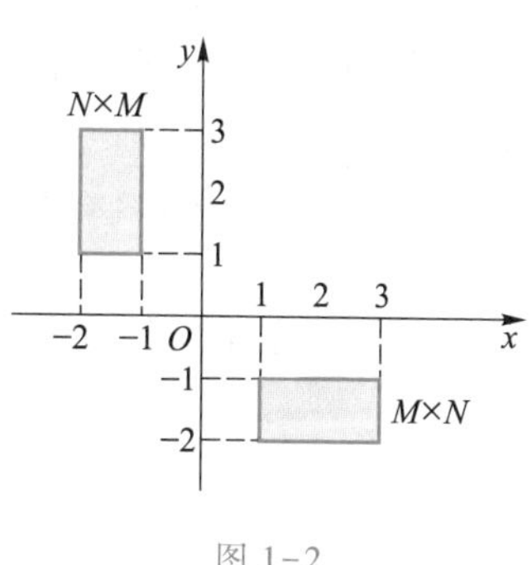

图 1-2

特别地，当 $B=A$ 时，$A\times A$（常记为 A^2）是 A 中一切元素所组成的有序对的集. $\mathbf{R}^2=\mathbf{R}\times\mathbf{R}$ 是坐标平面上全部点的集.

设 $A_1,A_2,\cdots,A_n$ 是 n 个非空集，则定义

$$A_1\times A_2\times\cdots\times A_n$$
$$=\{(x_1,x_2,\cdots,x_n) \mid x_1\in A_1,x_2\in A_2,\cdots,x_n\in A_n\}.$$

特别地，记

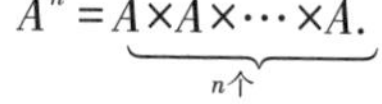

$$A^n=\underbrace{A\times A\times\cdots\times A}_{n个}.$$

集合的并、交、余运算满足如下运算律：

（1）交换律 $A\cup B=B\cup A$，

$A\cap B=B\cap A$；

（2）结合律 $(A\cup B)\cup C=A\cup(B\cup C)$，

$(A\cap B)\cap C=A\cap(B\cap C)$；

（3）分配律 $A\cap(B\cup C)=(A\cap B)\cup(A\cap C)$，

$A\cup(B\cap C)=(A\cup B)\cap(A\cup C)$；

（4）对偶律 $(A\cup B)^C=A^C\cap B^C$，

$(A\cap B)^C=A^C\cup B^C$.

二、映射

1. 映射的概念

设 A,B 是两个非空集合，若每一个 $x\in A$，按照某种确定的法则 f，有唯一确定的 $y\in B$ 与它相对应，则称 f 为从 A 到 B 的一个**映射**（如图 1-3 所示），记作

$$f:A\longrightarrow B \quad 或 \quad f:x\longmapsto y=f(x),x\in A.$$

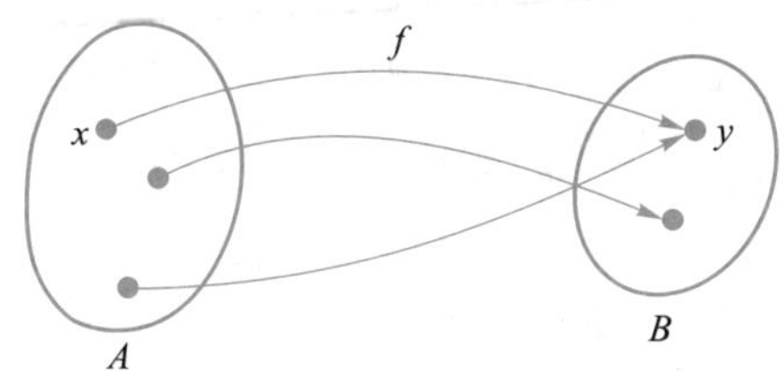

图 1-3

其中，y 称为 x 在映射 f 下的**像**，x 称为 y 在映射 f 下的一个**原像**(或逆像)，A 称为映射 f 的**定义域**，记作 $D(f)=A$. A 中所有元素 x 的像 y 的全体所构成的集合称为 f 的**值域**，记作 $R(f)$ 或 $f(A)$，即

$$R(f)=f(A)=\{y \mid y=f(x), x\in A\}.$$

称集合 $D(f)\times R(f)=\{(x,f(x)) \mid x\in A\}$ 为映射 f 的**图形**.

应当注意，定义中 x 的像是唯一的，但 y 的原像不一定是唯一的，并且值域 $f(A)\subseteq B$.

根据集合 A、B 的不同情况，在不同的数学分支中，"映射"有着不同的术语，如"函数""泛函""算子"等.

设 f 是从集合 A 到集合 B 的映射，若 $f(A)=B$，即 B 中的任一元素均是 A 中某一元素的像，则称 f 为 A 到 B 的**满射**；若对任意的 $x_1,x_2\in A$ 且 $x_1\neq x_2$，有 $f(x_1)\neq f(x_2)$，则称 f 是 A 到 B 的**单射**；若 f 既是单射又是满射，则称 f 为 A 到 B 的**双射**，双射常被称为一一对应.

图 1-4 给出了满射、单射和一一对应的示意.

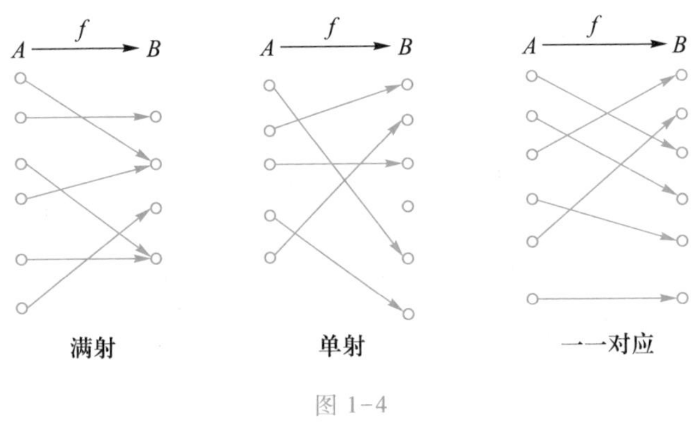

图 1-4

例 1　设 $A=\mathbf{R}$，$B=\{y \mid 0<y\leqslant 1\}$，则映射

$$f: x\longmapsto y=\frac{1}{1+x^2}$$

就不是 A 到 B 的一一对应，因为 f 不是单射. 若取 $A_1=\{x \mid x\geqslant 0\}$，则 f 是 A_1 到 B 的一一对应.

此例说明，映射不仅仅是"对应"的规则，若集合不同，它的特性可能完全不同，因此映射是"集合与建立在集合之上的对应规则的两者的统一".

2. 映射的运算

设映射 $f: A\to B$，$g: C\to D$ 且 $f(A)\subset C$，则由 f 和 g 可确定 A 到 D 中的映射，

$$f\circ g: x\to y,\quad x\in A,$$

称为 f 与 g 的**复合**，其像为

$$y=(f\circ g)(x)=f(g(x)),\quad x\in A.$$

例 2　设 $f: u\longmapsto y=\sqrt{u}$，$D(f)=\{u \mid 0\leqslant u<+\infty\}$，则

$$R(f)=\{y \mid 0\leqslant y<+\infty\};$$

又设 $g:x\longmapsto u=1+x^2$，$D(g)=\{x \mid -\infty<x<+\infty\}$，则

$$R(g)=\{u \mid 1\leqslant u<+\infty\}.$$

因为 $R(g)\subseteq D(f)$，故有

$$f\circ g:x\longmapsto y=\sqrt{1+x^2},\quad x\in A,$$

其中 $A=\{x \mid -\infty<x<+\infty\}$.

值得注意的是，不是任意两个映射都能够复合，条件 $g(A)\subseteq D(f)$ 是必要的.

例 3　设 $f:u\longmapsto y=\sqrt{1-u^2}$，

$$D(f)=\{u \mid -1\leqslant u\leqslant 1\};$$

又设 $g:x\longmapsto u=2+x^2$，其中 $D(g)=\{x \mid -\infty<x<+\infty\}$，则 $R(g)=\{u \mid u\geqslant 2\}$.

因 $R(g)\cap D(f)=\varnothing$，故 f 与 g 不能复合.

易证：映射的复合满足结合律：

$$(f\circ g)\circ h=f\circ(g\circ h),$$

但不满足交换律：

$$f\circ g\neq g\circ f.$$

若映射 $f:A\to B$ 既是单射又是满射，即 $f:A\to B$ 是一一对应，则对每个 $y\in B$，有唯一的 $x\in A$，使得 $f(x)=y$，从而可以得到一个从 B 到 A 的映射，它将每个 $y\in B$ 映为 A 中的元素 x，其中 $f(x)=y$. 我们称这个映射为 f 的**逆映射**，记作 f^{-1}. 即 f^{-1} 为从 B 到 A 的映射，对每个 $y\in B$，如果 $f(x)=y$，则规定 $f^{-1}(y)=x$.

显然，只有一一对应才存在逆映射，因此，我们把一一对应称为**可逆映射**.

例 4　设 $A=B=\mathbf{R}$，而 $f:x\to g=2x+1$ 为 $\mathbf{R}$ 到其自身的映射，由逆映射的定义，不难验证 $f^{-1}:y\to x=\dfrac{1}{2}(y-1)$ 为 f 的逆映射.

习题 1-1

1. 用集合表示：

(1) 直线 $y=x-1$ 与圆 $x^2+y^2=13$ 的交点；

(2) 能够被 π 整除的实数.

2. 设 $A=\{1,2,3\}$，试列出 A 的一切子集.

3. 下列各题集合之间有何关系？

(1) $A=\{x\in\mathbf{R} \mid x^2-4x+3<0\}$，$B=\{x\in\mathbf{R} \mid |x-2|<1\}$；

(2) $A=\{x\in\mathbf{R} \mid x^2-1=0\}$，$B=\{x\in\mathbf{R} \mid (x-1)^2=0\}$；

(3) $A=\{a,\{a\}\}$，$B=\{a\}$；

(4) $A=\{a,b\}$，$B=\{b,a\}$；

(5) $A=\{1,2\}$, $B=\{\{1\},\{2\}\}$, $C=\{\{1\},\{1,2\}\}$, $D=\{\{1\},\{2\},\{1,2\}\}$.

4. 证明$(A\cap B)\cup C=(A\cup C)\cap(B\cup C)$.

5. 设$A=\{x\in\mathbf{R}\mid 0<x<1\}$,$B=\{x\in\mathbf{R}\mid 0\leqslant x\leqslant 2\}$,求$A\cup B$,$A\cap B$和$A-B$,$B-A$.

6. 设$A=\{0,1\}$,$B=\{1,2\}$,$C=\{x\mid 0\leqslant x\leqslant 1\}$,求$A\times B$,$B\times A$和$A\times C$.

7. 设$A=\{(x,y)\mid x^2+y^2\leqslant 4\}$,$B=\{x\mid -\infty<x<+\infty\}$,$C=\{y\mid -1\leqslant y\leqslant 1\}$,在平面直角坐标系下画出集合$A\cap(B\times C)$.

8. 设f,g,h均为$\mathbf{Z}$到$\mathbf{Z}$的映射,

$$f:x\longmapsto 3x,\quad g:x\longmapsto 3x+1,\quad h:x\longmapsto 3x+2,$$

计算$f\circ g$, $g\circ f$, $g\circ h$, $f\circ g\circ h$.

9. 下列映射是S到S的,其中$S=\{(x,y)\mid x,y\in\mathbf{R}\}$:

(1) $f(x,y)=(-y,x)$;　　(2) $g_1(x,y)=(x,0)$;

(3) $g_2(x,y)=(0,y)$;　　(4) $h_1(x,y)=(x,-y)$;

(5) $h_2(x,y)=(-y,-x)$;　　(6) $I(x,y)=(x,y)$.

问哪些映射是一一对应?若是一一对应,则求其逆映射.

10. 对于映射$f:x\longmapsto y=x^2-4x-9(-\infty<x\leqslant 2)$,求逆映射,并计算集合$A=\{x\in\mathbf{R}\mid -1\leqslant x\leqslant 1\}$的像及集合$B=\{y\in\mathbf{R}\mid -4\leqslant y\leqslant 3\}$的原像.

11. 证明$(f\circ g)\circ h=f\circ(g\circ h)$.

第二节　函数的概念与基本性质

一、函数的概念

若f是数集$A\subset\mathbf{R}$到$\mathbf{R}$的映射,则称f为数集A上的**一元(实)函数**(简称函数),通常把这个函数简记为

$$y=f(x),\quad x\in A.$$

x称为函数的**自变量**,y称为函数的**因变量**,A称为f的**定义域**,通常记为$D(f)$,而$f(A)=\{y\mid y=f(x),x\in A\}$称为$f$的**值域**,记为$R(f)$.点集$C=\{(x,y)\mid y=f(x),x\in D(f)\}$称为$y=f(x)$的图形(或图像).

在数学上,没有明确指明函数$y=f(x)$的定义域时,我们把使得$y=f(x)$有意义的一切实数组成的集合作为该函数的定义域,称为函数的**自然定义域**.如正弦函数$y=\sin x$的自然定义域是$(-\infty,+\infty)$,$y=\sqrt{1-x^2}$的自然定义域是$[-1,1]$.

函数有很多种表示方式,常见的有表格法、图形法、解析法(即算式表示法)、语

言描述等，这些方法在中学教材有详细的介绍，这里不再作进一步地说明.

下面给出几个一元函数的具体实例.

例 1　在电子技术中，常会遇到各种波形.如图 1-5 是"锯齿波"中的一个波形，横坐标表示时间 t，纵坐标表示电压 u.从图上知道，电压 u 随时间 t 的变化而变化，在区间 $0\leqslant t\leqslant 30$ 中，每给定一个 t 值，都有一个确定的 u 值与它对应.u 和 t 的关系也可以用数学表达式表示：

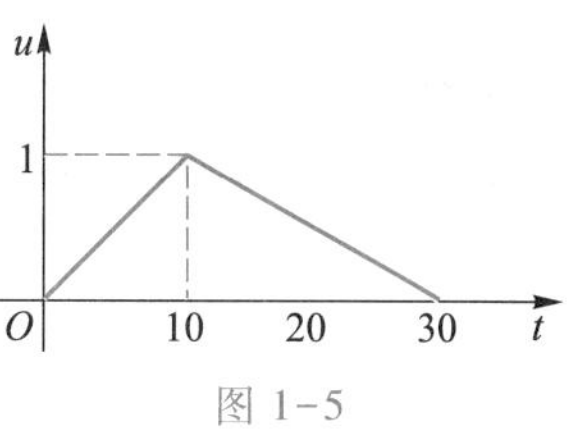

图 1-5

$$u=\begin{cases}\dfrac{1}{10}t, & 0\leqslant t<10,\\ \dfrac{3}{2}-\dfrac{1}{20}t, & 10\leqslant t\leqslant 30.\end{cases}$$

例 1 给出了在不同区间上有不同表达式的量 u 对量 t 的依赖关系.对于数集 A（即区间 $[0,30]$）中的每一个 t 值，依照法则（解析式）都确定了唯一的一个 u 值.这里确定量 u 与量 t 之间的对应法则是公式.

例 2　由实验测出某地区大气中空气密度 ρ 随着海拔高度 h 的变化情况如下表：

h/m	0	500	1 000	1 500	2 000	3 000	4 000
ρ/(kg · m^{-3})	1.22	1.17	1.11	1.06	1.01	0.91	0.82

从上表可以看出，当量 h 在数集 $A=\{0,500,1\ 000,1\ 500,2\ 000,3\ 000,4\ 000\}$ 中任取一值时，依照法则（表格），在数集 $B=\{1.22,1.17,1.11,1.06,1.01,0.91,0.82\}$ 中都确定了唯一的一个 ρ 值.这里表格是确定量 ρ 与量 h 之间的对应法则.

例 3　上证综合指数（即上海证券综合指数）是上海证券交易所编制的，以上海证券交易所挂牌上市的全部股票为计算范围，以发行量为权数的加权综合股价指数.它反映了上海证券交易市场的总体走势.图 1-6 是上证综合指数从 2013 年 5 月 2 日到 2014 年 4 月 30 日的变化情况.

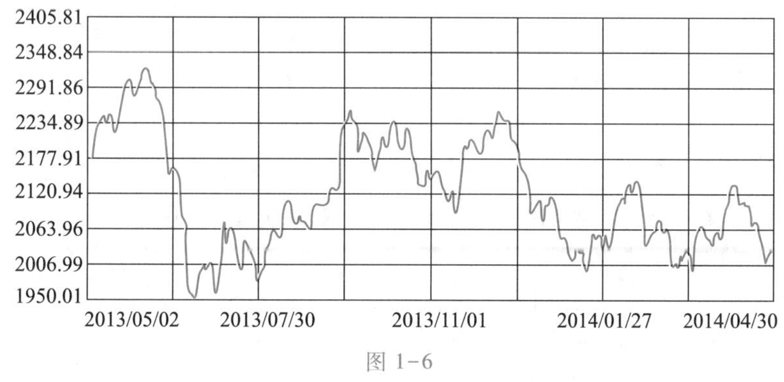

图 1-6

由图 1-6 可清楚地表明股票指数随时间的变化而变化.

例 1 是用数学解析式表示的，量 u 是 t 的函数 $u=u(t)$；例 2 是用表格法表示的，量 ρ 是量 h 的函数 $\rho=\rho(h)$；例 3 是用图形法来表示的，股票指数是时间的函数.

例 4　设 $\mathbf{R}=(-\infty,+\infty)$,对应法则 f 为

$$f:x\longmapsto\text{不超过 } x \text{ 的最大整数}.$$

显然 f 是定义在全体实数集 $\mathbf{R}$ 上的函数,但函数值是整数,是离散的,称此函数为**取整函数**.为方便,我们用符号 $[x]$ 表示不超过 x 的最大整数,因此函数 f 又可记为

$$y=f(x)=[x],\quad x\in(-\infty,+\infty).$$

于是有

$$f(4.2)=[4.2]=4,$$
$$f(-4.2)=[-4.2]=-5,$$
$$f(-4)=[-4]=-4.$$

一般的有 $[x]\leqslant x<[x]+1$,其图形见图 1-7.

例 5　$f(x)=|x|=\begin{cases}x, & x\geqslant 0,\\ -x, & x<0.\end{cases}$

这是定义在 $(-\infty,+\infty)$ 上的函数,它在定义域的两个不同部分分别由不同的表达式给出对应关系,这样的函数称为**分段函数**.注意这不是两个函数,而是一个函数,它给出的是一个对应法则.当 $x\geqslant 0$ 时,由表达式 x 确定对应关系;而当 $x<0$ 时,由表达式 $-x$ 确定对应关系,其图形见图 1-8.

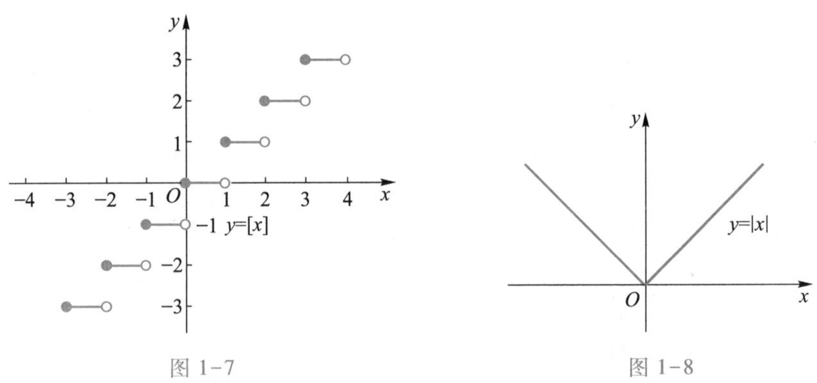

图 1-7　　图 1-8

例 1 也是一个分段函数.

例 6　$D(x)=\begin{cases}1, & x\text{ 是有理数},\\ 0, & x\text{ 是无理数}.\end{cases}$

这个函数称为狄利克雷(Dirichlet)函数,定义域为 $\mathbf{R}$,值域为 $\{0,1\}$.显然这个函数的图形是难以描绘出来的.

例 7　$y=f(x)=\operatorname{sgn} x=\begin{cases}1, & x>0,\\ 0, & x=0,\\ -1, & x<0.\end{cases}$

这个函数称为**符号函数**,它的定义域 $D(f)=(-\infty,+\infty)$,值域 $R(f)=\{-1,0,1\}$,它的图形如图 1-9 所示.对于任何实数 x,下列关系成立:

$$x=\operatorname{sgn} x\cdot|x|.$$

例 8　考虑直线 $y=ax(a>0)$ 与直线 $x=x_0(x_0>0)$ 以及 x 轴所围成的三角形的面积 S，有

$$S(x_0)=\frac{1}{2}ax_0^2.$$

当 x_0 在 $(0,+\infty)$ 中变动时，我们可以得到函数

$$S(x)=\frac{1}{2}ax^2,\quad x>0.$$

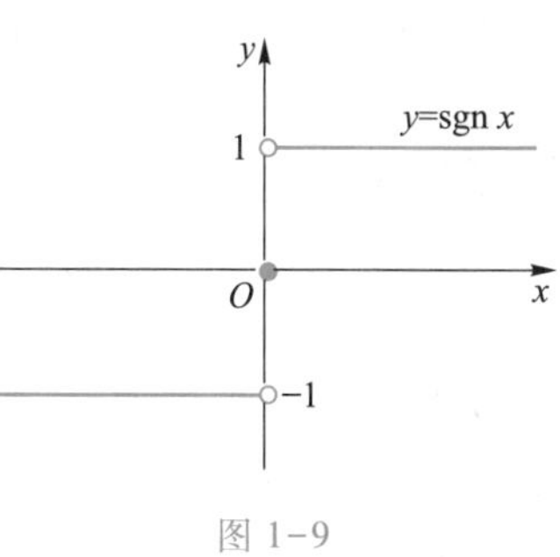

图 1-9

这里定义域 $D(S)=(0,+\infty)$ 是实际问题本身所决定的，而就表达式 $\frac{1}{2}ax^2$ 来说，对每一 $x\in(-\infty,+\infty)$，都可确定唯一的值，因此

$$S(x)=\frac{1}{2}ax^2,\quad x\in(-\infty,+\infty)$$

也是函数.这里 $(-\infty,+\infty)$ 为 $S(x)$ 的自然定义域.

二、函数的基本性质

单调性　设区间 $I\subset D(f)$，若对任意 $x_1,x_2\in I$，且 $x_1<x_2$，恒有 $f(x_1)\leqslant f(x_2)$（或 $f(x_1)\geqslant f(x_2)$），则称 $f(x)$ 在 I 上是**单调增加**（或**单调减少**）的，记作 $f(x)\uparrow$（或 $f(x)\downarrow$），$x\in I$.

当上述各不等号为严格不等时，分别称为**严格单调增加**和**严格单调减少**.

单调增加或单调减少函数统称为单调函数.

有界性　对于数集 $A\subseteq D(f)$，若 $f(A)$ 为有界集，则称 $f(x)$ 在 A 上是**有界的**，否则称 $f(x)$ 在 A 上是**无界的**；若 $f(A)$ 为有上界集合，则称 $f(x)$ 在 A 上**有上界**，否则称 $f(x)$ 在 A 上**无上界**；若 $f(A)$ 为有下界集合，则称 $f(x)$ 在 A 上**有下界**，否则称 $f(x)$ 在 A 上是**无下界**.

显然，$f(x)$ 在 A 上有界的充要条件是 $f(x)$ 在 A 上既有上界又有下界.$f(x)$ 在 A 上无界等价于：$\forall M>0$，$\exists x_0\in A$，使得 $|f(x_0)|>M$.

例如，$y=\operatorname{sgn} x$ 在 $(-\infty,+\infty)$ 上有界，数 1 是它的一个上界，数 -1 是它的一个下界，任何一个大于 1 的数都是它的上界，任何一个小于 -1 的数也都是它的下界.一般而言，若 $f(x)$ 有上（或下）界，则它必有无穷多个上（或下）界.

例 9　证明 $f(x)=\frac{1}{x}$ 在 $(0,1)$ 内无界.

证　对任意的 $M>0$，取 $x_0=\frac{1}{M+1}\in(0,1)$，则

$$|f(x_0)|=f(x_0)=\frac{1}{x_0}=M+1>M.$$

故 $f(x)=\frac{1}{x}$ 在 $(0,1)$ 内无界.

奇偶性　设 $f(x)$ 的定义域为 $D(f)$ 若对任意 $x\in D(f)$，有 $f(-x)=f(x)$，则称 $f(x)$ 为**偶函数**，若对任意 $x\in D(f)$，有 $f(-x)=-f(x)$，则称 $f(x)$ 为**奇函数**.

例如，$y=x^3$ 在 $(-\infty,+\infty)$ 上为奇函数，$y=x^2$ 在 $(-\infty,+\infty)$ 上为偶函数.奇函数的图形特点是关于原点对称（如图 1-10 中 $y=x^3$ 的图形），而偶函数的图形特点是关于 y 轴对称（如图 1-10 中 $y=x^2$ 的图形）.

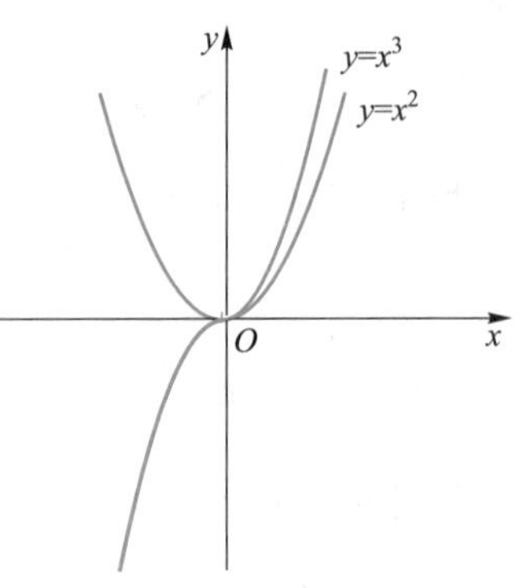

图 1-10

周期性　若存在 $T\neq0$，使得对每一个 $x\in D(f)$，有 $x\pm T\in D(f)$，且 $f(x+T)=f(x)$，则称 $f(x)$ 为**周期函数**，T 称为 $f(x)$ 的**周期**.通常函数的周期是指它的最小正周期（如果存在的话）.

并不是所有周期函数都有最小正周期.例如，狄利克雷函数

$$D(x)=\begin{cases}1, & x\text{ 为有理数},\\ 0, & x\text{ 为无理数}.\end{cases}$$

因为任意正有理数都是它的周期，而正有理数是没有最小（正有理）数的.

周期函数的特征是其值每隔一个周期都是相同的，因此在函数定义域内的每个长度为 T 的区间上，函数图形具有相同形状.

三、函数的运算

设有两个函数 $f(x)$ 和 $g(x)$，定义域分别为 A 和 B.若 $A=B$，且对每一个 $x\in A$，$f(x)=g(x)$ 成立，则称 $f(x)$ 与 $g(x)$ **相等**.

由此可知，函数的两要素是函数的定义域和对应规则，只有对应规则和定义域都相同，函数才是相等的.

设 $f(x)$ 和 $g(x)$ 的定义域分别为 A 和 B，且 $A\cap B\neq\varnothing$，则在 $A\cap B$ 上可定义这两个函数的下列各种运算：

函数的和　$(f+g)(x)=f(x)+g(x),\quad x\in A\cap B;$

函数的差　$(f-g)(x)=f(x)-g(x),\quad x\in A\cap B;$

函数的积　$(fg)(x)=f(x)\cdot g(x),\quad x\in A\cap B;$

函数的商　$\left(\dfrac{f}{g}\right)(x)=\dfrac{f(x)}{g(x)},\quad x\in A\cap B-\{x\mid g(x)=0\}.$

例 10　设 $f(x)=\dfrac{1}{\sqrt{1-x}},\ x\in(-\infty,1)$；$g(x)=\sqrt{1-x^2},\ x\in[-1,1]$，则

$$(f\pm g)(x)=\frac{1}{\sqrt{1-x}}\pm\sqrt{1-x^2},\qquad x\in[-1,1);$$

$$(fg)(x)=\frac{\sqrt{1-x^2}}{\sqrt{1-x}},\qquad x\in[-1,1);$$

$$\left(\frac{f}{g}\right)(x)=\frac{1}{\sqrt{1-x}\sqrt{1-x^2}},\qquad x\in(-1,1).$$

设函数 $y=f(u)$ 的定义域为 A，$u=g(x)$ 的定义域为 B，且 $g(B)\subseteq A$，则 $y=f(g(x))$ 是定义在 B 上的函数，称为 f 与 g 的**复合函数**，记作 $y=f\circ g(x)$

$(=f(g(x)))$.u 称为**中间变量**.

例如,函数 $y=\cos^2 x$ 是由 $u=\cos x$ 与 $y=u^2$ 复合而成的.在 $u=g(x)$,$y=f(u)$ 构成的复合函数中,常出现 $u=g(x)$ 的值域 $g(D_y)$ 并不完全包含在 $y=f(u)$ 的定义域中,例如,$u=1-x^2$ 的值域 $(-\infty,1]$ 并不完全包含在 $y=\sqrt{u}$ 的自然定义域 $[0,+\infty)$ 内,由于 $x\in[-1,1]$ 时 $u=1-x^2\geqslant 0$,从而函数 $u=1-x^2$,$x\in[-1,1]$ 与 $y=\sqrt{u}$,$u\in[0,+\infty)$ 构成的复合函数为 $y=\sqrt{1-x^2}$,$x\in[-1,1]$.而习惯上,函数 $y=\sqrt{1-x^2}$ 也称为由 $u=1-x^2$ 与 $y=\sqrt{u}$ 复合而成,其定义域为 $[-1,1]$.

四、反函数

若函数 $f:A\to f(A)$ 为双射,则称 f 的逆映射 $f^{-1}:f(A)\to A$ 为 f 的**反函数**.f^{-1} 的对应法则由 f 的对应法则所确定,即对每个 $y\in f(A)$,如果 $f(x)=y$,则规定 $x=f^{-1}(y)$.由于习惯上用 x 表示自变量,y 表示因变量,所以我们约定 $y=f^{-1}(x)$,$x\in f(A)$ 表示 $y=f(x)$ 的反函数

例如,函数 $y=2x+1$,$x\in\mathbf{R}$,有反函数 $y=\dfrac{1}{2}(x-1)$,$x\in\mathbf{R}$.

在同一坐标平面上,函数 $y=f(x)$ 和其反函数 $y=f^{-1}(x)$ 的图形关于直线 $y=x$ 对称.例如,图 1-11 中的 $y=2x+1$ 和 $y=\dfrac{1}{2}(x-1)$ 的图形.

另外,应注意函数 $y=f(x)$ 存在反函数的条件是 f 应是双射,否则反函数不存在.如,$y=f(x)=x^2$,当 $x\in[0,+\infty)$ 时,f 是 $[0,+\infty)$ 到 $[0,+\infty)$ 上的一一对应,所以 $y=f(x)=x^2$ 在 $[0,+\infty)$ 上存在反函数 $y=\sqrt{x}$,$x\in[0,+\infty)$;同理 $y=x^2$ 在 $(-\infty,0]$ 上存在反函数 $y=-\sqrt{x}$,$x\in[0,+\infty)$;而函数 $y=f(x)=x^2$ 在 $(-\infty,+\infty)$ 上不存在反函数,这是因为映射 $f:x\longmapsto y=x^2$ 不是 $(-\infty,+\infty)$ 到 $[0,+\infty)$ 上的单射.

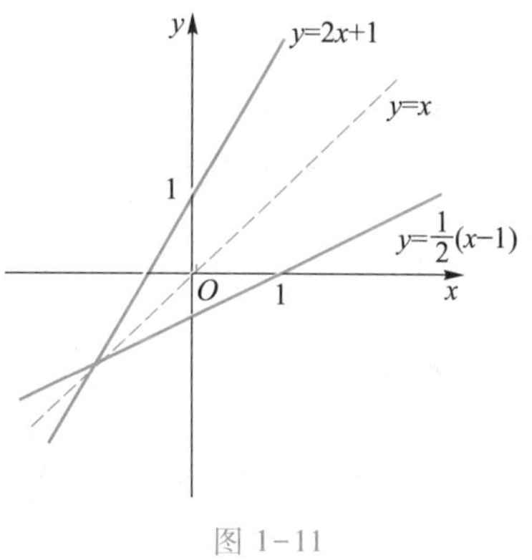

图 1-11

显然,若 $f(x)$ 在定义区间 I 上是严格单调函数,则 f 是从 I 到 $f(I)$ 的双射,从而其反函数必定存在,且 $f^{-1}(x)$ 与 $f(x)$ 有相同的单调性,即若 $f(x)$ 在区间 I 上严格单调增加(减少),则其反函数 $f^{-1}(x)$ 在 $f(I)$ 上亦是严格单调增加(减少)的.

习题 1-2

1. 某公司生产一批产品,单位变动成本为 12 元,固定成本为 90 000 元,产品出售单价为 18 元.

(1) 将总成本 C 表示为产量 x 的函数;

(2) 将总收入 R 表示为产量 x 的函数;

(3) 将总利润 P 表示为产量 x 的函数;

(4) 求该企业保本经营的最低产量.

2. 已知圆锥的体积为 V,试以底半径 r 表示锥高 h.

3. 如图,在边长为 12 的正方形纸板的四角各剪去一个边长为 x 的正方形,再把它折成一个无盖纸盒.试以 x 表示纸盒容积 V.

4. 如图,水渠横断面为等腰梯形,斜角 $\varphi=40°$,$ABCD$ 称为过水断面,$L=AB+BC+CD$ 称为水渠的湿周,当过水断面面积为定值 S_0 时,求湿周 L 与水深 h 之间的函数关系,并说明定义域.

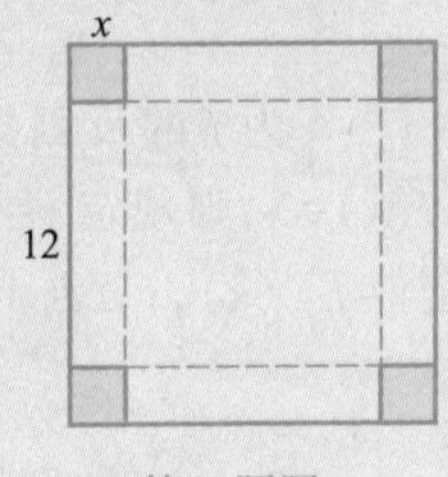

第 3 题图

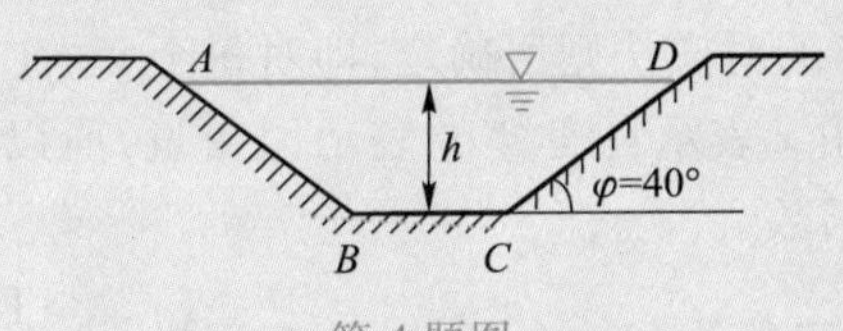

第 4 题图

5. 设 $f(x)=\begin{cases} x^2, & x\geqslant 1, \\ |x|, & x<1. \end{cases}$

(1) 求 $f(-1)$, $f(1)$, $f(2)$;

(2) 判断 $f(x)$ 的单调性,并指出单调区间;

(3) 作出 $y=f(x)$ 的图形.

6. 证明 $y=\dfrac{1}{1+x^2}$是有界函数.

7. 证明 $f(x)$ 有界的充要条件是 $f(x)$ 既有上界又有下界.

8. 求下列各题中的函数 $f(x)$:

(1) $f(x+1)=x^2+2x-1$;　　(2) $f\left(x+\dfrac{1}{x}\right)=x^2+\dfrac{1}{x^2}$, $x\neq 0$.

9. 若 $f(x)$ 是 x 的二次函数,且 $f(0)=1$,$f(x+1)-f(x)=2x$,求 $f(x)$.

10. 设 $f(x)$ 与 $g(x)$ 都是某区间上的单调函数,且 $R(g)\subset D(f)$,那么 $f(g(x))$ 的单调性如何?

第三节 初等函数

一、基本初等函数

基本初等函数在中学数学里已有较详细的介绍,但为了后面学习的需要,我们这里再作一简要介绍.

1. 常值函数

$$y=C \quad (C\text{ 为常数}).$$

其定义域为$(-\infty,+\infty)$,其图形为一水平直线(图 1-12).

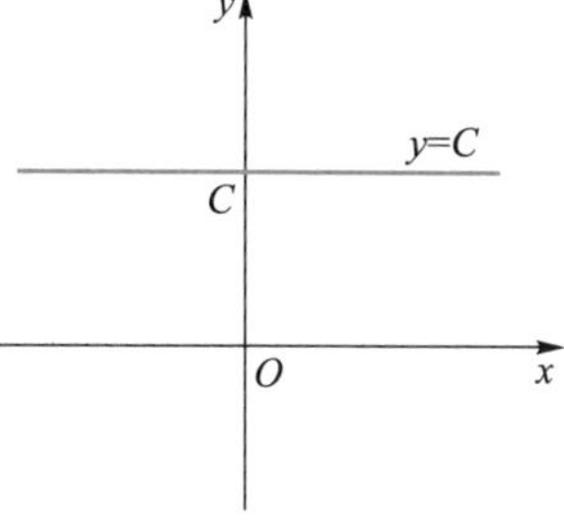

图 1-12

2. 指数函数

$$y=a^x \quad (a\text{ 为常数且 }a>0,a\neq 1).$$

其定义域为$(-\infty,+\infty)$,值域为$(0,+\infty)$(图 1-13).

工程中常用以无理数 e = 2.718 281 8…为底的指数函数 $y=\mathrm{e}^x$.

3. 对数函数

$$y=\log_a x \quad (a\text{ 为常数且 }a>0,a\neq 1).$$

它是指数函数 $y=a^x$ 的反函数.因此,其定义域为$(0,+\infty)$,值域是$(-\infty,+\infty)$(图 1-14).以 10 为底的对数函数称为常用对数函数,记为 $y=\lg x$;以 e 为底的对数函数称为自然对数函数,记为$y=\ln x$.

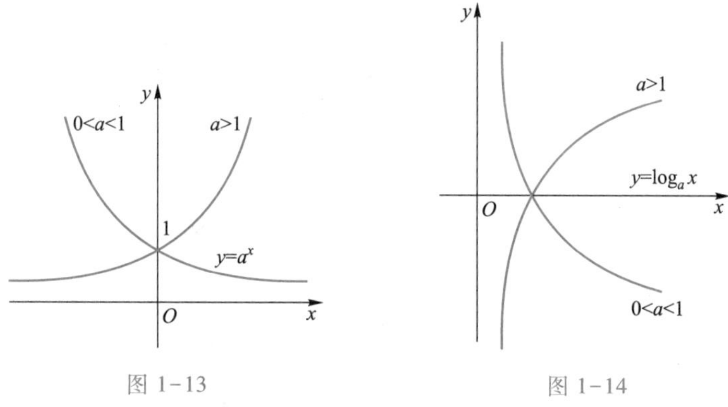

图 1-13　　图 1-14

4. 幂函数

$$y=x^{\alpha} \quad (\alpha\neq 0\text{ 为常数}).$$

它的定义域和值域依 α 取值不同而异.当 $\alpha=\dfrac{p}{q}$是有理数时(其中 p,q 是整数,且 p,q 互质),其定义域见下表:

$\alpha=\dfrac{p}{q}$		定义域
$\alpha>0$	q 为奇数	$(-\infty,+\infty)$
	q 为偶数	$[0,+\infty)$
$\alpha<0$	q 为奇数	$(-\infty,0)\cup(0,+\infty)$
	q 为偶数	$(0,+\infty)$

当 α 为无理数时，x^α 在区间 $(0,+\infty)$ 上也有定义. 可见不论 α 为何值，幂函数 x^α 在 $(0,+\infty)$ 总有意义.

$\alpha=1,2,3,\dfrac{1}{2}$ 和 -1 是常见的幂函数，它们的图形见图 1-15.

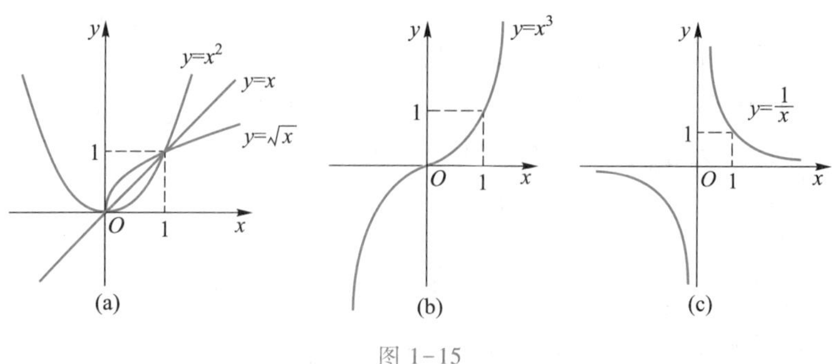

图 1-15

5. 三角函数

正弦函数：$y=\sin x$，定义域为 $(-\infty,+\infty)$，值域为 $[-1,1]$，周期为 2π；

余弦函数：$y=\cos x$，定义域为 $(-\infty,+\infty)$，值域为 $[-1,1]$，周期为 2π；

正切函数：$y=\tan x$，定义域为 $\left\{x \mid x\in\mathbf{R}, x\neq(2k+1)\dfrac{\pi}{2}, k\in\mathbf{Z}\right\}$，值域为 $(-\infty,+\infty)$，周期为 π；

余切函数：$y=\cot x=\dfrac{\cos x}{\sin x}$，定义域为 $\{x \mid x\in\mathbf{R}, x\neq k\pi, k\in\mathbf{Z}\}$，值域为 $(-\infty,+\infty)$，周期为 π；

它们的图形见图 1-16 和图 1-17.

此外，还有正割函数 $y=\sec x=\dfrac{1}{\cos x}$ 和余割函数 $y=\csc x=\dfrac{1}{\sin x}$.

在微积分中，三角函数的自变量 x 一般用弧度作度量单位.

容易验证，三角函数有下列基本公式：

(1) $\cos^2 x+\sin^2 x=1$；

(2) $1+\tan^2 x=\sec^2 x$；

(3) $1+\cot^2 x=\csc^2 x$；

(4) $\sin(x\pm y)=\sin x\cos y\pm\cos x\sin y$；

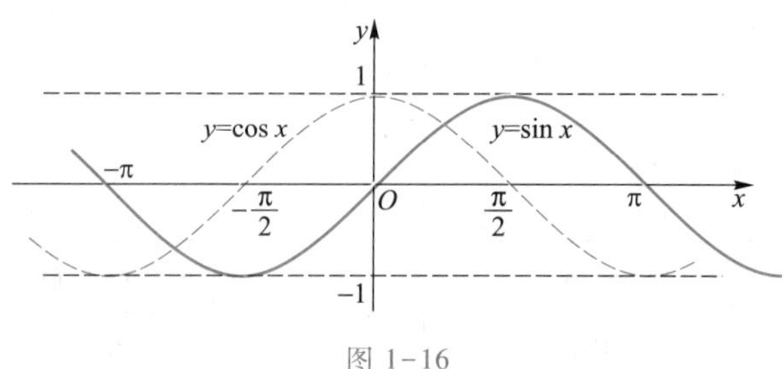

图 1-16

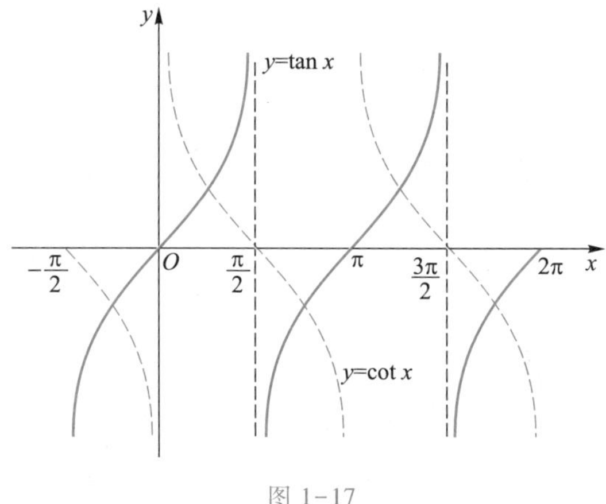

图 1-17

(5) $\cos(x\pm y)=\cos x\cos y\mp\sin x\sin y$;

(6) $\sin 2x=2\sin x\cos x$;

(7) $\cos 2x=\cos^2 x-\sin^2 x=2\cos^2 x-1=1-2\sin^2 x$;

(8) $\sin x-\sin y=2\sin\frac{x-y}{2}\cos\frac{x+y}{2}$;

(9) $\cos x-\cos y=-2\sin\frac{x-y}{2}\sin\frac{x+y}{2}$;

(10) $\sin x\cos y=\frac{1}{2}[\sin(x+y)+\sin(x-y)]$;

(11) $\sin x\sin y=-\frac{1}{2}[\cos(x+y)-\cos(x-y)]$;

(12) $\cos x\cos y=\frac{1}{2}[\cos(x+y)+\cos(x-y)]$.

6. 反三角函数

因为三角函数在其定义域到其值域上的对应不是一一的,所以我们只能分别在它们的一个严格单调区间上来讨论反函数.

反正弦函数:$y=\arcsin x$,定义域为$[-1,1]$,值域为$\left[-\frac{\pi}{2},\frac{\pi}{2}\right]$;

反余弦函数:$y=\arccos x$,定义域为$[-1,1]$,值域为$[0,\pi]$;

反正切函数:$y=\arctan x$,定义域为$(-\infty,+\infty)$,值域为$\left(-\frac{\pi}{2},\frac{\pi}{2}\right)$;

反余切函数:$y=\operatorname{arccot} x$,定义域为$(-\infty,+\infty)$,值域为$(0,\pi)$(图 1-18).

我们称以上六种函数为**基本初等函数**.

二、初等函数

定义 1　由基本初等函数经过有限次的四则运算(和、差、积、商)和有限次的复合运算所生成的函数,称为**初等函数**.否则称为**非初等函数**.

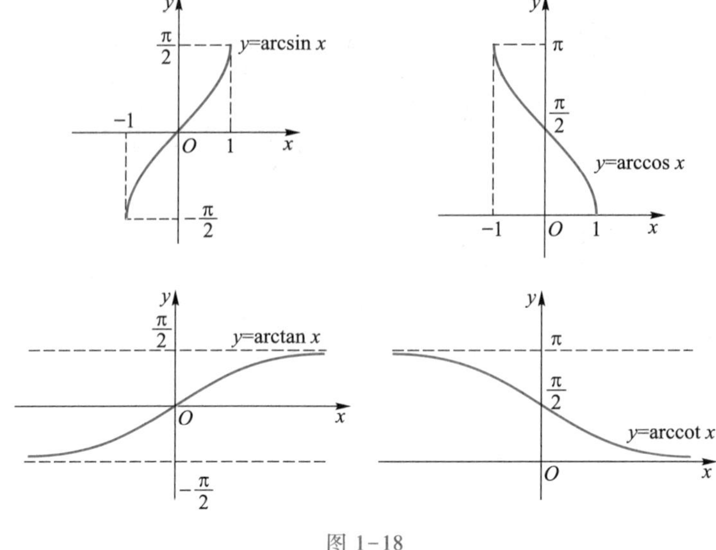

图 1-18

例 1　$y=\arctan 2^{-x}$是初等函数,定义域是$(-\infty,+\infty)$,值域是$\left(0,\dfrac{\pi}{2}\right)$.此函数在定义域内是严格单调减少的,这是因为$2^{-x}=\left(\dfrac{1}{2}\right)^{x}$是严格单调减少的,而 $\arctan x$ 是严格单调增加的.

注意到第二节的例 1、例 4 和例 7,这些函数均为分段函数,且在每个分段上都是初等函数,但它们在其定义域上并不是初等函数.第二节例 6 中的函数也不是初等函数.但函数$y=|x|=\begin{cases}x, & x\geqslant 0,\\ -x, & x<0\end{cases}$虽为分段函数,可由于它与$y=\sqrt{x^2}$为同一函数,而这一函数可看作基本初等函数 $y=\sqrt{u}$ 与$u=x^2$的复合函数,所以该函数既是分段函数,也是初等函数.因此,分段函数一定不是初等函数的说法是不对的.

初等函数是函数中一类重要的函数.一方面,初等函数本身就有许多应用,这是因为我们常见的多是初等函数;另一方面,对其他函数的研究往往也要直接或间接地借助于初等函数.

下面我们介绍在工程技术中常遇到的两类初等函数——双曲函数和反双曲函数.

1. 双曲函数

定义 2　双曲正弦:$\operatorname{sh} x=\dfrac{\mathrm{e}^{x}-\mathrm{e}^{-x}}{2}$;

双曲余弦:$\operatorname{ch} x=\dfrac{\mathrm{e}^{x}+\mathrm{e}^{-x}}{2}$;

双曲正切:$\operatorname{th} x=\dfrac{\operatorname{sh} x}{\operatorname{ch} x}=\dfrac{\mathrm{e}^{x}-\mathrm{e}^{-x}}{\mathrm{e}^{x}+\mathrm{e}^{-x}}$;

双曲余切:$\operatorname{coth} x=\dfrac{\operatorname{ch} x}{\operatorname{sh} x}=\dfrac{\mathrm{e}^{x}+\mathrm{e}^{-x}}{\mathrm{e}^{x}-\mathrm{e}^{-x}}$.

双曲正弦、双曲余弦和双曲正切、双曲余切统称为**双曲函数**.

双曲正弦、双曲余弦和双曲正切的定义域都是$(-\infty,+\infty)$,双曲余切定义域为$(-\infty,0)\cup(0,+\infty)$.易证:$\operatorname{sh}x$,$\operatorname{th}x$,$\operatorname{coth}x$都是奇函数,而$\operatorname{ch}x$为偶函数.它们的图形见图1-19.

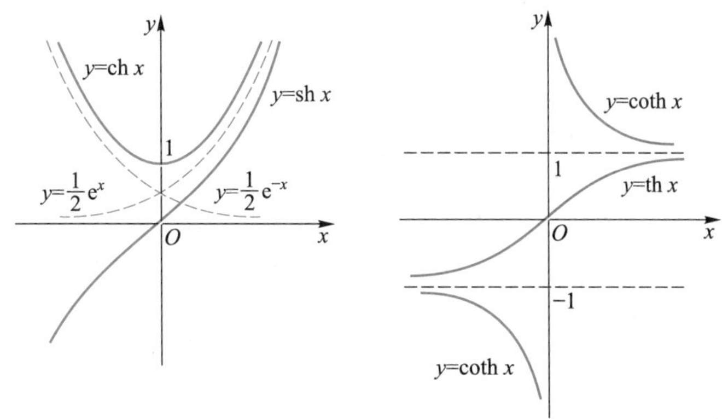

图1-19

与三角函数相似,双曲函数也有下列基本恒等式:

$$\operatorname{sh}(x\pm y)=\operatorname{sh}x\operatorname{ch}y\pm\operatorname{ch}x\operatorname{sh}y; \tag{1}$$

$$\operatorname{ch}(x\pm y)=\operatorname{ch}x\operatorname{ch}y\pm\operatorname{sh}x\operatorname{sh}y; \tag{2}$$

$$\operatorname{ch}^2x-\operatorname{sh}^2x=1; \tag{3}$$

$$\operatorname{sh}2x=2\operatorname{sh}x\operatorname{ch}x; \tag{4}$$

$$\operatorname{ch}2x=\operatorname{ch}^2x+\operatorname{sh}^2x; \tag{5}$$

$$\operatorname{th}2x=\frac{2\operatorname{th}x}{1+\operatorname{th}^2x}. \tag{6}$$

我们仅证明等式(1),其余等式的证明请读者自己完成.

证(1)　由定义

$$\begin{aligned}&\operatorname{sh}x\operatorname{ch}y+\operatorname{ch}x\operatorname{sh}y\\=&\frac{e^x-e^{-x}}{2}\cdot\frac{e^y+e^{-y}}{2}+\frac{e^x+e^{-x}}{2}\cdot\frac{e^y-e^{-y}}{2}\\=&\frac{e^{x+y}-e^{y-x}+e^{x-y}-e^{-(x+y)}}{4}+\frac{e^{x+y}+e^{y-x}-e^{x-y}-e^{-(x+y)}}{4}\\=&\frac{e^{x+y}-e^{-(x+y)}}{2}=\operatorname{sh}(x+y).\end{aligned}$$

在上式中,将y换成$-y$,并利用双曲正弦、双曲余弦的奇偶性,即得

$$\operatorname{sh}(x-y)=\operatorname{sh}x\operatorname{ch}(-y)+\operatorname{ch}x\operatorname{sh}(-y)=\operatorname{sh}x\operatorname{ch}y-\operatorname{ch}x\operatorname{sh}y.$$ 证毕

2. 反双曲函数

定义3　双曲函数的反函数称为**反双曲函数**.

双曲函数$y=\operatorname{sh}x$,$y=\operatorname{ch}x$,$y=\operatorname{th}x$的反函数依次记为:

反双曲正弦　$y=\operatorname{arsh}x$; (7)

反双曲余弦　$y=\operatorname{arch}x$; (8)

$$\text{反双曲正切}\qquad y=\operatorname{arth} x. \tag{9}$$

由反函数的定义不难推得：

$$y=\operatorname{arsh} x=\ln(x+\sqrt{x^2+1}),\qquad x\in(-\infty,+\infty);$$

$$y=\operatorname{arch} x=\ln(x+\sqrt{x^2-1}),\qquad x\in[1,+\infty);$$

$$y=\operatorname{arth} x=\frac{1}{2}\ln\frac{1+x}{1-x},\qquad x\in(-1,1).$$

它们的图形见图 1-20.

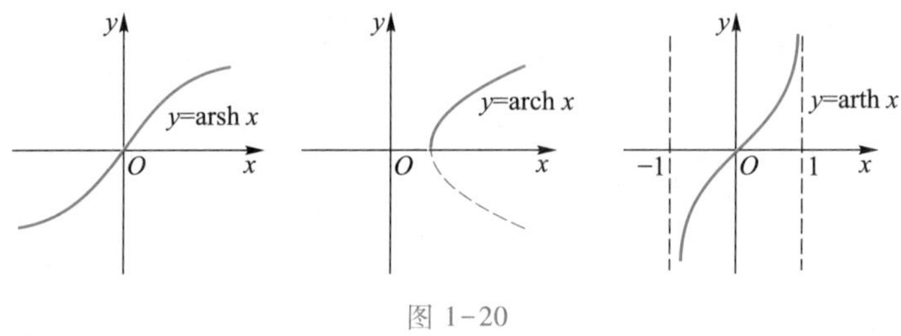

图 1-20

例 2　求 $y=\operatorname{arch} x$ 的表达式.

解　对于 $y=\operatorname{ch} x$，限制 $x\in[0,+\infty)$，则它为 $[0,+\infty)$ 到 $[1,+\infty)$ 的双射，于是由

$$y=\frac{e^x+e^{-x}}{2}$$

可解出

$$e^x=y\pm\sqrt{y^2-1}$$

或

$$x=\ln(y\pm\sqrt{y^2-1}),$$

其中

$$\begin{aligned}\ln(y-\sqrt{y^2-1})&=\ln\frac{(y-\sqrt{y^2-1})(y+\sqrt{y^2-1})}{y+\sqrt{y^2-1}}\\&=\ln\frac{1}{y+\sqrt{y^2-1}}=-\ln(y+\sqrt{y^2-1}).\end{aligned}$$

因为 $x\geqslant 0$，所以 $x=\ln(y+\sqrt{y^2-1})$. 于是 $y=\operatorname{ch} x, x\in[0,+\infty)$，有反函数

$$\operatorname{arch} x=\ln(x+\sqrt{x^2-1}),\qquad x\in[1,+\infty).$$

而 $y=\operatorname{ch} x, x\in(-\infty,0]$，也有反函数

$$\operatorname{arch} x=-\ln(x+\sqrt{x^2-1}),\qquad x\in[1,+\infty).$$

由此可见，双曲余弦的反函数是双值的，它的图形是关于 x 轴对称的两支，我们取其正值的一支作为该函数的主值，于是有

$$y=\operatorname{arch} x=\ln(x+\sqrt{x^2-1}).$$

这样规定的函数 $y=\operatorname{arch} x$ 便是单值的，它在区间 $[1,+\infty)$ 上单调增加.

最后我们指出,双曲线

$$\frac{x^2}{a^2}-\frac{y^2}{b^2}=1 \tag{10}$$

可用参数方程

$$\begin{cases}x=\pm a\text{ch }t,\\ y=b\text{sh }t\end{cases}\quad(-\infty<t<+\infty) \tag{11}$$

来表示.事实上,只要利用(3)式就可消去(11)式中的 t 得到方程(10).双曲函数的名字由此而来.

习题 1-3

1. 指出下列初等函数的定义域:

(1) $y=\dfrac{2x}{x^2-3x+2}$;　(2) $y=\arcsin(2x+1)$;

(3) $y=\lg\sin x$;　(4) $y=\sqrt{\dfrac{1-x}{1+x}}$;

(5) $y=\dfrac{1}{|x|-x}$.

2. 下列初等函数中,哪些是奇函数.哪些是偶函数?

(1) $y=x^2-3x^4+x^6$;　(2) $y=x\sin\dfrac{1}{x}$;

(3) $y=\ln(x+\sqrt{x^2+1})$;　(4) $y=x\cdot\dfrac{a^x-1}{a^x+1}\quad(a>0)$.

3. 判断下列初等函数中哪些是周期函数,如果是周期函数,指出其周期:

(1) $y=\sin^2x$;　(2) $y=x\cos x$;

(3) $y=\sin x+\dfrac{1}{2}\sin 2x$;　(4) $y=\sqrt{\tan x}$.

4. 求下列初等函数的反函数及其定义域:

(1) $y=\sqrt{1-x^2},x\in[-1,0]$;　(2) $y=\ln(2x+1)$;

(3) $y=\dfrac{1-x}{1+x}$;　(4) $y=\begin{cases}-x+1, & -1\leqslant x<0,\\ x, & 0\leqslant x\leqslant 1.\end{cases}$

5. 求下列初等函数的复合函数 $f\circ g$,并指出定义域:

(1) $f(u)=u^2-2u,\ g(x)=x+1$;

(2) $f(u)=\sqrt{u^2+1},\ g(x)=\tan x$;

(3) $f(u)=\sqrt{u},\ g(x)=x+\sqrt{x}$;

(4) $f(u)=\begin{cases}2, & u\leqslant 0,\\ u^2, & u>0,\end{cases}\quad g(x)=\begin{cases}-x^2, & x\leqslant 0,\\ x^3, & x>0.\end{cases}$

6. 设$f(x)=\begin{cases}1, & |x|<1,\\ 0, & |x|=1,\\ -1, & |x|>1,\end{cases}$ $g(x)=e^x$，求$f[g(x)]$和$g[f(x)]$，并作出这两个函数图形.

7. 将下列初等函数"分解"为基本初等函数：

(1) $y=\sqrt[3]{\arcsin a^x}$；　　(2) $y=\sin^3\ln x$；

(3) $y=a^{\sin(3x^2)}$；　　(4) $y=\ln[\ln^2(\ln^3 x)]$.

8. 已知$\varphi(x)=\ln\dfrac{1-x}{1+x}$，证明$\varphi(x)+\varphi(y)=\varphi\left(\dfrac{x+y}{1+xy}\right)$.

9. 设$f(x)$的定义域为$[0,1]$，分别求

(1) $f(x^2)$；

(2) $f(\sin x)$；

(3) $f(x+a)$ $(a>0)$的定义域.

10. 证明：

(1) $\operatorname{sh} x+\operatorname{sh} y=2\operatorname{sh}\dfrac{x+y}{2}\operatorname{ch}\dfrac{x-y}{2}$；

(2) $\operatorname{ch} x-\operatorname{ch} y=2\operatorname{sh}\dfrac{x+y}{2}\operatorname{sh}\dfrac{x-y}{2}$.

11. 证明：

(1) $\operatorname{arsh} x=\ln(x+\sqrt{x^2+1})$，$x\in(-\infty,+\infty)$；

(2) $\operatorname{arth} x=\dfrac{1}{2}\ln\dfrac{1+x}{1-x}$，$x\in(-1,1)$.

综合题一

1. 设$y=f(x)$的定义域是$[0,1]$，试求下列函数的定义域：

(1) $f(x+a)+f(x-a)$ $(a>0)$；

(2) $f\left(\dfrac{[x]}{x}\right)$.

2. 形如$y=kx+l$（k,l为常数，$k\neq 0$）的函数称为线性函数.试作一线性函数，把区间(a,b)变成区间(c,d).

3. 若对任意实数x，有$2f(x)+f(1-x)=x^2$，求$f(x)$.

4. 已知$\varphi(x)\leqslant f(x)\leqslant\psi(x)$，且$f(x)$在$(-\infty,+\infty)$内是单调增加函数，证明：

$$\varphi(\varphi(x))\leqslant f(f(x))\leqslant\psi(\psi(x)).$$

5. 判别下列函数的奇偶性：

（1） $y=\ln(x+\sqrt{x^2+1})$；

（2） $y=F(x)\left(\dfrac{1}{a^x-1}+\dfrac{1}{2}\right)$（其中 $F(x)$ 对于任何 x,y 恒有 $F(x+y)=F(x)+F(y)$，$a>0,a\neq 1$）.

6. 设函数 $f(x)$ 是定义在对称区间 $(-l,l)$ 内的任何函数，试证明：

（1） $\varphi(x)=f(x)+f(-x)$ 是偶函数，$\psi(x)=f(x)-f(-x)$ 是奇函数.

（2） 定义在区间 $(-l,l)$ 内的任何函数可以表示为一个偶函数与一个奇函数的和.

7. 设 $f(x)$ 在 $(0,+\infty)$ 上有定义，$x_1>0,x_2>0$，求证：若 $\dfrac{f(x)}{x}$ 单调增加，则 $f(x_1+x_2)\geqslant f(x_1)+f(x_2)$.

8. 已知 $f(x)$ 是周期为 π 的奇函数，且当 $x\in\left(0,\dfrac{\pi}{2}\right)$ 时，$f(x)=\sin x-\cos x+2$，求 $x\in\left(\dfrac{\pi}{2},\pi\right)$ 时 $f(x)$ 的表达式.

9. 设 $y=f(x)$，$x\in(-\infty,+\infty)$ 的图形关于 $x=a$，$x=b$ 均对称 $(a\neq b)$. 试证：$y=f(x)$ 是周期函数，并求其周期.

10. 设 $f_n(x)=\underbrace{f(f\cdots f(x))}_{n次}$，若 $f(x)=\dfrac{x}{\sqrt{1+x^2}}$，求 $f_n(x)$.

11. 设 $f(x)=\begin{cases}e^x, & x<1,\\ x, & x\geqslant 1,\end{cases}$ $\varphi(x)=\begin{cases}x+2 & x<0,\\ x^2-1, & x\geqslant 0.\end{cases}$ 求 $f[\varphi(x)]$.

12. 求 $y=f(x)=\begin{cases}x, & x<1,\\ x^2, & 1\leqslant x\leqslant 2,\\ 3^x, & x>2\end{cases}$ 的反函数.

综合题一
答案与提示

第二章

极　限

牛顿和莱布尼茨在分别独立创立微积分的过程中，建立了用来描绘因变量在短暂瞬间相对于自变量的变化率以及自变量的某个过程中因变量的某种积累的新的运算法则，前者称为微商，后者称为积分.这些运算法则与研究方法开启了数学研究从不变量（常量）到变量的重大转变，也是微积分与初等数学的本质区别.微积分创立之后便立即在天文学、物理学、力学及工程技术中得到了广泛的应用，成为科技领域中的有力工具.同时，在数学内部也衍生出了如微分方程、微分几何、实变函数与泛函分析、复变函教、变分法等许多重要的数学分支.

微积分的基本运算是变量的极限运算，极限运算贯穿整个微积分学习的全过程.

第一节　数列的极限

一、数列

定义 1　设 $f(n)$ 是以正整数集 $\mathbf{N}_+$ 为定义域的函数，将 f 的值域

$$f(\mathbf{N}_+)=\{x_n \mid x_n=f(n),n\in\mathbf{N}_+\}$$

中的元素 x_n 按自变量 n 增大的顺序排列出来得到的一列数

$$x_1,x_2,\cdots,x_n,\cdots$$

称为**无穷数列**，或简称为**数列**.我们记这个数列为 $\{x_n\}$，其中 x_n 称为数列的**通项**（或一般项）.

由定义 1 可知，数列就是按照某种顺序排列起来的无穷多个数.如

$\left\{\dfrac{(-1)^n}{n}\right\}$，具体写出来就是 $-1,\dfrac{1}{2},-\dfrac{1}{3},\dfrac{1}{4},-\dfrac{1}{5},\cdots$；

$\left\{1+\dfrac{1}{n}\right\}$，具体写出来就是 $2,1+\dfrac{1}{2},1+\dfrac{1}{3},1+\dfrac{1}{4},\cdots$；

$\{n^2\}$，具体写出来就是 $1,4,9,16,\cdots$；

$\{1+(-1)^n\}$，具体写出来就是 $0,2,0,2,\cdots$.

由第一章第二节函数的有界性和单调性的定义，我们能得到有界数列与单调数列的定义.

定义 2 若存在两个数 m,M（设 $m\leqslant M$），使得 $m\leqslant x_n\leqslant M$ 对一切的 $n\in\mathbf{N}_+$ 都成立，则称 $\{x_n\}$ 为**有界数列**. 这时称 m 为它的**下界**，M 为它的**上界**.

这里需注意几点：

(1) 若 M 是 $\{x_n\}$ 的上界，则任何大于 M 的数都是 $\{x_n\}$ 的上界. 这表明上界不是唯一的. 下界同样如此.

(2) 对于数列 $\{x_n\}$，若存在某个正整数 N_0，当 $n>N_0$ 时，总有 $m\leqslant x_n\leqslant M$，则称 $\{x_n\}$ **往后有界**. 显然，往后有界一定有界，这是因为在 N_0+1 项之前只有有限多个数 $x_1,x_2,\cdots,x_{N_0}$，这有限个数必有最大数和最小数. 设

$$\alpha=\min\{x_1,x_2,\cdots,x_{N_0}\}\text{①},\quad \beta=\max\{x_1,x_2,\cdots,x_{N_0}\}\text{②},$$

则 $\min\{m,\alpha\}$ 和 $\max\{M,\beta\}$ 就是整个数列 $\{x_n\}$ 的下界和上界.

(3) 有界数列也可以这样叙述：若存在一个正数 M，使得 $|x_n|\leqslant M$ 对一切的 $n\in\mathbf{N}_+$ 都成立，则称 $\{x_n\}$ 是**有界数列**.

定义 3 设 $\{x_n\}$ 是一个数列，如果

$$x_1\leqslant x_2\leqslant\cdots\leqslant x_n\leqslant x_{n+1}\leqslant\cdots,$$

则称 $\{x_n\}$ 是**单调增加（上升）**的. 如果

$$x_1\geqslant x_2\geqslant\cdots\geqslant x_n\geqslant x_{n+1}\geqslant\cdots,$$

则称 $\{x_n\}$ 是**单调减少（下降）**的. 如果上述不等式中等号都不成立，则称 $\{x_n\}$ 是**严格单调增加**或**严格单调减少**的. 单调增加与单调减少的数列统称为**单调数列**.

二、数列极限的定义

我们先看一个例子.

例 1 我国战国时期的哲学家庄周所著的《庄子 · 天下篇》中有这样一句话："一尺之棰，日取其半，万世不竭". 也就是说一根长为一尺的棒，每天截去一半，这样的过程可以无限制地进行下去.

把每天截后剩下部分的长度记录如下（单位为尺）：第一天剩下 $\frac{1}{2}$，第二天剩下 $\frac{1}{2^2}$，第三天剩下 $\frac{1}{2^3}$，…，第 n 天剩下 $\frac{1}{2^n}$，…. 这样就得到一个数列 $\left\{\frac{1}{2^n}\right\}$. 不难看到，$\left\{\frac{1}{2^n}\right\}$ 的通项随着 n 的无限增大而无限地接近于 0.

一般来说，对于数列 $\{x_n\}$，如果存在某个常数 a，随着 n 的无限增大，x_n 的值能无限地接近于这个常数 a，我们就称 $\{x_n\}$ 是**收敛的**，a 称为它的**极限**. 继续考察一些数列，可以看到有的数列收敛，有的数列不收敛. 如：

---

① "min"是英文 minimum 的缩写，$\min\{X\}$ 表示数集 $\{X\}$ 中的最小数.

② "max"是英文 maximum 的缩写，$\max\{X\}$ 表示数集 $\{X\}$ 中的最大数.

$\left\{\frac{1}{n}\right\}$,即 $1,\frac{1}{2},\frac{1}{3},\frac{1}{4},\cdots$ 收敛并以 0 为极限;

$\left\{1+\frac{(-1)^{n+1}}{n}\right\}$,即 $2,1-\frac{1}{2},1+\frac{1}{3},\cdots$ 收敛并以 1 为极限;

$\{n^2\}$,即 $1,4,9,16,\cdots$ 不收敛;

$\{(-1)^n\}$,即 $-1,1,-1,1,\cdots$ 不收敛.

$\{n^2\}$ 是由于它的通项 n^2 随着 n 的无限增大也无限增大,从而不能无限地接近任何一个数.至于 $\{(-1)^n\}$ 则是由于它各项的值随着 n 的改变而交替地取 -1 和 1,而不能无限接近于某一个固定的数,所以这两个数列都不收敛.

下面我们进一步分析,所谓数列 $\left\{1+\frac{(-1)^{n+1}}{n}\right\}$ 收敛于 1.

由于 $|x_n-1|=\frac{1}{n}$,因此随着 n 的不断增大,$|x_n-1|$ 可以无限变小,从而 x_n 可以无限地接近 1.

例如,要求 $|x_n-1|<\frac{1}{10^2}$,只须 $n>100$ 即可,即从 101 项以后的一切项均能满足这个要求;如果要求 $|x_n-1|<\frac{1}{10^3}$,则只须 $n>1\ 000$ 即可,即从第 1 001 项以后的一切项均能满足该要求;一般地,对于任意小的正数 ε,若要求 $|x_n-1|<\varepsilon$,则只需 $n>\frac{1}{\varepsilon}$ 即可,即从 $\frac{1}{\varepsilon}$ 以后的项均能满足这一要求,这样,数列 $\left\{1+\frac{(-1)^{n+1}}{n}\right\}$ 与 1 之间的关系可以用如下方式精确地刻画出来:

不论给定多么小的正数 ε,总存在一个正整数 $\left(\text{比如取 } N=\left[\frac{1}{\varepsilon}\right]\right)$,只要 $n>N$,不等式 $|x_n-1|<\varepsilon$ 都成立.

仿此,我们可以给出数列极限的定义.

定义 4(数列极限的定义) 设 $\{x_n\}$ 是一个数列,a 是确定的常数.如果对任意给定的正数 ε(不论它多么小),总存在正整数 N,当 $n>N$ 时,总有

$$|x_n-a|<\varepsilon,$$

则称数列 $\{x_n\}$ **收敛**于 a,a 称为数列 $\{x_n\}$ 的**极限**,记作 $\lim\limits_{n\to\infty}x_n=a$ 或 $x_n\to a(n\to\infty)$.

如果上述常数 a 不存在,就说数列**没有极限**,或称数列**发散**.

对于数列极限的定义读者需注意下面几点:

(1) ε 的任意性.ε 是衡量 x_n 与 a 的接近程度的.它除限于正数外,不受任何限制,这正说明 x_n 与 a 能接近到任何程度.然而,尽管 ε 有它的任意性,但一旦给定,就应暂时看成固定不变的,以便根据它来确定 N.另外 ε 是任意正数,故 $2\varepsilon,3\varepsilon,\varepsilon^2$ 等也是任意正数.因此定义中不等式右边的 ε 完全可用 $2\varepsilon,3\varepsilon,\varepsilon^2$ 等来代替.同样,不等式中“<”号也可换成“≤”号.

(2) N 的相应性.一般来说,N 是在 ε 给定后确定的.换句话说,N 是随 ε 的变化

而变化的，所以也可将 N 写作 $N(\varepsilon)$，但这并不意味着 N 是由 ε 唯一确定的. 因为对给定的 ε，若 N 能满足要求，则所有大于 N 的正整数都能满足要求. 在这里，重要的是满足条件的 N 的存在性.

(3) 定义中"当 $n>N$ 时总有 $|x_n-a|<\varepsilon$"这一句话是指：从第 N 项以后数列的所有项都满足 $|x_n-a|<\varepsilon$. 从几何意义上讲，就是第 N 项以后的一切项 $x_{N+1}, x_{N+2}, \cdots$ 全都落在 a 的 ε 邻域 $U(a,\varepsilon)$ 内(图 2-1)，而在这邻域之外，至多只有 N(有限)个项. 因此数列是否有极限，只与它从某一项以后有关，而与它前面的有限个项无关. 也就是说，添加、去掉或改变数列的有限个项的数值，不会改变数列的收敛性与其极限值(如果存在的话).

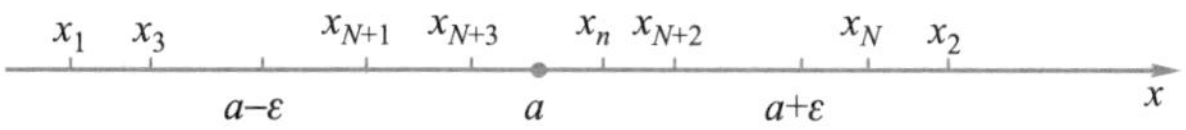

图 2-1

(x_N 以后的一切项全都落在以 $a-\varepsilon$ 和 $a+\varepsilon$ 为端点的区间内)

为了表述方便，我们采用符号"$\forall$"表示"对任意的"或"对每一个"；符号"$\exists$"表示"存在". 这样，对"任意给定的正数 ε"可写成"$\forall \varepsilon>0$"，"存在正整数 N"可写作"$\exists$ 正整数 N"(或"$\exists N\in \mathbf{Z}^+$"). 于是，数列极限 $\lim\limits_{n\to\infty} x_n=a$ 的定义可表述为

如果 $\forall \varepsilon>0$，$\exists N\in\mathbf{Z}^+$，当 $n>N$ 时，总有 $|x_n-a|<\varepsilon$，则 $\lim\limits_{n\to\infty} x_n=a$.

下面举几个例子说明数列极限的概念及如何用定义来考察数列的极限.

例 2　设 q 是满足 $|q|<1$ 的常数，证明 $\lim\limits_{n\to\infty} q^n=0$.

证　若 $q=0$，其结果是显然的. 现考虑 $0<|q|<1$ 的情形. $\forall \varepsilon>0$，要使

$$|q^n-0|=|q|^n<\varepsilon,$$

即

$$n\ln|q|<\ln \varepsilon.$$

因 $|q|<1$，$\ln|q|<0$，故只需

$$n>\frac{\ln \varepsilon}{\ln|q|}\quad (\text{不妨假定 } \varepsilon<|q|).$$

因此可取 $N=\left[\dfrac{\ln \varepsilon}{\ln|q|}\right]$，则当 $n>N$ 时，必有

$$n>\frac{\ln \varepsilon}{\ln|q|},$$

从而有

$$|q^n-0|<\varepsilon.$$

故

$$\lim_{n\to\infty} q^n=0\quad (|q|<1).$$

例 3　证明 $\lim\limits_{n\to\infty}\dfrac{\sqrt{n^2+a^2}}{n}=1$，其中 a 为常数.

证　$\forall \varepsilon>0$，要使

$$\left|\frac{\sqrt{n^2+a^2}}{n}-1\right|=\left|\frac{\sqrt{n^2+a^2}-n}{n}\right|<\varepsilon,$$

注意到

$$\left|\frac{\sqrt{n^2+a^2}-n}{n}\right|=\left|\frac{a^2}{n(\sqrt{n^2+a^2}+n)}\right|\leqslant\frac{a^2}{n},$$

因此只要

$$\frac{a^2}{n}<\varepsilon,$$

即

$$n>\frac{a^2}{\varepsilon}.$$

故可取 $N=\left[\frac{a^2}{\varepsilon}\right]$，则当 $n>N$ 时，有

$$\left|\frac{\sqrt{n^2+a^2}}{n}-1\right|<\varepsilon.$$

故

$$\lim_{n\to\infty}\frac{\sqrt{n^2+a^2}}{n}=1.$$

例 4　证明 $\lim\limits_{n\to\infty}\sqrt[n]{a}=1$，这里 a 是满足 $a>1$ 的常数.

证　令 $\sqrt[n]{a}=1+\alpha_n(\alpha_n>0)$. 则由

$$a=(1+\alpha_n)^n>1+n\alpha_n$$

可得不等式

$$\alpha_n<\frac{a-1}{n}.$$

因此，$\forall\,\varepsilon>0$，要使

$$|\sqrt[n]{a}-1|=\alpha_n<\varepsilon,$$

只要使 $\frac{a-1}{n}<\varepsilon$，即 $n>\frac{a-1}{\varepsilon}$ 即可. 故可取 $N=\left[\frac{a-1}{\varepsilon}\right]$，当 $n>N$ 时就有

$$|\sqrt[n]{a}-1|<\varepsilon.$$

从而

$$\lim_{n\to\infty}\sqrt[n]{a}=1.$$

从例 3 和例 4 看到，有时直接解不等式 $|x_n-a|<\varepsilon$ 很不方便，这时可将 $|x_n-a|$ 适当放大，使 $|x_n-a|\leqslant\beta_n$，再解不等式 $\beta_n<\varepsilon$，从而找出 N. 我们称这种方法为"**放大不等式法**".

例 5　证明 $\lim\limits_{n\to\infty}\frac{n^2-n+2}{3n^2+2n-4}=\frac{1}{3}$.

证　考察

$$\left|\frac{n^2-n+2}{3n^2+2n-4}-\frac{1}{3}\right|=\left|\frac{-5n+10}{3(3n^2+2n-4)}\right|,$$

当 n 充分大时，分子起主要作用的是 $5n$，分母起主要作用的是 $9n^2$. 我们将分子扩大为 $6n$（也可以是 $7n,8n,\cdots$），将分母缩小为 $8n^2$（也可以是 $7n^2,6n^2,\cdots$），则当 n 充分大时，有

$$\left|\frac{-5n+10}{3(3n^2+2n-4)}\right|<\frac{6n}{8n^2}=\frac{3}{4n}.$$

但 n 究竟多大时上述不等式成立？估算一下，例如当 $n>2$ 时，便有上述不等式成立. 于是，$\forall\,\varepsilon>0$，由

$$\left|\frac{n^2-n+2}{3n^2+2n-4}-\frac{1}{3}\right|<\frac{3}{4n}<\varepsilon\quad(n>2),$$

解得 $n>\frac{3}{4\varepsilon}$. 因此可取 $N=\max\left\{2,\left[\frac{3}{4\varepsilon}\right]\right\}$，则当 $n>N$ 时，总有

$$\left|\frac{n^2-n+2}{3n^2+2n-4}-\frac{1}{3}\right|<\varepsilon.$$

故

$$\lim_{n\to\infty}\frac{n^2-n+2}{3n^2+2n-4}=\frac{1}{3}.$$

典型例题
数列极限的定义

三、数列极限的性质

数列极限有如下一些重要的性质：

定理 1（唯一性定理）　若数列 $\{x_n\}$ 收敛，则其极限值必唯一.

证　用反证法. 设 $\{x_n\}$ 有两个相异的极限值 a,b. 由极限的定义，对 $\varepsilon=\frac{|a-b|}{2}>0$，$\exists\,N_1>0$，当 $n>N_1$ 时，$|x_n-a|<\varepsilon$；同样，$\exists\,N_2>0$，当 $n>N_2$ 时，$|x_n-b|<\varepsilon$. 取 $N=\max\{N_1,N_2\}$，则当 $n>N$ 时，有

$$\begin{aligned}|a-b|&=|(x_n-b)-(x_n-a)|\\&\leqslant|x_n-b|+|x_n-a|<2\varepsilon=|a-b|,\end{aligned}$$

这是一个矛盾. 故有 $a=b$.

定理 2（有界性定理）　若数列 $\{x_n\}$ 收敛，则 $\{x_n\}$ 必是有界数列.

证　设 $\lim\limits_{n\to\infty}x_n=a$，则由定义，对 $\varepsilon=1$，$\exists\,N>0$，当 $n>N$ 时，有

$$|x_n-a|<1,$$

即

$$a-1<x_n<a+1.$$

取 $M=\max\{|x_1|,|x_2|,\cdots,|x_N|,|a-1|,|a+1|\}$，则对一切正整数 n，有

$$|x_n|\leqslant M.$$

故 $\{x_n\}$ 是有界数列.

数列有界只是数列收敛的必要条件，而非充分条件. 也就是说，有界数列不一定都存在极限. 例如数列 $\{(-1)^n\}$ 有界，但它不收敛.

定理 3（保序性定理）　设 $\lim\limits_{n\to\infty}x_n=a$，$\lim\limits_{n\to\infty}y_n=b$，且 $a>b$，则 $\exists\,N>0$，当 $n>N$ 时，有 $x_n>y_n$.

证 取 $\varepsilon=\dfrac{a-b}{2}>0$,由 $\lim\limits_{n\to\infty}x_n=a$,$\exists N_1>0$,当 $n>N_1$ 时,有

$$|x_n-a|<\varepsilon=\frac{a-b}{2},$$

从而有

$$x_n>a-\frac{a-b}{2}=\frac{a+b}{2};$$

同样,由 $\lim\limits_{n\to\infty}y_n=b$,$\exists N_2>0$,当 $n>N_2$ 时,有

$$|y_n-b|<\varepsilon=\frac{a-b}{2},$$

从而有

$$y_n<b+\frac{a-b}{2}=\frac{a+b}{2}.$$

取 $N=\max\{N_1,N_2\}$,则当 $n>N$ 时,有 $x_n>\dfrac{a+b}{2}$ 和 $y_n<\dfrac{a+b}{2}$ 均成立,故有 $x_n>y_n$.

推论 1 若 $\lim\limits_{n\to\infty}x_n=a>b$(或$<b$),则 $\exists N>0$,当 $n>N$ 时,有 $x_n>b$(或$<b$).

证 在定理 3 中取 $y_n\equiv b(n=1,2,\cdots)$ 即可得到此结论.

在推论 1 中若取 $b=0$,则得到所谓的"**保号性**"结论:如果 $\lim\limits_{n\to\infty}x_n=a>0$(或$<0$),则 $\exists N>0$,当 $n>N$ 时,有 $x_n>0$(或<0).

推论 2 设 $\lim\limits_{n\to\infty}x_n=a$,$\lim\limits_{n\to\infty}y_n=b$.若 $\exists N>0$,当 $n>N$ 时,有 $x_n\geqslant y_n$,则必有 $a\geqslant b$.

证 反证法.若不然,即 $a<b$,则由定理 3 知,$\exists N_1>0$,当 $n>N_1$ 时,$x_n<y_n$,这与题设 $n>N$ 时 $x_n\geqslant y_n$ 矛盾.

要注意的是,在推论 2 中,即使 $x_n>y_n$,也只能推得 $a\geqslant b$.

推论 3 设 $\lim\limits_{n\to\infty}x_n=a$,若 $\exists N>0$,当 $n>N$ 时,有 $x_n\geqslant b$(或$\leqslant b$),则 $a\geqslant b$(或$\leqslant b$).

证 在推论 2 中取 $y_n\equiv b(n=1,2,\cdots)$,即可得到证明.

例 6 设 $x_n\geqslant 0(n=1,2,\cdots)$,若 $\lim\limits_{n\to\infty}x_n=a$,则

$$\lim_{n\to\infty}\sqrt{x_n}=\sqrt{a}.$$

证 由推论 3 可知 $a\geqslant 0$.

若 $a=0$,则 $\forall\varepsilon>0$,$\exists N>0$,当 $n>N$ 时,有

$$0\leqslant x_n<\varepsilon^2.$$

从而有

$$0\leqslant\sqrt{x_n}<\varepsilon.$$

即

$$\lim_{n\to\infty}\sqrt{x_n}=0.$$

若 $a>0$,由推论 1 知 $\exists N_1>0$,当 $n>N_1$ 时,有 $x_n>0$,从而 $\sqrt{x_n}>0$.于是有

$$|\sqrt{x_n}-\sqrt{a}|=\frac{|x_n-a|}{\sqrt{x_n}+\sqrt{a}}<\frac{|x_n-a|}{\sqrt{a}}.$$

由 $\lim\limits_{n\to\infty}x_n=a$，$\forall\ \varepsilon>0$，$\exists\ N_2>0$，当 $n>N_2$ 时，有

$$|x_n-a|<\sqrt{a}\,\varepsilon.$$

取 $N=\max\{N_1,N_2\}$，则当 $n>N$ 时，有

$$|\sqrt{x_n}-\sqrt{a}|<\varepsilon.$$

故

$$\lim_{n\to\infty}\sqrt{x_n}=\sqrt{a}.$$

下面我们给出数列的子列的概念.

定义 5　在数列 $\{x_n\}$ 中保持原来的次序自左向右任意选取无穷多项构成一个新的数列，称它为 $\{x_n\}$ 的一个**子列**.

在选出的子列中，我们记第一项为 x_{n_1}，第二项为 x_{n_2}，…，第 k 项为 x_{n_k}，…，则数列 $\{x_n\}$ 的子列可记为 $\{x_{n_k}\}$. k 表示 x_{n_k} 在子列 $\{x_{n_k}\}$ 中是第 k 项，n_k 表示 x_{n_k} 在原数列 $\{x_n\}$ 中是第 n_k 项. 很明显，对每一个 k，有 $n_k\geqslant k$. 又对任意正整数 h，k，如果 $h\geqslant k$，则 $n_h\geqslant n_k$；反之，若 $n_h\geqslant n_k$，则 $h\geqslant k$.

由于在子列 $\{x_{n_k}\}$ 中的下标是 k 而不是 n_k，因此 $\{x_{n_k}\}$ **收敛于** a 的定义是：$\forall\ \varepsilon>0$，$\exists\ K>0$，当 $k>K$ 时，有 $|x_{n_k}-a|<\varepsilon$. 这时，记为 $\lim\limits_{k\to\infty}x_{n_k}=a$.

定理 4　$\lim\limits_{n\to\infty}x_n=a \Longleftrightarrow \{x_n\}$ 的任何子列 $\{x_{n_k}\}$ 都收敛，且都以 a 为极限.

证　($\Longleftarrow$)　由于 $\{x_n\}$ 本身也可看成是它的一个子列，故由条件得证.

($\Longrightarrow$)　由 $\lim\limits_{n\to\infty}x_n=a$，$\forall\ \varepsilon>0$，$\exists\ N>0$，当 $n>N$ 时，有

$$|x_n-a|<\varepsilon.$$

今取 $K=N$，则当 $k>K$ 时，有 $n_k>n_K=n_N\geqslant N$，于是

$$|x_{n_k}-a|<\varepsilon.$$

故有

$$\lim_{k\to\infty}x_{n_k}=a.$$

定理 4 用来判别数列 $\{x_n\}$ 发散有时是很方便的. 如果在数列 $\{x_n\}$ 中有一个子列发散，或者有两个子列不收敛于同一极限值，则可断言 $\{x_n\}$ 是发散的.

例 7　判别数列 $\left\{x_n=\sin\dfrac{n\pi}{8},n\in\mathbf{N}_+\right\}$ 的敛散性.

解　在 $\{x_n\}$ 中选取两个子列：

$$\left\{\sin\frac{8k\pi}{8},k\in\mathbf{N}_+\right\}，即\left\{\sin\frac{8\pi}{8},\sin\frac{16\pi}{8},\cdots,\sin\frac{8k\pi}{8},\cdots\right\};$$

$$\left\{\sin\frac{(16k+4)\pi}{8},k\in\mathbf{N}_+\right\}，即\left\{\sin\frac{20\pi}{8},\cdots,\sin\frac{(16k+4)\pi}{8},\cdots\right\}.$$

显然，第一个子列收敛于 0，而第二个子列收剑于 1，因此原数列 $\left\{\sin\dfrac{n\pi}{8}\right\}$ 发散.

四、数列的收敛准则

在前面我们已经介绍了数列收敛所具有的一些性质，下面我们将给出数列收敛

的一些充分条件.

定理 5(夹逼定理) 对数列$\{x_n\}$,$\{y_n\}$和$\{z_n\}$,若$\exists N>0$,当$n>N$时,有

$$x_n\leqslant y_n\leqslant z_n,$$

且$\lim\limits_{n\to\infty}x_n=\lim\limits_{n\to\infty}z_n=a$,则$\lim\limits_{n\to\infty}y_n=a$.

证 由$\lim\limits_{n\to\infty}x_n=\lim\limits_{n\to\infty}z_n=a$,$\forall\varepsilon>0$,$\exists N_1>0$,当$n>N_1$时,有

$$|x_n-a|<\varepsilon\Longleftrightarrow a-\varepsilon<x_n<a+\varepsilon;$$

$\exists N_2>0$,当$n>N_2$时,有

$$|z_n-a|<\varepsilon\Longleftrightarrow a-\varepsilon<z_n<a+\varepsilon.$$

取$N^*=\max\{N,N_1,N_2\}$,则当$n>N^*$时有

$$a-\varepsilon<x_n\leqslant y_n\leqslant z_n<a+\varepsilon,$$

即

$$|y_n-a|<\varepsilon.$$

故

$$\lim_{n\to\infty}y_n=a.$$

推论 4 对数列$\{y_n\}$,$\{z_n\}$和常数a,若$\exists N>0$,当$n>N$时,有$a\leqslant y_n\leqslant z_n$(或$z_n\leqslant y_n\leqslant a$),且$\lim\limits_{n\to\infty}z_n=a$,则$\lim\limits_{n\to\infty}y_n=a$.

这个推论的证明是很明显的.

定理 5 及其推论 4 不仅提供了判断数列极限存在的一个方法,也提供了一个求极限值的方法.

例 8 设α为常数且$0<\alpha<1$,证明

$$\lim_{n\to\infty}[(n+1)^\alpha-n^\alpha]=0.$$

证 因为

$$0<(n+1)^\alpha-n^\alpha=n^\alpha\left[\left(1+\frac{1}{n}\right)^\alpha-1\right]$$

$$<n^\alpha\left[\left(1+\frac{1}{n}\right)-1\right]=\frac{1}{n^{1-\alpha}}.$$

而当$0<\alpha<1$时,$\lim\limits_{n\to\infty}\dfrac{1}{n^{1-\alpha}}=0$(参见习题 2-1 第 2 题(3)),故由推论 4 知

$$\lim_{n\to\infty}[(n+1)^\alpha-n^\alpha]=0.$$

例 9 求数列$\{\sqrt[n]{n}\}$的极限.

解 当$n>1$时,$\sqrt[n]{n}>1$,记$\sqrt[n]{n}=1+\alpha_n(\alpha_n>0)$,则

$$n=(1+\alpha_n)^n>\frac{n(n-1)}{2}\alpha_n^2.$$

从而有

$$0<\alpha_n<\sqrt{\frac{2}{n-1}}.$$

于是

$$1<\sqrt[n]{n}=1+\alpha_n<1+\sqrt{\frac{2}{n-1}},$$

典型例题
夹逼定理的应用

容易证明 $\lim\limits_{n\to\infty}\left(1+\sqrt{\frac{2}{n-1}}\right)=1$，从而有

$$\lim_{n\to\infty}\sqrt[n]{n}=1.$$

例 10　设 $a_1,a_2,\cdots,a_k$ 为正数，证明

$$\lim_{n\to\infty}\sqrt[n]{a_1^n+a_2^n+\cdots+a_k^n}=\max\{a_1,a_2,\cdots,a_k\}.$$

证　记 $M=\max\{a_1,a_2,\cdots,a_k\}$，则

$$M\leqslant\sqrt[n]{a_1^n+a_2^n+\cdots+a_k^n}\leqslant\sqrt[n]{k}M.$$

由于 $\lim\limits_{n\to\infty}\sqrt[n]{k}=1$，由夹逼定理可知，

$$\lim_{n\to\infty}\sqrt[n]{a_1^n+a_2^n+\cdots+a_k^n}=M,$$

即

$$\lim_{n\to\infty}\sqrt[n]{a_1^n+a_2^n+\cdots+a_k^n}=\max\{a_1,a_2,\cdots,a_k\}.$$

前面提到，有界数列未必收敛. 但是，如果数列不仅有界，而且是单调的，那么这个数列必然收敛. 这就是下面的单调有界收敛准则：

定理 6（单调有界数列收敛准则）　单调增加有上界的数列必有极限，且极限值不小于数列中的任意一项；单调减少有下界的数列必有极限，且极限值不大于数列中的任意一项.

这个定理的证明涉及较多的基础理论，故在此略去不证.

例 11　设 $x_0=1,x_n=1+\dfrac{x_{n-1}}{1+x_{n-1}}(n=1,2,\cdots)$，证明 $\lim\limits_{n\to\infty}x_n$ 存在.

证　显然 $x_n>0(n=0,1,2,\cdots)$，且 $x_1-x_0=\dfrac{1}{2}>0$，即 $x_1>x_0$. 现设 $x_n>x_{n-1}$，则

$$\begin{aligned}x_{n+1}-x_n&=\left(1+\frac{x_n}{1+x_n}\right)-\left(1+\frac{x_{n-1}}{1+x_{n-1}}\right)\\&=\frac{x_n-x_{n-1}}{(1+x_n)(1+x_{n-1})}>0.\end{aligned}$$

由数学归纳法知 $\{x_n\}$ 是单调增加的，又对任意的 $n\geqslant1$，有

$$x_n=1+\frac{x_{n-1}}{1+x_{n-1}}=2-\frac{1}{1+x_{n-1}}<2,$$

从而 $\{x_n\}$ 有上界. 根据定理 6 知 $\lim\limits_{n\to\infty}x_n$ 存在.

对于递推数列 $x_{n+1}=f(x_n)(n=0,1,2,\cdots)$，可以通过“蛛网图”来观察其变化规律. 图 2-2 是例 11 中递推数列的“蛛网图”，从中可以发现 $\{x_n\}$ 是单调增加且以 2 为上界的数列.

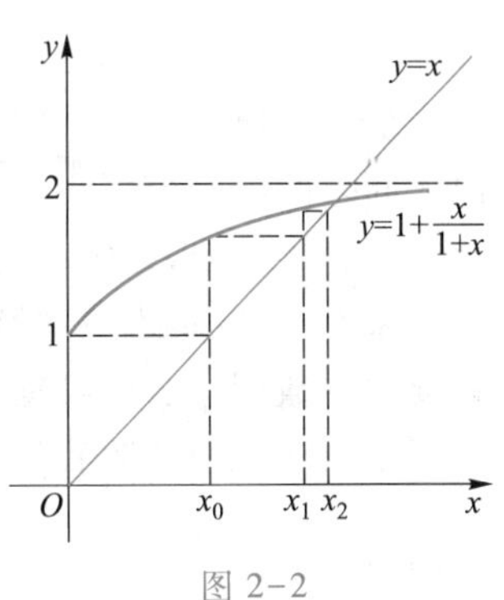

图 2-2

例 12　证明数列 $\left\{\left(1+\dfrac{1}{n}\right)^n\right\}$ 收敛.

证 由中学代数知识可知,当 $a>b>0$ 时,有

$$a^{n+1}-b^{n+1}=(a-b)(a^n+a^{n-1}b+\cdots+a^{n-k}b^k+\cdots+ab^{n-1}+b^n)$$
$$<(n+1)(a-b)a^n,$$

即

$$a^n[(n+1)b-na]<b^{n+1}. \tag{1}$$

取 $a=1+\dfrac{1}{n}$, $b=1+\dfrac{1}{n+1}$, 代入(1)式,得

$$\left(1+\frac{1}{n}\right)^n<\left(1+\frac{1}{n+1}\right)^{n+1},$$

从而数列$\left\{\left(1+\dfrac{1}{n}\right)^n\right\}$是严格单调增加的.

再取 $a=1+\dfrac{1}{2n}$, $b=1$, 代入(1)式,得

$$\left(1+\frac{1}{2n}\right)^n<2,$$

从而

$$\left(1+\frac{1}{2n}\right)^{2n}<4,\qquad n=1,2,\cdots.$$

由于$\left\{\left(1+\dfrac{1}{n}\right)^n\right\}$严格单调增加,故有

$$\left(1+\frac{1}{n}\right)^n<\left(1+\frac{1}{2n}\right)^{2n}<4,\quad n=1,2,\cdots,$$

即$\left\{\left(1+\dfrac{1}{n}\right)^n\right\}$有上界.根据定理 6 即知$\left\{\left(1+\dfrac{1}{n}\right)^n\right\}$收敛.

通常我们将这个数列的极限值记为 e,即

$$\lim_{n\to\infty}\left(1+\frac{1}{n}\right)^n=\mathrm{e}.$$

可以证明 e 是一个无理数,且 $\mathrm{e}\approx 2.718\ 281\ 828\ 459\ 045\cdots$.

最后,我们给出数列收敛的一个充要条件.

定理 7(柯西(Cauchy)收敛准则) 数列 $\{x_n\}$ 收敛 $\Longleftrightarrow \forall\varepsilon>0$, $\exists N>0$,使当 m, $n>N$时,有

$$|x_n-x_m|<\varepsilon.$$

这个条件所反映的事实是“收敛数列的各项的值愈到后面,彼此愈是接近,以至它们之间差的绝对值可小于任何给定的正数”.或者形象地说,这些数列的项越到后面越是“挤”在一起.把定理的结果与数列极限的定义相比较,便会发现,柯西收敛准则把原来的 x_n 与 a 的关系换成了 x_n 与 x_m 的关系,其好处是无须借助数列以外的数 a,只要根据数列本身的特征就可讨论它的收敛性.

关于该定理的证明我们略去.

例 13 证明数列 $\{x_n\}=\left\{1+\dfrac{1}{2}+\dfrac{1}{3}+\cdots+\dfrac{1}{n}\right\}$是发散的.

证　对 $\forall n$，取 $m=2n$，有

$$|x_m-x_n|=\frac{1}{n+1}+\frac{1}{n+2}+\cdots+\frac{1}{n+n}$$
$$\geqslant\frac{1}{n+n}+\frac{1}{n+n}+\cdots+\frac{1}{n+n}=\frac{1}{2}.$$

于是若取 $\varepsilon=\frac{1}{2}$，则 $\forall N>0$，当 $n>N$ 时，都有

$$|x_{2n}-x_n|>\frac{1}{2}=\varepsilon.$$

由柯西收敛准则即知 $\{x_n\}=\left\{1+\frac{1}{2}+\cdots+\frac{1}{n}\right\}$ 发散.

习题 2-1

1. 已知数列 $\{x_n\}: x_n=\frac{n-1}{n+1}$，$\lim\limits_{n\to\infty}x_n=1$.

(1) 若 $\varepsilon=0.01$，问第几项以后，有 $|x_n-1|<\varepsilon$？

(2) 若 ε 是任意给定的正数，问第几项以后有 $|x_n-1|<\varepsilon$？

2. 用定义证明：

(1) $\lim\limits_{n\to\infty}\frac{3n^2+n}{2n^2-1}=\frac{3}{2}$；　　(2) $\lim\limits_{n\to\infty}\frac{1}{n}\sin\frac{n\pi}{2^n}=0$；

(3) $\lim\limits_{n\to\infty}\frac{1}{n^\beta}=0$，其中 β 为正常数；

(4) $\lim\limits_{n\to\infty}(\sqrt{n+1}-\sqrt{n})=0$；　　(5) $\lim\limits_{n\to\infty}\frac{\sqrt{n^2+n}}{n}=1$；

(6) $\lim\limits_{n\to\infty}x_n=1$，其中 $x_n=\begin{cases}\frac{n-1}{n}, & n\text{ 为偶数},\\ \frac{n+1}{n}, & n\text{ 为奇数}.\end{cases}$

3. 试给出数列 $\{x_n\}$ 不以有限常数 a 为极限的定义.

4. (1) 按定义证明，若 $\lim\limits_{n\to\infty}x_n=a$，则对任何自然数 k，$\lim\limits_{n\to\infty}x_{n+k}=a$；

(2) 按定义证明，若 $\lim\limits_{n\to\infty}x_n=a$，则 $\lim\limits_{n\to\infty}|x_n|=|a|$. 反之是否成立？

(3) 若 $\lim\limits_{n\to\infty}|x_n|=0$，试问 $\lim\limits_{n\to\infty}x_n=0$ 是否一定成立？为什么？

5. 利用极限性质证明：

(1) $\lim\limits_{n\to\infty}\left(\frac{1}{n^2}+\frac{1}{(n+1)^2}+\cdots+\frac{1}{(2n)^2}\right)=0$；

(2) $\lim\limits_{n\to\infty}\frac{2^n}{n!}=0$.

6. 对数列 $\{x_n\}$，若 $x_{2k}\to a\ (k\to\infty)$，$x_{2k+1}\to a\ (k\to\infty)$，证明：$x_n\to a\ (n\to\infty)$.

7. 利用单调有界数列收敛准则证明下列数列的极限存在.

(1) $x_1>0, x_{n+1}=\dfrac{1}{2}\left(x_n+\dfrac{a}{x_n}\right)\quad(n=1,2,\cdots,a>0)$；

(2) $x_1=\sqrt{2}, x_{n+1}=\sqrt{2x_n}\quad(n=1,2,\cdots)$；

(3) $x_n=\sqrt[n]{a}\quad$ (a 是常数且 $0<a<1$).

8. 利用柯西收敛准则讨论下列数列的敛散性.

(1) $x_n=a_0+a_1q+a_2q^2+\cdots+a_nq^n\quad(|q|<1, |a_i|\leqslant M)$；

(2) $x_n=\dfrac{\sin 1}{1\cdot 2}+\dfrac{\sin 2}{2\cdot 3}+\cdots+\dfrac{\sin n}{n\cdot(n+1)}$.

第二节 函数的极限

一、函数在无穷大处的极限

我们运用“$n\to\infty$”的极限过程描述了数列 $\{x_n\}$ 的变化趋势.定义域为 $(A,+\infty)$ 的函数 $f(x)$，当自变量 x 无限增大时，函数值无限地接近于一个常数的情形与数列极限类似，所不同的是，函数的自变量的变化可以是“连续”的.我们用“$x\to+\infty$”的极限过程来描述函数 $f(x)$ 的这种变化趋势.

1. $x\to+\infty$ 时，函数的极限

定义 1 设 $f(x)$ 在 $(A,+\infty)$ 上有定义. $\forall\varepsilon>0$，若 $\exists X>0$，当 $x>X$ 时，有 $|f(x)-a|<\varepsilon$ 成立，则称常数 a 为**函数 $f(x)$ 当 $x\to+\infty$ 时的极限**，记为 $\lim\limits_{x\to+\infty}f(x)=a$ 或 $f(x)\to a\ (x\to+\infty)$.

例 1 用定义证明 $\lim\limits_{x\to+\infty}\dfrac{1}{x}=0\ (x>0)$.

证 $\forall\varepsilon>0$，要 $\left|\dfrac{1}{x}-0\right|<\varepsilon$，即要 $|x|>\dfrac{1}{\varepsilon}$，由于 $x>0$，故只要 $x>\dfrac{1}{\varepsilon}$ 即可.于是取 $X=\dfrac{1}{\varepsilon}$，则当 $x>X$ 时，有 $\left|\dfrac{1}{x}-0\right|<\varepsilon$ 成立.由极限定义，得 $\lim\limits_{x\to+\infty}\dfrac{1}{x}=0$.

读者可自行将例 1 与数列 $\left\{\dfrac{1}{n}\right\}$ 的极限进行比较，以加深对极限概念的理解.

2. $x\to-\infty$ 时，函数的极限

由函数 $y=\dfrac{1}{x}$，$x\in\mathbf{R}$ 且 $x\neq 0$ 的图形的对称性可看出（见图 1-15(c)），当 x 沿 x 轴负向无限远离坐标原点时，函数 $y=\dfrac{1}{x}$ 的值将充分接近于零.此时，我们说当

$x\to-\infty$ 时,$y=\dfrac{1}{x}$的极限为 0.

定义 2　设$f(x)$在$(-\infty,B)$上有定义.$\forall\varepsilon>0$,若$\exists X>0$,当 $x<-X$ 时,有$|f(x)-a|<\varepsilon$ 成立,则称常数 a 为**函数$f(x)$当 $x\to-\infty$ 时的极限**,记为$\lim\limits_{x\to-\infty}f(x)=a$ 或$f(x)\to a\ (x\to-\infty)$.

例 2　用定义证明 $\lim\limits_{x\to-\infty}10^x=0$.

证　$\forall\varepsilon>0$,要$|10^x-0|=10^x<\varepsilon$,即要 $x<\lg\varepsilon$.因此,可取 $X=|\lg\varepsilon|$,则当 $x<-X$ 时,有$|10^x-0|<\varepsilon$ 成立,故由极限定义得 $\lim\limits_{x\to-\infty}10^x=0$.

一般说来,x 既可趋向$+\infty$,也可趋向$-\infty$,也可按绝对值无限增大.由于$|a|>b>0\Longleftrightarrow a>b$ 或 $a<-b$,所以,x 按绝对值无限增大的情形,既包含了$x\to+\infty$ 的情形,又包含了 $x\to-\infty$ 的情形.从而,将上述两种极限情形综合起来就得到 x 按绝对值无限增大时函数$f(x)$的极限.

3. $x\to\infty$ 时,函数的极限

定义 3　设$f(x)$在$(-\infty,B)\cup(A,+\infty)$上有定义.$\forall\varepsilon>0$,若$\exists X>0$,当$|x|>X$时,有$|f(x)-a|<\varepsilon$ 成立,则称常数 a 为**函数$f(x)$当 $x\to\infty$ 时的极限**,记为$\lim\limits_{x\to\infty}f(x)=a$ 或$f(x)\to a(x\to\infty)$.

例 3　用定义证明 $\lim\limits_{x\to\infty}\dfrac{1-x^3}{2x^3}=-\dfrac{1}{2}$.

证　$\forall\varepsilon>0$,要

$$\left|\frac{1-x^3}{2x^3}-\left(-\frac{1}{2}\right)\right|=\frac{1}{2|x|^3}<\varepsilon,$$

即要

$$|x|>\frac{1}{\sqrt[3]{2\varepsilon}},$$

故取 $X=\dfrac{1}{\sqrt[3]{2\varepsilon}}$,则当$|x|>X$ 时,有

$$\left|\frac{1-x^3}{2x^3}-\left(-\frac{1}{2}\right)\right|<\varepsilon$$

成立.由极限定义得 $\lim\limits_{x\to\infty}\dfrac{1-x^3}{2x^3}=-\dfrac{1}{2}$.

由以上三个极限定义及绝对值性质,可得到下面的定理.

定理 1　$\lim\limits_{x\to\infty}f(x)=a\Longleftrightarrow\lim\limits_{x\to+\infty}f(x)=\lim\limits_{x\to-\infty}f(x)=a$.

例 4　证明 $\lim\limits_{x\to\infty}\arctan x$ 不存在.

证　由 $y=\arctan x$ 的图形(参见图 1-18)可以看出:

$$\lim_{x\to+\infty}\arctan x=\frac{\pi}{2},\quad \lim_{x\to-\infty}\arctan x=-\frac{\pi}{2},$$

从而,由定理 1 可知 $\lim\limits_{x\to\infty}\arctan x$ 不存在.

下面证明 $\lim\limits_{x\to+\infty}\arctan x=\frac{\pi}{2}$. $\forall\,\varepsilon>0$,要 $\left|\arctan x-\frac{\pi}{2}\right|<\varepsilon$,只要

$$\frac{\pi}{2}-\varepsilon<\arctan x<\frac{\pi}{2}+\varepsilon,$$

因为 $-\frac{\pi}{2}<\arctan x<\frac{\pi}{2}$,$\varepsilon>0$,故只需 $\arctan x>\frac{\pi}{2}-\varepsilon$.

当 $\varepsilon\geqslant\frac{\pi}{2}$时,只要 $x>0$,就有 $\arctan x>\frac{\pi}{2}-\varepsilon$ 成立;

当 $0<\varepsilon<\frac{\pi}{2}$时,由 $\arctan x>\frac{\pi}{2}-\varepsilon$ 及 $\tan x$ 的单调性,得 $x>\tan\left(\frac{\pi}{2}-\varepsilon\right)>0$.

综上所述,取 $X=\max\left\{\tan\left(\frac{\pi}{2}-\varepsilon\right),0\right\}$,则当 $x>X$ 时,有 $\left|\arctan x-\frac{\pi}{2}\right|<\varepsilon$ 成立,即有 $\lim\limits_{x\to+\infty}\arctan x=\frac{\pi}{2}$.

类似地,可以证明 $\lim\limits_{x\to-\infty}\arctan x=-\frac{\pi}{2}$(请读者自己完成).

注意到不等式 $|f(x)-a|<\varepsilon$ 等价于 $a-\varepsilon<f(x)<a+\varepsilon$,函数 $f(x)$ 当 $x\to\infty$ 时的极限为 a 的几何意义便是:$\forall\,\varepsilon>0$, $\exists\,X>0$,当 $|x|>X$ 时,函数 $f(x)$ 的图形 $y=f(x)$ 夹在两条平行线 $y=a+\varepsilon$ 与 $y=a-\varepsilon$ 之间,如图 2-3 所示.

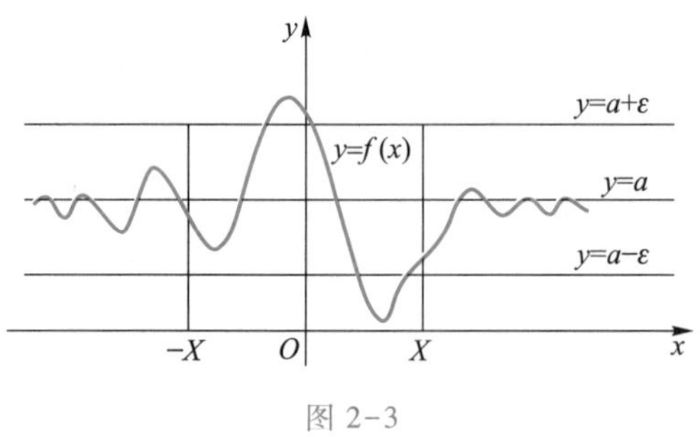

图 2-3

二、函数在有限点处的极限

函数在有限点处的极限是另一类极限.它描述了自变量 x 无限接近 x_0 时,函数 $f(x)$ 的变化趋势.在讨论这类极限时,我们不必考虑函数本身在 x_0 处有无定义,而只考虑 x 无限接近 x_0,即 $x\in\mathring{U}(x_0)$ 时,函数的变化趋势.如果在自变量 $x\to x_0(x\neq x_0)$ 的过程中,对应的函数值 $f(x)$ 无限接近于确定的常数 a,就说当 $x\to x_0$ 时函数 $f(x)$ 的极限为 a,并记作 $\lim\limits_{x\to x_0}f(x)=a$,这种类型的极限称为函数在有限点 x_0 处的极限.

对于函数 $f(x)=\frac{x^3-1}{x-1}$,当 $x\neq1$ 时,$f(x)=x^2+x+1$,显然当 $x\to1$ 时,$f(x)$ 无限接近 3,也就是说,当 $x\to1$ 时,$f(x)$ 的极限是 3,即

$$\lim_{x\to 1} f(x)=3.$$

由于单凭观察得出函数的极限是不可靠的,特别在进行理论推导时,以直觉作为依据更是容易出错,因此与数列极限和函数在无穷远处的极限类似,有必要给出函数在 x_0 处的极限的严格数学定义.

定义 4　$\forall \varepsilon>0$,若 $\exists \delta>0$,当 $0<|x-x_0|<\delta$ 时,$f(x)$ 有定义,且 $|f(x)-a|<\varepsilon$ 成立,则称常数 a 为**函数 $f(x)$ 当 $x\to x_0$ 时的极限**,记为 $\lim\limits_{x\to x_0} f(x)=a$ 或 $f(x)\to a(x\to x_0)$.

例 5　证明 $\lim\limits_{x\to x_0} x=x_0$.

证　$\forall \varepsilon>0$,取 $\delta=\varepsilon$,则当 $0<|x-x_0|<\delta$ 时,$|x-x_0|<\varepsilon$ 成立,故由极限定义得 $\lim\limits_{x\to x_0} x=x_0$.

例 6　证明 $\lim\limits_{x\to 1}(ax^2+b)=a+b(a\neq 0,b$ 为常数$)$.

证　$\forall \varepsilon>0$,要 $|(ax^2+b)-(a+b)|=|a||x+1||x-1|<\varepsilon$.因为$x\to 1$,所以,不妨只考虑 $x\in \hat{U}(1,1)$,即$0<|x-1|<1$,于是有

$$|x+1|=|(x-1)+2|\leqslant |x-1|+2<3.$$

由 $|a||x+1||x-1|<3|a||x-1|<\varepsilon$,得 $|x-1|<\dfrac{\varepsilon}{3|a|}$.

取 $\delta=\min\left\{1,\dfrac{\varepsilon}{3|a|}\right\}$,则当 $0<|x-1|<\delta$ 时,

$$|(ax^2+b)-(a+b)|<\varepsilon$$

成立,由极限定义得 $\lim\limits_{x\to 1}(ax^2+b)=a+b(a\neq 0)$.

仿例 6 的证明方法可得 $\lim\limits_{x\to x_0}(ax^2+b)=ax_0^2+b$,其中 $a\neq 0,b,x_0$ 为常数.

例 7　证明 $\lim\limits_{x\to 1}\dfrac{x^2-1}{x-1}=2$.

证　$\forall \varepsilon>0$,要找 $\delta>0$,使当 $0<|x-1|<\delta$ 时,

$$\left|\frac{x^2-1}{x-1}-2\right|=|x-1|<\varepsilon$$

成立,故取 $\delta=\varepsilon$,则当 $0<|x-1|<\delta$ 时,$\left|\dfrac{x^2-1}{x-1}-2\right|<\varepsilon$ 成立.由极限定义得 $\lim\limits_{x\to 1}\dfrac{x^2-1}{x-1}=2$.

例 8　证明 $\lim\limits_{x\to x_0}\sin x=\sin x_0,x_0\in \mathbf{R}$.

证　由于 $|\sin x|\leqslant |x|$,$|\cos x|\leqslant 1$,所以,

$$|\sin x-\sin x_0|=\left|2\sin\frac{x-x_0}{2}\cos\frac{x+x_0}{2}\right|\leqslant |x-x_0|,$$

于是,$\forall \varepsilon>0$,取 $\delta=\varepsilon$,则当 $0<|x-x_0|<\delta$ 时,有

$$|\sin x-\sin x_0|<\varepsilon$$

成立,故由极限定义得 $\lim\limits_{x\to x_0}\sin x=\sin x_0$.

类似于例 8,可以证明 $\lim\limits_{x\to x_0}\cos x=\cos x_0,x_0\in \mathbf{R}$.

例 9　设 $a>1$,证明 $\lim\limits_{x\to 0}a^x=1$.

证 $\forall \varepsilon>0$,不妨设 $\varepsilon<1$.要使 $|a^x-1|<\varepsilon$,即要 $1-\varepsilon<a^x<1+\varepsilon$.这又相当于要

$$\log_a(1-\varepsilon)<x<\log_a(1+\varepsilon).$$

由于 $0<\varepsilon<1$,故 $\log_a(1-\varepsilon)=-\log_a\dfrac{1}{1-\varepsilon}$,其中 $\log_a\dfrac{1}{1-\varepsilon}>0$,从而只要

$$-\log_a\frac{1}{1-\varepsilon}<x<\log_a(1+\varepsilon).$$

取 $\delta=\min\left\{\log_a\dfrac{1}{1-\varepsilon},\log_a(1+\varepsilon)\right\}$,则当 $0<|x|<\delta$ 时,有 $|a^x-1|<\varepsilon$ 成立.由极限定义得 $\lim\limits_{x\to 0}a^x=1$.

从上面的几个例题可以看出:定义 4 中的 δ 与 ε 和 x_0 有关,通常可表示为 $\delta=\delta(\varepsilon,x_0)$.一般说来,$\varepsilon$ 值越小,相应的 δ 值也越小.此外,不等式 $|f(x)-a|<\varepsilon$ 既要对任意的 $\varepsilon>0$ 成立,同时也要对 $x\to x_0$ 以任何方式进行都成立.函数 $f(x)$ 当 $x\to x_0$ 以 a 为极限时,函数本身可以不取该极限值.

由极限的定义可知,若 $\lim\limits_{x\to x_0}f(x)=a$,则 $\forall\varepsilon>0$, $\exists\delta>0$,当 $0<|x-x_0|<\delta$ 时,$a-\varepsilon<f(x)<a+\varepsilon$,即 $x\in\mathring{U}(x_0,\delta)$ 时,函数的图形 $y=f(x)$ 夹在两条平行线 $y=a-\varepsilon$ 与 $y=a+\varepsilon$ 之间,如图 2-4 所示.

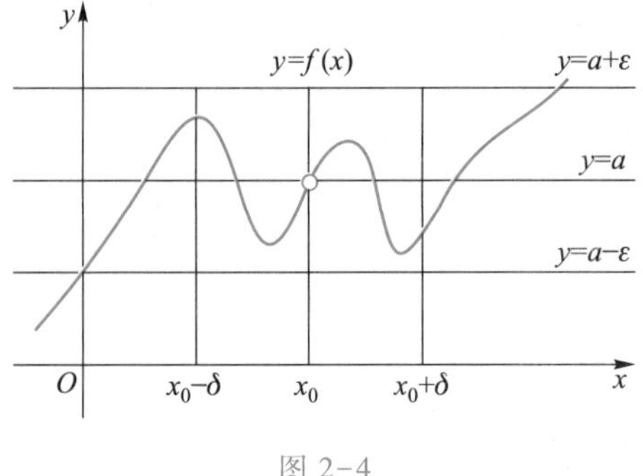

图 2-4

三、函数极限的性质

函数极限与数列极限一样,也具有唯一性、有界性、保号性等性质,其证明过程也类似,因此,我们下面只给出部分定理的证明,有兴趣的读者可自行完成其他定理的证明.

为了叙述方便,我们将使用不标明变量变化过程的极限符号"lim",这时表明定理对任何一种极限过程均成立.

定理 2 若 $\lim f(x)$ 存在,则其极限值必唯一.

证 我们仅考虑 $x\to x_0$ 的情形.设 $\lim\limits_{x\to x_0}f(x)=a$, $\lim\limits_{x\to x_0}f(x)=b$.由极限的定义,$\forall\varepsilon>0$,

$$\exists\delta_1>0,\text{当 }0<|x-x_0|<\delta_1\text{ 时},|f(x)-a|<\varepsilon;$$

$$\exists\delta_2>0,\text{当 }0<|x-x_0|<\delta_2\text{ 时},|f(x)-b|<\varepsilon.$$

令 $\delta=\min\{\delta_1,\delta_2\}$,则当 $0<|x-x_0|<\delta$ 时,$|f(x)-a|<\varepsilon$ 与 $|f(x)-b|<\varepsilon$ 同时成立.于是有

$$|a-b|=|a-f(x)+f(x)-b|$$
$$\leqslant |f(x)-a|+|f(x)-b|<2\varepsilon,$$

由 ε 的任意性得 $a=b$.即若 $\lim\limits_{x\to x_0}f(x)$ 存在,则其极限值必唯一.

定理 3　若 $\lim\limits_{x\to\infty}f(x)$ 存在,则 $\exists r>0$,当 $|x|>r$ 时,$|f(x)|\leqslant M(M>0$ 为常数).

若 $\lim\limits_{x\to x_0}f(x)$ 存在,则 $\exists r_1>0$,当 $0<|x-x_0|<r_1$ 时,$|f(x)|\leqslant M(M>0$ 为常数).

该定理称为**局部有界性定理**,例如,$\lim\limits_{x\to x_0}f(x)$ 存在,则函数 $f(x)$ 在 x_0 的某去心邻域内有界.

定理 4　若 $\lim\limits_{x\to x_0}f(x)=a$ 且 $a>0(a<0)$,则 $\exists\delta>0$,当 $0<|x-x_0|<\delta$ 时,有 $f(x)>0(f(x)<0)$.

若 $\lim\limits_{x\to\infty}f(x)=a$ 且 $a>0(a<0)$,则 $\exists X_0>0$,当 $|x|>X_0$ 时,有 $f(x)>0\ (f(x)<0)$.

定理 5　若 $\lim f(x)=a$ 存在,且 $f(x)\geqslant 0(f(x)\leqslant 0)$,则 $a\geqslant 0(a\leqslant 0)$.

证　仅考虑 $x\to x_0$ 的极限过程,设 $\lim\limits_{x\to x_0}f(x)=a$ 且 $f(x)\geqslant 0$.若 $a<0$,则由定理 4 可推出 $0<|x-x_0|<\delta(\delta$ 为某正常数)时,有 $f(x)<0$,矛盾.该矛盾说明定理 5 成立.

对于 $f(x)\leqslant 0$ 和 $a\leqslant 0$ 的情况,类似可证.

由于极限描述的是函数的变化趋势,函数不一定取到它的极限值,故当$f(x)>0(f(x)<0)$时,由定理 5 一般也只能得出 $a\geqslant 0(a\leqslant 0)$的结论.

例 10　设$f(x)=\dfrac{1}{x},x\in(0,+\infty)$,则$f(x)$在定义域内大于零,但 $\lim\limits_{x\to+\infty}\dfrac{1}{x}=0$,即$a=0$.

四、$x\to x_0$ 时,函数的左、右极限

在 $x\to x_0$ 的极限过程中,x 可以以任何方式接近于 x_0,但是有些实际问题需要我们考虑 x 从 x_0 的一侧趋向于 x_0 时,函数 $f(x)$ 的变化趋势.例如,x_0 恰好为区间的左或右端点,或者 x_0 为某分段函数的分段点时,就会出现这种现象.于是,我们必须对 $x\to x_0$ 的极限定义加以改造,使之适合于 $x>x_0$ 或 $x<x_0$ 而趋向 x_0 的情形.

定义 5　$\forall\varepsilon>0$,若 $\exists\delta>0$,当 $0<x-x_0<\delta$ 时,$f(x)$有定义,且 $|f(x)-a|<\varepsilon$ 成立,则称常数 a 为**函数 $f(x)$ 当 $x\to x_0$ 时的右极限**,记为 $\lim\limits_{x\to x_0^+}f(x)=a$ 或$f(x)\to a(x\to x_0^+)$,也可记为 $f(x_0+0)=a$.

定义 6　$\forall\varepsilon>0$,若 $\exists\delta>0$,当 $0<x_0-x<\delta$ 时,$f(x)$有定义,且 $|f(x)-a|<\varepsilon$ 成立,则称常数 a 为**函数 $f(x)$ 当 $x\to x_0$ 时的左极限**,记为 $\lim\limits_{x\to x_0^-}f(x)=a$ 或 $f(x)\to a(x\to x_0^-)$,也可记为 $f(x_0-0)=a$.

例 11　设 $f(x)=\begin{cases}x^2+1, & x<1,\\ 1, & x=1,\\ x^2-1, & x>1,\end{cases}$ 求 $f(x)$ 在 $x=1$ 处的左、右极限.

解　由本节例 6 的结论可得

$$\lim_{x\to 1^-}f(x)=\lim_{x\to 1^-}(x^2+1)=2,$$
$$\lim_{x\to 1^+}f(x)=\lim_{x\to 1^+}(x^2-1)=0.$$

函数在点 x_0 处的左、右极限可能出现下列三种情形：

(1) 左、右极限均存在，且相等；

(2) 左、右极限均存在，但不相等；

(3) 左、右极限中至少有一个不存在.

在这几种情形下，$f(x)$ 在 x_0 处的极限是否存在呢？由于 $0<|x|<a \Longleftrightarrow 0<x<a$ 或 $-a<x<0$，故运用极限和左、右极限的定义，可以得到下面的定理.

定理 6 $\lim\limits_{x\to x_0} f(x)=a \Longleftrightarrow \lim\limits_{x\to x_0^+} f(x)=\lim\limits_{x\to x_0^-} f(x)=a.$

例 12 设 $f(x)=\begin{cases} x+1, & x<-1, \\ x^2-1, & x>-1, \end{cases}$ 求 $\lim\limits_{x\to -1} f(x)$.

解 利用左、右极限的定义可以证明

$$\lim_{x\to -1^+} f(x)=\lim_{x\to -1^+}(x^2-1)=0,$$

$$\lim_{x\to -1^-} f(x)=\lim_{x\to -1^-}(x+1)=0,$$

从而 $\lim\limits_{x\to -1} f(x)=0$.

习题 2-2

1. 根据函数极限定义证明：

(1) $\lim\limits_{x\to x_0}\cos x=\cos x_0$；　(2) $\lim\limits_{x\to 5}\dfrac{x^2-6x+5}{x-5}=4$；

(3) $\lim\limits_{x\to 1}\dfrac{x^3-1}{x-1}=3$；　(4) $\lim\limits_{x\to \infty}\dfrac{1+x^3}{4x^3}=\dfrac{1}{4}$；

(5) $\lim\limits_{x\to +\infty}(\sin\sqrt{x+1}-\sin\sqrt{x})$；　(6) $\lim\limits_{x\to x_0}\ln x=\ln x_0$，其中 $x_0>0$ 为常数.

2. 求下列函数在指定点处的左、右极限，说明在该点的极限是否存在：

(1) $f(x)=\begin{cases} \dfrac{x}{|x|}, & x\neq 0, \\ 1, & x=0, \end{cases}$ 在 $x=0$ 处；

(2) $f(x)=\begin{cases} \dfrac{x^2-4}{x-2}, & x\neq 2, \\ 4, & x=2, \end{cases}$ 在 $x=2$ 处.

3. 证明：$\lim\limits_{x\to \infty} f(x)=a \Longleftrightarrow \lim\limits_{x\to +\infty} f(x)=\lim\limits_{x\to -\infty} f(x)=a$.

4. 证明：若 $\lim\limits_{x\to x_0} f(x)=a$，则 $\lim\limits_{x\to x_0}|f(x)|=|a|$，并举例说明该命题之逆命题不真.

5. 举一例说明本节定理 5 中，当 $f(x)>0$ 时，也只能得到 $a\geqslant 0$ 的结论.

6. 证明：若 $\lim\limits_{x\to x_0} f(x)=a$，$\lim\limits_{x\to x_0} g(x)=b$，且在 $\mathring{U}(x_0)$ 内 $f(x)\geqslant g(x)$，则 $a\geqslant b$（即 $\lim\limits_{x\to x_0} f(x)\geqslant \lim\limits_{x\to x_0} g(x)$）.

第三节　无穷小量与无穷大量

一、无穷小量

微积分的发展史告诉我们,无穷小量是一个十分重要的概念.许多变化状态较复杂的变量的研究大都可归结为相应的无穷小量的研究.在自然科学和工程技术中常常采用“无穷小分析法”,即在某一过程中引进或确立一个无穷小量,然后再运用极限理论得出一般性结果.例如,力学中分析构件的内力时就是如此.

如果在某极限过程中,某函数以零为极限,则称该函数为此极限过程中的一个无穷小量.数列是定义域为正整数集的函数,因此无穷小量的概念同样适合于数列.

例 1　下列函数在相应的极限过程中是无穷小量:

(1) $\lim\limits_{x\to 0}\sin x=0$,故 $\sin x$ 当 $x\to 0$ 时为无穷小量;

(2) $\lim\limits_{x\to -\infty}10^x=0$,故 10^x 当 $x\to -\infty$ 时为无穷小量;

(3) $\lim\limits_{x\to +\infty}\dfrac{1}{x}=0$,故$\dfrac{1}{x}$当 $x\to +\infty$ 时为无穷小量;

(4) $\lim\limits_{n\to\infty}\ln\left(1+\dfrac{1}{n}\right)=0$,故 $\ln\left(1+\dfrac{1}{n}\right)$ 当 $n\to\infty$ 时为无穷小量.

1. 无穷小量的概念

定义 1　如果当 $x\to x_0$(或 $x\to\infty$)时函数 $\alpha(x)$ 的极限为零,那么 $\alpha(x)$ 叫做 $x\to x_0$(或 $x\to\infty$)时的无穷小量.

类似地,可以定义函数 $\alpha(x)$ 当 $x\to x_0^+$, $x\to x_0^-$, $x\to +\infty$, $x\to -\infty$,以及数列 $\{x_n\}$ 当 $n\to\infty$ 时为无穷小量.

由定义可以看出,无穷小量是指变量在某极限过程中的变化趋势,而不是指一个变量的值的大小,除常数零可作为无穷小量外,其他任何非零常数,即使其绝对值很小(例如十亿分之一),都不是无穷小量.无穷小量是通过极限来描述的,我们不禁要问:如果一个函数在某极限过程中有极限,这个函数与该极限过程中的无穷小量会有什么关系?

如果 $\lim\limits_{x\to x_0}f(x)=a$,则 $\forall\varepsilon>0$, $\exists\delta>0$,当 $0<|x-x_0|<\delta$ 时, $|f(x)-a|<\varepsilon$ 成立.令 $\alpha(x)=f(x)-a$,则此时 $|\alpha(x)|<\varepsilon$,即 $\alpha(x)\to 0(x\to x_0)$.又 $f(x)=a+\alpha(x)$,就是说,当 $x\to x_0$ 时,函数 $f(x)$ 以 a 为极限,则在该极限过程中,函数 $f(x)$ 可以表示为它的极限值与一个相应的无穷小量的和的形式.

反过来,如果 $f(x)=a+\alpha(x)$,其中 a 为常数, $\alpha(x)\to 0(x\to x_0)$,则 $\forall\varepsilon>0$, $\exists\delta>0$,当 $0<|x-x_0|<\delta$ 时, $|\alpha(x)|<\varepsilon$ 成立,即 $|f(x)-a|<\varepsilon$ 成立,从而得 $\lim\limits_{x\to x_0}f(x)=a$.就是说,当 $x\to x_0$ 时,如果函数 $f(x)$ 可以表示为一个常数 a 与一个无穷小量 $\alpha(x)$ 之和的形式,则当 $x\to x_0$ 时, $f(x)$ 以 a 为极限.

对于 $x\to\infty$，可得类似的结果.

综上所述，我们得到一个关于函数的极限与无穷小量的关系定理.

定理 1　在自变量的同一变化过程中，函数 $f(x)$ 有极限 a 的充要条件是 $f(x)=a+\alpha$，其中 α 是无穷小量.

该定理表明：对于函数极限的讨论，可以转化到对无穷小量的讨论上来，这为函数极限的四则运算带来了方便.

2. 无穷小量的运算

定理 2　在某一极限过程中，如果 $\alpha_i(x)(i=1,2,\cdots,n)$ 是无穷小量，则 $\sum\limits_{i=1}^{n}\alpha_i(x)$ 也是无穷小量.

证　我们只对 $x\to x_0$ 的情形进行证明，其他情形的证明与此类似.

由于 $x\to x_0$ 时，$\alpha_i(x)(i=1,2,\cdots,n)$ 均为无穷小量，故 $\forall\varepsilon>0$，

$$\exists\delta_1>0,\text{当 }0<|x-x_0|<\delta_1\text{ 时},\ |\alpha_1(x)|<\frac{\varepsilon}{n};$$

$$\exists\delta_2>0,\text{当 }0<|x-x_0|<\delta_2\text{ 时},\ |\alpha_2(x)|<\frac{\varepsilon}{n};$$

…………

$$\exists\delta_n>0,\text{当 }0<|x-x_0|<\delta_n\text{ 时},\ |\alpha_n(x)|<\frac{\varepsilon}{n}.$$

令 $\delta=\min\{\delta_1,\delta_2,\cdots,\delta_n\}$，则当 $0<|x-x_0|<\delta$ 时，上述各式同时成立，因此，

$$\left|\sum_{i=1}^{n}\alpha_i(x)\right|\leqslant\sum_{i=1}^{n}|\alpha_i(x)|<\varepsilon.$$

由无穷小量的定义得：$x\to x_0$ 时，$\sum\limits_{i=1}^{n}\alpha_i(x)$ 仍是一个无穷小量.

例 2　$x\to0$ 时，$f(x)=\sin x+x^2$ 是否为无穷小量？

解　由于 $\lim\limits_{x\to0}\sin x=\sin 0=0$，$\lim\limits_{x\to0}x^2=0^2=0$，所以，$x\to0$ 时，$\sin x$ 与 x^2 均为无穷小量.由定理 2 得出，$x\to0$ 时，$f(x)=\sin x+x^2$ 仍是一个无穷小量，

$$\lim_{x\to0}(\sin x+x^2)=0.$$

定义 2　在 $x\to x_0$（或 $x\to\infty$）的极限过程中，若 $\exists M>0$，当 $x\in\hat{U}(x_0)$（或 $|x|>r>0$）时，$|f(x)|\leqslant M$ 成立，则称 $f(x)$ 为 **$x\to x_0$（或 $x\to\infty$）时的有界变量.**

定理 3　在某极限过程中，无穷小量与有界量之积仍为无穷小量.

证　设 $\varphi(x)$ 为 $x\to x_0$ 时的有界量，即 $\exists\delta_1>0$，当 $0<|x-x_0|<\delta_1$ 时，有 $|\varphi(x)|\leqslant M$（$M>0$ 为常数）.又设 $\lim\limits_{x\to x_0}\alpha(x)=0$，即 $\forall\varepsilon>0$，$\exists\delta_2>0$，当 $0<|x-x_0|<\delta_2$ 时，$|\alpha(x)|<\dfrac{\varepsilon}{M}$ 成立.

取 $\delta=\min\{\delta_1,\delta_2\}$，则当 $0<|x-x_0|<\delta$ 时，

$$|\varphi(x)\alpha(x)|=|\varphi(x)||\alpha(x)|<M\cdot\frac{\varepsilon}{M}=\varepsilon.$$

由无穷小量的定义得 $\varphi(x)\alpha(x)$ 当 $x\to x_0$ 时为无穷小量.

对于 $x\to\infty$ 等极限过程,仿照上述方法可以证明定理 3 成立.

例 3　求 $\lim\limits_{x\to\infty}\dfrac{1}{x}\sin x$.

解　因为 $\lim\limits_{x\to\infty}\dfrac{1}{x}=0$,

$$|\sin x|\leqslant 1,\quad x\in(-\infty,+\infty),$$

故由定理 3 得 $\lim\limits_{x\to\infty}\dfrac{1}{x}\sin x=0$.

推论 1　在某极限过程中,常数与无穷小量之积仍为无穷小量.

例 4　$x\to 0$ 时,$\sin x$ 是无穷小量,则 $5\sin x$ 也是无穷小量,即 $\lim\limits_{x\to 0}5\sin x=0$.

推论 2　在某一极限过程中,如果 $\alpha_i(x)(i=1,2,\cdots,n)$ 是无穷小量,则 $\prod\limits_{i=1}^{n}\alpha_i(x)=\alpha_1(x)\alpha_2(x)\cdots\alpha_n(x)$ 仍为无穷小量.

例 5　由于 $\lim\limits_{x\to 0}x^2=0$,$\lim\limits_{x\to 0}\sin x=0$,所以,$x\to 0$ 时,$x^2\sin x$ 为无穷小量,即 $\lim\limits_{x\to 0}x^2\sin x=0$.

在某一极限过程中,两个无穷小量的商的情形较为复杂,我们将在以后进行讨论.

例 6　求 $\lim\limits_{x\to 0}\dfrac{\sin x}{x^2+4}$.

解　由于 $\lim\limits_{x\to 0}\sin x=0$,$\lim\limits_{x\to 0}(x^2+4)=4$,所以,由定理 5 得 $\dfrac{\sin x}{x^2+4}$ 当 $x\to 0$ 仍为无穷小量,即 $\lim\limits_{x\to 0}\dfrac{\sin x}{x^2+4}=0$.

例 7　$x\to 0$ 时,$x,x^2,x^3,|x|$ 均为无穷小量,而当 $x\to 0$ 时,

$$\frac{x^2}{x}=x\to 0,\qquad \text{是无穷小量;}$$

$$\frac{x^2}{x^3}=\frac{1}{x},\qquad \text{是无界量;}$$

$$\frac{x^2}{x^2}=1,\qquad \text{有极限,但不是无穷小量;}$$

$$\frac{x}{|x|}=\begin{cases}1, & x>0,\\ -1, & x<0,\end{cases}\qquad \text{极限不存在.}$$

二、无穷大量

1. 无穷大量的概念

如果在某一极限过程中,对应的函数值的绝对值 $|f(x)|$ 无限增大,就说 $f(x)$ 在这一极限过程中是无穷大量,其严格数学定义是

定义 3 $\forall M>0$,若 $\exists\delta>0$,当 $0<|x-x_0|<\delta$ 时,$f(x)$有定义,且 $|f(x)|>M$ 成立,则称 $f(x)$ 为 $x\to x_0$ **时的无穷大量**,记为 $\lim\limits_{x\to x_0}f(x)=\infty$ 或 $f(x)\to\infty\ (x\to x_0)$.

定义 4 $\forall M>0$,若 $\exists X>0$,当 $|x|>X$ 时,$f(x)$有定义,且 $|f(x)|>M$ 成立,则称 $f(x)$ 为 $x\to\infty$ **时的无穷大量**,记为 $\lim\limits_{x\to\infty}f(x)=\infty$ 或 $f(x)\to\infty\ (x\to\infty)$.

无穷大量的定义是对函数的绝对值 $|f(x)|$ 而言的,如果在 $\hat{U}(x_0)$ 内或 $|x|>r>0$ 时,有 $f(x)>0$ 或 $f(x)<0$,则我们可以相应地得到"正无穷大量"或"负无穷大量"的概念.

定义 5 $\forall M>0$,若 $\exists\delta>0$,当 $0<|x-x_0|<\delta$ 时,$f(x)$有定义,且 $f(x)>M$ 成立,则称 $f(x)$ 为 $x\to x_0$ **时的正无穷大量**,记为 $\lim\limits_{x\to x_0}f(x)=+\infty$ 或 $f(x)\to+\infty\ (x\to x_0)$;若 $\exists\delta>0$,当 $0<|x-x_0|<\delta$ 时,$f(x)$有定义,且 $f(x)<-M$ 成立,则称 $f(x)$ 为 $x\to x_0$ **时的负无穷大量**,记为 $\lim\limits_{x\to x_0}f(x)=-\infty$ 或 $f(x)\to-\infty\ (x\to x_0)$.

定义 6 $\forall M>0$,若 $\exists X>0$,当 $|x|>X$ 时,$f(x)$有定义,且 $f(x)>M$ 成立,则称 $f(x)$ 为 $x\to\infty$ **时的正无穷大量**,记为 $\lim\limits_{x\to\infty}f(x)=+\infty$ 或 $f(x)\to+\infty\ (x\to\infty)$;若 $\exists X>0$,当 $|x|>X$ 时,$f(x)$有定义,且 $f(x)<-M$ 成立,则称 $f(x)$ 为 $x\to\infty$ **时的负无穷大量**,记为 $\lim\limits_{x\to\infty}f(x)=-\infty$ 或 $f(x)\to-\infty\ (x\to\infty)$.

对于函数 $f(x)$ 在 $x\to x_0^+$,$x\to x_0^-$,$x\to+\infty$,$x\to-\infty$ 以及数列 $\{x_n\}$ 在 $n\to\infty$ 等极限过程时的无穷大量、正无穷大量、负无穷大量可类似地给予定义.与无穷小量一样,无穷大量是指变量在某极限过程中的变化趋势,而不是指一个变量的值的大小,也不是指一个很大的数.

例 8 利用无穷大量的定义不难证明:

(1) $y=\ln x$,则

$$\lim_{x\to 0^+}\ln x=-\infty,$$

$$\lim_{x\to+\infty}\ln x=+\infty.$$

(2) $y=\tan x$,则

$$\lim_{x\to\frac{\pi}{2}^+}\tan x=-\infty,$$

$$\lim_{x\to\frac{\pi}{2}^-}\tan x=+\infty.$$

(3) $y=x^3$,则

$$\lim_{x\to\infty}x^3=\infty,$$

$$\lim_{x\to+\infty}x^3=+\infty,\quad \lim_{x\to-\infty}x^3=-\infty.$$

2. 无穷大量与无穷小量的关系

首先,我们考察下面的例题.

例 9　由 $\lim\limits_{x\to\infty}x=\infty$，$\lim\limits_{x\to 0}x=0$，设 $f(x)=\dfrac{1}{x}$，$x\in(-\infty,+\infty)$ 且 $x\neq 0$，则有

$$\lim_{x\to\infty}\frac{1}{x}=0\text{（无穷大量的倒数为无穷小量），}$$

$$\lim_{x\to 0}\frac{1}{x}=\infty\text{（无穷小量的倒数为无穷大量）.}$$

进一步，我们得到下面的无穷大量与无穷小量的关系定理.

定理 4　在某极限过程中，若 $f(x)$ 是一个无穷大量，则 $\dfrac{1}{f(x)}$ 为无穷小量；若 $f(x)$ 为无穷小量（$f(x)\neq 0$），则 $\dfrac{1}{f(x)}$ 为无穷大量.

证　我们证明 $x\to x_0$ 的情形，其他情形类似可证.

设 $\lim\limits_{x\to x_0}f(x)=\infty$，则 $\forall\,\varepsilon>0$，$\exists\,\delta>0$，当 $0<|x-x_0|<\delta$ 时，$|f(x)|>M=\dfrac{1}{\varepsilon}$，即 $\left|\dfrac{1}{f(x)}\right|<\varepsilon$，故 $x\to x_0$ 时，$\dfrac{1}{f(x)}$ 为无穷小量.

反之，若 $\lim\limits_{x\to x_0}f(x)=0$，$f(x)\neq 0$，则 $\forall\,M>0$，$\exists\,\delta>0$，当 $0<|x-x_0|<\delta$ 时，$|f(x)|<\varepsilon=\dfrac{1}{M}$，即 $\left|\dfrac{1}{f(x)}\right|>M$，故 $x\to x_0$ 时，$\dfrac{1}{f(x)}$ 为无穷大量.

运用这个定理我们可以将一些有关无穷大量的运算转化为相应的无穷小量的运算.

例 10　求 $\lim\limits_{x\to\infty}\dfrac{x^2-x+1}{2x^3}$.

解

$$\lim_{x\to\infty}\frac{x^2-x+1}{2x^3}=\lim_{x\to\infty}\frac{\frac{1}{x}-\frac{1}{x^2}+\frac{1}{x^3}}{2}=0.$$

3. 无穷大量的运算性质

常用的无穷大量的运算性质有以下几条：

（1）在某极限过程中，$f(x)$ 为无穷大量，则 $|f(x)|$ 为正无穷大量；

（2）某极限过程中的无穷大量一定是该极限过程中的无界量；

（3）在某极限过程中，无穷大量与有界量之和仍为无穷大量；

（4）在某极限过程中的有限个无穷大量之积仍是一个无穷大量.

这几个性质的证明与无穷小量相应性质的证明类似，读者可自行完成.这里要提请大家注意的是：

（1）在某极限过程中，两个无穷大量的和不一定是无穷大量；

（2）在某极限过程中的无界量不一定是无穷大量；

（3）在某极限过程中的两个无穷大量的商不一定是无穷大量；

（4）在某极限过程中，无穷大量与有界变量的积不一定是无穷大量.

在以后的学习中，遇到以上四种情况时应特别小心.

习题 2-3

1. 指出下列函数中哪些是无穷大量,哪些是无穷小量:

(1) $f(x)=\dfrac{x-1}{x^2-4}, x\to -2$;

(2) $f(x)=\ln x, x\to 1^-$;

(3) $f(x)=e^{\frac{1}{x}}, x\to 0^+$;

(4) $f(x)=\dfrac{\pi}{2}-\arctan x, x\to +\infty$;

(5) $f(x)=x\arctan x, x\to\infty$.

2. 证明:$x\to+\infty$ 时,a^x 为无穷大量;$x\to-\infty$ 时,a^x 为无穷小量,其中 $a>1$.

3. 举例说明:在某极限过程中,两个无穷大量之和不一定是无穷大量.

4. 举例说明:在某极限过程中,无穷大量与有界变量之积不一定是无穷大量.

5. 举例说明:在某极限过程中,无界变量不一定是无穷大量.

6. 根据定义证明:

(1) $f(x)=\dfrac{2x}{1+x}$,当 $x\to 0$ 时为无穷小量;

(2) $f(x)=\dfrac{1}{x}\cos x$,当 $x\to\infty$ 时为无穷小量.

7. 运用无穷小量运算性质说明数列$\left\{\dfrac{2+(-1)^n}{n\cdot\sqrt[n]{n}}\right\}$为无穷小量.

8. 运用无穷大量的运算性质说明数列$\left\{\dfrac{2n^2-5n+1}{5n^2-4n-4}\right\}$为无穷大量.

9. 证明:在某极限过程中,无穷小量与极限不为零的函数之商仍为无穷小量.

第四节 极限的运算

一、极限的运算法则

利用无穷小量的运算性质及本章第三节定理 1,可以得出函数极限的运算法则.

定理 1 设在某极限过程中,函数 $f(x)$,$g(x)$ 的极限存在,且 $\lim f(x)=a$,$\lim g(x)=b$,则

(1) $\lim[f(x)\pm g(x)]=\lim f(x)\pm\lim g(x)=a\pm b$;

(2) $\lim[f(x)\cdot g(x)]=\lim f(x)\cdot\lim g(x)=a\cdot b$;

(3) 若 $b\neq0$,则

$$\lim\frac{f(x)}{g(x)}=\frac{\lim f(x)}{\lim g(x)}=\frac{a}{b}(b\neq0).$$

证 我们仅证明(2)和(3),将(1)的证明留给读者.

证(2).由于 $\lim f(x)=a,\lim g(x)=b$,由本章第三节的定理 1 有

$$f(x)=a+\alpha(x),\qquad g(x)=b+\beta(x),$$

其中,$\lim\alpha(x)=0,\lim\beta(x)=0$.于是

$$\begin{aligned}f(x)\cdot g(x)&=[a+\alpha(x)][b+\beta(x)].\\&=ab+a\cdot\beta(x)+b\cdot\alpha(x)+\alpha(x)\cdot\beta(x).\end{aligned}$$

由本章第三节定理 2 和推论 1 及推论 2 知,

$$a\beta(x)+b\alpha(x)+\alpha(x)\cdot\beta(x)$$

是一个无穷小量,从而由本章第三节定理 1 知

$$\lim[(f(x)\cdot g(x)]=ab=\lim f(x)\cdot\lim g(x).$$

证(3).由(2)的证明可知

$$\frac{f(x)}{g(x)}=\frac{a+\alpha(x)}{b+\beta(x)}=\frac{a}{b}+\frac{b\cdot\alpha(x)-a\cdot\beta(x)}{b(b+\beta(x))}.$$

由无穷小量的运算性质得

$$\lim[b\cdot\alpha(x)-a\cdot\beta(x)]=0,$$
$$\lim b[b+\beta(x)]=\lim[b^2+b\beta(x)]=b^2,$$

从而

$$\lim\frac{b\cdot\alpha(x)-a\cdot\beta(x)}{b(b+\beta(x))}=0\quad(b\neq0),$$

故

$$\lim\frac{f(x)}{g(x)}=\frac{a}{b}=\frac{\lim f(x)}{\lim g(x)}\quad(b\neq0).$$

定理 1 中的(1),(2)可推广到有限个函数的情形,同时对(2)还有以下推论.

推论 1. 如果 $\lim f(x)=a$,则

(1) $\lim[Cf(x)]=Ca=C\lim f(x)$ (C 是常数);

(2) $\lim[f(x)]^k=a^k=[\lim f(x)]^k$ (k 为正整数).

定理 2 设 $y=f(\varphi(x))$ 是由函数 $y=f(u)$ 及 $u=\varphi(x)$ 复合而成的.如果 $\lim\limits_{x\to x_0}\varphi(x)=u_0$,且 $\exists r>0$,当 $0<|x-x_0|<r$ 时,$\varphi(x)\neq u_0$,又 $\lim\limits_{u\to u_0}f(u)=a$,则

$$\lim_{x\to x_0}f(\varphi(x))=\lim_{u\to u_0}f(u)=a.$$

证 由于 $\lim\limits_{u\to u_0}f(u)=a$,故由极限定义,$\forall\varepsilon>0,\exists\eta>0$,当 $0<|u-u_0|<\eta$ 时,有

$$|f(u)-a|<\varepsilon.$$

又 $\lim\limits_{x\to x_0}\varphi(x)=u_0$,从而,对 $\eta>0,\exists\delta_1>0$,当 $0<|x-x_0|<\delta_1$ 时,有

$$|\varphi(x)-u_0|<\eta.$$

又由于当 $0<|x-x_0|<r$ 时，$\varphi(x)\neq u_0$. 故取 $\delta=\min\{\delta_1,r\}$，则当 $0<|x-x_0|<\delta$ 时，$|\varphi(x)-u_0|<\eta$，且 $\varphi(x)\neq u_0$，即当 $0<|x-x_0|<\delta$ 时，有

$$0<|\varphi(x)-u_0|=|u-u_0|<\eta,$$

从而，有

$$|f(u)-a|<\varepsilon.$$

综上所述，$\forall\varepsilon>0$，$\exists\delta>0$，当 $0<|x-x_0|<\delta$ 时，$|f(\varphi(x))-a|=|f(u)-a|<\varepsilon$ 成立，即

$$\lim_{x\to x_0}f(\varphi(x))=\lim_{u\to u_0}f(u)=a.$$

定理 3 设 $y=f(\varphi(x))$ 是由函数 $y=f(u)$ 及 $u=\varphi(x)$ 复合而成的. 如果 $\lim\limits_{x\to\infty}\varphi(x)=u_0$，且 $\exists r>0$，当 $|x|>r$ 时，$\varphi(x)\neq u_0$，又 $\lim\limits_{u\to u_0}f(u)=a$，则

$$\lim_{x\to\infty}f(\varphi(x))=\lim_{u\to u_0}f(u)=a.$$

证 该定理的证明过程与定理 2 的证明类似，故略去.

二、极限运算举例

例 1 求 $\lim\limits_{x\to1}\dfrac{x^2-4x+3}{x^4-4x^2+3}$.

解

$$\lim_{x\to1}\frac{x^2-4x+3}{x^4-4x^2+3}=\lim_{x\to1}\frac{(x-3)(x-1)}{(x^2-3)(x-1)(x+1)}$$
$$=\lim_{x\to1}\frac{x-3}{(x^2-3)(x+1)}=\frac{1}{2}.$$

例 2 求 $\lim\limits_{x\to4}\dfrac{\sqrt{1+2x}-3}{\sqrt{x}-2}$.

解

$$\lim_{x\to4}\frac{\sqrt{1+2x}-3}{\sqrt{x}-2}=\lim_{x\to4}\frac{(\sqrt{1+2x}-3)(\sqrt{1+2x}+3)(\sqrt{x}+2)}{(\sqrt{x}-2)(\sqrt{x}+2)(\sqrt{1+2x}+3)}$$
$$=\lim_{x\to4}\frac{2(\sqrt{x}+2)}{\sqrt{1+2x}+3}=\frac{4}{3}.$$

例 3 求 $\lim\limits_{n\to\infty}\dfrac{a_0n^m+a_1n^{m-1}+\cdots+a_m}{b_0n^k+b_1n^{k-1}+\cdots+b_k}$，其中 m,k 都是正整数，$a_0b_0\neq0$.

解 $$\frac{a_0n^m+a_1n^{m-1}+\cdots+a_m}{b_0n^k+b_1n^{k-1}+\cdots+b_k}=n^{m-k}\cdot\frac{a_0+\dfrac{a_1}{n}+\cdots+\dfrac{a_m}{n^m}}{b_0+\dfrac{b_1}{n}+\cdots+\dfrac{b_k}{n^k}}.$$

因为

$$\lim_{n\to\infty}\frac{a_0+\frac{a_1}{n}+\cdots+\frac{a_m}{n^m}}{b_0+\frac{b_1}{n}+\cdots+\frac{b_k}{n^k}}=\frac{\lim\limits_{n\to\infty}\left(a_0+\frac{a_1}{n}+\cdots+\frac{a_m}{n^m}\right)}{\lim\limits_{n\to\infty}\left(b_0+\frac{b_1}{n}+\cdots+\frac{b_k}{n^k}\right)}=\frac{a_0}{b_0}\neq 0.$$

而

$$\lim_{n\to\infty}n^{m-k}=\begin{cases}0, & m<k,\\ 1, & m=k,\\ \infty, & m>k,\end{cases}$$

故

$$\lim_{n\to\infty}\frac{a_0n^m+a_1n^{m-1}+\cdots+a_m}{b_0n^k+b_1n^{k-1}+\cdots+b_k}=\begin{cases}0, & m<k,\\ \frac{a_0}{b_0}, & m=k,\\ \infty, & m>k.\end{cases}$$

例 4 求 $\lim\limits_{x\to\infty}(3x^3-x^2+5)$.

解法 1 $\lim\limits_{x\to\infty}(3x^3-x^2+5)=\lim\limits_{x\to\infty}x^3\left(3-\frac{1}{x}+\frac{5}{x^3}\right)=\infty$.

解法 2 由于

典型例题
极限运算法则

$$\lim_{x\to\infty}\frac{1}{3x^3-x^2+5}=\lim_{x\to\infty}\frac{\frac{1}{x^3}}{3-\frac{1}{x}+\frac{5}{x^3}}=0,$$

所以，$\lim\limits_{x\to\infty}(3x^3-x^2+5)=\infty$.

例 5 求 $\lim\limits_{x\to0}\mathrm{e}^{\sin x}$.

解 令 $y=\mathrm{e}^u$，$u=\sin x$，有 $\lim\limits_{x\to0}u=\lim\limits_{x\to0}\sin x=0$，且 $\lim\limits_{u\to0}\mathrm{e}^u=1$，故由本节定理 2 得

$$\lim_{x\to0}\mathrm{e}^{\sin x}=\lim_{u\to0}\mathrm{e}^u=1.$$

例 6 设 $a>0$ 是常数，求 $\lim\limits_{n\to\infty}\sqrt[n]{a}$.

解 由第二章第一节例 4 知，如果 $a>1$，则 $\lim\limits_{n\to\infty}\sqrt[n]{a}=1$. 又如果 $a=1$，显然有

$$\lim_{n\to\infty}\sqrt[n]{a}=1.$$

现在考虑 $0<a<1$. 设 $a=\frac{1}{b}$，则 $b>1$. 从而，有

$$\lim_{n\to\infty}\sqrt[n]{a}=\lim_{n\to\infty}\frac{1}{\sqrt[n]{b}}=\frac{1}{\lim\limits_{n\to\infty}\sqrt[n]{b}}=1.$$

综上所述，对 ∀ 常数 $a>0$，我们有 $\lim\limits_{n\to\infty}\sqrt[n]{a}=1$.

利用类似方法，结合第二节例 9 的结果，可证明：对 ∀ 常数 $a>0$，我们有 $\lim\limits_{x\to0}a^x=1$.

例 7 设 $x_0=1$，$x_n=1+\frac{x_{n-1}}{1+x_{n-1}}$ $(n=1,2,\cdots)$，在第二章第一节的例 11 中我们已经证明了 $\lim\limits_{n\to\infty}x_n$ 存在，现求出此极限值.

解　令 $\lim\limits_{n\to\infty}x_n=a$，在等式 $x_n=1+\dfrac{x_{n-1}}{1+x_{n-1}}$ 两边同时取极限，得

$$a=1+\frac{a}{1+a},$$

即

$$a^2-a-1=0.$$

它有两个实根 $a_1=\dfrac{1+\sqrt{5}}{2}$，$a_2=\dfrac{1-\sqrt{5}}{2}$.

典型例题 数列的单调性与极限

由于 $x_n>0$，由极限的保号性，则 $\lim\limits_{n\to\infty}x_n=a\geqslant 0$. 从而取 $a=a_1=\dfrac{1+\sqrt{5}}{2}$，即

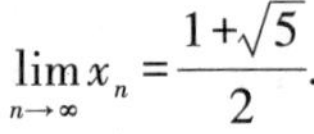

$$\lim_{n\to\infty}x_n=\frac{1+\sqrt{5}}{2}.$$

注意：极限的代数和与积的运算可以推广到有限个项的情形，但对于无限多项的代数和与积的情形，结论不一定成立.

例 8　求 $\lim\limits_{n\to\infty}\left(\dfrac{1}{\sqrt{n^2+1}}+\dfrac{1}{\sqrt{n^2+2}}+\cdots+\dfrac{1}{\sqrt{n^2+n}}\right)$.

解　由于

$$\frac{n}{\sqrt{n^2+n}}\leqslant\frac{1}{\sqrt{n^2+1}}+\frac{1}{\sqrt{n^2+2}}+\cdots+\frac{1}{\sqrt{n^2+n}}\leqslant\frac{n}{\sqrt{n^2+1}},$$

而

$$\lim_{n\to\infty}\frac{n}{\sqrt{n^2+n}}=\lim_{n\to\infty}\frac{1}{\sqrt{1+\dfrac{1}{n}}}=1,$$

$$\lim_{n\to\infty}\frac{n}{\sqrt{n^2+1}}=\lim_{n\to\infty}\frac{1}{\sqrt{1+\dfrac{1}{n^2}}}=1,$$

故由数列极限的夹逼定理，有

$$\lim_{n\to\infty}\left(\frac{1}{\sqrt{n^2+1}}+\frac{1}{\sqrt{n^2+2}}+\cdots+\frac{1}{\sqrt{n^2+n}}\right)=1.$$

注意，在该例题中，和的项数是一个不确定的量，因此不能使用极限和的运算法则，否则会得到如下错误的结论.

$$\begin{aligned}&\lim_{n\to\infty}\left(\frac{1}{\sqrt{n^2+1}}+\frac{1}{\sqrt{n^2+2}}+\cdots+\frac{1}{\sqrt{n^2+n}}\right)\\&=\lim_{n\to\infty}\frac{1}{\sqrt{n^2+1}}+\lim_{n\to\infty}\frac{1}{\sqrt{n^2+2}}+\cdots+\lim_{n\to\infty}\frac{1}{\sqrt{n^2+n}}\\&=0+0+\cdots+0=0.\end{aligned}$$

习题 2-4

1. 若 $\lim\limits_{x\to x_0} f(x)$ 存在，$\lim\limits_{x\to x_0} g(x)$ 不存在，问 $\lim\limits_{x\to x_0}(f(x)\pm g(x))$，$\lim\limits_{x\to x_0}(f(x)\cdot g(x))$ 是否存在？为什么？

2. 若 $\lim\limits_{x\to x_0} f(x)$ 与 $\lim\limits_{x\to x_0} g(x)$ 均不存在，问 $\lim\limits_{x\to x_0}(f(x)\pm g(x))$ 是否一定不存在？试举一例说明.

3. 举例说明下列关于无穷小量的定义是错误的：

（1）$\forall\varepsilon>0$，$\exists N>0$，当 $n>N$ 时，$x_n<\varepsilon$；

（2）$\forall\varepsilon>0$，存在无限多个 x_n，使 $|x_n|<\varepsilon$.

4. 证明：若 $\{x_n\}$ 单调增加，$\{y_n\}$ 单调减少，且 $\{x_n-y_n\}$ 是无穷小量，则

$$\lim_{n\to\infty} x_n=\lim_{n\to\infty} y_n.$$

5. 求下列极限：

（1）$\lim\limits_{n\to\infty}\dfrac{3n^3+2n^2-n+1}{2n^3-3n^2+2}$；（2）$\lim\limits_{n\to\infty}\left(1-\dfrac{1}{\sqrt[n]{2}}\right)\cos n$；

（3）$\lim\limits_{n\to\infty}(\sqrt{n^2+n}-\sqrt{n})$；（4）$\lim\limits_{n\to\infty}\dfrac{(-2)^n+3^n}{(-2)^{n+1}+3^{n+1}}$；

（5）$\lim\limits_{n\to\infty}\dfrac{1+\dfrac{1}{2}+\cdots+\dfrac{1}{2^n}}{1+\dfrac{1}{4}+\cdots+\dfrac{1}{4^n}}$；（6）$\lim\limits_{n\to\infty}\dfrac{n!}{n^n}$.

6. 求下列极限：

（1）$\lim\limits_{x\to 3}\dfrac{x-3}{x^2-9}$；（2）$\lim\limits_{x\to\infty}\dfrac{3x^2-2x-1}{2x^3-x^2+5}$；

（3）$\lim\limits_{x\to\frac{\pi}{4}}\dfrac{\sin x-\cos x}{\cos 2x}$；（4）$\lim\limits_{h\to 0}\dfrac{(x+h)^3-x^3}{h}$；

（5）$\lim\limits_{x\to 3}\dfrac{\sqrt{2x+3}-3}{\sqrt{x+1}-2}$；（6）$\lim\limits_{x\to 1}\dfrac{x+x^2+\cdots+x^n-n}{x-1}$；

（7）$\lim\limits_{x\to\infty}\dfrac{x+\sin x}{x-\sin x}$；（8）$\lim\limits_{x\to\infty}(\sqrt{x^2+1}-\sqrt{x^2-1})$；

（9）$\lim\limits_{x\to 1}\left(\dfrac{1}{1-x}-\dfrac{3}{1-x^3}\right)$；（10）$\lim\limits_{x\to 0}\ln\cos x$.

7. 设 $x_1=\sqrt{2}$，$x_{n+1}=\sqrt{2+x_n}$ $(n=1,2,\cdots)$，证明 $\lim\limits_{n\to\infty} x_n$ 存在并求之.

第五节 极限存在定理

有些重要的函数极限不能直接应用极限运算法则求得，往往需要在判定极限存在的前提下，运用其他的方法求得.下面介绍几个常用的判定函数极限存在性的定理.

一、夹逼定理

类似于数列极限的夹逼定理，我们给出一般函数极限存在的夹逼定理.

定理 1 设 $x\in \hat{U}(x_0)$ 时，有 $g(x)\leqslant f(x)\leqslant h(x)$.若 $\lim\limits_{x\to x_0}g(x)=a$，$\lim\limits_{x\to x_0}h(x)=a$，则必有 $\lim\limits_{x\to x_0}f(x)=a$.

证 设 $x\in \hat{U}(x_0,\delta_1)$ 时，$g(x)\leqslant f(x)\leqslant h(x)$.

由于 $\lim\limits_{x\to x_0}g(x)=a$，$\lim\limits_{x\to x_0}h(x)=a$，故 $\forall\ \varepsilon>0$，$\exists\ \delta_2>0$，当 $0<|x-x_0|<\delta_2$ 时，

$$|h(x)-a|<\varepsilon \Longleftrightarrow a-\varepsilon<h(x)<a+\varepsilon;$$

$\exists\ \delta_3>0$，当 $0<|x-x_0|<\delta_3$ 时，

$$|g(x)-a|<\varepsilon \Longleftrightarrow a-\varepsilon<g(x)<a+\varepsilon.$$

令 $\delta=\min\{\delta_1,\delta_2,\delta_3\}$，则当 $0<|x-x_0|<\delta$ 时，有

$$a-\varepsilon<g(x)\leqslant f(x)\leqslant h(x)<a+\varepsilon,$$

即有

$$|f(x)-a|<\varepsilon,$$

由极限定义得 $\lim\limits_{x\to x_0}f(x)=a$.

该定理的几何意义如图 2-5 所示.

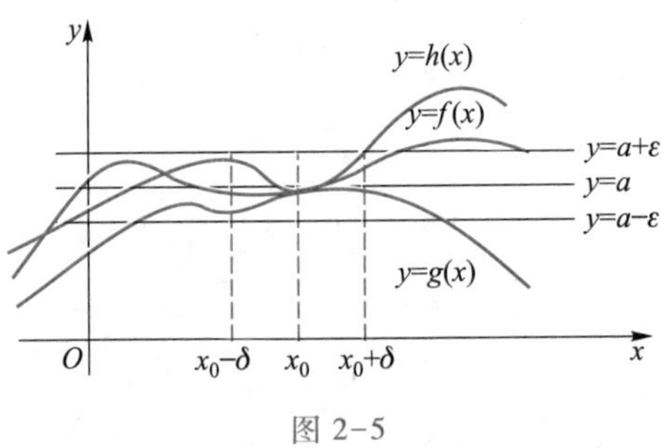

图 2-5

对于 $x\to x_0^+$，$x\to x_0^-$ 的极限过程类似地也有夹逼定理成立.

例 1 求 $\lim\limits_{x\to 0}x\left[\dfrac{1}{x}\right]$.

解 由于 $\left[\dfrac{1}{x}\right]\leqslant\dfrac{1}{x}<\left[\dfrac{1}{x}\right]+1$，当 $x>0$ 时，

$$x\left[\frac{1}{x}\right]\leqslant 1<x\left[\frac{1}{x}\right]+x,$$

由左边不等式有 $\lim\limits_{x\to0^+}x\left[\frac{1}{x}\right]\leqslant1$，由右边不等式有 $\lim\limits_{x\to0^+}x\left[\frac{1}{x}\right]\geqslant1$，从而

$$\lim_{x\to0^+}x\left[\frac{1}{x}\right]=1;$$

当 $x<0$ 时，

$$x\left[\frac{1}{x}\right]+x<1\leqslant x\left[\frac{1}{x}\right],$$

由左边不等式有 $\lim\limits_{x\to0^-}x\left[\frac{1}{x}\right]\leqslant1$，由右边不等式有 $\lim\limits_{x\to0^-}x\left[\frac{1}{x}\right]\geqslant1$，从而

$$\lim_{x\to0^-}x\left[\frac{1}{x}\right]=1.$$

故

$$\lim_{x\to0}x\left[\frac{1}{x}\right]=1.$$

定理 2　设 $|x|>r>0$ 时，有 $g(x)\leqslant f(x)\leqslant h(x)$. 若 $\lim\limits_{x\to\infty}g(x)=a$，$\lim\limits_{x\to\infty}h(x)=a$，则必有 $\lim\limits_{x\to\infty}f(x)=a$，其中 $r>0$ 为常数.

证　已知 $\exists r>0$，当 $|x|>r$ 时，有 $g(x)\leqslant f(x)\leqslant h(x)$ 成立.

由 $\lim\limits_{x\to\infty}g(x)=a$，$\lim\limits_{x\to\infty}h(x)=a$，则 $\forall\varepsilon>0$，$\exists X_1>0$，当 $|x|>X_1$ 时，

$$|g(x)-a|<\varepsilon\Longleftrightarrow a-\varepsilon<g(x)<a+\varepsilon;$$

$\exists X_2>0$，当 $|x|>X_2$ 时，

$$|h(x)-a|<\varepsilon\Longleftrightarrow a-\varepsilon<h(x)<a+\varepsilon.$$

令 $X=\max\{r,X_1,X_2\}$，则当 $|x|>X$ 时，有

$$a-\varepsilon<g(x)\leqslant f(x)\leqslant h(x)<a+\varepsilon,$$

即有

$$|f(x)-a|<\varepsilon,$$

由极限定义得 $\lim\limits_{x\to\infty}f(x)=a$.

对于 $x\to+\infty$，$x\to-\infty$ 的极限过程类似地也有夹逼定理成立.

二、函数极限与数列极限的关系

下面介绍一个函数极限与相应的数列极限的关系定理.

定理 3　$\lim\limits_{x\to x_0}f(x)=a\Longleftrightarrow$ 对任意的数列 $\{x_n\}$，$x_n\in D(f)$ $(x_n\neq x_0)$，当 $x_n\to x_0(n\to\infty)$ 时，都有 $\lim\limits_{n\to\infty}f(x_n)=a$，这里 a 可为有限数或 ∞.

证　必要性：设 $\lim\limits_{x\to x_0}f(x)=a$，则 $\forall\varepsilon>0$，$\exists\delta>0$，当 $0<|x-x_0|<\delta$ 时，$|f(x)-a|<\varepsilon$.

任取数列 $\{x_n\}$：$x_n\in D(f)$，$x_n\neq x_0$，且 $\lim\limits_{n\to\infty}x_n=x_0$，则对于 $\delta>0$，$\exists N>0$，当 $n>N$ 时，有 $0<|x_n-x_0|<\delta$，从而 $|f(x_n)-a|<\varepsilon$ 成立.

综上所述，$\forall\varepsilon>0$，$\exists N>0$，当 $n>N$ 时，$|f(x_n)-a|<\varepsilon$ 成立，故 $\lim\limits_{n\to\infty}f(x_n)=a$.

充分性：用反证法. 设对于任意的数列 $\{x_n\}$：$x_n\in D(f)$，$x_n\neq x_0$，$\lim\limits_{n\to\infty}x_n=x_0$，有

$\lim\limits_{n\to\infty}f(x_n)=a$，但是 $\lim\limits_{x\to x_0}f(x)\neq a$. 于是存在某个 $\varepsilon_0>0$，对任意的 $\delta>0$，至少能找到一个 $x'\in D(f)$ 满足 $0<|x'-x_0|<\delta$，但 $|f(x')-a|\geqslant\varepsilon_0$. 现取数列 $\left\{\dfrac{1}{n}\right\}$，则对每一个 $\dfrac{1}{n}$，相应的存在一个 $x'_n\in D(f)$，满足 $0<|x'_n-x_0|<\dfrac{1}{n}$，但 $|f(x'_n)-a|\geqslant\varepsilon_0$. 由此得到一个数列 $\{x'_n\}$：$x'_n\in D(f)$，$x'_n\neq x_0$，$\lim\limits_{n\to\infty}x'_n=x_0$ 且 $|f(x'_n)-a|\geqslant\varepsilon_0$. 但依照假设，该数列应满足 $\lim\limits_{n\to\infty}f(x'_n)=a$，于是产生矛盾，该矛盾说明定理 3 的充分性成立.

定理 3 常用来证明某些函数的极限不存在.

例 2　证明 $\lim\limits_{x\to 0}\sin\dfrac{1}{x}$不存在.

证　取 $\{x_n\}$：$x_n=\dfrac{1}{n\pi}$，则 $\lim\limits_{n\to\infty}x_n=\lim\limits_{n\to\infty}\dfrac{1}{n\pi}=0$，而

$$\lim_{n\to\infty}\sin\frac{1}{x_n}=\lim_{n\to\infty}\sin n\pi=\lim_{n\to+\infty}0=0.$$

又取 $\{x'_n\}$：$x'_n=\dfrac{1}{2n\pi+\dfrac{\pi}{2}}$，则 $\lim\limits_{n\to\infty}x'_n=\lim\limits_{n\to\infty}\dfrac{1}{2n\pi+\dfrac{\pi}{2}}=0$，而

$$\lim_{n\to\infty}\sin\frac{1}{x'_n}=\lim_{n\to\infty}\sin\left(2n\pi+\frac{\pi}{2}\right)=\lim_{n\to\infty}1=1.$$

由于 $\lim\limits_{n\to\infty}\sin\dfrac{1}{x_n}\neq\lim\limits_{n\to\infty}\sin\dfrac{1}{x'_n}$，故 $\lim\limits_{x\to 0}\sin\dfrac{1}{x}$不存在.

对于 $x\to\infty$，$x\to+\infty$，$x\to-\infty$ 等极限过程，是否能建立与定理 3 类似的关系定理？请读者自己思考.

三、柯西收敛准则

定理 4　$\lim\limits_{x\to x_0}f(x)=a$ 的充要条件是：$\forall\varepsilon>0$，$\exists\delta>0$，当 $x_1,x_2\in D(f)$ 且 $0<|x_1-x_0|<\delta$，$0<|x_2-x_0|<\delta$ 时，有 $|f(x_1)-f(x_2)|<\varepsilon$ 成立.

证　先证必要性. 设 $\lim\limits_{x\to x_0}f(x)=a$，则 $\forall\varepsilon>0$，$\exists\delta>0$，当 $0<|x-x_0|<\delta$ 时，$|f(x)-a|<\dfrac{\varepsilon}{2}$. $\forall x_1,x_2\in D(f)$ 且 $0<|x_1-x_0|<\delta$，$0<|x_2-x_0|<\delta$，则有 $|f(x_1)-a|<\dfrac{\varepsilon}{2}$，$|f(x_2)-a|<\dfrac{\varepsilon}{2}$同时成立，于是

$$\begin{aligned}|f(x_1)-f(x_2)|&=|f(x_1)-a-(f(x_2)-a)|\\&\leqslant|f(x_1)-a|+|f(x_2)-a|<\varepsilon.\end{aligned}$$

下面证明充分性. 任取数列 $\{x_n\}$：$x_n\in D(f)$，$x_n\neq x_0$，$\lim\limits_{n\to\infty}x_n=x_0$，则对于定理条件中的 $\delta>0$，$\exists N>0$，当 $n>N$，$n'>N$ 时，$0<|x_n-x_0|<\delta$，$0<|x_{n'}-x_0|<\delta$，于是有 $|f(x_n)-f(x_{n'})|<\varepsilon$ 成立. 由数列极限存在的柯西准则可知 $\{f(x_n)\}$ 收敛，设 $\lim\limits_{n\to\infty}f(x_n)=a$，容易

证明对满足条件的任何数列 $\{x_n\}$，$\{f(x_n)\}$ 均收敛到同一极限(请读者自己完成证明)，则由定理 3 得 $\lim\limits_{x\to x_0}f(x)=a$.

定理 5　$\lim\limits_{x\to\infty}f(x)=a$ 的充要条件是：$\forall\varepsilon>0$，$\exists X>0$，当 $x_1,x_2\in D(f)$，且 $|x_1|>X$，$|x_2|>X$ 时，有 $|f(x_1)-f(x_2)|<\varepsilon$ 成立.

证　该定理的证明可仿照定理 4 进行.

习题 2-5

1. 写出 $x\to x_0^+$，$x\to x_0^-$ 极限过程下的夹逼定理，并证明之.

2. 设 $f(x)$ 在 x_0 的某去心邻域 $\hat{U}(x_0)$ 内有定义. 若 $\forall\varepsilon>0$，$\exists\delta>0$，当 $x_1,x_2\in D(f)$ 且 $0<|x_1-x_0|<\delta$，$0<|x_2-x_0|<\delta$ 时，有 $|f(x_1)-f(x_2)|<\varepsilon$，则对任意数列 $\{x_n\}$：$x_n\in D(f)$，$x_n\neq x_0$，$\lim\limits_{n\to\infty}x_n=x_0$，有 $\{f(x_n)\}$ 收敛到同一极限值.

3. 证明书中的定理 5(柯西准则).

第六节　两个重要极限

一、$\lim\limits_{x\to 0}\dfrac{\sin x}{x}=1$

利用计算机(或计算器)读者容易验证：当 x 趋于 0 时，$\dfrac{\sin x}{x}$ 的值趋近于 1. 下面我们运用夹逼定理来证明 $\lim\limits_{x\to 0}\dfrac{\sin x}{x}=1$，其关键在于建立相应的不等式.

作一单位圆，在第一象限中取此单位圆周上的两点 A,B(图 2-6). 设 $\angle AOB=x$，$0<x<\dfrac{\pi}{2}$，从而

$$\triangle AOB\text{ 面积}<\text{扇形 }AOB\text{ 面积}<\triangle DOB\text{ 面积},$$

即

$$\frac{1}{2}\sin x<\frac{1}{2}x<\frac{1}{2}\tan x,$$

故当 $0<x<\dfrac{\pi}{2}$ 时，有

$$\cos x<\frac{\sin x}{x}<1.$$

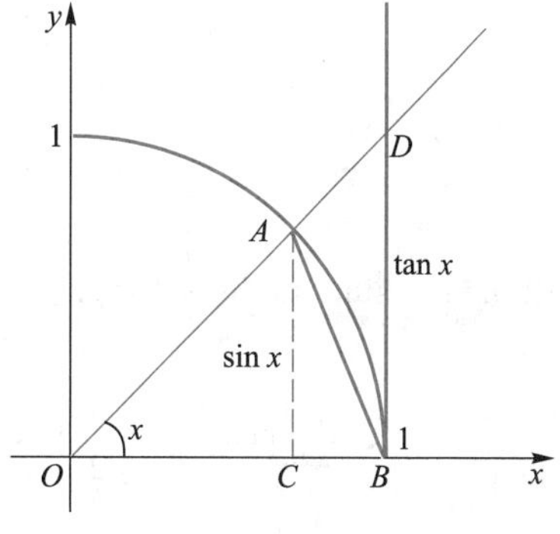

图 2-6

由 $\sin x$ 与 $\cos x$ 的奇偶性可知，当 $-\dfrac{\pi}{2}<x<0$ 时，

该不等式仍成立，即当 $0<|x|<\frac{\pi}{2}$ 时，有

$$\cos x<\frac{\sin x}{x}<1.$$

于是由夹逼定理得到

$$\lim_{x\to 0}\frac{\sin x}{x}=1.$$

一般而言，若在某极限过程中，$\lim\varphi(x)=0$，则在该极限过程中有

$$\lim\frac{\sin\varphi(x)}{\varphi(x)}=1,$$

或记为

$$\lim_{\varphi(x)\to 0}\frac{\sin\varphi(x)}{\varphi(x)}=1,$$

其中 $\lim\limits_{\varphi(x)\to 0}$ 表示在某极限过程中 $\varphi(x)\to 0$.

例 1 求 $\lim\limits_{x\to 0}\frac{\sin ax}{x}$（$a$ 为非零常数）.

解 $\lim\limits_{x\to 0}\frac{\sin ax}{x}=\lim\limits_{x\to 0}\frac{a\sin ax}{ax}=a\lim\limits_{x\to 0}\frac{\sin ax}{ax}=a\cdot 1=a.$

例 2 求 $\lim\limits_{x\to 0}\frac{1-\cos x}{x^2}$.

解 $\lim\limits_{x\to 0}\frac{1-\cos x}{x^2}=\lim\limits_{x\to 0}\frac{2\sin^2\frac{x}{2}}{x^2}=\lim\limits_{x\to 0}\frac{1}{2}\left(\frac{\sin\frac{x}{2}}{\frac{x}{2}}\right)^2=\frac{1}{2}.$

例 3 求 $\lim\limits_{x\to 0}\left(\frac{1}{x}\sin x+x\sin\frac{1}{x}\right)$.

解 由于

$$\lim_{x\to 0}\frac{1}{x}\sin x=\lim_{x\to 0}\frac{\sin x}{x}=1,$$

$$\lim_{x\to 0}x\sin\frac{1}{x}=0\quad\left(\left|\sin\frac{1}{x}\right|\leqslant 1\right),$$

所以 $\lim\limits_{x\to 0}\left(\frac{1}{x}\sin x+x\sin\frac{1}{x}\right)=1.$

例 4 求 $\lim\limits_{n\to+\infty}\cos\frac{\varphi}{2}\cos\frac{\varphi}{2^2}\cdots\cos\frac{\varphi}{2^n}\quad(\varphi\neq 0)$.

解 由三角函数公式 $\sin x=2\sin\frac{x}{2}\cos\frac{x}{2}$，得

$$\cos\frac{\varphi}{2}\cos\frac{\varphi}{2^2}\cdots\cos\frac{\varphi}{2^n}=\frac{\cos\frac{\varphi}{2}\cos\frac{\varphi}{2^2}\cdots\cos\frac{\varphi}{2^n}\cdot 2\sin\frac{\varphi}{2^n}}{2\sin\frac{\varphi}{2^n}}$$

$$=\frac{\cos\frac{\varphi}{2}\cos\frac{\varphi}{2^2}\cdots\cos\frac{\varphi}{2^{n-1}}\sin\frac{\varphi}{2^{n-1}}}{2\sin\frac{\varphi}{2^n}}$$

$$=\frac{\cos\frac{\varphi}{2}\cos\frac{\varphi}{2^2}\cdots\cos\frac{\varphi}{2^{n-1}}\cdot 2\sin\frac{\varphi}{2^{n-1}}}{2^2\sin\frac{\varphi}{2^n}}$$

$$=\cdots=\frac{\sin\varphi}{2^n\sin\frac{\varphi}{2^n}},$$

故

$$\lim_{n\to\infty}\cos\frac{\varphi}{2}\cos\frac{\varphi}{2^2}\cdots\cos\frac{\varphi}{2^n}=\lim_{n\to\infty}\frac{\sin\varphi}{2^n\sin\frac{\varphi}{2^n}}$$

$$=\lim_{n\to\infty}\frac{\sin\varphi}{\varphi}\cdot\frac{\frac{\varphi}{2^n}}{\sin\frac{\varphi}{2^n}}=\frac{\sin\varphi}{\varphi}.$$

二、$\lim\limits_{x\to\infty}\left(1+\frac{1}{x}\right)^x=\mathrm{e}$

在第二章中，我们证明了数列$\left(1+\frac{1}{n}\right)^n$的极限存在，且记

$$\lim_{n\to\infty}\left(1+\frac{1}{n}\right)^n=\mathrm{e}.$$

现在利用函数的单调性建立相应的不等式，然后用夹逼定理证明$\lim\limits_{x\to+\infty}\left(1+\frac{1}{x}\right)^x=\mathrm{e}.$

因为 $x\to+\infty$，故不妨设 $x\geqslant 1$. 于是总可取 $n\in\mathbf{N}_+$，使 $n\leqslant x<n+1$，从而有

$$1+\frac{1}{n+1}<1+\frac{1}{x}\leqslant 1+\frac{1}{n}$$

及

$$\left(1+\frac{1}{n+1}\right)^n\leqslant\left(1+\frac{1}{n+1}\right)^x<\left(1+\frac{1}{x}\right)^x$$

$$\leqslant\left(1+\frac{1}{n}\right)^x<\left(1+\frac{1}{n}\right)^{n+1}.$$

由于

$$\lim_{n\to\infty}\left(1+\frac{1}{n}\right)^{n+1}=\lim_{n\to\infty}\left(1+\frac{1}{n}\right)^{n}\left(1+\frac{1}{n}\right)=\mathrm{e},$$

$$\lim_{n\to\infty}\left(1+\frac{1}{n+1}\right)^{n}=\lim_{n\to\infty}\frac{\left(1+\frac{1}{n+1}\right)^{n+1}}{1+\frac{1}{n+1}}=\mathrm{e},$$

而 $n\to\infty$ 时，$x\to+\infty$，故由夹逼定理，得

$$\lim_{x\to+\infty}\left(1+\frac{1}{x}\right)^{x}=\mathrm{e}.$$

由上面的结果，运用变量代换便可证明

$$\lim_{x\to-\infty}\left(1+\frac{1}{x}\right)^{x}=\mathrm{e}.$$

事实上，令 $x=-t$，则 $x\to-\infty$ 时，$t\to+\infty$，且有

$$\left(1+\frac{1}{x}\right)^{x}=\left(1-\frac{1}{t}\right)^{-t}=\left(\frac{t}{t-1}\right)^{t}=\left(1+\frac{1}{t-1}\right)^{t}.$$

再令 $u=t-1$，则 $t\to+\infty$ 时，$u\to+\infty$，故

$$\begin{aligned}\lim_{x\to-\infty}\left(1+\frac{1}{x}\right)^{x}&=\lim_{u\to+\infty}\left(1+\frac{1}{u}\right)^{u+1}\\&=\lim_{u\to+\infty}\left(1+\frac{1}{u}\right)^{u}\left(1+\frac{1}{u}\right)=\mathrm{e}.\end{aligned}$$

综上所述，由结论：$\lim\limits_{x\to\infty}f(x)=a\Longleftrightarrow\lim\limits_{x\to+\infty}f(x)=\lim\limits_{x\to-\infty}f(x)=a$，得

$$\lim_{x\to\infty}\left(1+\frac{1}{x}\right)^{x}=\mathrm{e}.$$

例 5　证明 $\lim\limits_{x\to0}(1+x)^{\frac{1}{x}}=\mathrm{e}.$

证　令 $x=\dfrac{1}{t}$，则 $x\to0$ 时，$t\to\infty$，于是有

$$\lim_{x\to0}(1+x)^{\frac{1}{x}}=\lim_{t\to\infty}\left(1+\frac{1}{t}\right)^{t}=\mathrm{e},$$

即 $\lim\limits_{x\to0}(1+x)^{\frac{1}{x}}=\mathrm{e}.$

综合起来，得到以下公式

$$\lim_{x\to\infty}\left(1+\frac{1}{x}\right)^{x}=\mathrm{e},\quad \lim_{x\to0}(1+x)^{\frac{1}{x}}=\mathrm{e}.$$

用 $\lim\limits_{\varphi(x)\to\infty}$ 表示在某极限过程中，表达式 $\varphi(x)\to\infty$，而用 $\lim\limits_{\varphi(x)\to0}$ 表示在某极限过程中，表达式 $\varphi(x)\to0$，则可将上面的两个公式推广为

$$\lim_{\varphi(x)\to\infty}\left(1+\frac{1}{\varphi(x)}\right)^{\varphi(x)}=\mathrm{e},\quad \lim_{\varphi(x)\to0}(1+\varphi(x))^{\frac{1}{\varphi(x)}}=\mathrm{e}.$$

例 6　求 $\lim\limits_{x\to\infty}\left(1+\dfrac{3}{x}\right)^{x}.$

解　$\lim\limits_{x\to\infty}\left(1+\dfrac{3}{x}\right)^{x}=\lim\limits_{x\to\infty}\left(1+\dfrac{1}{\dfrac{x}{3}}\right)^{\frac{x}{3}\cdot 3}=\left[\lim\limits_{x\to\infty}\left(1+\dfrac{1}{\dfrac{x}{3}}\right)^{\frac{x}{3}}\right]^{3}=\mathrm{e}^{3}.$

例 7　求 $\lim\limits_{x\to0}(1+3\tan^{2}x)^{\cot^{2}x}$.

解　$\lim\limits_{x\to0}(1+3\tan^{2}x)^{\cot^{2}x}=\lim\limits_{x\to0}\left[(1+3\tan^{2}x)^{\frac{1}{3\tan^{2}x}}\right]^{3}=\mathrm{e}^{3}.$

例 8　求 $\lim\limits_{x\to0}\sqrt[x]{1-2x}$.

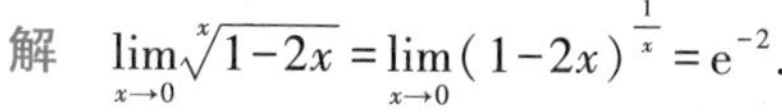

解　$\lim\limits_{x\to0}\sqrt[x]{1-2x}=\lim\limits_{x\to0}(1-2x)^{\frac{1}{x}}=\mathrm{e}^{-2}.$

典型例题
重要极限的应用

习题 2-6

求下列极限（其中 $a>0, a\neq 1$ 为常数）：

1. $\lim\limits_{x\to0}\dfrac{\tan 2x}{\sin 5x}$；

2. $\lim\limits_{x\to\pi}\dfrac{\sin x}{x-\pi}$；

3. $\lim\limits_{x\to\infty}\left(\dfrac{1}{x}\sin x+x\sin\dfrac{1}{x}\right)$；

4. $\lim\limits_{x\to0}\dfrac{\sqrt{1-\cos x}}{|x|}$；

5. $\lim\limits_{x\to0}\dfrac{\cos 5x-\cos 2x}{x^{2}}$；

6. $\lim\limits_{x\to\infty}\left(\dfrac{x}{1+x}\right)^{x}$；

7. $\lim\limits_{x\to0}(1+3\sin x)^{\csc x}$；

8. $\lim\limits_{x\to0}\dfrac{a^{x}-1}{x}$；

9. $\lim\limits_{x\to\infty}\left(\dfrac{x-1}{x+1}\right)^{x}$；

10. $\lim\limits_{x\to+\infty}\dfrac{\ln(1+x)-\ln x}{x}$.

第七节　无穷小量的比较

在一些问题中，仅知道函数的极限还不够，还需知道函数趋于极限的快慢，例如，当 $x\to0$ 时，$x, 2x^{2}, \sin x, 1-\cos x$ 都以 0 为极限，即它们都是无穷小量．但 $\lim\limits_{x\to0}\dfrac{2x^{2}}{x}=0$，$\lim\limits_{x\to0}\dfrac{x}{2x^{2}}=\infty$，$\lim\limits_{x\to0}\dfrac{\sin x}{x}=1$，$\lim\limits_{x\to0}\dfrac{1-\cos x}{x^{2}}=\dfrac{1}{2}$．也就是说当 $x\to0$ 时，这些无穷小量趋于 0 的速度并不一定相同．在数学上用两个无穷小量比值的极限来衡量这两个无穷小量趋于 0 的快慢程度，称之为无穷小量的比较．

一、无穷小量比较的概念

设 α,β 为同一个极限过程中的两个无穷小量(α,β 可以是两个极限为 0 的数列).

(1) 若 $\lim\frac{\alpha}{\beta}=0$,则称 α 是 β 的**高阶无穷小量**,记为 $\alpha=o(\beta)$.此时,也称 β 为 α 的**低阶无穷小量**.

(2) 若 $\lim\frac{\alpha}{\beta}=C,C\neq0$ 为常数,则称 α 与 β 是**同阶无穷小量**,记为 $\alpha=O(\beta)$.

(3) 若 $\lim\frac{\alpha}{\beta^k}=C,C\neq0,k>0$ 为常数,则称 α 为 β 的 k **阶无穷小量**,记为 $\alpha=O(\beta^k)$.

(4) 若 $\lim\frac{\alpha}{\beta}=1$,则称 α 与 β 是**等价无穷小量**,记为 $\alpha\sim\beta$.

(5) 若 $\lim\frac{\alpha}{\beta}$不存在,但又不是无穷大量,则称 α 与 β 是**不可比较的无穷小量**.

例 1 下面是 $x\to0$ 时的几个无穷小的比较.

(1) 因 $\lim\limits_{x\to0}\frac{x^2}{x}=0$,所以 $x^2=o(x)\quad(x\to0)$.

(2) 由于 $\lim\limits_{x\to0}\frac{\sin x+4x}{x}=\lim\limits_{x\to0}\frac{\sin x}{x}+\lim\limits_{x\to0}\frac{4x}{x}=5$,所以

$$\sin x+4x=O(x)\quad(x\to0).$$

(3) 由于 $\lim\limits_{x\to0}\frac{1-\cos x}{x^2}=\frac{1}{2}$,所以

$$1-\cos x=O(x^2)\quad(x\to0).$$

(4) 由于 $\lim\limits_{x\to0}\frac{\sin x}{x}=1$,所以 $\sin x\sim x\quad(x\to0)$.

(5) 由于 $\lim\limits_{x\to0}\frac{x\sin\frac{1}{x}}{x}=\lim\limits_{x\to0}\sin\frac{1}{x}$不存在,但又不是无穷大量,故当 $x\to0$ 时,$x\sin\frac{1}{x}$与 x 是不可比较的无穷小量.

例 2 证明 $a^x-1\sim x\ln a\,(x\to0)$,其中 $a>0$ 为常数,$a\neq1$.

证 令 $y=a^x-1$,则 $x\to0$ 时,$y\to0$,且 $x=\log_a(1+y)=\frac{\ln(1+y)}{\ln a}$,故

$$\lim_{x\to0}\frac{a^x-1}{x\ln a}=\lim_{y\to0}\frac{y}{\ln(1+y)}=\lim_{y\to0}\frac{1}{\ln(1+y)^{\frac{1}{y}}}=1,$$

从而 $a^x-1\sim x\ln a\quad(x\to0)$.

由例 2 的证明过程可得到:$\ln(1+x)\sim x\quad(x\to0)$.

二、等价无穷小量的性质与应用

等价无穷小量在极限运算(包括数列极限运算)中的作用表述在下面的定理中.

定理 1　设在某极限过程中，$\alpha \sim \alpha'$，$\beta \sim \beta'$. 若 $\lim \frac{\beta'}{\alpha'} = a$（或为 ∞），则 $\lim \frac{\beta}{\alpha} = \lim \frac{\beta'}{\alpha'}$.

证　设 $\lim \frac{\beta'}{\alpha'} = a$，则

$$\lim \frac{\beta}{\alpha} = \lim \frac{\beta}{\beta'} \cdot \frac{\beta'}{\alpha'} \cdot \frac{\alpha'}{\alpha} = \lim \frac{\beta}{\beta'} \cdot \lim \frac{\beta'}{\alpha'} \cdot \lim \frac{\alpha'}{\alpha}$$
$$= \lim \frac{\beta'}{\alpha'} = a.$$

设 $\lim \frac{\beta'}{\alpha'} = \infty$，则 $\lim \frac{\alpha'}{\beta'} = 0$，于是 $\lim \frac{\alpha}{\beta} = 0$，故 $\lim \frac{\beta}{\alpha} = \infty$.

综上所述，$\lim \frac{\beta}{\alpha} = \lim \frac{\beta'}{\alpha'}$.

定理 2　设在某极限过程中，$\alpha \sim \beta$，z 是该极限过程中的第三个变量. 若 $\lim \beta z = a$（或为 ∞），则 $\lim \alpha z = \lim \beta z$.

证　设 $\lim \beta z = a$，则

$$\lim \alpha z = \lim \frac{\alpha}{\beta} \cdot \beta z = \lim \frac{\alpha}{\beta} \cdot \lim \beta z = a.$$

设 $\lim \beta \cdot z = \infty$，则 $\lim \frac{1}{\beta z} = 0$，此时，$\lim \frac{1}{\alpha z} = 0$，故 $\lim \alpha z = \infty$.

综上所述，$\lim \alpha z = \lim \beta z$.

定理 3　设在某极限过程中，$\alpha \sim \beta$，$\beta \sim \gamma$，则 $\alpha \sim \gamma$.

以上定理表明，在求极限的乘除运算中，无穷小量可以用其等价无穷小量替代.

下面将常用的等价无穷小量列举如下：若在某极限过程中，$\varphi(x) \to 0$，则

$\sin \varphi(x) \sim \varphi(x)$，　　$\tan \varphi(x) \sim \varphi(x)$，

$1-\cos \varphi(x) \sim \frac{1}{2}\varphi^2(x)$，　　$\ln[1+\varphi(x)] \sim \varphi(x)$，

$\sqrt[m]{1+\varphi(x)}-1 \sim \frac{\varphi(x)}{m}$，　　$\sqrt{1+\varphi(x)}-1 \sim \frac{1}{2}\varphi(x)$，

$(1+\varphi(x))^n-1 \sim n\varphi(x)$，　　$e^{\varphi(x)}-1 \sim \varphi(x)$，

$a^{\varphi(x)}-1 \sim \varphi(x)\ln a$，　　$\tan \varphi(x)-\sin \varphi(x) \sim \frac{1}{2}\varphi^3(x)$，

$\arcsin \varphi(x) \sim \varphi(x)$，　　$\arctan \varphi(x) \sim \varphi(x)$，

其中 $m, n \in \mathbf{N}_+$，$a>0$ 为常数.

例 3　求 $\lim\limits_{x \to 0} \frac{\tan 4x}{\sin 6x}$.

解　$\lim\limits_{x \to 0} \frac{\tan 4x}{\sin 6x} = \lim\limits_{x \to 0} \frac{4x}{6x} = \frac{2}{3}$.

例 4　求 $\lim\limits_{x \to \infty} x^2 \sin \frac{1}{x}$.

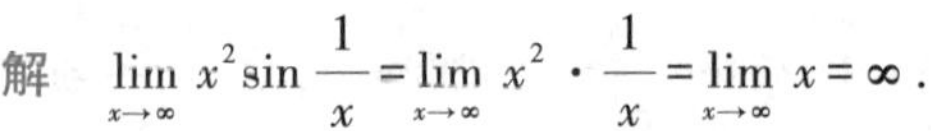

解 $\lim\limits_{x\to\infty} x^2\sin\dfrac{1}{x}=\lim\limits_{x\to\infty} x^2\cdot\dfrac{1}{x}=\lim\limits_{x\to\infty} x=\infty$.

例 5 求 $\lim\limits_{x\to\infty} x^3\ln\left(1+\dfrac{4}{x^3}\right)$.

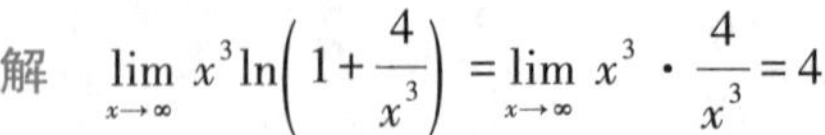

解 $\lim\limits_{x\to\infty} x^3\ln\left(1+\dfrac{4}{x^3}\right)=\lim\limits_{x\to\infty} x^3\cdot\dfrac{4}{x^3}=4$.

典型例题
等价无穷小代换

例 6 求 $\lim\limits_{x\to 0}\dfrac{\sqrt[m]{1+ax}-\sqrt[n]{1+bx}}{x}$.

解
$$\begin{aligned}&\lim_{x\to 0}\frac{\sqrt[m]{1+ax}-\sqrt[n]{1+bx}}{x}\\&=\lim_{x\to 0}\frac{(\sqrt[m]{1+ax}-1)-(\sqrt[n]{1+bx}-1)}{x}\\&=\lim_{x\to 0}\frac{\sqrt[m]{1+ax}-1}{x}-\lim_{x\to 0}\frac{\sqrt[n]{1+bx}-1}{x}\\&=\lim_{x\to 0}\frac{\frac{1}{m}\cdot ax}{x}-\lim_{x\to 0}\frac{\frac{1}{n}\cdot bx}{x}=\frac{a}{m}-\frac{b}{n}.\end{aligned}$$

习题 2-7

1. $x\to 0$ 时，下列函数是 x 的几阶无穷小量？

(1) $(x^{\frac{2}{3}}-x^{\frac{1}{2}})(1-\cos\sqrt{x})$；　　(2) $e^{\sqrt{x}}-1$；

(3) $e^x-\cos x$；　　(4) $\cos 3x-\cos 2x$.

2. 证明：若在某极限过程中 $\alpha\to 0,\beta\to 0$，且 $\alpha\neq 0$，则 $\alpha\sim\beta$ 的充要条件是 $\lim\dfrac{\alpha-\beta}{\alpha}=0$.

3. 利用等价无穷小量计算下列极限：

(1) $\lim\limits_{x\to\infty}\dfrac{\tan\frac{a}{x}}{\sin\frac{b}{x}}(b\neq 0)$；　　(2) $\lim\limits_{x\to 0}\dfrac{1-\cos kx}{x^2}$；

(3) $\lim\limits_{x\to 0}\dfrac{\ln(1+x)}{\sqrt{1+x}-1}$；　　(4) $\lim\limits_{x\to 0}\dfrac{\sqrt{2}-\sqrt{1+\cos x}}{\sqrt{1+x^2}-1}$；

(5) $\lim\limits_{x\to 0^+}\dfrac{\arctan 2x}{\arcsin 2x}$；　　(6) $\lim\limits_{x\to 0}\dfrac{e^{ax}-e^{bx}}{\sin ax-\sin bx},a\neq b$；

(7) $\lim\limits_{x\to 0}\dfrac{\ln\cos 2x}{\ln\cos 3x}$.

4. $x\to 1$ 时，$\dfrac{1-x}{1+x}$ 与 $1-\sqrt{x}$ 是同阶无穷小量吗？

综合题二

1. 求下列极限：

（1）$\lim\limits_{n\to\infty}\left[\frac{1}{n}-\frac{2}{n}+\frac{3}{n}-\cdots+\frac{(-1)^{n-1}n}{n}\right]$；

（2）$\lim\limits_{n\to\infty}\left[\frac{1^2}{n^3}+\frac{3^2}{n^3}+\frac{5^2}{n^3}+\cdots+\frac{(2n-1)^2}{n^3}\right]$；

（3）$\lim\limits_{n\to\infty}\left(1-\frac{1}{2^2}\right)\left(1-\frac{1}{3^2}\right)\cdots\left(1-\frac{1}{n^2}\right)$；

（4）$\lim\limits_{n\to\infty}\frac{1\cdot 3\cdot 5\cdot\cdots\cdot(2n-1)}{2\cdot 4\cdot 6\cdot\cdots\cdot(2n)}$.

2. 求$\lim\limits_{n\to\infty}\frac{1!+2!+\cdots+n!}{n!}$.

3. 设数列$\{x_n\}$为$x_1=1, x_{n+1}=\sqrt{6+x_n}\ (n=1,2,\cdots)$，求证数列$\{x_n\}$收敛.

4. 证明：数列$2, 2+\frac{1}{2}, 2+\frac{1}{2+\frac{1}{2}}, \cdots$收敛，并求其极限.

5. 求$\lim\limits_{n\to\infty}(1+2^n+3^n)^{\frac{1}{n}}$.

6. 试求：

（1）$\lim\limits_{n\to\infty}\left|\sin(\pi\sqrt{n^2+n})\right|$（$n$为正整数）；

（2）$\lim\limits_{x\to\pi}\frac{\sin mx}{\sin nx}$（$m,n$为正整数）.

7. 求$\lim\limits_{n\to\infty}\frac{(n+1)^{n+1}}{n^n}\cdot\sin\frac{1}{n}$.

8. 求下列极限：

（1）$\lim\limits_{x\to+\infty}(\sqrt{1+x+x^2}-\sqrt{1-x+x^2})$；

（2）$\lim\limits_{x\to 0}\frac{x^2}{\sqrt{1+x\sin x}-\sqrt{\cos x}}$；

（3）$\lim\limits_{x\to 0^+}\frac{1-\sqrt{\cos x}}{1-\cos\sqrt{x}}$.

9. 已知$\lim\limits_{x\to 0}\frac{a\tan x+b(1-\cos x)}{\ln(1-2x)+c(1-\mathrm{e}^{x^2})}=2$，求$a$的值.

10. 设$x\to 0$时，$\mathrm{e}^{x^2}-(ax^2+bx+c)$是比$x^2$高阶的无穷小，求常数$a,b,c$.

11. 设$\lim\limits_{x\to\infty}(\sqrt[3]{1+x^2+x^3}-ax-b)=0$，求$a$与$b$的值.

12. 设 $\lim\limits_{x\to 0}\dfrac{\ln\left(1+\dfrac{f(x)}{\sin 2x}\right)}{3^x-1}=5$，求 $\lim\limits_{x\to 0}\dfrac{f(x)}{x^2}$.

13. 当 $x\to 0^+$ 时，与 $\sqrt{x}$ 等价的无穷小量是（　　）.

（A）$1-e^{\sqrt{x}}$　　（B）$\ln\dfrac{1+x}{1-\sqrt{x}}$　　（C）$\sqrt{1+\sqrt{x}}-1$　　（D）$1-\cos\sqrt{x}$

14. 已知 $a_n=n-(-1)^n n+\dfrac{1}{n}, n=1,2,\cdots$，则 $\{a_n\}$ 是（　　）.

（A）无穷小量　　（B）无穷大量　　（C）有界数列　　（D）无界数列

15. 当 $x\to 1$ 时，函数 $\dfrac{x^2-1}{x-1}e^{\frac{1}{x-1}}$ 的极限（　　）.

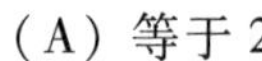

综合题二
答案与提示

（A）等于 2　　（B）等于 0

（C）等于 ∞　　（D）不存在但不为 ∞

16. 当 $x\to 0$ 时，用"$o(x)$"表示比 x 高阶的无穷小，则下列式子错误的是（　　）.

（A）$x\cdot o(x^2)=o(x^3)$　　（B）$o(x)\cdot o(x^2)=o(x^3)$

（C）$o(x^2)+o(x^3)=o(x^2)$　　（D）$o(x)+o(x^2)=o(x^2)$

第三章

函数的连续性

第一节　函数的连续与间断

一、函数的连续性

我们已经讨论了函数的单调性、奇偶性、有界性、周期性等.在本节中,我们将研究函数的另一重要性质.比如考察一质点的运动,一般说来,其位移 s 是时间 t 的函数:$s=s(t)$.若时间产生微小改变时,质点也将移动微小距离,其运动轨迹是一条连绵不断的曲线.函数的这种性质称为函数的连续性.在工程技术中,经常遇到的就是具有这种性质的函数:当自变量的变化很微小时,相应的函数值变化也很微小.

1. 函数在一点处的连续性

定义 1　设函数 $f(x)$ 在 x_0 的某一邻域 $U(x_0)$ 内有定义.若 $\lim\limits_{x \to x_0} f(x)=f(x_0)$,则称**函数 $f(x)$ 在点 x_0 处连续**,点 x_0 称为该函数的**连续点**.

例 1　证明函数 $f(x)=x^2+1$ 在点 $x=1$ 处连续.

证　$f(x)$ 在 $(-\infty,+\infty)$ 内有定义,且在点 $x=1$ 处的函数值为 $f(1)=2$,又

$$\lim_{x \to 1} f(x)=\lim_{x \to 1}(x^2+1)=2=f(1),$$

故 $f(x)=x^2+1$ 在点 $x=1$ 处连续.

例 2　证明函数 $f(x)=|x|$ 在点 $x=0$ 处连续.

证　$f(x)=|x|$ 的定义域为 $(-\infty,+\infty)$.又

$$\lim_{x \to 0} f(x)=\lim_{x \to 0}|x|=0=f(0),$$

故由定义可知,$f(x)=|x|$ 在 $x=0$ 处连续.

函数的连续性是一个局部性的概念,函数 $f(x)$ 在点 x_0 处连续,应该满足下列三点:

(1) $f(x)$ 在点 x_0 及其某邻域 $U(x_0)$ 内有定义;

(2) $\lim\limits_{x \to x_0} f(x)=a$ 存在;

(3) $a=f(x_0)$.

函数的连续性是用极限描述的,所以它可以用“$\varepsilon-\delta$ 语言”描述.

定义 2 设函数 $f(x)$ 在 $U(x_0)$ 内有定义.若 $\forall \varepsilon>0$, $\exists \delta>0$,当 $|x-x_0|<\delta$时,有 $|f(x)-f(x_0)|<\varepsilon$ 成立,则称**函数 $f(x)$ 在点 x_0 处连续**.

对于区间的端点以及分段函数的分段点,我们讨论过 $x\to x_0$ 时的左、右极限,对于函数的连续性也可作类似的讨论.

定义 3 设函数 $f(x)$ 在 $[x_0,x_0+\delta)$ ($\delta>0$ 为常数)内有定义.若 $\lim\limits_{x\to x_0^+} f(x)=f(x_0)$,则称**函数 $f(x)$ 在点 x_0 处是右连续的**.

定义 4 设函数 $f(x)$ 在 $(x_0-\delta,x_0]$ ($\delta>0$ 为常数)内有定义.若 $\lim\limits_{x\to x_0^-} f(x)=f(x_0)$,则称**函数 $f(x)$ 在点 x_0 处是左连续的**.

函数在点 x_0 处的左、右连续性统称为函数的单侧连续性.

由函数 $f(x)$ 当 $x\to x_0$ 时的极限与其相应的左、右极限的关系定理,以及函数 $f(x)$ 在点 x_0 处连续的定义,立即可得到下面的定理.

定理 函数 $f(x)$ 在点 x_0 处连续 $\Longleftrightarrow$ $f(x)$ 在点 x_0 处既是右连续的,又是左连续的,即

$$\lim_{x\to x_0} f(x)=f(x_0) \Longleftrightarrow \lim_{x\to x_0^+} f(x)=\lim_{x\to x_0^-} f(x)=f(x_0).$$

例 3 讨论函数 $f(x)=\begin{cases} x^2, & x\leqslant 1, \\ x+1, & x>1 \end{cases}$ 在点 $x=1$ 处的连续性.

解 因

$$f(1)=x^2\big|_{x=1}=1,$$

$$\lim_{x\to 1^-} f(x)=\lim_{x\to 1^-} x^2=1,$$

$$\lim_{x\to 1^+} f(x)=\lim_{x\to 1^+}(x+1)=2,$$

故 $f(x)$ 在 $x=1$ 处不连续,但 $f(x)$ 在点 $x=1$ 处是左连续的(因为 $\lim\limits_{x\to 1^-} f(x)=1=f(1)$).

例 4 问 a 为何值时,函数 $f(x)=\begin{cases} x^2+3, & x\geqslant 0, \\ a-x, & x<0 \end{cases}$ 在点 $x=0$ 处连续?

解 由于 $f(0)=3$,且

$$\lim_{x\to 0^+} f(x)=\lim_{x\to 0^+}(x^2+3)=3,$$

$$\lim_{x\to 0^-} f(x)=\lim_{x\to 0^-}(a-x)=a,$$

故由定理知,当 $a=3$ 时,$f(x)$ 在点 $x=0$ 处连续.

2. 函数在区间上的连续性

定义 5 若函数 $f(x)$ 在区间 (a,b) 内的每一点均连续,则称 **$f(x)$ 在区间 (a,b) 内连续**,记为 $f(x)\in C((a,b))$.

对无穷区间上的连续性可类似定义.

例 5 $\forall x_0\in(0,+\infty)$, $\lim\limits_{x\to x_0}\operatorname{sgn} x=\lim\limits_{x\to x_0} 1=1$,而 $\operatorname{sgn} x_0=1$,故 $y=\operatorname{sgn} x\in C((0,+\infty))$.类似地有 $y=\operatorname{sgn} x\in C((-\infty,0))$.

定义 6 设函数 $f(x)$ 在 $[a,b]$ 上有定义.若 $f(x)\in C((a,b))$,且在 $x=a$ 处 $f(x)$ 右

连续，在 $x=b$ 处 $f(x)$ 左连续，则称 $f(x)$ **在区间** $[a,b]$ **上连续**，记为 $f(x)\in C([a,b])$.

对半开半闭区间上的连续性可类似定义.

例 6　讨论函数 $f(x)=\begin{cases}x^2, & x\leqslant 1,\\ x+1, & x>1\end{cases}$ 的连续性.

解　由例 3 知，$f(x)$ 在 $x=1$ 处不连续，但在 $x=1$ 处是左连续的.

又 $\forall x_0\in(-\infty,1)$，有 $f(x_0)=x_0^2$，且 $\lim\limits_{x\to x_0}f(x)=\lim\limits_{x\to x_0}x^2=x_0^2$，故 $f(x)\in C((-\infty,1])$.

同理，$\forall x'_0\in(1,+\infty)$，有 $f(x'_0)=(x+1)\big|_{x=x'_0}=x'_0+1$，及 $\lim\limits_{x\to x'_0}f(x)=\lim\limits_{x\to x'_0}(x+1)=x'_0+1$，故 $f(x)\in C((1,+\infty))$.

在工程技术中常用增量来描述变量的改变量. 在某过程中，变量 u 的终值 u_2 与它的初值 u_1 的差 u_2-u_1 称为变量 u 在此过程中的增量，记为 $\Delta u=u_2-u_1$. Δu 是一个整体记号，它可以取正值、负值或零，有时也称 Δu 为变量 u 在 u_1 处的差分.

设函数 $f(x)$ 在 $U(x_0)$ 内有定义，$x\in U(x_0)$，则称 $\Delta x=x-x_0$ 为自变量 x 在点 x_0 处的增量. 此时，$x=x_0+\Delta x$. 相应的，函数 $f(x)$ 在点 x_0 处有增量（图 3-1）

$$\Delta y=f(x)-f(x_0)=f(x_0+\Delta x)-f(x_0).$$

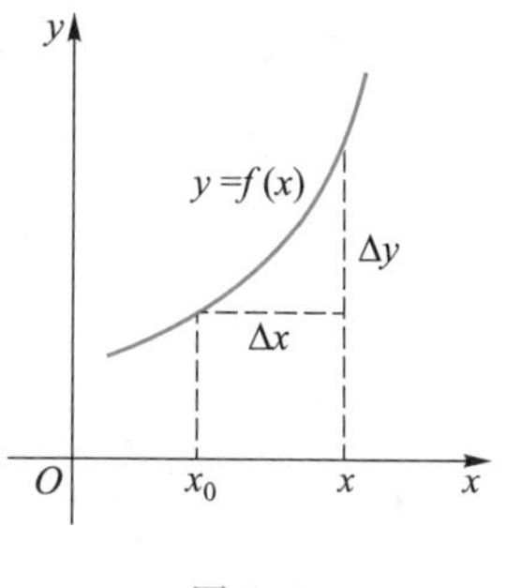

图 3-1

由于 $x\to x_0\Longleftrightarrow\Delta x\to 0$，$f(x)\to f(x_0)\Longleftrightarrow\Delta y\to 0$，故可将函数的连续性用增量形式描述如下.

定义 7　设函数 $f(x)$ 在 $U(x_0)$ 内有定义. 若 $\lim\limits_{\Delta x\to 0}\Delta y=0$，则称**函数 $f(x)$ 在点 x_0 处连续**，其中 $\Delta y=f(x_0+\Delta x)-f(x_0)$.

该形式的定义说明了"当自变量作微小变化时，相应的函数值的变化也很微小"的特性. 定义 7 与定义 1、定义 2 是等价的，可根据需要选用. 类似地，由 $\Delta x\to 0^+\Longleftrightarrow x\to x_0^+$，$\Delta x\to 0^-\Longleftrightarrow x\to x_0^-$，则可用增量形式定义函数的左、右连续性.

例 7　证明 $f(x)=a^x$ 在 $(-\infty,+\infty)$ 上连续，其中 $a>0$ 且 $a\neq 1$.

证　对 $\forall x_0\in(-\infty,+\infty)$，有

$$\Delta y=f(x_0+\Delta x)-f(x_0)=a^{x_0+\Delta x}-a^{x_0}=a^{x_0}(a^{\Delta x}-1).$$

由第二章第四节例 6 后的注记，有

$$\lim_{\Delta x\to 0}\Delta y=a^{x_0}\lim_{\Delta x\to 0}(a^{\Delta x}-1)=0,$$

从而 $f(x)=a^x$ 在 x_0 点连续. 由 x_0 点的任意性，则 $f(x)=a^x$ 在 $(-\infty,+\infty)$ 上连续.

典型例题
函数的连续性

二、函数的间断点

若函数 $f(x)$ 在点 x_0 处不连续，则称 $f(x)$ 在点 x_0 处间断，点 x_0 称为函数 $f(x)$ 的间断点.

若函数 $f(x)$ 在点 x_0 处间断，一般有下列几种情形出现：

（1）$f(x)$ 在点 x_0 处无定义；

（2）$f(x)$ 在点 x_0 处的左、右极限至少有一个不存在；

(3) $f(x)$在点 x_0 处的左、右极限存在,但不相等;

(4) $f(x)$在点 x_0 处的左、右极限存在且相等,但不等于函数$f(x)$在这点的函数值.

例 8　讨论函数$f(x)=\dfrac{\sin x}{x}$在 $x_0=0$ 处的连续性.

解　因$f(x)$的定义域为$(-\infty,0)\cup(0,+\infty)$,故$f(x)=\dfrac{\sin x}{x}$在 $x_0=0$ 处间断.

但是,$\lim\limits_{x\to 0}\dfrac{\sin x}{x}=1$,如果补充定义:$f(0)=1$,则得到函数

$$y=\begin{cases}f(x), & x\neq 0,\\ 1, & x=0,\end{cases}$$

该函数在点 $x_0=0$ 处是连续的.

若 $\lim\limits_{x\to x_0}f(x)=a$ 存在,但函数$f(x)$在点 x_0 处无定义,或者虽有定义,但$f(x_0)\neq a$,则称点 x_0 为函数$f(x)$的**可去间断点**.此时,若补充定义或改变函数$f(x)$在点 x_0 处的值为$f(x_0)=a$,就可得到一个在点 x_0 处连续的新函数:

$$y=\begin{cases}f(x), & x\neq x_0,\\ a, & x=x_0.\end{cases}$$

例 9　讨论函数

$$f(x)=\begin{cases}x+1, & x>0,\\ \dfrac{1}{2}, & x=0,\\ \sin x, & x<0\end{cases}$$

在点 $x=0$ 处的连续性.

解　因为

$$\lim_{x\to 0^+}f(x)=\lim_{x\to 0^+}(x+1)=1,$$

$$\lim_{x\to 0^-}f(x)=\lim_{x\to 0^-}\sin x=0,$$

则 $\lim\limits_{x\to 0^+}f(x)\neq\lim\limits_{x\to 0^-}f(x)$,所以 $x=0$ 为函数 $f(x)$的间断点.

从图 3-2 可看出,例 9 中的函数$f(x)$的图形在其间断点 $x=0$ 处有一间断,我们称这种左、右极限均存在但不相等的函数的间断点为**跳跃间断点**.

通常将函数的跳跃间断点和可去间断点统称为函数的第一类间断点.

定义 8　若 x_0 为函数$f(x)$的一个间断点,且 $\lim\limits_{x\to x_0^+}f(x)$与 $\lim\limits_{x\to x_0^-}f(x)$均存在,则称点 x_0 为函数$f(x)$的一个**第一类间断点**.

定义 9　凡不属于第一类的间断点,称为函数的**第二类间断点**.

函数的第二类间断点通常有无穷型间断点和振荡型间断点.

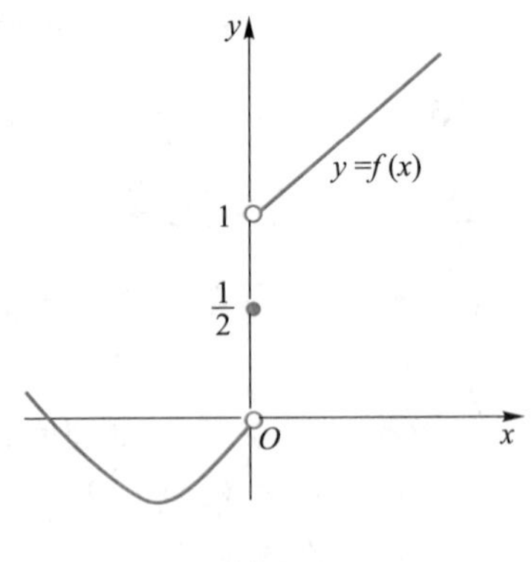

图 3-2

例 10　讨论函数 $f(x)=\begin{cases}\dfrac{1}{x}, & x\neq 0,\\ 0, & x=0\end{cases}$ 在点 $x_0=0$ 处的连续性.

解　由于

$$\lim_{x\to 0}f(x)=\lim_{x\to 0}\frac{1}{x}=\infty,$$

所以函数 $f(x)$ 在点 $x_0=0$ 处间断.点 $x_0=0$ 为 $f(x)$ 的第二类间断点,我们称之为**无穷型间断点**.

例 11　讨论函数 $f(x)=\begin{cases}\sin\dfrac{1}{x}, & x\neq 0,\\ 0, & x=0\end{cases}$ 在点 $x_0=0$ 处的连续性.

解　由于 $\lim\limits_{x\to 0}\sin\dfrac{1}{x}$ 不存在,且由图 3-3 可看出函数 $f(x)$ 的图形当 x 趋近于 0 时,在 -1 与 1 之间来回振荡,故点 $x=0$ 为函数 $f(x)$ 的第二类间断点,也称为**振荡型间断点**.

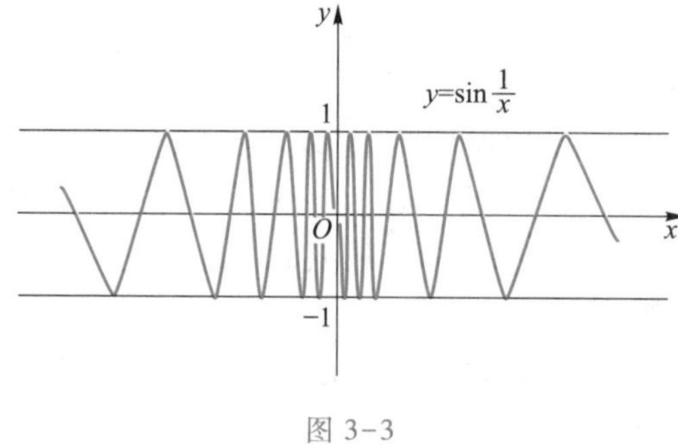

图 3-3

典型例题
间断点

习题 3-1

1. 研究下列函数的连续性,并画出函数的图形:

(1) $f(x)=\begin{cases}x^3+1, & 0\leqslant x<1,\\ 3-x, & 1\leqslant x\leqslant 2;\end{cases}$

(2) $f(x)=\begin{cases}x, & -1\leqslant x<1,\\ 1, & x<-1 \text{ 或 } x\geqslant 1.\end{cases}$

2. 说明函数 $f(x)$ 在点 x_0 处有定义、有极限、连续这三个概念有什么不同?又有什么联系?

3. 函数在其第二类间断点处的左、右极限是否一定均不存在?试举例说明.

4. 求下列函数的间断点,并说明间断点的类型:

(1) $f(x)=\dfrac{x^2-1}{x^2+3x+2}$;　　(2) $f(x)=\dfrac{\sin x+x}{\sin x}$;

(3) $f(x)=(1+|x|)^{\frac{1}{x}}$;　　(4) $f(x)=\dfrac{x+2}{x^2-4}$;

(5) $f(x)=x\sin\dfrac{1}{x}$.

5. 适当选择 a 的值,使函数 $f(x)=\begin{cases} e^x, & x<0, \\ a+x, & x\geqslant 0 \end{cases}$ 在点 $x=0$ 处连续.

6. 设 $f(x)=\lim\limits_{a\to+\infty}\dfrac{a^x-a^{-x}}{a^x+a^{-x}}$,讨论 $f(x)$ 的连续性.

第二节　连续函数的性质

一、连续函数的基本性质

1. 连续函数的保号性

由连续函数的定义及极限的保号性,立即可得出连续函数的如下性质.

定理 1　若函数 $f(x)$ 在点 x_0 处连续,且 $f(x_0)>0$(或 $f(x_0)<0$),则存在 x_0 的某邻域 $U(x_0)$,使得在 $U(x_0)$ 内恒有 $f(x)>0$(或 $f(x)<0$).

2. 连续函数的四则运算

由极限的四则运算公式及函数连续性的定义,可以证明下列关于连续函数的四则运算.

定理 2　若函数 $f(x)$,$g(x)$ 均在点 x_0 处连续,则

(1) $af(x)+bg(x)$ 在点 x_0 处连续,其中 a,b 为常数;

(2) $f(x)g(x)$ 在点 x_0 处连续;

(3) $\dfrac{f(x)}{g(x)}(g(x_0)\neq 0)$ 在点 x_0 处连续.

例 1　多项式 $P_n(x)=\sum\limits_{k=0}^{n}a_kx^k=a_0+a_1x+\cdots+a_nx^n$ 在 $(-\infty,+\infty)$ 内是连续的.

证　$\forall x_0\in(-\infty,+\infty)$,显然 $y=x$ 在点 x_0 处是连续的.由定理 2 中的(2)知:$y=x^k(k=1,2,\cdots,n)$ 均在 x_0 处连续.再由定理 2 中的(1)即得多项式 $P_n(x)=a_0+a_1x+\cdots+a_nx^n$ 在 $(-\infty,+\infty)$ 内是连续的.

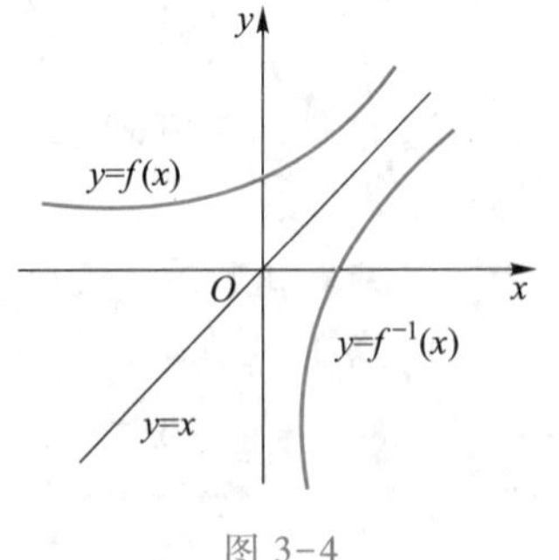

图 3-4

3. 连续函数的反函数的连续性

定理 3　设函数 $y=f(x)$ 在区间 I 上严格单调增加(减少)且连续,则其反函数 $y=f^{-1}(x)$ 在相应区间 I^* 上严格单调增加(减少)且连续.

从图 3-4 看,函数 $x=f^{-1}(y)$ 的图形与函数

$y=f(x)$的图形相同，而 $y=f^{-1}(x)$ 的图形是$y=f(x)$的图形绕直线 $y=x$ 翻转 180°而成，故其单调性和连续性均保持.

例 2 $y=\sin x$ 在$\left[-\frac{\pi}{2},\frac{\pi}{2}\right]$上连续且严格单调增加，其反函数 $y=\arcsin x$ 在相应区间$[-1,1]$上连续且严格单调增加（图 3-5）.

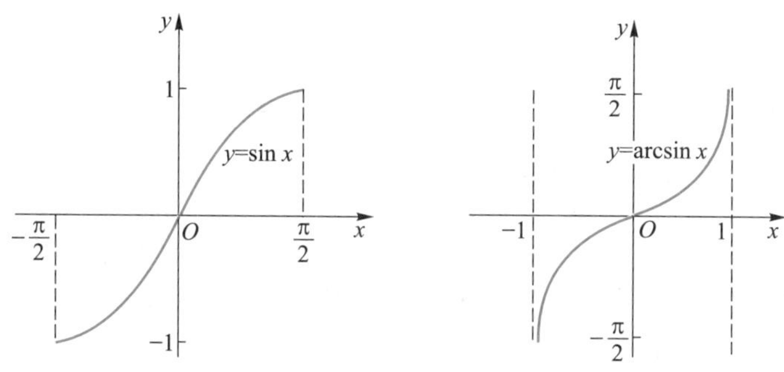

图 3-5

例 3 设 $a>0,a\neq 1$，函数 $y=a^x$ 在$(-\infty,+\infty)$上连续且值域是$(0,+\infty)$，且当$a>1$时 $y=a^x$ 严格单调增加，当 $0<a<1$ 时 $y=a^x$ 严格单调减少，故其反函数$y=\log_a x$在$(0,+\infty)$上连续，且当 $a>1$ 时严格单调增加，当 $0<a<1$ 时严格单调减少.

4. 复合函数的连续性

定理 4 设函数 $u=\varphi(x)$在点 x_0 处连续，且 $u_0=\varphi(x_0)$，而函数 $y=f(u)$在 u_0 处连续，则 $y=f(\varphi(x))$在点 x_0 处连续.

证 由于 $y=f(u)$ 在点 u_0 处连续，故 $\forall\varepsilon>0$，$\exists\eta>0$，当 $|u-u_0|<\eta$ 时，$|f(u)-f(u_0)|<\varepsilon$成立.而 $u=\varphi(x)$在点 x_0 处连续，故对上面的 $\eta>0$，$\exists\delta>0$，当 $|x-x_0|<\delta$ 时，有 $|u-u_0|=|\varphi(x)-\varphi(x_0)|<\eta$.综上所述，得 $\forall\varepsilon>0$，$\exists\delta>0$，当 $|x-x_0|<\delta$ 时，$|u-u_0|<\eta$，且有

$$|f(\varphi(x))-f(\varphi(x_0))|=|f(u)-f(u_0)|<\varepsilon$$

成立，即复合函数 $y=f(\varphi(x))$在点 x_0 处连续.

由函数在点 x_0 处连续的定义：$\lim\limits_{x\to x_0}f(x)=f(x_0)$可得到下面的计算连续函数极限的推论.

推论 1 在定理 4 的条件下，$\lim\limits_{x\to x_0}f(\varphi(x))=f(\lim\limits_{x\to x_0}\varphi(x))$[①].

例 4 求 $\lim\limits_{x\to 0}e^{\sin^2 x}$.

解 $\lim\limits_{x\to 0}e^{\sin^2 x}=e^{\lim\limits_{x\to 0}\sin^2 x}=e^0=1$.

在定理 4 的证明过程中，我们可以看出，若将函数 $\varphi(x)$在点 x_0 处的连续性条件减弱为 $\lim\limits_{x\to x_0}\varphi(x)=a$（极限存在），则推论 1 的结论仍成立，即有下面的定理.

定理 5 设 $x\to x_0$ 时函数 $u=\varphi(x)$的极限存在，$\lim\limits_{x\to x_0}\varphi(x)=a$，函数 $y=f(u)$在点

① 推论 1 说明：在定理 4 的条件下，极限符号 lim 与函数符号 f 可以交换次序.

$u=a$ 处连续,则复合函数 $f(\varphi(x))$ 当 $x\to x_0$ 时的极限存在,且

$$\lim_{x\to x_0} f(\varphi(x))=f(\lim_{x\to x_0}\varphi(x))=f(a).$$

例 5 求 $\lim\limits_{x\to 0}\ln\dfrac{\sin x}{x}$.

解 $\lim\limits_{x\to 0}\ln\dfrac{\sin x}{x}=\ln\left(\lim\limits_{x\to 0}\dfrac{\sin x}{x}\right)=\ln 1=0.$

例 6 求 $\lim\limits_{x\to\infty}\sin\left(1+\dfrac{1}{x}\right)^x$.

解 $\lim\limits_{x\to\infty}\sin\left(1+\dfrac{1}{x}\right)^x=\sin\left[\lim\limits_{x\to\infty}\left(1+\dfrac{1}{x}\right)^x\right]=\sin\ \mathrm{e}.$

利用定理 4 和定理 5,我们可以讨论幂指函数 $f(x)^{g(x)}$ 的极限问题.幂指函数的定义域一般应要求能使底 $f(x)>0$.当 $f(x),g(x)$ 均为连续函数,且 $f(x)>0$ 时,$f(x)^{g(x)}$ 也是连续函数.在求 $\lim\limits_{x\to x_0} f(x)^{g(x)}$ 时,可有以下的结论:

(1) 如果 $\lim\limits_{x\to x_0} f(x)=A(A>0)$,$\lim\limits_{x\to x_0} g(x)=B$,则 $\lim\limits_{x\to x_0} f(x)^{g(x)}=A^B$;

(2) 如果 $\lim\limits_{x\to x_0} f(x)=1$,$\lim\limits_{x\to x_0} g(x)=\infty$,则 $\lim\limits_{x\to x_0} f(x)^{g(x)}=\mathrm{e}^{\lim\limits_{x\to x_0}[f(x)-1]g(x)}$;

(3) 如果 $\lim\limits_{x\to x_0} f(x)=A(A>0$ 且 $A\neq 1)$,$\lim\limits_{x\to x_0} g(x)=\pm\infty$,则极限 $\lim\limits_{x\to x_0} f(x)^{g(x)}$ 可以根据具体情形直接求得.例如,

若 $\lim\limits_{x\to x_0} f(x)=A(A>1)$,$\lim\limits_{x\to x_0} g(x)=+\infty$,则 $\lim\limits_{x\to x_0} f(x)^{g(x)}=+\infty$;

若 $\lim\limits_{x\to x_0} f(x)=A(0<A<1)$,$\lim\limits_{x\to x_0} g(x)=+\infty$,则 $\lim\limits_{x\to x_0} f(x)^{g(x)}=0$.

上面的结论对 $x\to\infty$ 的情形仍然成立.

这些结论都不难证明.下面我们仅证明结论(2),其余的证明留给读者.

证 (2) 由 $\lim\limits_{x\to x_0} f(x)=1$,可令 $f(x)=1+\alpha(x)$,其中 $\alpha(x)\to 0(x\to x_0$ 时),于是

$$\begin{aligned}\lim_{x\to x_0} f(x)^{g(x)}&=\lim_{x\to x_0}\mathrm{e}^{g(x)\ln f(x)}=\lim_{x\to x_0}\mathrm{e}^{g(x)\ln[1+\alpha(x)]}\\&=\mathrm{e}^{\lim\limits_{x\to x_0} g(x)\ln[1+\alpha(x)]}=\mathrm{e}^{\lim\limits_{x\to x_0} g(x)\alpha(x)}\\&=\mathrm{e}^{\lim\limits_{x\to x_0}[f(x)-1]g(x)}.\end{aligned}$$

例 7 求 $\lim\limits_{x\to 0}\left(\dfrac{\sin 2x}{x}\right)^{1+x}$.

解 由 $\lim\limits_{x\to 0}\dfrac{\sin 2x}{x}=2$,$\lim\limits_{x\to 0}(1+x)=1$,有

$$\lim_{x\to 0}\left(\frac{\sin 2x}{x}\right)^{1+x}=2^1=2.$$

例 8 求 $\lim\limits_{x\to\infty}\left(\dfrac{x+1}{2x+1}\right)^{x^2}$.

解 由 $\lim\limits_{x\to\infty}\dfrac{x+1}{2x+1}=\dfrac{1}{2}$,$\lim\limits_{x\to\infty}x^2=+\infty$,有

$$\lim_{x\to\infty}\left(\frac{x+1}{2x+1}\right)^{x^2}=0.$$

例 9　求 $\lim\limits_{x\to\infty}\left(\frac{x-1}{x+1}\right)^{x}$.

解　由 $\lim\limits_{x\to\infty}\frac{x-1}{x+1}=1$, $\lim\limits_{x\to\infty}x=\infty$，有

$$\lim_{x\to\infty}\left(\frac{x-1}{x+1}\right)^{x}=\mathrm{e}^{\lim\limits_{x\to\infty}\left(\frac{x-1}{x+1}-1\right)\cdot x}=\mathrm{e}^{\lim\limits_{x\to\infty}\frac{-2x}{x+1}}=\mathrm{e}^{-2}.$$

二、初等函数的连续性

前面我们已经证明了正弦函数、余弦函数、指数函数、对数函数的连续性.事实上，运用连续函数的性质我们可以证明：基本初等函数在其定义域内是连续的.

初等函数是由基本初等函数经过有限次四则运算及有限次复合运算得到的函数.由连续函数的运算性质，我们得到下面的结论：初等函数在其有定义的区间内连续.

由此可知，对初等函数在其有定义的区间内的点处求极限时，只需求函数在该点的函数值即可，即若 $f(x)$ 为某区间 I 上的初等函数，$\forall x_0\in I$，则 $\lim\limits_{x\to x_0}f(x)=f(x_0)$.

例 10　计算下列极限：

(1) $\lim\limits_{x\to\frac{\pi}{2}}\sin x$；　(2) $\lim\limits_{x\to 0}\frac{x^2+1}{3x^2+x+1}$.

典型例题
初等函数的连续性

解　(1) $\lim\limits_{x\to\frac{\pi}{2}}\sin x=\sin\frac{\pi}{2}=1$；

(2) $\lim\limits_{x\to 0}\frac{x^2+1}{3x^2+x+1}=\frac{0^2+1}{3\times0^2+0+1}=1$.

三、闭区间上连续函数的性质

在闭区间上连续的函数有一些重要性质，它们可作为分析和论证某些问题时的理论根据.这些性质的几何意义十分明显，我们均不给予证明.

1. 最值定理

我们首先引入最值的概念.

定义 1　设函数 $f(x)$ 在区间 I 上有定义.如果存在点 $x_0\in I$，使得 $\forall x\in I$，恒有 $f(x_0)\geqslant f(x)$（或 $f(x_0)\leqslant f(x)$）成立，则称 $f(x_0)$ 为函数 $f(x)$ 在区间 I 上的**最大值**（或**最小值**），记为 $f(x_0)=\max\limits_{x\in I}\{f(x)\}$（或 $f(x_0)=\min\limits_{x\in I}\{f(x)\}$），$x_0$ 称为函数 $f(x)$ 在区间 I 上的**最大值点**（或**最小值点**）.

一般说来，在一个区间上连续的函数，未必在该区间上存在最大值或最小值.但是，在一个闭区间上连续的函数，它必在该闭区间上取得最大值和最小值.

定理 6　若 $f(x)\in C([a,b])$，则 $f(x)$ 在 $[a,b]$ 上至少取到它的最大值和最小值各一次.

设 $f(x)\in C([a,b])$.

(1) 当 $f(x)$ 为 $[a,b]$ 上的单调函数时.

由图 3-6 可看出,此时函数 $f(x)$ 恰好在区间 $[a,b]$ 的端点 a 和 b 取得最大值和最小值:

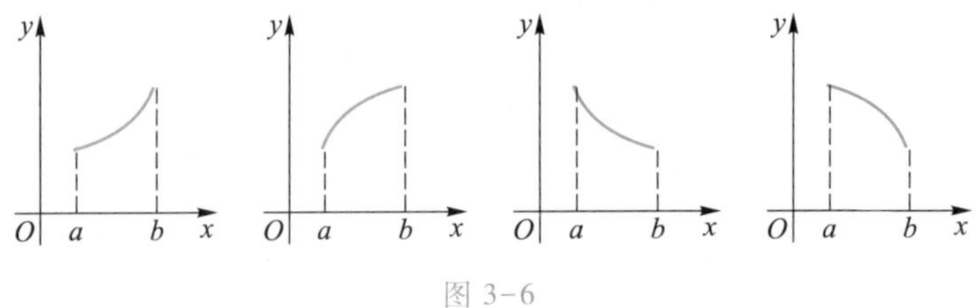

图 3-6

$y=f(x)\uparrow,x\in[a,b]$,则 $\max\limits_{x\in[a,b]}\{f(x)\}=f(b)$, $\min\limits_{x\in[a,b]}\{f(x)\}=f(a)$;

$y=f(x)\downarrow,x\in[a,b]$,则 $\max\limits_{x\in[a,b]}\{f(x)\}=f(a)$, $\min\limits_{x\in[a,b]}\{f(x)\}=f(b)$.

(2) $f(x)$ 为 $[a,b]$ 上的一般连续函数时.

在这种情形下,如果可以将 $[a,b]$ 分成有限个小区间,使函数 $f(x)$ 在每个小区间上保持严格单调增加或严格单调减少,则这有限个小区间的端点处的函数值中的最大者和最小者分别为函数 $f(x)$ 在 $[a,b]$ 上的最大值和最小值,如图 3-7 所示,

$$\max_{x\in[a,b]}\{f(x)\}=\max\{f(a),f(a_1),f(a_2),f(a_3),\\ f(a_4),f(a_5),f(a_6),f(b)\},$$

$$\min_{x\in[a,b]}\{f(x)\}=\min\{f(a),f(a_1),f(a_2),f(a_3),\\ f(a_4),f(a_5),f(a_6),f(b)\}.$$

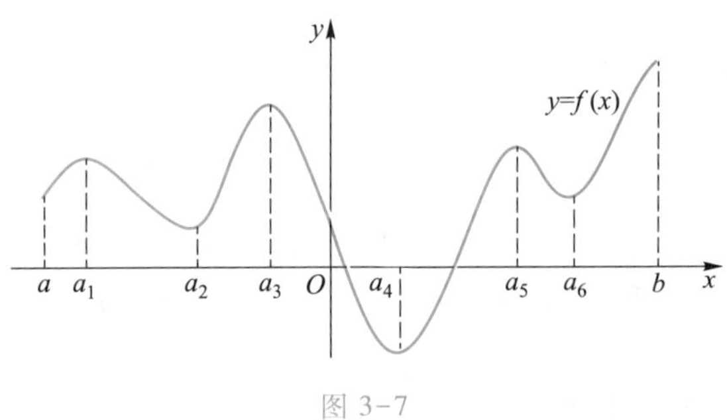

图 3-7

当然,也可先求出各个小区间上的最大值和最小值,然后从中取最大者和最小者.如图 3-7 中,

$$\max_{x\in[a,b]}\{f(x)\}=\max\{f(a_1),f(a_3),f(a_5),f(b)\},$$

$$\min_{x\in[a,b]}\{f(x)\}=\min\{f(a),f(a_2),f(a_4),f(a_6)\}.$$

在定理 6 中,闭区间的条件很重要.例如,$y=x$ 在开区间 $(1,3)$ 内连续,但它不能在该开区间内取到它的最大值和最小值.

定理 6 表明:若 $f(x)\in C([a,b])$,则 $\exists\, x_1,x_2\in[a,b]$,使得

$$f(x_1)=\min_{x\in[a,b]}\{f(x)\},\quad f(x_2)=\max_{x\in[a,b]}\{f(x)\}.$$

于是,对任意的 $x\in[a,b]$,有

$$f(x_1)\leqslant f(x)\leqslant f(x_2).$$

若取 $M=\max\{|f(x_1)|,|f(x_2)|\}$,则有

$$|f(x)|\leqslant M,\quad x\in[a,b],$$

即 $f(x)$ 在 $[a,b]$ 上有界.

推论 2 若 $f(x)\in C([a,b])$,则 $f(x)$ 必在 $[a,b]$ 上有界.

当 $f(x)$ 的连续区间不是闭区间时,该推论的结论不一定成立.例如,$y=\tan x$ 在 $\left(0,\dfrac{\pi}{2}\right)$ 内的情形就是如此.

2. 零点存在定理

定理 7 设 $f(x)\in C([a,b])$,且 $f(a)f(b)<0$,则至少存在一点 $x_0\in(a,b)$,使得 $f(x_0)=0$.

可以运用"**等分区间法**"(或称为"**区间套法**")来证明这个定理.将区间 $[a,b]$ 等分为两个小区间 $[a,a_1]$ 和 $[a_1,b]$,在这两个区间中选择与区间 $[a,b]$ 上 $f(x)$ 的性质相同的一个,例如,若 $f(a_1)f(b)<0$,则选取 $[a_1,b]$,然后,对 $[a_1,b]$ 进行等分并进行类似选择,又得到一个新的小区间.如此下去,如果在某一分点 x_0 处有 $f(x_0)=0$,则此分点 x_0 即为所求.否则,继续上述方法,小区间的长度将趋于零,并且总保持区间端点的函数值反号的性质,由函数的连续性,这些小区间的左端点或右端点构成的数列的极限值就是我们要求的 $x_0\in(a,b)$(图 3-8).

从图 3-8 可看出零点存在定理的几何意义:若函数 $f(x)$ 在闭区间 $[a,b]$ 上连续,且 $f(a)$ 与 $f(b)$ 不同号,则函数 $y=f(x)$ 的图像至少有一次穿过 x 轴.

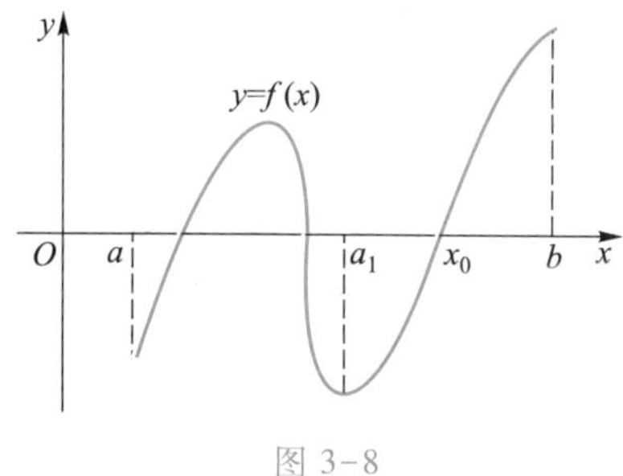

图 3-8

例 11 证明方程 $x^5-3x=1$ 在 $x=1$ 与 $x=2$ 之间至少有一根.

证 令 $f(x)=x^5-3x-1,x\in[1,2]$,则 $f(x)\in C([1,2])$,且 $f(1)=-3,f(2)=25$,故由零点存在定理,至少存在一点 $x_0\in(1,2)$,使得 $f(x_0)=0$,即方程 $x^5-3x=1$ 在 $x=1$ 与 $x=2$ 之间至少有一根.

例 12 证明方程 $x=a\sin x+b(a>0,b>0)$ 至少有一个不超过 $a+b$ 的正根.

证 设 $f(x)=x-a\sin x-b,x\in[0,a+b]$,则 $f(x)\in C([0,a+b])$,而

$$f(0)=0-a\sin 0-b=-b<0,$$

$$f(a+b)=a+b-a\sin(a+b)-b$$

$$=a(1-\sin(a+b))\geqslant 0.$$

(1) 如果 $f(a+b)=0$，则 $x_0=a+b$ 就是原方程的根.

(2) 如果 $f(a+b)>0$，则由零点存在定理，至少存在一点 $x'_0\in(0,a+b)$，使得 $f(x'_0)=0$.

综上所述，方程 $x=a\sin x+b$ 在 $(0,a+b]$ 上至少有一根，即至少有一个不超过 $a+b$ 的正根.

典型例题
零点存在定理

定理 8 的证明

3. 介值定理

由零点存在定理并运用坐标平移的方法，可以得到介值定理.

定理 8　设 $f(x)\in C([a,b])$，$f(a)=A$，$f(b)=B$，且 $A\neq B$，则对于 A，B 之间的任意一个数 C，至少存在一点 $x_0\in(a,b)$，使得 $f(x_0)=C$.

该定理说明，当 x 在 $[a,b]$ 上变动时，$[a,b]$ 上的连续函数所取得的函数值必完全充满某个区间 $[A,B]$（见图 3-9）.

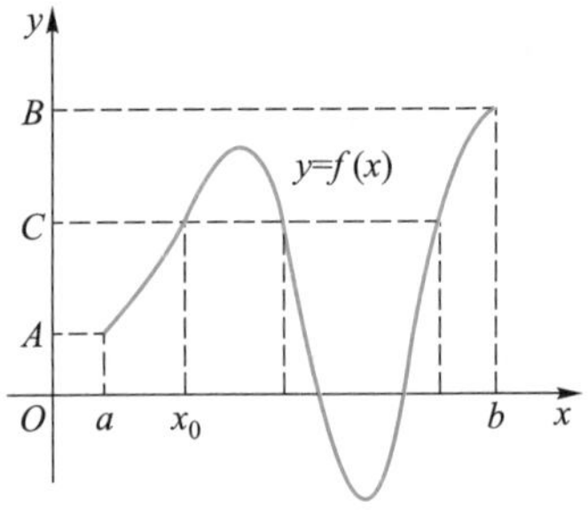

图 3-9

由定理 8，我们立即可得下面的推论.

推论 3　设 $f(x)\in C([a,b])$，则 $f(x)$ 可取得介于其在区间 $[a,b]$ 上的最大值 M 和最小值 m 之间的任何值.

例 13　设 $f(x)\in C([a,b])$，$a<x_1<x_2<\cdots<x_n<b$，证明至少存在一点 $x_0\in[x_1,x_n]$，使得

$$f(x_0)=\frac{f(x_1)+f(x_2)+\cdots+f(x_n)}{n}.$$

证　因为 $f(x)\in C([x_1,x_n])$，所以 $f(x)$ 在 $[x_1,x_n]$ 上有最大值和最小值存在. 设 $M=\max\limits_{x\in[x_1,x_n]}\{f(x)\}$，$m=\min\limits_{x\in[x_1,x_n]}\{f(x)\}$，则

$$m\leqslant f(x_i)\leqslant M,\quad i=1,2,\cdots,n.$$

从而

$$m\leqslant\frac{f(x_1)+f(x_2)+\cdots+f(x_n)}{n}\leqslant M.$$

由推论 3，至少存在一点 $x_0\in[x_1,x_n]$，使

$$f(x_0)=\frac{f(x_1)+f(x_2)+\cdots+f(x_n)}{n}.$$

*四、函数的一致连续性

如果函数 $y=f(x)$ 在 (a,b) 内连续，则对 (a,b) 内的每一点 x_0 及 $\forall\varepsilon>0$，可相应确定出 $\delta>0$ 与之对应，使当 $x\in U(x_0,\delta)$ 时，$|f(x)-f(x_0)|<\varepsilon$，其中 δ 一般是与点 x_0 的位置及所给正数 ε 有关的，即 $\delta=\delta(x_0,\varepsilon)$.

由图 3-10 可以看出，对于给定的正数 ε，取不同的点 x_0 和 x_1，δ 将有所不同，在曲线平坦之处（函数变化较慢）可取较大的 δ（如点 x_0 处的 δ_0），而在曲线变陡时（函数变化较快），则可取的 δ 就比较小（如点 x_1 处的 δ_1）.

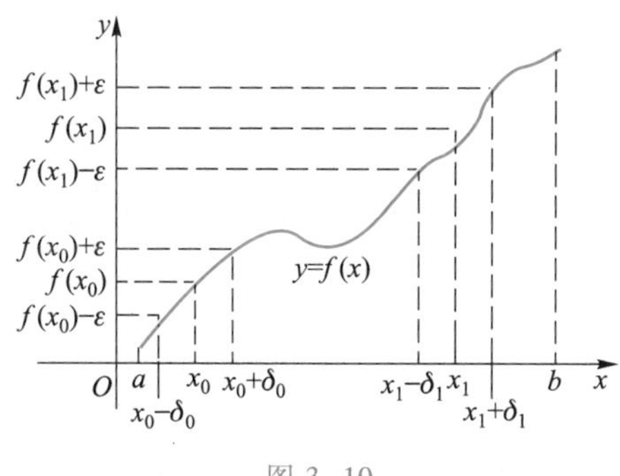

图 3-10

现在考虑的问题是：对于(a,b)内的连续函数$f(x)$，任意给定一个$\varepsilon>0$，是否存在一个$\delta>0$，它只与ε有关，而与点x_0在(a,b)内的位置无关，即对于所有的$x_0\in(a,b)$，当$x\in U(x_0,\delta)$时，就有$|f(x)-f(x_0)|<\varepsilon$成立.如果这样的$\delta$存在，我们就说$f(x)$在$(a,b)$内是一致连续的.

定义 2 设函数$f(x)$在(a,b)内连续.若$\forall\varepsilon>0$，$\exists\delta=\delta(\varepsilon)>0$，对$(a,b)$内任意两点$x',x''$，只要$|x'-x''|<\delta$，就有$|f(x')-f(x'')|<\varepsilon$成立，则称函数$f(x)$在$(a,b)$内**一致连续**.

例 14 $f(x)=2^x+1\in C([0,1])$，用定义验证$f(x)$在$[0,1]$上是一致连续的.

解 $\forall x_1,x_2\in[0,1]$，不妨设$x_1>x_2$，由于

$$|(2^{x_1}+1)-(2^{x_2}+1)|=2^{x_2}|2^{x_1-x_2}-1|\leqslant 2|2^{x_1-x_2}-1|,$$

则$\forall\varepsilon>0$，总可取$\delta=\log_2\left(1+\dfrac{\varepsilon}{2}\right)$，当$|x_1-x_2|<\delta$时，有

$$|f(x_1)-f(x_2)|<\varepsilon$$

成立，故由一致连续性的定义，得$f(x)=2^x+1$在$[0,1]$上一致连续.

例 15 研究函数$y=\sin\dfrac{1}{x}$在$x\in\left(0,\dfrac{2}{\pi}\right)$内的连续性.

解 由初等函数的连续性可知，$y=\sin\dfrac{1}{x}$在$\left(0,\dfrac{2}{\pi}\right)$内连续.

如果$y=\sin\dfrac{1}{x}$在$\left(0,\dfrac{2}{\pi}\right)$内一致连续，则$\forall\varepsilon>0$，$\exists\delta=\delta(\varepsilon)>0$，使对$\left(0,\dfrac{2}{\pi}\right)$内的任意两点$x'$和$x''$，当$|x'-x''|<\delta$时，就有$\left|\sin\dfrac{1}{x'}-\sin\dfrac{1}{x''}\right|<\varepsilon$成立.我们不妨假设$0<\varepsilon<\dfrac{1}{2}$，且取$x'=\dfrac{2}{(2n+1)\pi}$，$x''=\dfrac{1}{n\pi}$，$n\in\mathbf{N}_+$.显然$x',x''\in\left(0,\dfrac{2}{\pi}\right)$，且$|x'-x''|=\dfrac{1}{n(2n+1)\pi}$.故只要取$n$充分大就会有$|x'-x''|<\delta(\varepsilon)$，但是

$$\left|\sin\frac{1}{x'}-\sin\frac{1}{x''}\right|=\left|\sin(2n+1)\frac{\pi}{2}-\sin n\pi\right|=1>\varepsilon,$$

与$\left|\sin\dfrac{1}{x'}-\sin\dfrac{1}{x''}\right|<\varepsilon$的假设相矛盾.由一致连续的定义可知，函数$y=\sin\dfrac{1}{x}$在

$\left(0,\dfrac{2}{\pi}\right)$内不是一致连续的.

综上所述,函数 $y=\sin\dfrac{1}{x}$ 在 $\left(0,\dfrac{2}{\pi}\right)$ 内连续,但不是一致连续的.

由一致连续的定义可以看出:函数 $f(x)$ 在 (a,b) 内一致连续,则必在 (a,b) 内连续.但由例 15 可以看出,在 (a,b) 内连续的函数 $f(x)$ 不一定在 (a,b) 内一致连续.

在闭区间的情形下,我们有下述结论:

定理 9 若 $f(x)\in C([a,b])$,则 $f(x)$ 在 $[a,b]$ 上也是一致连续的.

习题 3-2

1. 证明本节的定理 1(连续函数的保号性).

2. 证明:若 $f(x)$ 在区间 I 上连续,则 $|f(x)|$ 仍在区间 I 上连续.

3. 举例说明,若 $|f(x)|$ 在区间 I 上连续,$f(x)$ 不一定在区间 I 上连续.

4. 两个连续函数构成的复合函数一定连续吗?为什么?

5. 设 $f(x)=\sin x,g(x)=\begin{cases}x-\pi, & x\leqslant 0,\\ x+\pi, & x>0,\end{cases}$ 讨论复合函数 $f(g(x))$ 与 $g(f(x))$ 在点 $x=0$ 处的连续性.

6. 求下列极限:

(1) $\lim\limits_{x\to 2}\dfrac{2x}{x^2+x-2}$;　　(2) $\lim\limits_{x\to 0}\ln\dfrac{\tan x}{x}$;

(3) $\lim\limits_{x\to 0}(\cos x)^{\frac{1}{x^2}}$;　　(4) $\lim\limits_{x\to\infty}\left(\dfrac{3-2x}{2-2x}\right)^x$.

7、证明方程 $x^5-x^4-x^2-3x=1$ 至少有一个介于 1 和 2 之间的根.

8. 证明方程 $\ln(1+e^x)-2x=0$ 至少有一个小于 1 的正根.

9. 设 $f(x)\in C((-\infty,+\infty))$,且 $\lim\limits_{x\to-\infty}f(x)=A$,$\lim\limits_{x\to+\infty}f(x)=B$,$A\cdot B<0$,证明至少存在一点 $x_0\in(-\infty,+\infty)$,使得 $f(x_0)=0$.

10. 设 $f(x)\in C([a,b])$,$f(a)=f(b)=0$,且存在正常数 δ 和 δ_1,使 $f(x)$ 在 $(a,a+\delta)$ 及 $(b-\delta_1,b)$ 内是严格单调增加的.证明至少存在一点 $x_0\in(a,b)$,使得 $f(x_0)=0$.

11. 设多项式 $P_n(x)=x^n+a_1x^{n-1}+\cdots+a_n$.证明:当 n 为奇数时,方程 $P_n(x)=0$ 至少有一实根.

12. 若函数 $f(x)$ 在闭区间 $[a,b]$ 上满足:对于 $\forall x_1,x_2\in[a,b]$,有 $|f(x_1)-f(x_2)|\leqslant M|x_1-x_2|$ $(M>0$ 为常数$)$.证明 $f(x)\in C([a,b])$,且为一致连续的.

13. 说明函数连续与一致连续的区别和联系.

综 合 题 三

1. 设$f(x)$和$\varphi(x)$在$(-\infty,+\infty)$内有定义,$f(x)$为连续函数,且$f(x)\neq 0$,$\varphi(x)$有间断点,则(　　).

(A) $\varphi[f(x)]$必有间断点　　(B) $[\varphi(x)]^2$必有间断点

(C) $f[\varphi(x)]$必有间断点　　(D) $\dfrac{\varphi(x)}{f(x)}$必有间断点

2. (1) 函数$f(x)=\dfrac{e^{2x}-1}{x(x-1)}$的可去间断点(　　).

(A) 为$x=0,1$　　(B) 为$x=1$

(C) 为$x=0$　　(D) 不存在

(2) 函数$f(x)=(1+x)^{\frac{x}{\tan\left(x-\frac{\pi}{4}\right)}}$在区间$(0,2\pi)$内的可去间断点的个数为(　　).

(A) 0　　(B) 1　　(C) 2　　(D) 3

3. 已知$x=0$与$x=1$分别是函数$f(x)=\dfrac{e^{\frac{1}{x}}-b}{(x-a)(x-1)}$的无穷型间断点及可去间断点,求$a,b$的值.

4. 讨论函数$f(x)=\lim\limits_{n\to\infty}\dfrac{\ln(e^n+x^n)}{n+1}(x>0)$在定义域内的连续性.

5. 讨论函数$f(x)=\lim\limits_{n\to\infty}\dfrac{x(x^{2n}-1)}{x^{2n}+1}$的定义域、连续性,若有间断点,指出其类型.

6. 设$f(x)$在$(-\infty,+\infty)$上有定义,$f(x)$在$x=0$处连续,且对一切实数x_1,x_2有$f(x_1+x_2)=f(x_1)+f(x_2)$,求证:$f(x)$在$(-\infty,+\infty)$上处处连续.

7. 讨论函数$f(x)=\lim\limits_{n\to\infty}\dfrac{x(1+\sin(\pi x))^n+\sin(\pi x)}{1+(1+\sin(\pi x))^n}(-1\leqslant x\leqslant 1)$的连续性.

8. 设$f(x)$在$(-\infty,+\infty)$上连续,$\lim\limits_{x\to\infty}\dfrac{f(x)}{x}=0$,求证:$\exists\xi\in(-\infty,+\infty)$,使得$f(\xi)+\xi=0$.

9. 设函数$f(x)$在实轴上连续,$f[f(x)]=x$,求证:至少存在一个点$\xi\in\mathbf{R}$,使得$f(\xi)=\xi$.

10. 已知$f(x)$在$[a,b]$上连续,且$f(a)=f(b)$,求证:$\exists\xi\in(a,b)$,使得$f(\xi)=f\left(\xi+\dfrac{b-a}{2}\right)$.

11. 求下列极限:

(1) $\lim\limits_{x\to 0}\left(\dfrac{1+\tan x}{1+\sin x}\right)^{\frac{1}{x^3}}$;

(2) $\lim\limits_{x\to\infty}\left(\cos\dfrac{1}{x}\right)^{x^2}$.

综合题三
答案与提示

第四章

函数的导数和微分

函数的导数与微分以及它们的应用称为函数的微分学.导数反映了函数随自变量变化的快慢程度,而微分刻画了当自变量有微小变化时,函数大体上变化多少.下面,我们在极限的基础上,从两个典型的实例,引入导数的概念.

第一节　导数的概念

一、导数的引入

在生产实践中,常常需要考虑某一变量随另一变量变化的快慢程度,如物体运动的速度、国民经济发展速度、劳动生产率,等等.这种事物运动变化的快慢程度,反映在数学上就是求函数的变化率问题,即求函数的导数.

1. 求变速直线运动的瞬时速度

设某物体做变速直线运动的位移 S 是时间 t 的函数 $S=f(t)$,求该物体在时刻 t_0 的瞬时速度.

我们知道,对于匀速直线运动的物体,其速度可用公式

$$\text{速度}=\frac{\text{位移}}{\text{时间}}$$

来计算.而对于变速直线运动来说,却不能只用一个数值来精确地描述整个运动的快慢.

对于变速直线运动,设时间从 t_0 变到 $t_0+\Delta t$,相应的位移从 S_0 变到 $S_0+\Delta S$,在 t_0 到 $t_0+\Delta t$ 这段时间内,物体的位移是

$$\Delta S=f(t_0+\Delta t)-f(t_0).$$

当时间间隔 Δt 很小时,我们可以近似看作匀速直线运动,于是在 Δt 这段时间内物体运动的平均速度为

$$\overline{v}=\frac{\Delta S}{\Delta t}=\frac{f(t_0+\Delta t)-f(t_0)}{\Delta t},$$

这里平均速度 $\overline{v}$ 只能说明在 Δt 这段时间内,物体运动的平均快慢程度,而不能说明

在 t_0 这一瞬间的快慢程度.但 Δt 越小,$\overline{v}$ 就越接近 t_0 时刻的速度.因此由极限概念,我们可以定义

$$v(t_0)=\lim_{\Delta t\to 0}\overline{v}=\lim_{\Delta t\to 0}\frac{\Delta S}{\Delta t}=\lim_{\Delta t\to 0}\frac{f(t_0+\Delta t)-f(t_0)}{\Delta t} \tag{1}$$

为物体在 t_0 时刻的瞬时速度 $v(t_0)$(简称为 t_0 时刻的速度).

2. 曲线切线的斜率

如图 4-1 所示,通过曲线 C 上两点 P,Q 作割线 PQ,当点 Q 沿曲线 C 趋向于点 P 时,割线 PQ 绕点 P 转动,如果割线 PQ 绕点 P 旋转而趋于极限位置 PT,我们称直线 PT 为曲线 C 在点 P 处的切线.过点 P 与切线 PT 垂直的直线 PN 称为曲线 C 在点 P 处的法线.下面我们考虑切线的斜率问题.

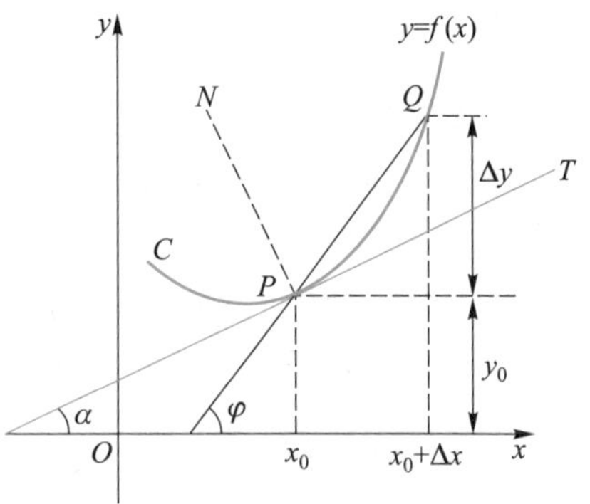

图 4-1

设曲线 C 的方程为 $y=f(x)$,曲线 C 上 P,Q 两点的坐标分别为 (x_0,y_0) 和 $(x_0+\Delta x,y_0+\Delta y)$,割线 PQ 的倾角为 φ,切线 PT 的倾角为 α,于是割线 PQ 的斜率为

$$\tan\varphi=\frac{\Delta y}{\Delta x}=\frac{f(x_0+\Delta x)-f(x_0)}{\Delta x}.$$

当点 Q 沿曲线 C 趋向于点 P(即 $\Delta x\to 0$)时,显然 $\varphi\to\alpha$.于是切线 PT 的斜率 k 可定义为

$$\begin{aligned}k&=\tan\alpha=\lim_{\varphi\to\alpha}\tan\varphi\\&=\lim_{\Delta x\to 0}\frac{\Delta y}{\Delta x}=\lim_{\Delta x\to 0}\frac{f(x_0+\Delta x)-f(x_0)}{\Delta x}.\end{aligned} \tag{2}$$

二、导数的定义

以上讨论的变速直线运动的瞬时速度和曲线切线的斜率,虽然它们的实际意义各不相同,但从数学上看它们的本质是相同的,都归结为计算因变量的增量和自变量的增量的比当自变量的增量趋于零时的极限.在自然科学和工程技术领域内,如化学反应的速度、非恒定电流的电流强度、非均匀分布的细棒的线密度、产品总产量的变化率等都可以归结为上述同一类极限形式,这种类型的极限就是函数的导数.

定义　设函数 $y=f(x)$ 在点 x_0 的某个邻域 $U(x_0)$ 内有定义.当自变量 x 在 x_0 处取得增量 Δx(点 $x_0+\Delta x$ 仍在 $U(x_0)$ 内)时,相应的函数 y 取得增量 $\Delta y=f(x_0+\Delta x)-f(x_0)$.如果极限

$$\lim_{\Delta x\to 0}\frac{\Delta y}{\Delta x}=\lim_{\Delta x\to 0}\frac{f(x_0+\Delta x)-f(x_0)}{\Delta x} \tag{3}$$

存在,则称**函数** $y=f(x)$ **在点** x_0 **处可导**,并称该极限值为**函数** $y=f(x)$ **在点** x_0 **处的导数**,记为 $f'(x_0)$,也可记作 $y'\Big|_{x=x_0}$,$\dfrac{\mathrm{d}y}{\mathrm{d}x}\Big|_{x=x_0}$ 或 $\dfrac{\mathrm{d}f(x)}{\mathrm{d}x}\Big|_{x=x_0}$.

函数 $f(x)$ 在点 x_0 处可导有时也说成 $f(x)$ 在点 x_0 处具有导数或导数存在.函数

$f(x)$在x_0处导数的定义式(3)也可写成不同的形式,如

$$f'(x_0)=\lim_{h\to 0}\frac{f(x_0+h)-f(x_0)}{h} \tag{4}$$

或

$$f'(x_0)=\lim_{x\to x_0}\frac{f(x)-f(x_0)}{x-x_0}. \tag{5}$$

如果(3)式的极限不存在(包括∞),则称函数$y=f(x)$在点x_0处不可导或没有导数.但当(3)式等于∞时,我们也常说函数$y=f(x)$在x_0处的导数为无穷大.

显然,函数增量与自变量增量之比$\frac{\Delta y}{\Delta x}$是函数在区间$[x_0,x_0+\Delta x]$上的平均变化速度,即平均变化率.而导数$f'(x_0)$则为函数$f(x)$在点$x_0$处的变化速度即函数在$x_0$处的变化率,它反映了因变量随自变量的变化而变化的快慢程度.

以上研究的是函数在一点处可导.如果函数$y=f(x)$在区间(a,b)内每一点处都可导,则称$f(x)$在区间(a,b)内可导.此时对于该区间的每一点x都有一个导数值$f'(x)$与之对应,这就构成了一个新函数.这个函数称为$f(x)$在(a,b)内的**导函数**(简称**导数**),记作$f'(x)$,y',$\frac{dy}{dx}$或$\frac{df(x)}{dx}$,即

$$f'(x)=\lim_{\Delta x\to 0}\frac{f(x+\Delta x)-f(x)}{\Delta x},\quad x\in(a,b). \tag{6}$$

易见,函数$y=f(x)$在点x_0处的导数$f'(x_0)$就是导函数$f'(x)$在点$x=x_0$处的函数值,即

$$f'(x_0)=f'(x)\big|_{x=x_0}.$$

从导数定义不难知道,变速直线运动的瞬时速度是位移S对时间t的导数,即$v=S'=\frac{dS}{dt}$;曲线$y=f(x)$在点$(x,f(x))$处的切线斜率是$f(x)$在x处的导数,即$k=\tan\alpha=f'(x)=\frac{dy}{dx}$.

由导数的定义可知,求函数$y=f(x)$在x处的导数可分为如下三步:

(1) 求增量 对自变量在x处给以增量Δx,相应求出函数的增量$\Delta y=f(x+\Delta x)-f(x)$;

(2) 算比值 $\frac{\Delta y}{\Delta x}=\frac{f(x+\Delta x)-f(x)}{\Delta x}$;

(3) 取极限 $f'(x)=\lim_{\Delta x\to 0}\frac{\Delta y}{\Delta x}=\lim_{\Delta x\to 0}\frac{f(x+\Delta x)-f(x)}{\Delta x}$.

例1 求函数$y=C$(C为常数)的导数.

解 求增量 当自变量由x变到$x+\Delta x$时,总有$\Delta y=0$.

算比值 $\frac{\Delta y}{\Delta x}=0(\Delta x\neq 0)$.

取极限 $\lim_{\Delta x\to 0}\frac{\Delta y}{\Delta x}=0$,

即

$$C'=0.$$

这就是说,常数的导数等于零.

例 2　求函数 $y=x^n(n\in\mathbf{N}_+)$ 的导数.

解　求增量　$\Delta y=(x+\Delta x)^n-x^n$

$$=x^n+nx^{n-1}\Delta x+\frac{n(n-1)}{2!}x^{n-2}(\Delta x)^2+\cdots+(\Delta x)^n-x^n$$

$$=nx^{n-1}\Delta x+\frac{n(n-1)}{2!}x^{n-2}(\Delta x)^2+\cdots+(\Delta x)^n.$$

算比值　$\dfrac{\Delta y}{\Delta x}=nx^{n-1}+\dfrac{n(n-1)}{2!}x^{n-2}\Delta x+\cdots+(\Delta x)^{n-1}.$

取极限　$\lim\limits_{\Delta x\to 0}\dfrac{\Delta y}{\Delta x}=nx^{n-1},$

即

$$(x^n)'=nx^{n-1}.$$

以后我们可以证明,对于幂函数 $y=x^\mu(\mu\in\mathbf{R})$,仍有

$$(x^\mu)'=\mu x^{\mu-1}$$

成立.

例 3　求函数 $y=\sin x$ 的导数.

解　求增量　$\Delta y=\sin(x+\Delta x)-\sin x=2\sin\dfrac{\Delta x}{2}\cos\left(x+\dfrac{\Delta x}{2}\right).$

算比值　$\dfrac{\Delta y}{\Delta x}=\cos\left(x+\dfrac{\Delta x}{2}\right)\cdot\dfrac{\sin\dfrac{\Delta x}{2}}{\dfrac{\Delta x}{2}}.$

取极限　$\lim\limits_{\Delta x\to 0}\dfrac{\Delta y}{\Delta x}=\lim\limits_{\Delta x\to 0}\cos\left(x+\dfrac{\Delta x}{2}\right)\cdot\lim\limits_{\Delta x\to 0}\dfrac{\sin\dfrac{\Delta x}{2}}{\dfrac{\Delta x}{2}}=\cos x,$

即

$$(\sin x)'=\cos x.$$

类似地,可以得到

$$(\cos x)'=-\sin x.$$

例 4　求函数 $y=\log_a x(a>0,a\neq 1)$ 的导数.

解　求增量　$\Delta y=\log_a(x+\Delta x)-\log_a x.$

算比值　$\dfrac{\Delta y}{\Delta x}=\dfrac{1}{\Delta x}\log_a\left(1+\dfrac{\Delta x}{x}\right)=\dfrac{1}{x}\log_a\left(1+\dfrac{\Delta x}{x}\right)^{\frac{x}{\Delta x}}.$

取极限　$\lim\limits_{\Delta x\to 0}\dfrac{\Delta y}{\Delta x}=\dfrac{1}{x}\log_a\left[\lim\limits_{\Delta x\to 0}\left(1+\dfrac{\Delta x}{x}\right)^{\frac{x}{\Delta x}}\right]=\dfrac{1}{x}\log_a \mathrm{e}=\dfrac{1}{x\ln a},$

即

$$(\log_a x)'=\frac{1}{x\ln a}.$$

特别地，当 $a=\mathrm{e}$ 时，有 $(\ln x)'=\frac{1}{x}$.

例 5　求函数 $f(x)=a^x(a>0,a\neq 1)$ 的导数.

解

$$\begin{aligned}f'(x)&=\lim_{\Delta x\to 0}\frac{f(x+\Delta x)-f(x)}{\Delta x}\\&=\lim_{\Delta x\to 0}\frac{a^{x+\Delta x}-a^x}{\Delta x}\\&=a^x\cdot\lim_{\Delta x\to 0}\frac{a^{\Delta x}-1}{\Delta x},\end{aligned}$$

注意到当 $x\to 0$ 时，$\mathrm{e}^x-1\sim x$. 由此，当 $\Delta x\to 0$ 时，有

$$a^{\Delta x}-1=\mathrm{e}^{\Delta x\ln a}-1\sim\Delta x\ln a,$$

于是

$$f'(x)=a^x\lim_{\Delta x\to 0}\frac{a^{\Delta x}-1}{\Delta x}=a^x\lim_{\Delta x\to 0}\frac{\Delta x\ln a}{\Delta x}=a^x\ln a,$$

即

$$(a^x)'=a^x\ln a.$$

特别地，当 $a=\mathrm{e}$ 时，$(\mathrm{e}^x)'=\mathrm{e}^x$.

例 6　讨论函数 $f(x)=|x|$ 在 $x=0$ 处的导数的存在性.

解　$\lim\limits_{\Delta x\to 0}\frac{\Delta y}{\Delta x}=\lim\limits_{\Delta x\to 0}\frac{f(0+\Delta x)-f(0)}{\Delta x}=\lim\limits_{\Delta x\to 0}\frac{|\Delta x|}{\Delta x}$,

当 $\Delta x<0$ 时，有 $\lim\limits_{\Delta x\to 0^-}\frac{|\Delta x|}{\Delta x}=-1$;

当 $\Delta x>0$ 时，有 $\lim\limits_{\Delta x\to 0^+}\frac{|\Delta x|}{\Delta x}=1$.

所以，$\lim\limits_{\Delta x\to 0}\frac{\Delta y}{\Delta x}$ 不存在，即函数 $f(x)=|x|$ 在 $x=0$ 处不可导.

由于函数 $f(x)$ 在点 x_0 处的导数 $f'(x_0)$ 本质上是一个极限，而在某极限过程中极限存在的充要条件是左、右极限存在且相等，因此 $f(x)$ 在点 x_0 处可导的充要条件是左、右极限

$$\lim_{\Delta x\to 0^-}\frac{\Delta y}{\Delta x}\quad\text{及}\quad\lim_{\Delta x\to 0^+}\frac{\Delta y}{\Delta x}$$

都存在且相等，这两个极限分别称为**函数 $f(x)$ 在点 x_0 处的左导数和右导数**，记作 $f'_-(x_0)$ 和 $f'_+(x_0)$，即

$$f'_-(x_0)=\lim_{\Delta x\to 0^-}\frac{\Delta y}{\Delta x}=\lim_{\Delta x\to 0^-}\frac{f(x_0+\Delta x)-f(x_0)}{\Delta x},$$

$$f_+'(x_0)=\lim_{\Delta x\to 0^+}\frac{\Delta y}{\Delta x}=\lim_{\Delta x\to 0^+}\frac{f(x_0+\Delta x)-f(x_0)}{\Delta x}.$$

于是,不难得到如下定理.

定理 1 $f(x)$ 在 x_0 处可导的充要条件是 $f(x)$ 在点 x_0 处的左、右导数存在且相等.

函数 $f(x)=|x|$ 在 $x=0$ 处的左导数 $f_-'(0)=-1$ 与右导数 $f_+'(0)=1$ 虽然都存在,但不相等,故 $f(x)=|x|$ 在 $x=0$ 处不可导.

典型例题
左右导数

如果函数 $f(x)$ 在开区间 (a,b) 内可导,且 $f_+'(a)$ 及 $f_-'(b)$ 都存在,则称 $f(x)$ 在闭区间 $[a,b]$ 上可导.类似地,可定义 $f(x)$ 在 $[a,b)$ 和 $(a,b]$ 上的可导概念.

三、导数的几何意义

由前面有关曲线的切线斜率的讨论和导数的定义可知,函数 $f(x)$ 在点 x_0 的导数 $f'(x_0)$ 的几何意义就是曲线 $y=f(x)$ 在点 $(x_0,f(x_0))$ 处的切线斜率,即

$$f'(x_0)=\tan\alpha \qquad \left(\alpha\neq\frac{\pi}{2}\right),$$

其中 α 是切线的倾角.

如果 $f'(x_0)$ 存在,由导数的几何意义和直线的点斜式方程,可得曲线 $y=f(x)$ 在点 $(x_0,f(x_0))$ 处的切线方程为

$$y-f(x_0)=f'(x_0)(x-x_0),$$

曲线 $y=f(x)$ 在点 $(x_0,f(x_0))$ 处的法线方程为

$$y-f(x_0)=-\frac{1}{f'(x_0)}(x-x_0)\quad (f'(x_0)\neq 0).$$

如果 $f'(x_0)=0$,则曲线 $y=f(x)$ 在点 $(x_0,f(x_0))$ 处的切线方程为 $y=f(x_0)$,法线方程为 $x=x_0$.

如果 $f'(x_0)=\infty$,这时曲线 $y=f(x)$ 过 $(x_0,f(x_0))$ 点的割线以垂直于 x 轴的直线 $x=x_0$ 为极限位置,即曲线 $y=f(x)$ 在点 $(x_0,f(x_0))$ 处具有垂直于 x 轴的切线 $x=x_0$.

例 7 求曲线 $y=x^2$ 在点 $M_0(1,1)$ 处的切线方程和法线方程.

解 根据导数的几何意义,所求切线的斜率为

$$k=y'\big|_{x=1}=(2x)\big|_{x=1}=2,$$

从而得切线方程为

$$y-1=2(x-1),$$

即

$$2x-y-1=0.$$

所求法线方程为

$$y-1=-\frac{1}{2}(x-1),$$

即

$$x+2y-3=0.$$

由导数的几何意义可知，如果 $y=f(x)$ 在 x_0 处可导，则曲线 $y=f(x)$ 在点 $(x_0, f(x_0))$ 处一定有切线. 但反之不然，即若 $y=f(x)$ 在 $(x_0,f(x_0))$ 处有切线，$y=f(x)$ 在 x_0 处不一定可导.

例 8 曲线 $y=\sqrt[3]{x}$ 在 $(0,0)$ 处是否有切线？函数 $y=\sqrt[3]{x}$ 在 $x=0$ 处是否可导？

解 由图 4-2 可知，根据切线的定义，$y=\sqrt[3]{x}$ 在 $(0,0)$ 处有垂直于 x 轴的切线 $x=0$，而

$$\lim_{\Delta x\to 0}\frac{\Delta y}{\Delta x}=\lim_{\Delta x\to 0}\frac{\sqrt[3]{\Delta x}-\sqrt[3]{0}}{\Delta x}=\lim_{\Delta x\to 0}\frac{1}{\sqrt[3]{(\Delta x)^2}}=\infty,$$

故 $f'(0)=\infty$，即 $y=\sqrt[3]{x}$ 在点 $x=0$ 处不可导.

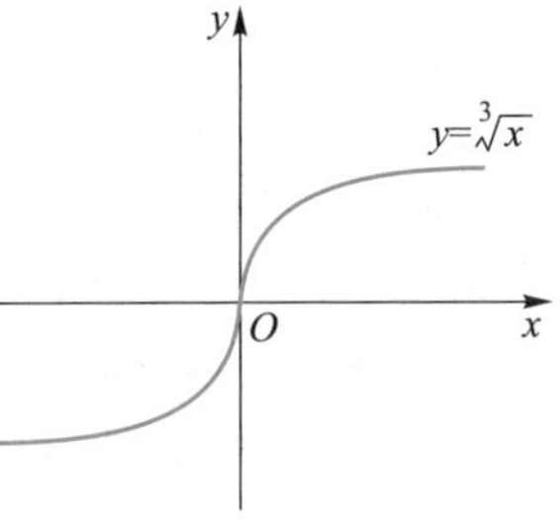

图 4-2

典型例题
导数的几何意义

四、可导与连续的关系

定理 2 如果函数 $f(x)$ 在点 x_0 处可导，则函数 $f(x)$ 在点 x_0 处必连续.

证 因为函数 $f(x)$ 在点 x_0 处可导，故

$$\lim_{x\to x_0}\frac{f(x)-f(x_0)}{x-x_0}=f'(x_0).$$

根据函数极限与无穷小量的关系，得

$$\frac{f(x)-f(x_0)}{x-x_0}=f'(x_0)+\alpha,$$

其中 $\lim\limits_{x\to x_0}\alpha=0$. 从而

$$f(x)-f(x_0)=f'(x_0)\cdot(x-x_0)+\alpha\cdot(x-x_0).$$

当 $x\to x_0$ 时，$f(x)-f(x_0)\to 0$，所以函数 $f(x)$ 在 x_0 处连续.

该命题的逆命题不成立，即函数在某点连续却不一定在该点处可导. 也就是说函数 $f(x)$ 在某点连续是函数在该点可导的必要条件而不是充分条件. 例如，函数 $f(x)=|x|$ 在 $x=0$ 点处是连续的，但在 $x=0$ 点处却不可导.

例 9 试确定常数 a,b 之值，使函数

$$f(x)=\begin{cases}2e^x+a, & x<0,\\ x^2+bx+1, & x\geqslant 0\end{cases}$$

在 $x=0$ 点处可导.

解 由可导与连续的关系，首先 $f(x)$ 在 $x=0$ 点处必须是连续的，即

$$f(0-0)=\lim_{x\to 0^-}f(x)=\lim_{x\to 0^-}(2e^x+a)=2+a,$$

$$f(0+0)=\lim_{x\to 0^+}f(x)=\lim_{x\to 0^+}(x^2+bx+1)=1=f(0).$$

由连续性定理有 $f(0-0)=f(0+0)=f(0)$，即

$$2+a=1,$$

故 $a=-1$.

又

$$f_-'(0)=\lim_{x\to0^-}\frac{f(x)-f(0)}{x-0}$$

$$=\lim_{x\to0^-}\frac{(2e^x-1)-1}{x}=2\lim_{x\to0^-}\frac{e^x-1}{x}=2,$$

$$f_+'(0)=\lim_{x\to0^+}\frac{f(x)-f(0)}{x-0}=\lim_{x\to0^+}\frac{(x^2+bx+1)-1}{x}=b.$$

由 $f(x)$ 在 $x=0$ 点处可导，有 $f_-'(0)=f_+'(0)$，即 $b=2$. 故当取 $a=-1,b=2$ 时，$f(x)$ 在 $x=0$ 点处可导.

典型例题　求某点处的导数

习题 4-1

1. 设 $S=\frac{1}{2}gt^2$，求 $\left.\frac{dS}{dt}\right|_{t=2}$.

2. 设 $f(x)=\frac{1}{x}$，求 $f'(x_0)\quad(x_0\neq0)$.

3. 试求过点 $(3,8)$ 且与曲线 $y=x^2$ 相切的直线方程.

4. 下列各题中均假定 $f'(x_0)$ 存在，按照导数定义观察下列极限，指出 A 表示什么：

(1) $\lim\limits_{\Delta x\to0}\frac{f(x_0-\Delta x)-f(x_0)}{\Delta x}=A$;

(2) $f(x_0)=0,\lim\limits_{x\to x_0}\frac{f(x)}{x_0-x}=A$;

(3) $\lim\limits_{h\to0}\frac{f(x_0+h)-f(x_0-h)}{h}=A$.

5. 求下列函数的导数：

(1) $y=\sqrt{x}$;　(2) $y=\frac{1}{\sqrt[3]{x^2}}$;　(3) $y=\frac{x^2\cdot\sqrt[3]{x^2}}{\sqrt{x^5}}$.

6. 讨论函数 $y=\sqrt[3]{x}$ 在 $x=0$ 点处的连续性和可导性.

7. 如果 $f(x)$ 为偶函数，且 $f'(0)$ 存在，证明 $f'(0)=0$.

8. 求下列函数在 x_0 处的左、右导数，从而证明函数在 x_0 处不可导：

(1) $y=\begin{cases}\sin x, & x\geqslant0,\\ x^3, & x<0,\end{cases}\quad x_0=0$;

(2) $y=\begin{cases}\dfrac{1}{1+e^{\frac{1}{x}}}, & x\neq0,\\ 0, & x=0,\end{cases}\quad x_0=0$;

(3) $y=\begin{cases}\sqrt{x}, & x\geqslant 1,\\ x^2, & x<1,\end{cases}\quad x_0=1.$

9. 已知 $f(x)=\begin{cases}\sin x, & x<0,\\ x, & x\geqslant 0,\end{cases}$ 求 $f'(x)$.

10. 设函数

$$f(x)=\begin{cases}x^2, & x\leqslant 1,\\ ax+b, & x>1.\end{cases}$$

为了使函数 $f(x)$ 在 $x=1$ 点处连续且可导,a,b 应取什么值?

11. 讨论下列函数在指定点的连续性与可导性:

(1) $y=|\sin x|, x_0=0$;

(2) $y=\begin{cases}x^2\sin\dfrac{1}{x}, & x\neq 0,\\ 0, & x=0,\end{cases}\quad x_0=0$;

(3) $y=\begin{cases}x, & x\leqslant 1,\\ 2-x, & x>1,\end{cases}\quad x_0=1.$

12. 证明:双曲线 $xy=a^2$ 上任一点处的切线与两坐标轴构成的三角形的面积都等于 $2a^2$.

13. 垂直向上抛一物体,其上升高度与时间 t 的关系式为 $h(t)=10t-\dfrac{1}{2}gt^2$ (m),求:

(1) 物体从 $t=1$(s) 到 $t=1.2$(s) 的平均速度;

(2) 速度函数 $v(t)$;

(3) 物体何时到达最高点.

14. 设物体绕定轴旋转,在时间间隔 $[0,t]$ 内,转过角度 θ,从而转角 θ 是 t 的函数:$\theta=\theta(t)$.如果旋转是匀速的,那么称 $\omega=\dfrac{\theta}{t}$ 为该物体旋转的角速度.如果旋转是非匀速的,应怎样确定该物体在时刻 t_0 的角速度?

15. 设 $Q=Q(T)$ 表示重 1 单位的金属从 0℃ 加热到 T ℃所吸收的热量,当金属从 T ℃升温到 $(T+\Delta T)$ ℃时,所需的热量为 $\Delta Q=Q(T+\Delta T)-Q(T)$,$\Delta Q$ 与 ΔT 之比称为 T 到 $T+\Delta T$ 的平均比热.试解答如下问题:

(1) 如何定义在 T ℃时,金属的比热;

(2) 当 $Q(T)=aT+bT^2$(其中 a,b 均为常数)时,求比热.

16. 已知 $f(x)$ 在 $x=x_0$ 点可导,证明:

$$\lim_{h\to 0}\frac{f(x_0+\alpha h)-f(x_0-\beta h)}{h}=(\alpha+\beta)f'(x_0).$$

第二节　求导法则

上面我们根据导数的定义，求出了一些简单函数的导数，但是对每一个函数都直接按定义去求它的导数，那将是极为复杂和困难的.本节将介绍求导数的几个基本法则和基本初等函数的导数公式.利用这些法则和公式，就可以简捷地求出初等函数的导数.

一、函数四则运算的求导法则

定理 1　设函数 $u=u(x)$ 和 $v=v(x)$ 都在 x 处可导，则 $y=u\pm v$ 也在 x 处可导，且有

$$(u\pm v)'=u'\pm v'. \tag{1}$$

证　设当 x 有增量 Δx 时，u,v 所对应的增量分别为 $\Delta u,\Delta v$.这时函数 y 的增量为

$$\begin{aligned}\Delta y&=[u(x+\Delta x)\pm v(x+\Delta x)]-[u(x)\pm v(x)]\\&=[u(x+\Delta x)-u(x)]\pm[v(x+\Delta x)-v(x)]\\&=\Delta u\pm\Delta v.\end{aligned}$$

于是

$$\frac{\Delta y}{\Delta x}=\frac{\Delta u}{\Delta x}\pm\frac{\Delta v}{\Delta x}.$$

令 $\Delta x\to0$ 取极限得

$$y'=\lim_{\Delta x\to0}\frac{\Delta y}{\Delta x}=\lim_{\Delta x\to0}\frac{\Delta u}{\Delta x}\pm\lim_{\Delta x\to0}\frac{\Delta v}{\Delta x}=u'\pm v',$$

即

$$(u\pm v)'=u'\pm v'.$$

该定理可以推广到有限多个函数代数和的情形.

定理 2　设函数 $u(x)$ 和 $v(x)$ 在 x 处可导，则 $y=uv$ 也在 x 处可导，且有

$$(uv)'=u'v+uv'. \tag{2}$$

证

$$\begin{aligned}\Delta y&=u(x+\Delta x)v(x+\Delta x)-u(x)v(x)\\&=u(x+\Delta x)v(x+\Delta x)-u(x)v(x+\Delta x)+u(x)v(x+\Delta x)-u(x)v(x)\\&=\Delta u\cdot v(x+\Delta x)+u(x)\Delta v\\&=\Delta u\cdot v+u\cdot\Delta v+\Delta u\cdot\Delta v.\end{aligned}$$

因此

$$\frac{\Delta y}{\Delta x}=\frac{\Delta u}{\Delta x}\cdot v+u\cdot\frac{\Delta v}{\Delta x}+\Delta u\cdot\frac{\Delta v}{\Delta x}.$$

注意到 $u(x)$ 在 x 处可导时必在 x 处连续，即 $\lim\limits_{\Delta x\to0}\Delta u=0$，则

$$y'=\lim_{\Delta x\to0}\frac{\Delta y}{\Delta x}$$

$$=\lim_{\Delta x\to 0}\frac{\Delta u}{\Delta x}\cdot v+\lim_{\Delta x\to 0}u\cdot\frac{\Delta v}{\Delta x}+\lim_{\Delta x\to 0}\Delta u\cdot\lim_{\Delta x\to 0}\frac{\Delta v}{\Delta x}$$

$$=u'v+uv',$$

即

$$(uv)'=u'v+uv'.$$

特别地，当 c 为常数时，有

$$(cu)'=cu'.$$

该定理也可推广到有限个函数之积的情形，例如：

$$(uvw)'=u'vw+uv'w+uvw'.$$

定理 3　设 $u(x)$ 和 $v(x)$ 在 x 处可导，$v(x)\neq 0$，则 $y=\frac{u}{v}$ 也在 x 处可导，且有

$$\left(\frac{u}{v}\right)'=\frac{u'v-uv'}{v^2}. \tag{3}$$

证　$\Delta y=\dfrac{u(x+\Delta x)}{v(x+\Delta x)}-\dfrac{u(x)}{v(x)}$

$$=\frac{u(x+\Delta x)v(x)-u(x)v(x+\Delta x)}{v(x)v(x+\Delta x)}$$

$$=\frac{(u+\Delta u)v-u(v+\Delta v)}{v(v+\Delta v)}$$

$$=\frac{\Delta u\cdot v-u\cdot\Delta v}{v(v+\Delta v)}.$$

当 $\Delta x\to 0$ 时，$\frac{\Delta u}{\Delta x}\to u'$，$\frac{\Delta v}{\Delta x}\to v'$. 又因 v 的连续性，当 $\Delta x\to 0$ 时 $\Delta v\to 0$. 于是

$$y'=\lim_{\Delta x\to 0}\frac{\Delta y}{\Delta x}=\lim_{\Delta x\to 0}\frac{\Delta u\cdot v-u\cdot\Delta v}{v(v+\Delta v)}\cdot\frac{1}{\Delta x}$$

$$=\lim_{\Delta x\to 0}\frac{\frac{\Delta u}{\Delta x}\cdot v-u\cdot\frac{\Delta v}{\Delta x}}{v^2+v\cdot\Delta v}=\frac{u'v-uv'}{v^2},$$

即

$$\left(\frac{u}{v}\right)'=\frac{u'v-uv'}{v^2}.$$

特别地，如果 c 为常数，则有

$$\left(\frac{c}{u}\right)'=-\frac{cu'}{u^2}.$$

例 1　求 $y=x^2\sin x$ 的导数.

解　$y'=(x^2)'\sin x+x^2(\sin x)'=2x\sin x+x^2\cos x$.

例 2　求 $y=\tan x$ 的导数.

解　$y'=(\tan x)'=\left(\dfrac{\sin x}{\cos x}\right)'=\dfrac{(\sin x)'\cos x-\sin x(\cos x)'}{\cos^2 x}$

$$=\frac{\cos^2 x+\sin^2 x}{\cos^2 x}=\frac{1}{\cos^2 x}=\sec^2 x,$$

即

$$(\tan x)'=\sec^2 x.$$

类似地，可以得到

典型例题
四则运算求导法则

$$(\cot x)'=-\frac{1}{\sin^2 x}=-\csc^2 x;$$

$$(\sec x)'=\sec x\cdot\tan x;$$

$$(\csc x)'=-\csc x\cdot\cot x.$$

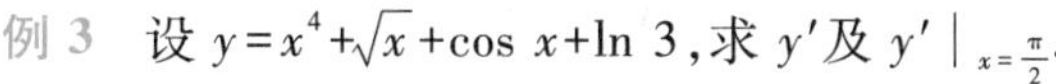

例 3　设 $y=x^4+\sqrt{x}+\cos x+\ln 3$，求 y' 及 $y'\big|_{x=\frac{\pi}{2}}$.

解　$y'=(x^4)'+(x^{\frac{1}{2}})'+(\cos x)'+(\ln 3)'=4x^3+\dfrac{1}{2\sqrt{x}}-\sin x.$

$$y'\Big|_{x=\frac{\pi}{2}}=4\cdot\left(\frac{\pi}{2}\right)^3+\frac{1}{2\sqrt{\frac{\pi}{2}}}-1=\frac{\pi^3}{2}+\frac{1}{\sqrt{2\pi}}-1.$$

二、复合函数的求导法则

定理 4　设函数 $u=\varphi(x)$ 在点 x 处可导，函数 $y=f(u)$ 在对应点 $u=\varphi(x)$ 处可导，则复合函数 $y=f(\varphi(x))$ 在点 x 处可导，且有

$$y'(x)=f'(u)\cdot\varphi'(x). \tag{4}$$

证　设 x 有增量 Δx 时，u 的增量为 Δu，从而 y 也有增量 Δy. 因

$$\lim_{\Delta u\to 0}\frac{\Delta y}{\Delta u}=f'(u),$$

根据极限存在与无穷小量的关系定理有

$$\frac{\Delta y}{\Delta u}=f'(u)+\alpha,$$

其中 $\lim\limits_{\Delta u\to 0}\alpha=0$. 于是

$$\Delta y=f'(u)\cdot\Delta u+\alpha\cdot\Delta u.$$

当 $\Delta u=0$ 时，由于 $\Delta y=0$，上式仍成立（这时取 $\alpha=0$），于是

$$\lim_{\Delta x\to 0}\frac{\Delta y}{\Delta x}=\lim_{\Delta x\to 0}\left(f'(u)\cdot\frac{\Delta u}{\Delta x}+\alpha\cdot\frac{\Delta u}{\Delta x}\right)$$

$$=f'(u)\cdot\lim_{\Delta x\to 0}\frac{\Delta u}{\Delta x}+\lim_{\Delta x\to 0}\alpha\cdot\lim_{\Delta x\to 0}\frac{\Delta u}{\Delta x}.$$

由于 $u=\varphi(x)$ 在 x 处连续，所以当 $\Delta x\to 0$ 时 $\Delta u\to 0$，从而 $\lim\limits_{\Delta x\to 0}\alpha=\lim\limits_{\Delta u\to 0}\alpha=0$. 由上式即得到

$$\frac{\mathrm{d}y}{\mathrm{d}x}=\frac{\mathrm{d}y}{\mathrm{d}u}\cdot\frac{\mathrm{d}u}{\mathrm{d}x},$$

亦即

$$y'(x)=f'(u)\cdot\varphi'(x).$$

可见复合函数 y 关于自变量 x 的导数等于复合函数 y 关于中间变量 u 的导数与中间变量 u 关于自变量 x 的导数的乘积.

复合函数的求导法则可以推广到多个中间变量的情形. 例如，设 $y=f(u)$，$u=\varphi(v)$，$v=\psi(x)$，则复合函数 $y=f(\varphi(\psi(x)))$ 对 x 的导数（如果下式中右端三个导数均存在）是

$$\frac{\mathrm{d}y}{\mathrm{d}x}=\frac{\mathrm{d}y}{\mathrm{d}u}\cdot\frac{\mathrm{d}u}{\mathrm{d}v}\cdot\frac{\mathrm{d}v}{\mathrm{d}x}.$$

例 4　已知 $y=\ln\sin x, x\in(2k\pi,(2k+1)\pi), k\in\mathbf{Z}$，求 $\dfrac{\mathrm{d}y}{\mathrm{d}x}$.

解　$y=\ln\sin x$ 可以视作是由 $y=\ln u, u=\sin x$ 复合而成，故

$$\begin{aligned}\frac{\mathrm{d}y}{\mathrm{d}x}&=\frac{\mathrm{d}y}{\mathrm{d}u}\cdot\frac{\mathrm{d}u}{\mathrm{d}x}=\frac{1}{u}\cdot\cos x=\frac{1}{\sin x}\cdot\cos x\\&=\cot x,\quad x\in(2k\pi,(2k+1)\pi), k\in\mathbf{Z}.\end{aligned}$$

例 5　求 $y=\sqrt{\dfrac{1+x}{1-2x}}$ 的导数.

解　$y=\sqrt{\dfrac{1+x}{1-2x}}$ 可以视作是由 $y=\sqrt{u}, u=\dfrac{1+x}{1-2x}$ 复合而成，故

$$\frac{\mathrm{d}y}{\mathrm{d}x}=\frac{\mathrm{d}y}{\mathrm{d}u}\cdot\frac{\mathrm{d}u}{\mathrm{d}x}=\frac{1}{2\sqrt{u}}\cdot\frac{3}{(1-2x)^2}=\frac{3}{2}\cdot\frac{1}{\sqrt{(1+x)(1-2x)^3}}.$$

例 6　设 $y=x^{\mu}(\mu\in\mathbf{R}, x>0)$，求 y'.

解　将 $y=x^{\mu}=\mathrm{e}^{\mu\ln x}$ 看成是 $y=\mathrm{e}^{u}$ 与 $u=\mu\ln x$ 的复合函数，则

$$y'=\frac{\mathrm{d}y}{\mathrm{d}u}\cdot\frac{\mathrm{d}u}{\mathrm{d}x}=\mathrm{e}^{u}\cdot\mu\cdot\frac{1}{x}=x^{\mu}\cdot\mu\cdot x^{-1}=\mu x^{\mu-1}.$$

即

$$(x^{\mu})'=\mu x^{\mu-1}\quad(x>0).$$

复合函数求导法则熟练后，中间变量可以不必写出来，但在求导数时应把中间变量记在脑子中，弄清楚每一步“是在对谁求导数”.

例 7　设 $y=\arctan\ln(3x-1)$，求 y'.

解

$$\begin{aligned}y'&=\frac{1}{1+[\ln(3x-1)]^2}\cdot[\ln(3x-1)]'\\&=\frac{1}{1+[\ln(3x-1)]^2}\cdot\frac{1}{3x-1}\cdot(3x-1)'\\&=\frac{3}{(3x-1)[1+\ln^2(3x-1)]}.\end{aligned}$$

典型例题
复合函数求导法则

例 8　证明 $(\operatorname{sh}x)'=\operatorname{ch}x$.

解

$$\begin{aligned}(\operatorname{sh}x)'&=\left(\frac{1}{2}(\mathrm{e}^{x}-\mathrm{e}^{-x})\right)'\\&=\frac{1}{2}[(\mathrm{e}^{x})'-(\mathrm{e}^{-x})']=\frac{1}{2}[\mathrm{e}^{x}-\mathrm{e}^{-x}\cdot(-x)']\end{aligned}$$

$$=\frac{1}{2}(e^{x}+e^{-x})=\operatorname{ch} x,$$

即

$$(\operatorname{sh} x)'=\operatorname{ch} x.$$

类似可证

$$(\operatorname{ch} x)'=\operatorname{sh} x.$$

三、反函数的求导法则

定理 5　设严格单调连续函数 $x=\varphi(y)$ 在某区间 I_y 内可导且 $\varphi'(y)\neq 0$，则其反函数 $y=f(x)$ 在对应区间 I_x 内也可导，且有

$$f'(x)=\frac{1}{\varphi'(y)}\quad 或\quad \frac{\mathrm{d}y}{\mathrm{d}x}=\frac{1}{\frac{\mathrm{d}x}{\mathrm{d}y}}.$$

即严格单调函数的反函数的导数等于该函数导数之倒数.

证　$\forall x\in I_x$，给 x 以增量 $\Delta x(\Delta x\neq 0, x+\Delta x\in I_x)$，因为在区间 I_y 上严格单调连续函数 $x=\varphi(y)$ 的反函数 $y=f(x)$ 在对应区间 I_x 上也必为严格单调连续函数，故当 $\Delta x\neq 0$时，必有 $\Delta y\neq 0$，且当 $\Delta x\to 0$ 时，必有 $\Delta y\to 0$. 于是，当 $\Delta x\neq 0$ 时，有

$$\frac{\Delta y}{\Delta x}=\frac{1}{\frac{\Delta x}{\Delta y}}.$$

故

$$\lim_{\Delta x\to 0}\frac{\Delta y}{\Delta x}=\lim_{\Delta y\to 0}\frac{1}{\frac{\Delta x}{\Delta y}}=\frac{1}{\lim\limits_{\Delta y\to 0}\frac{\Delta x}{\Delta y}}=\frac{1}{\varphi'(y)}.$$

即

$$f'(x)=\frac{1}{\varphi'(y)}\quad 或\quad \frac{\mathrm{d}y}{\mathrm{d}x}=\frac{1}{\frac{\mathrm{d}x}{\mathrm{d}y}}.$$

例 9　求 $y=\arcsin x(|x|<1)$ 的导数.

解　$y=\arcsin x$ 是 $x=\sin y$ 的反函数. 函数 $x=\sin y$ 在$\left(-\frac{\pi}{2},\frac{\pi}{2}\right)$内严格单调可导，且 $(\sin y)'=\cos y>0$. 因此，在对应区间 $(-1,1)$ 内有

$$(\arcsin x)'=\frac{1}{(\sin y)'}=\frac{1}{\cos y}=\frac{1}{\sqrt{1-\sin^2 y}}=\frac{1}{\sqrt{1-x^2}},$$

即

$$(\arcsin x)'=\frac{1}{\sqrt{1-x^2}}.$$

类似可得其余反三角函数的导数公式：

$$(\arccos x)'=-\frac{1}{\sqrt{1-x^2}}\quad (|x|<1),$$

$$(\arctan x)'=\frac{1}{1+x^2}\quad (x\in \mathbf{R}),$$

$$(\operatorname{arccot} x)'=-\frac{1}{1+x^2}\quad (x\in \mathbf{R}).$$

四、基本导数公式

为了便于查阅,我们将一些常用求导公式及求导法则归纳如下:

1. 基本初等函数等的导数公式

(1) $C'=0$ (C 为常数);

(2) $(x^{\mu})'=\mu x^{\mu-1}$(μ 为实常数);

(3) $(\sin x)'=\cos x$;

(4) $(\cos x)'=-\sin x$;

(5) $(\tan x)'=\sec^2 x$;

(6) $(\cot x)'=-\csc^2 x$;

(7) $(\sec x)'=\sec x\cdot\tan x$;

(8) $(\csc x)'=-\csc x\cdot\cot x$;

(9) $(a^x)'=a^x\ln a$ ($a>0, a\neq 1$);

(10) $(\mathrm{e}^x)'=\mathrm{e}^x$;

(11) $(\log_a x)'=\dfrac{1}{x\ln a}$ ($a>0, a\neq 1$);

(12) $(\ln|x|)'=\dfrac{1}{x}$;

(13) $(\arcsin x)'=\dfrac{1}{\sqrt{1-x^2}}$ ($|x|<1$);

(14) $(\arccos x)'=-\dfrac{1}{\sqrt{1-x^2}}$ ($|x|<1$);

(15) $(\arctan x)'=\dfrac{1}{1+x^2}$;

(16) $(\operatorname{arccot} x)'=-\dfrac{1}{1+x^2}$;

(17) $(\operatorname{sh} x)'=\operatorname{ch} x$;

(18) $(\operatorname{ch} x)'=\operatorname{sh} x$.

2. 函数四则运算的求导法则

设 $u=u(x)$,$v=v(x)$在点 x 处可导,则

(1) $(cu(x))'=cu'(x)$ (c 为常数);

(2) $(u(x)\pm v(x))'=u'(x)\pm v'(x)$;

(3) $(u(x)\cdot v(x))'=u'(x)v(x)+u(x)v'(x)$;

(4) $\left(\dfrac{u(x)}{v(x)}\right)'=\dfrac{u'(x)v(x)-u(x)v'(x)}{v^2(x)}$ ($v(x)\neq 0$).

3. 复合函数求导法则

设 $u=\varphi(x)$ 在点 x 处可导，$y=f(u)$ 在相应点 u 处可导，则

$$\frac{\mathrm{d}y}{\mathrm{d}x}=\frac{\mathrm{d}y}{\mathrm{d}u}\cdot\frac{\mathrm{d}u}{\mathrm{d}x}.$$

4. 反函数求导法则

设 $x=\varphi(y)$ 及 $y=f(x)$ 互为反函数，$\varphi'(y)$ 存在且不为零，则

$$f'(x)=\frac{1}{\varphi'(y)}\quad 或\quad \frac{\mathrm{d}y}{\mathrm{d}x}=\frac{1}{\frac{\mathrm{d}x}{\mathrm{d}y}}.$$

五、隐函数的求导法则

设有方程 $F(x,y)=0$. 如果在某区间 (a,b) 上存在函数 $y=f(x)$，当 $x\in(a,b)$ 时，$F(x,f(x))\equiv 0$，则称 $F(x,y)=0$ 在 (a,b) 上确定 y 是 x 的隐函数.

对于隐函数，有些可以从方程中解得 y 关于自变量 x 的明显表达式，成为显式函数 $y=f(x)$，但是，有不少方程要从中解出 y 是很困难的，有时甚至是不可能的. 例如 $y+x-\mathrm{e}^{xy}=0$，就很难解出 $y=f(x)$. 为此我们有必要讨论隐函数的求导方法.

设由方程 $F(x,y)=0$ 确定 y 为 x 的隐函数 $y=f(x)$，将 $y=f(x)$ 代入方程得恒等式

$$F(x,f(x))\equiv 0.$$

对上式两端关于自变量 x 求导，在此过程中，把 y 看作 x 的函数，运用复合函数的求导法则，便可解出 y 对 x 的导数 $\frac{\mathrm{d}y}{\mathrm{d}x}$.

例 10　求由方程 $xy-\mathrm{e}^x+\mathrm{e}^y=0$ 所确定的隐函数 $y=f(x)$ 的导数.

解　方程两边关于 x 求导，注意 y 是 x 的函数，得

$$y+xy'-\mathrm{e}^x+\mathrm{e}^y\cdot y'=0.$$

当 $x+\mathrm{e}^y\neq 0$ 时，有

$$y'=\frac{\mathrm{e}^x-y}{x+\mathrm{e}^y}.$$

例 11　求曲线 $x^2+xy+y^2=4$ 上点 $(2,-2)$ 处的切线方程.

解　方程两边对 x 求导，得

$$2x+y+xy'+2yy'=0.$$

当 $x+2y\neq 0$ 时，有

$$y'=-\frac{2x+y}{x+2y}.$$

过点 $(2,-2)$ 的切线斜率为

$$y'\Big|_{(2,-2)}=1,$$

从而所求切线方程为 $y-(-2)=x-2$，即

$$y-x+4=0.$$

典型例题
隐函数求导

六、取对数求导法则

对于某些函数，利用普通方法求导比较复杂，甚至难于进行.例如许多因子相乘和相除的函数及幂指函数.这时我们可以采用取对数求导法使求导过程简化，即先将函数等式两边取对数，再用隐函数求导方法计算导数.

例 12 $y=x^{\sin x}, x>0$，求 y'.

解 这是一个幂指函数，它既不是幂函数，也不是指数函数，为此我们在等式两边先取对数，化为隐函数的形式：

$$\ln y=\sin x\ln x.$$

上式两边关于 x 求导，得

$$\frac{1}{y}\cdot y'=\cos x\ln x+\frac{1}{x}\sin x,$$

故

$$\begin{aligned} y'&=y\left(\cos x\ln x+\frac{1}{x}\sin x\right)\\ &=x^{\sin x}\left(\cos x\ln x+\frac{1}{x}\sin x\right). \end{aligned}$$

例 13 求 $y=\sqrt[3]{\dfrac{(x-1)(x-2)}{(x-3)(x-4)}}$ 的导数.

解 两边先取绝对值后取对数，得

$$\ln|y|=\frac{1}{3}(\ln|x-1|+\ln|x-2|-\ln|x-3|-\ln|x-4|),$$

上式两边对 x 求导，得

$$\frac{1}{y}\cdot y'=\frac{1}{3}\left(\frac{1}{x-1}+\frac{1}{x-2}-\frac{1}{x-3}-\frac{1}{x-4}\right),$$

所以

$$y'=\frac{1}{3}\sqrt[3]{\frac{(x-1)(x-2)}{(x-3)(x-4)}}\cdot\left(\frac{1}{x-1}+\frac{1}{x-2}-\frac{1}{x-3}-\frac{1}{x-4}\right).$$

七、由参数方程确定的函数的求导法则

在解析几何里，我们知道平面曲线往往可用参数方程表示：

$$\begin{cases} x=\varphi(t), \\ y=\psi(t) \end{cases} \quad (\alpha\leqslant t\leqslant\beta),$$

参数方程简介

这里 t 为参变量.例如中心在原点，半径为 R 的圆可表示为

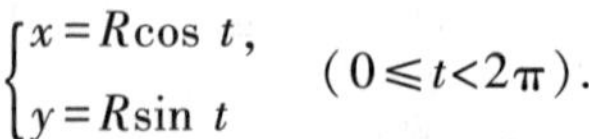

$$\begin{cases} x=R\cos t, \\ y=R\sin t \end{cases} \quad (0\leqslant t<2\pi).$$

参数方程可以确定变量 x,y 间的函数关系.如果能消去参数，就可以得到 x,y 之间的函数关系式，但通常要消去参数是很困难的.我们常常需要求出由参数方程所确定的

函数的导数,因此需要建立一种方法,不管能否消去参数,都能直接由参数方程求出它所确定的函数的导数来.

在参数方程中,若 $\varphi(t)$,$\psi(t)$ 都有导数 $\varphi'(t)$,$\psi'(t)$,又设 $x=\varphi(t)$ 有单值、连续反函数 $t=\varphi^{-1}(x)$,则当 $\varphi'(t)\neq 0$ 时,反函数的导数存在,且 $\frac{\mathrm{d}t}{\mathrm{d}x}=\frac{1}{\frac{\mathrm{d}x}{\mathrm{d}t}}=\frac{1}{\varphi'(t)}$,此时我们可将 $y=y(x)$ 看成是由 $y=\psi(t)$ 和 $t=\varphi^{-1}(x)$ 复合而成的函数.于是

$$\frac{\mathrm{d}y}{\mathrm{d}x}=\frac{\mathrm{d}y}{\mathrm{d}t}\cdot\frac{\mathrm{d}t}{\mathrm{d}x}=\frac{\frac{\mathrm{d}y}{\mathrm{d}t}}{\frac{\mathrm{d}x}{\mathrm{d}t}}=\frac{\psi'(t)}{\varphi'(t)}\quad(\varphi'(t)\neq 0),$$

这就是参数方程所表示函数的求导方法.

例 14　求椭圆 $\begin{cases}x=a\cos t,\\ y=b\sin t\end{cases}$ 在 $t=\frac{\pi}{3}$ 的对应点处的切线方程.

解　当 $t=\frac{\pi}{3}$ 时,$x=a\cos\frac{\pi}{3}=\frac{a}{2}$,$y=b\sin\frac{\pi}{3}=\frac{\sqrt{3}}{2}b$,所以椭圆上相应点 M_0 的坐标为 $\left(\frac{a}{2},\frac{\sqrt{3}}{2}b\right)$.

又

$$\left.\frac{\mathrm{d}y}{\mathrm{d}x}\right|_{x=\frac{a}{2}}=\left.\frac{(b\sin t)'}{(a\cos t)'}\right|_{t=\frac{\pi}{3}}=-\frac{b}{a}\cot\frac{\pi}{3}=-\frac{\sqrt{3}b}{3a}.$$

于是点 M_0 处的切线方程为

$$y-\frac{\sqrt{3}}{2}b=-\frac{\sqrt{3}b}{3a}\left(x-\frac{a}{2}\right).$$

例 15　证明星形线 $x=a\cos^3 t$,$y=a\sin^3 t$ 上任一点的切线夹在两坐标轴间的线段为定长.

证　所给星形线的图形如图 4-3 所示.设 (x_0,y_0) 为曲线上任一点,对应参数 $t=t_0$,曲线在该点的切线斜率为

$$\left.\frac{\mathrm{d}y}{\mathrm{d}x}\right|_{t=t_0}=\left.\frac{3a\cdot\sin^2 t\cdot\cos t}{-3a\cdot\cos^2 t\cdot\sin t}\right|_{t=t_0}=-\tan t_0.$$

切线方程为

$$y-y_0=-\tan t_0(x-x_0).$$

在上式中令 $x=0$,得

$$y=y_0+x_0\tan t_0=a\sin^3 t_0+a\sin t_0\cdot\cos^2 t_0=a\sin t_0;$$

令 $y=0$,得

$$x=x_0+y_0\cot t_0=a\cos^3 t_0+a\cos t_0\cdot\sin^2 t_0=a\cos t_0.$$

于是,线段 AB 的长度为

$$|AB|=\sqrt{a^2\cos^2 t_0+a^2\sin^2 t_0}=a.$$

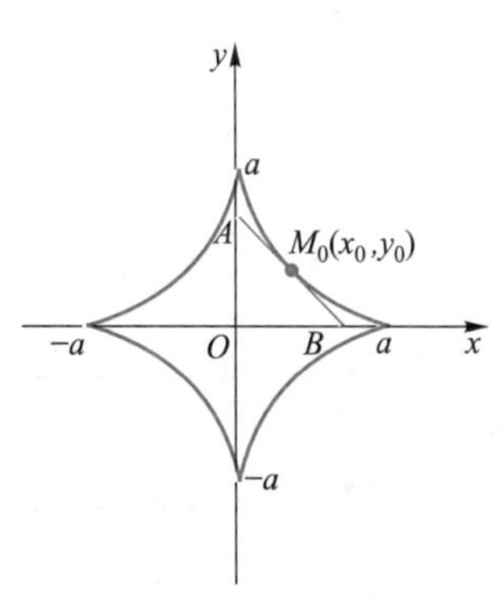

图 4-3

习题 4-2

1. 求下列函数的导数：

(1) $S=3\ln t+\sin\frac{\pi}{7}$；　　(2) $y=\sqrt{x}\ln x$；

(3) $y=(1-x^2)\sin x(1-\sin x)$；

(4) $y=\frac{1-\sin x}{1-\cos x}$；　　(5) $y=\tan x+e^{\pi}$；

(6) $y=\frac{\sec x}{x}-3\sec x$；　　(7) $y=\ln x-2\lg x+3\log_2 x$；

(8) $y=\frac{1}{1+x+x^2}$.

2. 求下列函数在给定点处的导数：

(1) $y=x\sin x+\frac{1}{2}\cos x$，求$\left.\frac{dy}{dx}\right|_{x=\frac{\pi}{4}}$；

(2) $f(x)=\frac{3}{5-x}+\frac{x^2}{5}$，求$f'(0)$和$f'(2)$；

(3) $f(x)=\begin{cases}5x-4, & x\leqslant 1,\\ 4x^2-3x, & x>1,\end{cases}$求$f'(1)$.

3. 设$p(x)=f_1(x)f_2(x)\cdots f_n(x)\neq 0$，且所有的函数都可导，证明

$$\frac{p'(x)}{p(x)}=\frac{f_1'(x)}{f_1(x)}+\frac{f_2'(x)}{f_2(x)}+\cdots+\frac{f_n'(x)}{f_n(x)}.$$

4. 求下列函数的导数：

(1) $y=e^{3x}$；　　(2) $y=\arctan x^2$；

(3) $y=e^{\sqrt{2x+1}}$；　　(4) $y=(1+x^2)\ln(x+\sqrt{1+x^2})$；

(5) $y=x^2\cdot\sin\frac{1}{x^2}$；　　(6) $y=\cos^2 ax^3$（a为常数）；

(7) $y=\arccos\frac{1}{x}$；　　(8) $y=\left(\arcsin\frac{x}{2}\right)^2$；

(9) $y=\sqrt{1+\ln^2 x}$；　　(10) $y=\sin^n x\cdot\cos nx$；

(11) $y=\frac{\sqrt{1+x}-\sqrt{1-x}}{\sqrt{1+x}+\sqrt{1-x}}$；　　(12) $y=\arcsin\sqrt{\frac{1-x}{1+x}}$；

(13) $y=\ln\cos\arctan(\text{sh}\,x)$；

(14) $y=\frac{x}{2}\sqrt{a^2-x^2}+\frac{a^2}{2}\arcsin\frac{x}{a}$（$a>0$为常数）.

5. $y=\arccos\frac{x-3}{3}-2\sqrt{\frac{6-x}{x}}$，求 $y'\Big|_{x=3}$.

6. 试求曲线 $y=\mathrm{e}^{-x}\sqrt[3]{x+1}$ 在点 $(0,1)$ 及点 $(-1,0)$ 处的切线方程和法线方程.

7. 设 $f(x)$ 可导，求下列函数 y 的导数 $\frac{\mathrm{d}y}{\mathrm{d}x}$：

(1) $y=f(x^2)$；　　(2) $y=f(\sin^2 x)+f(\cos^2 x)$.

8. 求下列隐函数的导数：

(1) $x^3+y^3-3axy=0$；　　(2) $x=y\ln(xy)$；

(3) $x\mathrm{e}^y+y\mathrm{e}^x=10$；　　(4) $\ln(x^2+y^2)=2\arctan\frac{y}{x}$；

(5) $xy=\mathrm{e}^{x+y}$.

9. 用对数求导法求下列函数的导数：

(1) $y=\frac{\sqrt{x+2}(3-x)^4}{(x+1)^5}$；　　(2) $y=\sin x^{\cos x}$；

(3) $y=\frac{\mathrm{e}^{2x}(x+3)}{\sqrt{(x+5)(x-4)}}$.

10. 求下列参数方程所确定的函数的导数 $\frac{\mathrm{d}y}{\mathrm{d}x}$：

(1) $\begin{cases}x=a\cos bt+b\sin at,\\ y=a\sin bt-b\cos at\end{cases}$ （a,b 为常数）；

(2) $\begin{cases}x=\theta(1-\sin\theta),\\ y=\theta\cos\theta.\end{cases}$

11. 已知 $\begin{cases}x=\mathrm{e}^t\sin t,\\ y=\mathrm{e}^t\cos t.\end{cases}$ 求当 $t=\frac{\pi}{3}$ 时 $\frac{\mathrm{d}y}{\mathrm{d}x}$ 的值.

12. 设 $f(x)=|x-a|\varphi(x)$，其中，a 为常数，$\varphi(x)$ 为连续函数，讨论 $f(x)$ 在 $x=a$ 处的可导性.

13. 已知 $f(x)=\max\{x^2,3\}$，求 $f'(x)$.

14. 若 $f\left(\frac{1}{x}\right)=\mathrm{e}^{x+\frac{1}{x}}$，求 $f'(x)$.

15. 若 $f'\left(\frac{\pi}{3}\right)=1$，$y=f\left(\arccos\frac{1}{x}\right)$，求 $\frac{\mathrm{d}y}{\mathrm{d}x}\Big|_{x=2}$.

16. 求函数 $y=\frac{1}{2}\ln\frac{1+x}{1-x}$ 的反函数 $x=\varphi(y)$ 的导数.

17. 已知 $y=f(x)$ 的导数 $f'(x)=-\frac{2x+1}{(1+x+x^2)^2}$，且 $f(-1)=1$，求 $y=f(x)$ 的反函数 $x=\varphi(y)$ 的导数 $\varphi'(1)$.

第三节　高阶导数

在研究物体的运动时，我们不仅要了解物体运动的速度，而且往往还要了解物体运动速度变化的快慢，即速度函数关于时间的变化率，物理学上称为加速度. 在几何上，人们也常常要了解曲线斜率的变化情况，以求得曲线弯曲的程度. 由于加速度可以表示为速度函数关于时间的导数，而速度又可表示为位移函数关于时间的导数，因而加速度可通过位移函数关于时间求二次导数得到，即为以下要介绍的二阶导数.

定义　设函数 $y=f(x)$ 在某区间 I 内的导数 $f'(x)$ 存在，且 $f'(x)$ 也是可导的函数，则称函数 $y=f(x)$ 为**二阶可导**，并称 $f'(x)$ 的导数为函数 $y=f(x)$ 的**二阶导数**，记为 $f''(x)$ 或 y''，也可记为 $\dfrac{\mathrm{d}^2y}{\mathrm{d}x^2}$ 或 $\dfrac{\mathrm{d}^2f(x)}{\mathrm{d}x^2}$，即

$$f''(x)=(f'(x))'=\lim_{\Delta x\to 0}\frac{f'(x+\Delta x)-f'(x)}{\Delta x}.$$

二阶导数 $f''(x)$ 如果仍可求导，对它再求一次导数，则称这导数为函数 $f(x)$ 的三阶导数，记作 y''' 或 $f'''(x)$，也可记作 $\dfrac{\mathrm{d}^3y}{\mathrm{d}x^3}$ 或 $\dfrac{\mathrm{d}^3f(x)}{\mathrm{d}x^3}$. 一般而言，如果函数 $y=f(x)$ 的 $n-1$ 阶导数仍是可导的，则称函数 $y=f(x)$ 为 n 阶可导，并称 $n-1$ 阶导数的导数为函数 $y=f(x)$ 的 **n 阶导数**，记作 $y^{(n)}$，$f^{(n)}(x)$ 或 $\dfrac{\mathrm{d}^ny}{\mathrm{d}x^n}$，$\dfrac{\mathrm{d}^nf(x)}{\mathrm{d}x^n}$.

函数 $f(x)$ 的二阶及二阶以上的导数称为 $f(x)$ 的高阶导数. 相应的，$y'=f'(x)$ 称为 $f(x)$ 的一阶导数.

由高阶导数的定义可知，求函数的高阶导数无须什么新的技巧和方法，只需将函数逐阶求导. 以后为方便起见，我们记 $C^n(I)$ 为区间 I 上所有具有 n 阶连续导数的函数的全体.

例 1　设 $y=\mathrm{e}^{\sin x}\cdot\cos(\sin x)$，求 $y(0)$，$y'(0)$ 及 $y''(0)$.

解　$y(0)=\mathrm{e}^{\sin 0}\cdot\cos(\sin 0)=1$，

$$y'(x)=\mathrm{e}^{\sin x}\cdot[\cos x\cdot\cos(\sin x)-\cos x\cdot\sin(\sin x)],$$

将 $x=0$ 代入，得

$$y'(0)=1.$$

$$\begin{aligned}y''(x)&=[\mathrm{e}^{\sin x}(\cos x\cdot\cos(\sin x)-\cos x\cdot\sin(\sin x))]'\\&=-2\cdot\mathrm{e}^{\sin x}\cdot\cos^2x\cdot\sin(\sin x)-\\&\quad\mathrm{e}^{\sin x}\cdot\sin x\cdot[\cos(\sin x)-\sin(\sin x)].\end{aligned}$$

将 $x=0$ 代入，得

$$y''(0)=0.$$

例 2　设 $y=\sin x$，求 $y^{(n)}$.

解　$y'=\cos x=\sin\left(x+\frac{\pi}{2}\right)$,

$$y''=\left[\sin\left(x+\frac{\pi}{2}\right)\right]'=\cos\left(x+\frac{\pi}{2}\right)=\sin\left(x+2\cdot\frac{\pi}{2}\right),$$

$$y'''=\left[\sin\left(x+2\cdot\frac{\pi}{2}\right)\right]'=\cos\left(x+2\cdot\frac{\pi}{2}\right)=\sin\left(x+3\cdot\frac{\pi}{2}\right).$$

利用数学归纳法可证

$$y^{(n)}=\sin\left(x+n\cdot\frac{\pi}{2}\right).$$

类似可证:

$$(\cos x)^{(n)}=\cos\left(x+n\cdot\frac{\pi}{2}\right).$$

典型例题
求 n 阶导数

例 3　设函数 $y=f(x)$ 二阶可导,求 $y=f(\sin x)$ 的二阶导数.

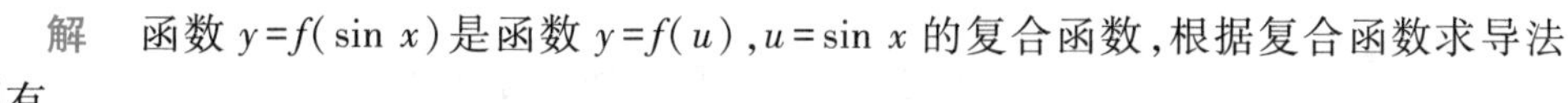

解　函数 $y=f(\sin x)$ 是函数 $y=f(u)$,$u=\sin x$ 的复合函数,根据复合函数求导法则有

$$y'=f'(u)\cdot(\sin x)'=\cos xf'(\sin x),$$

其中 $f'(\sin x)$ 仍是复合函数.

$$\begin{aligned}y''&=(\cos x)'\cdot f'(\sin x)+\cos x\cdot[f'(\sin x)]'\\&=(-\sin x)\cdot f'(\sin x)+\cos x\cdot[f''(\sin x)\cdot(\sin x)']\\&=-\sin x\cdot f'(\sin x)+\cos^2x\cdot f''(\sin x).\end{aligned}$$

例 4　设 $e^{x+y}-xy=1$,求 $y''(0)$.

解　方程两边对 x 求导,得

$$(1+y')e^{x+y}-y-xy'=0.$$

上式两边再对 x 求导,得

$$(1+y')^2e^{x+y}+y''e^{x+y}-2y'-xy''=0.$$

以 $x=0,y=0,y'(0)=-1$ 代入上式得

$$y''(0)=-2.$$

例 5　已知 $\begin{cases}x=a\cos t,\\y=b\sin t,\end{cases}$ 求 $\frac{d^2y}{dx^2}$.

解　$\frac{dy}{dx}=\frac{(b\sin t)'}{(a\cos t)'}=-\frac{b\cos t}{a\sin t}=-\frac{b}{a}\cot t.$

注意 $\frac{dy}{dx}=-\frac{b}{a}\cot t,x=a\cos t$ 仍是参数方程,所以求二阶导数时仍需用参数求导法则,从而

$$\begin{aligned}\frac{d^2y}{dx^2}&=\frac{\frac{d}{dt}\left(\frac{dy}{dx}\right)}{\frac{dx}{dt}}=\frac{\left(-\frac{b}{a}\cot t\right)'}{(a\cos t)'}\\&=\frac{b}{a}\csc^2t\frac{1}{-a\sin t}\\&=-\frac{b}{a^2}\csc^3t.\end{aligned}$$

对于高阶导数,有下面的运算法则:

设函数 $u=u(x)$ 和 $v=v(x)$ 在点 x 处都具有直到 n 阶的导数,则 $u(x)\pm v(x)$,$u(x)v(x)$ 在点 x 处也具有 n 阶导数,且

$$(u\pm v)^{(n)}=u^{(n)}\pm v^{(n)}. \tag{1}$$

$$\begin{aligned}(u\cdot v)^{(n)}&=u^{(n)}v+nu^{(n-1)}v'+\frac{n(n-1)}{2!}u^{(n-2)}v''+\cdots+\\&\quad\frac{n(n-1)\cdots(n-k+1)}{k!}u^{(n-k)}v^{(k)}+\cdots+uv^{(n)}\\&=\sum_{i=0}^{n}\mathrm{C}_n^i u^{(n-i)}v^{(i)},\end{aligned} \tag{2}$$

其中 $u^{(0)}=u,v^{(0)}=v,\mathrm{C}_n^i=\dfrac{n(n-1)\cdots(n-i+1)}{i!}$.

(2)式称为莱布尼茨公式.将它与二项展开式对比,就很容易记住.

(1)式由数学归纳法易证.(2)式证明如下:

当 $n=1$ 时,由 $(uv)'=u'v+uv'$ 知公式成立.

设当 $n=k$ 时公式成立,即

$$\begin{aligned}y^{(k)}&=\sum_{i=0}^{k}\mathrm{C}_k^i u^{(k-i)}v^{(i)}\\&=u^{(k)}v+ku^{(k-1)}v'+\frac{k(k-1)}{2!}u^{(k-2)}v''+\cdots+uv^{(k)},\end{aligned}$$

两边求导,得

$$\begin{aligned}y^{(k+1)}&=[u^{(k+1)}v+u^{(k)}v']+k[u^{(k)}v'+u^{(k-1)}v'']+\\&\quad\frac{k(k-1)}{2!}[u^{(k-1)}v''+u^{(k-2)}v''']+\cdots+[u'v^{(k)}+uv^{(k+1)}]\\&=\sum_{i=1}^{k+1}\mathrm{C}_{k+1}^i u^{(k+1-i)}v^{(i)}.\end{aligned}$$

即 $n=k+1$ 时公式(2)也成立.

例 6　设 $y=x^2\mathrm{e}^{2x}$,求 $y^{(20)}$.

解　设 $u=\mathrm{e}^{2x},v=x^2$,则

$$u^{(i)}=2^i\mathrm{e}^{2x}\quad(i=1,2,\cdots,20),$$

$$v'=2x,v''=2,v^{(i)}=0\quad(i=3,4,\cdots,20).$$

代入莱布尼茨公式,得

$$\begin{aligned}y^{(20)}&=(x^2\cdot\mathrm{e}^{2x})^{(20)}\\&=2^{20}\cdot\mathrm{e}^{2x}\cdot x^2+20\cdot 2^{19}\cdot\mathrm{e}^{2x}\cdot 2x+\frac{20\cdot 19}{2!}\cdot 2^{18}\cdot\mathrm{e}^{2x}\cdot 2\\&=2^{20}\cdot\mathrm{e}^{2x}\cdot(x^2+20x+95).\end{aligned}$$

习题 4-3

1. 求自由落体运动 $S(t)=\dfrac{1}{2}gt^2$ 的加速度.

2. 求 n 次多项式

$$y=a_0x^n+a_1x^{n-1}+\cdots+a_{n-1}x+a_n$$

的 n 阶导数.

3. 设 $f(x)=\ln(1+x)$，求 $f^{(n)}(x)$.

4. 验证函数 $y=e^x\sin x$ 满足关系式 $y''-2y'+2y=0$.

5. 求下列函数的高阶导数：

(1) $y=e^x\sin x$，求 $y^{(4)}$；　　(2) $y=xe^{3x}$，求 $y^{(6)}$；

(3) 设 $y=x^2\sin x$，求 $y^{(80)}$；　　(4) $y=\dfrac{1}{x^2-3x+2}$，求 $y^{(100)}$.

6. 求由下列方程所确定的隐函数 y 的二阶导数 $\dfrac{d^2y}{dx^2}$：

(1) $b^2x^2+a^2y^2=a^2b^2$；　　(2) $y=1+xe^y$；

(3) $y=\tan(x+y)$；　　(4) $y^2+2\ln y=x^4$.

7. 已知 $f''(x)$ 存在，求 $\dfrac{d^2y}{dx^2}$：

(1) $y=f(x^2)$；　　(2) $y=\ln f(x)$.

8. 求下列由参数方程所确定函数的二阶导数 $\dfrac{d^2y}{dx^2}$：

(1) $\begin{cases}x=a(t-\sin t),\\ y=a(1-\cos t)\end{cases}$ (a 为常数)；

(2) $\begin{cases}x=f'(t),\\ y=tf'(t)-f(t),\end{cases}$ 设 $f''(t)$ 存在且不为零.

9. 求下列函数在指定点的高阶导数：

(1) $f(x)=\dfrac{x}{\sqrt{1+x^2}}$，求 $f''(0)$；

(2) $f(x)=e^{2x-1}$，求 $f''(0)$，$f'''(0)$；

(3) $f(x)=(x+10)^6$，求 $f^{(5)}(0)$，$f^{(6)}(0)$.

10. 设 $y=f(x)$ 是由方程组

$$\begin{cases}x=3t^2+2t+3,\\ y=e^y\sin t+1\end{cases}$$

所确定的隐函数，求 $\left.\dfrac{d^2y}{dx^2}\right|_{t=0}$.

第四节　微分及其运算

一、微分的定义

微分也是微积分中的一个重要概念,它与导数等概念有着极为密切的关系.如果说导数来源于函数增量与自变量的增量之比,那么微分就来源于求函数的增量的近似值.例如,一块边长为 x_0 的正方形金属薄片受热膨胀,边长增加了 Δx,其面积的增量为

$$\Delta y=(x_0+\Delta x)^2-x_0^2=2x_0\Delta x+(\Delta x)^2.$$

这个增量分成两部分,第一部分 $2x_0\Delta x$ 是 Δx 的线性函数,第二部分 $(\Delta x)^2$ 是较 Δx 的高阶无穷小量.当 Δx 很小时,Δy 的表达式中,第一部分起主导作用,第二部分可以忽略不计.因此,当给 x 以微小增量 Δx 时,由此所引起的面积增量 Δy 可近似地用 $2x_0\Delta x$ 来代替,相差仅是一个以 Δx 为边长的正方形面积(如图 4-4 所示),当 $|\Delta x|$ 愈小时相差也愈小.于是得到 $\Delta y\approx 2x_0\Delta x$.

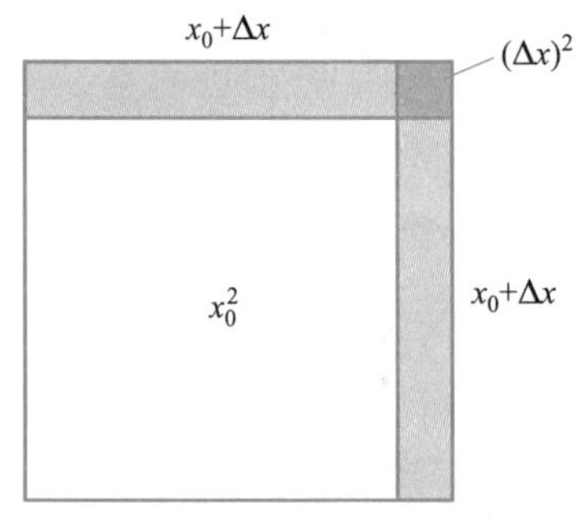

图 4-4

定义　设函数 $y=f(x)$ 在点 x_0 的某一邻域 $U(x_0)$ 内有定义,$x_0+\Delta x\in U(x_0)$,如果 $f(x)$ 在点 x_0 处的增量 Δy 可以表示为

$$\Delta y=A\Delta x+o(\Delta x),$$

其中 A 与 Δx 无关,$o(\Delta x)$ 是较 Δx 的高阶无穷小量,则称**函数 $y=f(x)$ 在 x_0 处是可微的**,且称 $A\Delta x$ 为**函数 $y=f(x)$ 在 x_0 处的微分**,记作 $\mathrm{d}y$ 或 $\mathrm{d}f(x)$,即

$$\mathrm{d}y=A\Delta x.$$

由定义可知,$\Delta y-\mathrm{d}y$ 是较 Δx 的高阶无穷小,即

$$\lim_{\Delta x\to 0}\frac{\Delta y-\mathrm{d}y}{\Delta x}=\lim_{\Delta x\to 0}\frac{o(\Delta x)}{\Delta x}=0.$$

二、微分与导数的关系

定理　函数 $y=f(x)$ 在点 x_0 处可微的充要条件是 $f(x)$ 在 x_0 处可导,且有 $\mathrm{d}y=f'(x_0)\Delta x$.

证　设 $y=f(x)$ 在点 x_0 处可微,即

$$\Delta y=A\Delta x+o(\Delta x).$$

于是

$$\lim_{\Delta x\to 0}\frac{\Delta y}{\Delta x}=\lim_{\Delta x\to 0}\left[A+\frac{o(\Delta x)}{\Delta x}\right]=A.$$

典型例题
抽象函数求微分

所以 $f(x)$ 在点 x_0 处可导,且有 $A=f'(x_0)$.

反之,如果 $y=f(x)$ 在 x_0 处可导,即

$$\lim_{\Delta x\to 0}\frac{\Delta y}{\Delta x}=f'(x_0).$$

由极限与无穷小的关系，得

$$\frac{\Delta y}{\Delta x}=f'(x_0)+\alpha,$$

其中 $\lim\limits_{\Delta x\to 0}\alpha=0$，于是

$$\Delta y=f'(x_0)\Delta x+\alpha\Delta x.$$

显然，$\Delta x\to 0$ 时，$\alpha\Delta x=o(\Delta x)$，且 $f'(x_0)$ 与 Δx 无关，由微分定义可知，$y=f(x)$ 在点 x_0 处可微，且有 $\mathrm{d}y=f'(x_0)\Delta x$.

该定理说明了函数在点 x_0 处的可微性与可导性是等价的，且有关系式 $\mathrm{d}y=f'(x_0)\Delta x$.

通常把自变量 x 的增量 Δx 称为自变量的微分，记作 $\mathrm{d}x$，即

$$\mathrm{d}x=\Delta x.$$

于是函数 $y=f(x)$ 在点 x_0 处的微分可以写成

$$\mathrm{d}y=f'(x_0)\mathrm{d}x.$$

当函数 $y=f(x)$ 在区间 (a,b) 内的每一点处都可微时，则称函数 $y=f(x)$ 在区间 (a,b) 内可微，此时微分表达式写为

$$\mathrm{d}y=f'(x)\mathrm{d}x.$$

上式也可写成

$$\frac{\mathrm{d}y}{\mathrm{d}x}=f'(x).$$

于是，函数 $y=f(x)$ 的导数等于该函数的微分 $\mathrm{d}y$ 与自变量的微分 $\mathrm{d}x$ 之商.因此，导数也叫微商.

注意：微分 $\mathrm{d}y$ 既与 x 有关，也与 $\mathrm{d}x$ 有关，而 x 与 $\mathrm{d}x$ 是互相独立的两个变量.

例 1　求 $y=x^2$ 在 $x_0=20$，$\Delta x=0.1$ 时的改变量 Δy 和微分 $\mathrm{d}y$.

解　当 $x_0=20$，$\Delta x=0.1$ 时，有

$$\Delta y=2\cdot 20\cdot 0.1+0.1^2=4.01,$$

$$\mathrm{d}y=2\cdot 20\cdot 0.1=4.$$

例 2　求 $y=\ln(1+x)$ 在 $x=1$ 处的微分.

解　$\mathrm{d}y\Big|_{x=1}=(\ln(1+x))'\Big|_{x=1}\mathrm{d}x=\dfrac{1}{1+x}\Big|_{x=1}\mathrm{d}x=0.5\mathrm{d}x.$

例 3　利用微分求 $\cos 29°$ 的近似值.

解　设 $f(x)=\cos x$，则 $f'(x)=-\sin x$，取 $x_0=\dfrac{\pi}{6}$，$\Delta x=-\dfrac{\pi}{180}$.因为当 $|\Delta x|$ 很小时，我们有

$$\Delta y\approx \mathrm{d}y=f'(x_0)\Delta x,$$

从而

$$f(x_0+\Delta x)\approx f(x_0)+f'(x_0)\cdot\Delta x.$$

利用上式可得

$$\cos 29^\circ=\cos\left(\frac{\pi}{6}-\frac{\pi}{180}\right)\approx\cos\frac{\pi}{6}-\sin\frac{\pi}{6}\cdot\left(-\frac{\pi}{180}\right)$$

$$=\frac{\sqrt{3}}{2}+\frac{\pi}{360}\approx 0.874\ 75.$$

三、微分的几何意义

设函数 $y=f(x)$ 在 x_0 处可微，在直角坐标系中，过曲线 $y=f(x)$ 上的点 $P_0(x_0,f(x_0))$ 作切线 P_0T（图 4-5）. 设切线 P_0T 的倾角为 α，则 $\tan\alpha=f'(x_0)$.

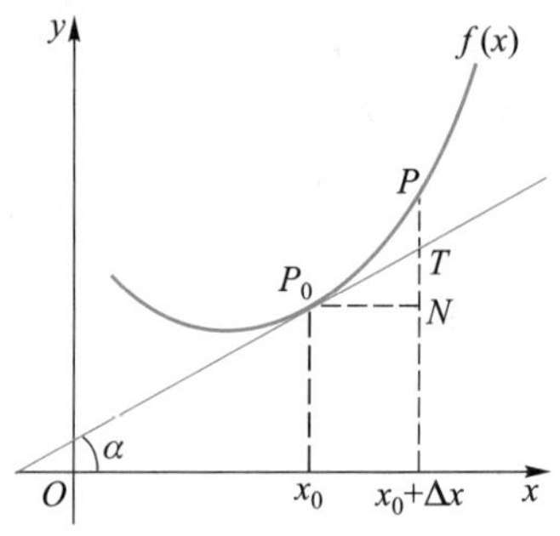

图 4-5

给 x 以增量 Δx，于是切线 P_0T 的纵坐标有相应的增量 $NT=\tan\alpha\cdot\Delta x=f'(x_0)\cdot\Delta x=\mathrm{d}y$.

由此可见，函数 $f(x)$ 在 x_0 点的微分 $\mathrm{d}y$ 就是曲线 $y=f(x)$ 在点 $(x_0,f(x_0))$ 处的切线的纵坐标的增量. 由于在 $|\Delta x|$ 很小时，$|\Delta y-\mathrm{d}y|$ 比 $|\Delta x|$ 小得多，因此在点 P_0 的邻近，我们可以用切线段来近似代替曲线段.

四、复合函数的微分及基本微分公式

1. 复合函数的微分

设 $y=f(u)$，$u=\varphi(x)$，且 $f(u)$ 及 $\varphi(x)$ 均为可导函数. 由复合函数的导数公式有

$$\frac{\mathrm{d}y}{\mathrm{d}x}=f'(u)\cdot\varphi'(x),$$

从而得

$$\mathrm{d}y=f'(u)\cdot\varphi'(x)\mathrm{d}x.$$

注意到 $\mathrm{d}u=\varphi'(x)\mathrm{d}x$，则有 $\mathrm{d}y=f'(u)\mathrm{d}u$.

由此可见，无论 u 是自变量还是中间变量，微分形式 $\mathrm{d}y=f'(u)\mathrm{d}u$ 保持不变，这一性质称为一阶微分的形式不变性.

在求复合函数的导数时，可以不写出中间变量. 在求复合函数的微分时，类似地也可以不写出中间变量.

例 4　设 $y=\ln\sin x$，求 $\mathrm{d}y$

解　$\mathrm{d}y=\dfrac{1}{\sin x}\mathrm{d}(\sin x)=\dfrac{1}{\sin x}\cdot\cos x\mathrm{d}x=\cot x\mathrm{d}x.$

2. 微分公式

由于函数 $y=f(x)$ 在 x 处的可导性与可微性是等价的，且存在关系式 $\mathrm{d}y=f'(x)\mathrm{d}x$，因此由导数的基本公式和运算法则，我们不难得到下面的基本微分公式和微分运算法则.

（一）基本初等函数微分公式：

（1）$\mathrm{d}C=0$　（C 为常数）；

（2）$\mathrm{d}(x^{\mu})=\mu x^{\mu-1}\mathrm{d}x$（$\mu$ 为常数）；

（3）$\mathrm{d}(\ln|x|)=\frac{1}{x}\mathrm{d}x$；

（4）$\mathrm{d}(\log_a x)=\frac{1}{x\ln a}\mathrm{d}x$　$(a>0,a\neq1)$；

（5）$\mathrm{d}(a^x)=a^x\ln a\mathrm{d}x$　$(a>0,a\neq1)$；

（6）$\mathrm{d}(\mathrm{e}^x)=\mathrm{e}^x\mathrm{d}x$；

（7）$\mathrm{d}(\sin x)=\cos x\mathrm{d}x$；

（8）$\mathrm{d}(\cos x)=-\sin x\mathrm{d}x$；

（9）$\mathrm{d}(\tan x)=\sec^2 x\mathrm{d}x$；

（10）$\mathrm{d}(\cot x)=-\csc^2 x\mathrm{d}x$；

（11）$\mathrm{d}(\sec x)=\sec x\cdot\tan x\mathrm{d}x$；

（12）$\mathrm{d}(\csc x)=-\csc x\cdot\cot x\mathrm{d}x$；

（13）$\mathrm{d}(\arcsin x)=\frac{1}{\sqrt{1-x^2}}\mathrm{d}x$　$(|x|<1)$；

（14）$\mathrm{d}(\arccos x)=-\frac{1}{\sqrt{1-x^2}}\mathrm{d}x$　$(|x|<1)$；

（15）$\mathrm{d}(\arctan x)=\frac{1}{1+x^2}\mathrm{d}x$；

（16）$\mathrm{d}(\mathrm{arccot}\, x)=-\frac{1}{1+x^2}\mathrm{d}x$.

（二）微分运算法则

（1）$\mathrm{d}(u\pm v)=\mathrm{d}u\pm\mathrm{d}v$；

（2）$\mathrm{d}(uv)=u\mathrm{d}v+v\mathrm{d}u$，$\mathrm{d}(cu)=c\mathrm{d}u$　（c 为常数）；

（3）$\mathrm{d}\left(\frac{u}{v}\right)=\frac{v\mathrm{d}u-u\mathrm{d}v}{v^2}$　$(v\neq0)$.

例 5　设 $x^2y-\mathrm{e}^{2x}=\sin y$，求 $\mathrm{d}y$.

解　由 $\mathrm{d}(x^2y-\mathrm{e}^{2x})=\mathrm{d}(\sin y)$，得

$$\mathrm{d}(x^2y)-\mathrm{d}(\mathrm{e}^{2x})=\mathrm{d}(\sin y),$$

即

$$2xy\mathrm{d}x+x^2\mathrm{d}y-2\mathrm{e}^{2x}\mathrm{d}x=\cos y\mathrm{d}y.$$

整理得

$$\mathrm{d}y=\frac{2(\mathrm{e}^{2x}-xy)}{x^2-\cos y}\mathrm{d}x.$$

*五、高阶微分

可微函数 $y=f(x)$ 的微分 $\mathrm{d}y=f'(x)\mathrm{d}x$ 仍是自变量 x 的一个函数（这里 $\mathrm{d}x$ 与 x 是

互相独立的，因而可以把 $\mathrm{d}x$ 看成与 x 无关的量），如果它是可微的，则它的微分 $\mathrm{d}(\mathrm{d}y)$，就称作函数 $y=f(x)$ 的二阶微分，记为 d^2y，即

$$\begin{aligned}\mathrm{d}^2y&=\mathrm{d}(\mathrm{d}y)=\mathrm{d}[f'(x)\mathrm{d}x]=\mathrm{d}[f'(x)]\mathrm{d}x\\&=f''(x)(\mathrm{d}x)^2.\end{aligned}$$

为简便起见，对 $k\in\mathbf{N}_+$，我们记 $(\mathrm{d}x)^k=\mathrm{d}x^k$. 因此上式可写作

$$\mathrm{d}^2y=f''(x)\mathrm{d}x^2.$$

同样，如果 d^2y 仍可微，那么它的微分 $\mathrm{d}(\mathrm{d}^2y)$ 称作 $y=f(x)$ 的三阶微分，记为 d^3y，即

$$\mathrm{d}^3y=\mathrm{d}(\mathrm{d}^2y)=\mathrm{d}[f''(x)\mathrm{d}x^2]=f'''(x)\mathrm{d}x^3.$$

一般地，当自变量为 x 时，定义函数 $y=f(x)$ 的 n 阶微分为

$$\mathrm{d}^ny=\mathrm{d}[\mathrm{d}^{n-1}y]=f^{(n)}(x)\mathrm{d}x^n.$$

由此可得，$\dfrac{\mathrm{d}^ny}{\mathrm{d}x^n}=f^{(n)}(x)$，这就是我们之所以记 n 阶导数为 $\dfrac{\mathrm{d}^ny}{\mathrm{d}x^n}$ 的原因.

这里要提醒读者注意区别以下这几种记号的不同意义：$\mathrm{d}y^n$ 表示微分 $\mathrm{d}y$ 的 n 次方，即 $\mathrm{d}y^n=(\mathrm{d}y)^n$，$\mathrm{d}(y^n)$ 表示 y^n 的一阶微分，d^ny 表示 y 的 n 阶微分.

前面已指出过，一阶微分具有微分形式不变性：无论 u 是自变量还是中间变量，函数 $y=f(u)$ 的微分形式都是一样的，即 $\mathrm{d}y=f'(u)\mathrm{d}u$. 但值得注意的是高阶微分不再具有微分形式的不变性. 以二阶微分为例，当 u 是自变量时，函数 $y=f(u)$ 的二阶微分 $\mathrm{d}^2y=f''(u)\mathrm{d}u^2$. 而当 u 是中间变量，如 $y=f(u)$，$u=\varphi(x)$ 时，由一阶微分的形式不变性知 $\mathrm{d}y=f'(u)\mathrm{d}u$. 但由于 $\mathrm{d}u=\varphi'(x)\mathrm{d}x$ 依赖于自变量 x，因此有

$$\begin{aligned}\mathrm{d}^2y&=\mathrm{d}[f'(u)\mathrm{d}u]=\mathrm{d}(f'(u))\mathrm{d}u+f'(u)\cdot\mathrm{d}(\mathrm{d}u)\\&=f''(u)\cdot\mathrm{d}u^2+f'(u)\mathrm{d}^2u.\end{aligned}$$

易见，高阶微分不具有形式不变性，这正是高阶微分与一阶微分之间的重要差别. 一般来说，求复合函数的高阶微分，以逐阶求之为宜.

例 6　求函数 $y=4x^3+3$ 的二阶微分.

解　$\mathrm{d}y=12x^2\mathrm{d}x$,

$\mathrm{d}^2y=y''\mathrm{d}x^2=24x\mathrm{d}x^2$.

例 7　设 $y=\sin u$，$u=x^2+1$，求 d^2y.

解　$\mathrm{d}y=\cos u\mathrm{d}u$,

$$\begin{aligned}\mathrm{d}^2y&=\mathrm{d}(\cos u\mathrm{d}u)=\mathrm{d}(\cos u)\mathrm{d}u+\cos u\mathrm{d}(\mathrm{d}u)\\&=-\sin u\mathrm{d}u^2+\cos u\mathrm{d}^2u,\end{aligned}$$

因 $u=x^2+1$，于是

$$\mathrm{d}u=2x\mathrm{d}x,\quad \mathrm{d}u^2=(\mathrm{d}u)^2=4x^2\mathrm{d}x^2,$$

$$\mathrm{d}^2u=\mathrm{d}(\mathrm{d}u)=u''\mathrm{d}x^2=2\mathrm{d}x^2.$$

故

$$\begin{aligned}\mathrm{d}^2y&=-\sin(x^2+1)(4x^2\mathrm{d}x^2)+\cos(x^2+1)\cdot 2\mathrm{d}x^2\\&=[-4x^2\sin(x^2+1)+2\cos(x^2+1)]\mathrm{d}x^2.\end{aligned}$$

习题 4–4

1. 在括号内填入适当的函数，使等式成立：

(1) $d(\qquad)=\cos t\mathrm{d}t$;　　(2) $d(\qquad)=\sin wx\mathrm{d}x$;

(3) $d(\qquad)=\dfrac{1}{1+x}\mathrm{d}x$;　　(4) $d(\qquad)=\mathrm{e}^{-2x}\mathrm{d}x$;

(5) $d(\qquad)=\dfrac{1}{\sqrt{x}}\mathrm{d}x$;　　(6) $d(\qquad)=\sec^2 3x\mathrm{d}x$;

(7) $d(\qquad)=\dfrac{1}{x}\ln x\mathrm{d}x$;　　(8) $d(\qquad)=\dfrac{x}{\sqrt{1-x^2}}\mathrm{d}x$.

2. 根据下面所给的值，求函数 $y=x^2+1$ 的 $\Delta y,\mathrm{d}y$ 及 $\Delta y-\mathrm{d}y$：

(1) 当 $x=1,\Delta x=0.1$ 时；

(2) 当 $x=1,\Delta x=0.01$ 时.

3. 求下列函数的微分：

(1) $y=x\mathrm{e}^x$;　　(2) $y=\dfrac{\ln x}{x}$;

(3) $y=\cos\sqrt{x}$;　　(4) $y=5^{\ln\tan x}$;

(5) $y=\ln\left[\tan\left(\dfrac{\pi}{2}-\dfrac{x}{4}\right)\right]$;　　(6) $y=8x^x-6\mathrm{e}^{2x}$;

(7) $y=\sqrt{\arcsin x}+(\arctan x)^2$.

4. 求由下列方程确定的隐函数 $y=y(x)$ 的微分 $\mathrm{d}y$：

(1) $y=1+x\mathrm{e}^y$;　　(2) $\dfrac{x^2}{a^2}+\dfrac{y^2}{b^2}=1$;

(3) $y=x+\dfrac{1}{2}\sin y$;　　(4) $y^2-x=\arccos y$.

5. 利用微分求下列各数的近似值：

(1) $\sqrt[3]{8.1}$;　　(2) $\ln 0.99$;　　(3) $\arctan 1.02$.

6. 设 $a>0$，且 $|b|$ 与 a^n 相比是很小的量，证明

$$\sqrt[n]{a^n+b}\approx a+\frac{b}{na^{n-1}}.$$

7. 利用一阶微分形式的不变性，求下列函数的微分，其中 f 和 φ 均为可微函数：

(1) $y=f(x^3+\varphi(x^4))$;　　(2) $y=f(1-2x)+3\sin f(x)$.

8. 求下列函数的高阶微分：

(1) $y=\sqrt{1+x^2}$，求 d^2y;　　(2) $y=x^x$，求 d^2y;

(3) $y=x\cos 2x$，求 $\mathrm{d}^{10}y$;　　(4) $y=x^3\ln x$，求 d^ny;

(5) $r^2\cos^3\theta-a^2\sin^3\theta=0$（$a$ 为常数），求 d^2r.

第五节 微分中值定理

本节我们将介绍微分学中的几个基本定理,由于这几个定理的结论都与所考虑的区间$[a,b]$上的函数在区间(a,b)内的某一点的导数值有关,故我们称它们为微分中值定理.运用这些微分中值定理,我们能通过导数研究函数及其曲线的某些性态,因此,它们在微积分的理论和应用中占有极为重要的地位.

一、费马定理

定理 1(费马(Fermat)定理) 设函数$f(x)$在某区间I内有定义.若$f(x)$在该区间内的点x_0处满足$f(x)<f(x_0)$($f(x)>f(x_0)$),$\forall x\in\hat{U}(x_0)$,且$f'(x_0)$存在,则必有$f'(x_0)=0$.

证 不妨设$\forall x\in\hat{U}(x_0)$有$f(x)<f(x_0)$,则当$x<x_0$时,有

$$\frac{f(x)-f(x_0)}{x-x_0}>0.$$

故

$$f'_-(x_0)=\lim_{x\to x_0^-}\frac{f(x)-f(x_0)}{x-x_0}\geqslant 0.$$

又当$x>x_0$时,有

$$\frac{f(x)-f(x_0)}{x-x_0}<0,$$

故

$$f'_+(x_0)=\lim_{x\to x_0^+}\frac{f(x)-f(x_0)}{x-x_0}\leqslant 0.$$

因$f'(x_0)$存在,故$f'_+(x_0)=f'_-(x_0)=f'(x_0)$,从而$f'(x_0)=0$.

如图 4-6 所示,在点x_1,x_2,x_3,x_4,x_5处均有$f'(x)=0$.

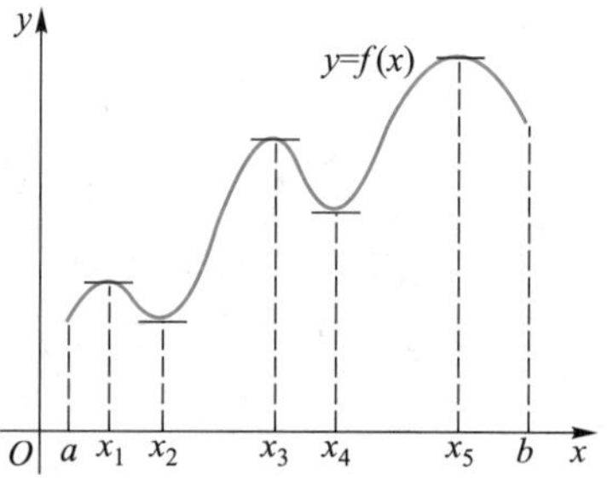

图 4-6

二、罗尔中值定理

定理 2(罗尔(Rolle)中值定理) 若函数$f(x)$满足

(1) 在闭区间$[a,b]$上连续;

(2) 在开区间(a,b)内可导;

(3) $f(a)=f(b)$,

则至少存在一点 $\xi\in(a,b)$，使得 $f'(\xi)=0$.

如图 4-7，该定理假设的函数 $y=f(x)(a\leqslant x\leqslant b)$ 的对应图形是一条连续曲线段 $\overset{\frown}{AB}$. 由于 $f(a)=f(b)$，故直线段 $\overline{AB}$ 平行于 x 轴. 定理的结论告诉我们，在曲线上至少存在一点 C，使曲线在该点的切线平行于线段 $\overline{AB}$，也就是说，在曲线 $\overset{\frown}{AB}$ 上至少存在一点 C，在该点曲线具有水平切线.

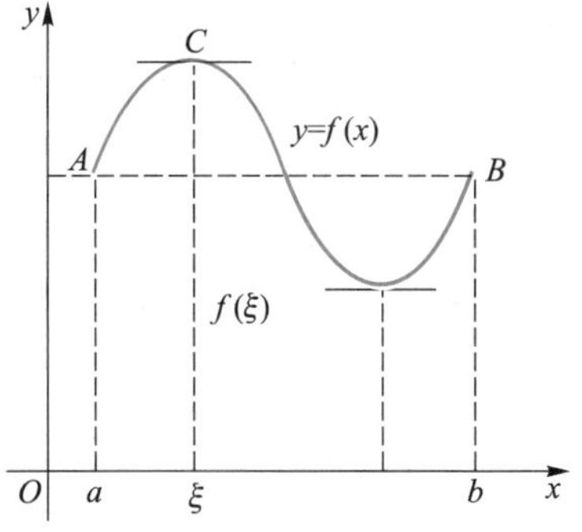

图 4-7

证　由定理假设，$f(x)$ 在 $[a,b]$ 上连续，于是根据闭区间上连续函数的性质，$f(x)$ 在该区间上必可取到最大值 M 和最小值 m. 此时可分两种情形加以讨论：

(1) 若 $M=m$，根据最大值、最小值定义，对 $\forall x\in[a,b]$，有 $m\leqslant f(x)\leqslant M$，所以 $f(x)$ 在 $[a,b]$ 上必恒为常数，从而对 $\forall x\in(a,b)$，有 $f'(x)\equiv 0$ 成立.

(2) 若 $M\neq m$，由 $f(a)=f(b)$ 知，M 和 m 不可同时是两个端点的函数值，即 M 与 m 中至少有一个不等于 $f(a)$ 和 $f(b)$. 不妨设 $M\neq f(a)$，则至少存在一点 $\xi\in(a,b)$，使 $M=f(\xi)$，从而 $\exists\, U(\xi)$，使 $x\in\hat{U}(\xi)$ 时，$f(x)<f(\xi)$，由费马定理知 $f'(\xi)=0$.

例 1　验证罗尔中值定理对函数 $f(x)=x^2-2x+3$ 在区间 $[-1,3]$ 上的正确性.

解　函数 $f(x)=x^2-2x+3$ 在 $[-1,3]$ 上满足罗尔中值定理的三个条件. 由 $f'(x)=2x-2=2(x-1)$，可知 $f'(1)=0$，因此存在 $\xi=1\in(-1,3)$，使 $f'(1)=0$.

注意：罗尔中值定理的三个条件缺少其中任何一个，定理的结论将不一定成立. 但也不能认为这些条件是必要的. 例如，函数 $f(x)=\sin x\left(0\leqslant x\leqslant\frac{3}{2}\pi\right)$ 在区间 $\left[0,\frac{3}{2}\pi\right]$ 上连续，在 $\left(0,\frac{3}{2}\pi\right)$ 内可导，但 $f(0)=0\neq f\left(\frac{3}{2}\pi\right)=-1$，而此时仍存在 $\xi=\frac{\pi}{2}\in\left(0,\frac{3}{2}\pi\right)$，使 $f'(\xi)=\cos\frac{\pi}{2}=0$（如图 4-8）.

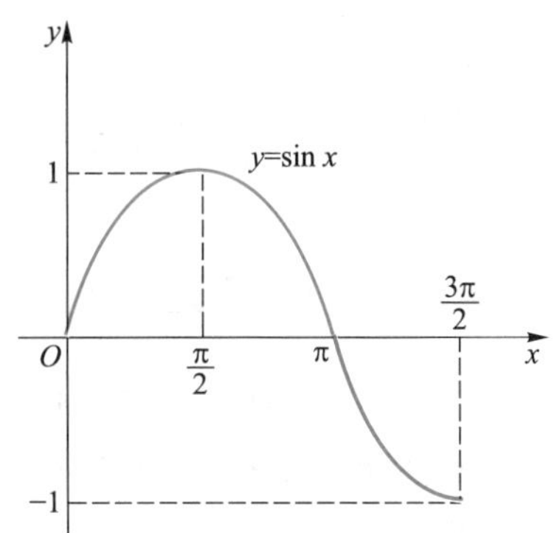

图 4-8

例 2　设 $f(x)$ 在 $[0,1]$ 上可导，当 $0\leqslant x\leqslant 1$ 时，$0\leqslant f(x)\leqslant 1$，且对于区间 $(0,1)$ 内所有 x 有 $f'(x)\neq 1$，求证在 $[0,1]$ 上有且仅有一个 x_0，使 $f(x_0)=x_0$.

证　令 $F(x)=f(x)-x$，则 $F(1)=f(1)-1\leqslant 0$，$F(0)=f(0)\geqslant 0$. 由连续函数介值定理知至少存在一点 $x_0\in[0,1]$，使得 $F(x_0)=0$，即 $f(x_0)=x_0$. 以下证明在 $[0,1]$ 上仅有一点 x_0，使 $F(x_0)=0$.

假设另有一点 $x_1\in[0,1]$，使得 $F(x_1)=0$. 不妨设 $x_0<x_1$，则由罗尔中值定理可知

典型例题
有关罗尔中值定理的证明题

在$[x_0,x_1]$上至少有一点ξ，使$F'(\xi)=0$，即$f'(\xi)=1$，这与原题设矛盾.这就证明了在$[0,1]$内有且仅有一个x_0，使$f(x_0)=x_0$.

三、拉格朗日中值定理

定理 3（拉格朗日（Lagrange）中值定理） 若函数$f(x)$满足

（1）在闭区间$[a,b]$上连续；

（2）在开区间(a,b)内可导，

则至少存在一点$\xi\in(a,b)$，使得

$$f'(\xi)=\frac{f(b)-f(a)}{b-a}. \tag{1}$$

如图 4-9，设函数$y=f(x)$在$[a,b]$上对应的图形为曲线段$\overset{\frown}{AB}$.由于$\frac{f(b)-f(a)}{b-a}$表示直线段$\overline{AB}$的斜率，因而拉格朗日中值定理的几何意义是：在函数$y=f(x)\ (a\leqslant x\leqslant b)$所对应的曲线段$\overset{\frown}{AB}$上至少有一点$C$的切线平行于连接此曲线段两端点的弦$\overline{AB}$.

证 作辅助函数

$$F(x)=f(x)-\frac{f(b)-f(a)}{b-a}x.$$

易见，$F(x)$在$[a,b]$上连续，在(a,b)内可导，且$F(a)=F(b)$，即$F(x)$在$[a,b]$上满足罗尔中值定理的全部条件，所以至少存在一点$\xi\in(a,b)$，使得

$$F'(\xi)=f'(\xi)-\frac{f(b)-f(a)}{b-a}=0,$$

即

$$f'(\xi)=\frac{f(b)-f(a)}{b-a}.$$

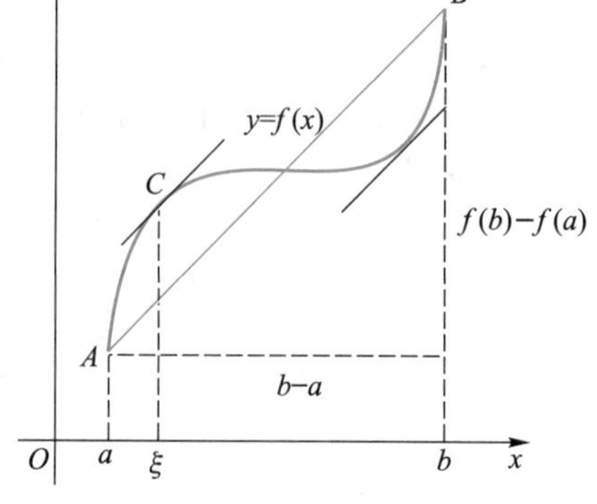

图 4-9

从定理的结论我们可以看到，拉格朗日中值定理是罗尔中值定理的推广，它是由函数的局部性质来研究函数的整体性质的桥梁，其应用十分广泛，读者将会在今后应用中看到.

拉格朗日中值定理中的公式（1）称为拉格朗日中值公式，它也可以写成

$$f(b)-f(a)=f'(\xi)(b-a)\qquad(a<\xi<b). \tag{2}$$

由于ξ是(a,b)中的一个点，故可表示为$\xi=a+\theta(b-a)\ (0<\theta<1)$的形式.因此拉格朗日中值公式还可写成

$$f(b)-f(a)=(b-a)f'[a+\theta(b-a)]\quad(0<\theta<1). \tag{3}$$

若我们把a与b分别换成x与$x+\Delta x$，则$b-a=\Delta x$，于是，拉格朗日中值公式也可写成

$$f(x+\Delta x)-f(x)=f'(x+\theta\Delta x)\Delta x\quad(0<\theta<1). \tag{4}$$

我们也称公式(4)为有限增量公式.

要注意的是,在公式(2)中无论 $a<b$ 或 $a>b$ 其公式总是成立的,其中 ξ 是介于 a 与 b 之间的某个数.同样的,公式(4)无论 $\Delta x>0$ 或者 $\Delta x<0$ 都是成立的.

例 3　证明不等式

$$\arctan x_2-\arctan x_1\leqslant x_2-x_1\ (x_1<x_2).$$

证　设 $f(x)=\arctan x$.在 $[x_1,x_2]$ 上利用拉格朗日中值定理,得

$$\arctan x_2-\arctan x_1=\frac{1}{1+\xi^2}(x_2-x_1),\quad x_1<\xi<x_2.$$

由于 $\frac{1}{1+\xi^2}\leqslant 1$,所以

$$\arctan x_2-\arctan x_1\leqslant x_2-x_1.$$

例 4　证明:若 $f(x)$ 在 $[x_0,x_0+\delta]$ 连续,在 $(x_0,x_0+\delta)$ 可导,且 $\lim\limits_{x\to x_0^+}f'(x)=l$,则 $f_+'(x_0)=l$.

证　设 $x_0<x<x_0+\delta$.在 $[x_0,x]$ 上利用拉格朗日中值定理,得

$$\frac{f(x)-f(x_0)}{x-x_0}=f'(\xi),\quad x_0<\xi<x,$$

当 $x\to x_0^+$ 时,必有 $\xi\to x_0^+$,于是

$$\begin{aligned}f_+'(x_0)&=\lim_{x\to x_0^+}\frac{f(x)-f(x_0)}{x-x_0}\\&=\lim_{x\to x_0^+}f'(\xi)=\lim_{\xi\to x_0^+}f'(\xi)=l.\end{aligned}$$

由拉格朗日中值定理可得到下面两个重要推论.

推论 1　若 $f(x)$ 在 (a,b) 内可导,且 $f'(x)\equiv 0$,则 $f(x)$ 在 (a,b) 内为一常数.

证　$\forall x_1,x_2\in(a,b)$,不妨设 $x_1<x_2$,$f(x)$ 在 $[x_1,x_2]$ 上满足拉格朗日中值定理的条件,于是

$$f(x_2)-f(x_1)=f'(\xi)(x_2-x_1)\quad(x_1<\xi<x_2).$$

注意到 $f'(\xi)=0$,则 $f(x_2)-f(x_1)=0$,即

$$f(x_2)=f(x_1),$$

故 $f(x)$ 在 (a,b) 内为一常数.

例 5　试证:$\arcsin x+\arccos x\equiv\frac{\pi}{2}\quad(|x|\leqslant 1)$.

证　设 $F(x)=\arcsin x+\arccos x\quad(|x|\leqslant 1)$.当 $|x|<1$ 时,有

$$F'(x)=\frac{1}{\sqrt{1-x^2}}-\frac{1}{\sqrt{1-x^2}}=0,$$

由推论 1 知,$F(x)$ 在 $(-1,1)$ 上恒为常数,即 $F(x)\equiv c$,$\forall x\in(-1,1)$.

将 $x=0$ 代入上式,得 $c=\frac{\pi}{2}$.因此,当 $|x|<1$ 时,有

典型例题
有关拉格朗日中值定理的证明题

$$\arcsin x+\arccos x=\frac{\pi}{2}.$$

显然，当 $|x|=1$ 时，$F(x)=\frac{\pi}{2}$. 故当 $|x|\leqslant 1$ 时，有

$$\arcsin x+\arccos x\equiv\frac{\pi}{2}.$$

推论 2　若 $f(x)$ 及 $g(x)$ 在 (a,b) 内可导，且对 $\forall x\in(a,b)$，有 $f'(x)=g'(x)$，则在 (a,b) 内，$f(x)=g(x)+C$（C 为常数）.

证　因 $(f(x)-g(x))'=f'(x)-g'(x)=0$，由推论 1，有 $f(x)-g(x)=C$，即 $f(x)=g(x)+C$，$\forall x\in(a,b)$.

柯西简介

四、柯西中值定理

如果图 4-9 中的曲线段 $\overparen{AB}$ 用参数方程表示：

$$\begin{cases}x=g(t),\\ y=f(t),\end{cases}\quad t_1\leqslant t\leqslant t_2,$$

其中 t_1 和 t_2 分别是点 A,B 所对应的参数值，那么弦 $\overline{AB}$ 的斜率为

$$\frac{f(t_2)-f(t_1)}{g(t_2)-g(t_1)}.$$

C 点切线的斜率为 $\frac{f'(\xi)}{g'(\xi)}$，这里 ξ 是 C 点所对应的参数值（$t_1<\xi<t_2$），由于 C 点的切线与弦 $\overline{AB}$ 平行，故有

$$\frac{f(t_2)-f(t_1)}{g(t_2)-g(t_1)}=\frac{f'(\xi)}{g'(\xi)}\quad(t_1<\xi<t_2).$$

一般而言，我们有下面的结果.

定理 4（柯西中值定理）　设函数 $f(x)$，$g(x)$ 满足

（1）在闭区间 $[a,b]$ 上连续；

（2）在开区间 (a,b) 内可导，且 $g'(x)$ 在 (a,b) 内处处不为零，

则在 (a,b) 内至少存在一点 ξ，使得

$$\frac{f(b)-f(a)}{g(b)-g(a)}=\frac{f'(\xi)}{g'(\xi)}.$$

证　首先证明 $g(a)\neq g(b)$. 假若 $g(a)=g(b)$，则由罗尔中值定理，至少存在一点 $\xi_1\in(a,b)$，使 $g'(\xi_1)=0$，这与定理的假设矛盾，故 $g(a)\neq g(b)$. 作辅助函数

$$F(x)=f(x)-\frac{f(b)-f(a)}{g(b)-g(a)}g(x),$$

则 $F(x)$ 在 $[a,b]$ 上满足罗尔中值定理的条件，所以在 (a,b) 内至少存在一点 ξ，使得

$$F'(\xi)=0,$$

即

$$f'(\xi)-\frac{f(b)-f(a)}{g(b)-g(a)}g'(\xi)=0.$$

因为 $g'(\xi)\neq 0$,所以

$$\frac{f(b)-f(a)}{g(b)-g(a)}=\frac{f'(\xi)}{g'(\xi)}.$$

例 6　设 $x_1\neq x_2$,且 $x_1x_2>0$,试证在 x_1 与 x_2 之间至少存在一点 ξ,使得

$$x_1e^{x_2}-x_2e^{x_1}=(1-\xi)e^{\xi}(x_1-x_2).$$

证　因为 $x_1x_2>0$,故以 x_1 与 x_2 为端点的区间不包含原点.令

$$f(x)=\frac{e^x}{x},\qquad g(x)=\frac{1}{x}.$$

根据柯西中值定理,在 x_1 与 x_2 之间至少存在一点 ξ,使得

$$\frac{f(x_2)-f(x_1)}{g(x_2)-g(x_1)}=\frac{f'(\xi)}{g'(\xi)},$$

即

$$x_1e^{x_2}-x_2e^{x_1}=(1-\xi)e^{\xi}(x_1-x_2).$$

如果在柯西中值定理中取 $g(x)=x$,则有$\dfrac{f(b)-f(a)}{b-a}=f'(\xi)\ (a<\xi<b)$.这说明柯西中值定理是拉格朗日中值定理的推广.

五、泰勒中值定理

对于一些较复杂的函数,为了便于研究,我们希望能用相对简单的函数来近似地表示它们.一般说来,多项式是初等函数中结构最简单的一种函数,因为它只包含加、减、乘的运算.我们试图以多项式作为函数 $f(x)$ 的近似函数.那么怎样从一个函数本身得出我们所需要的多项式,它们之间的误差是多少？我们将具体给出这些问题的回答.

1. 泰勒公式

泰勒(Taylor)公式是拉格朗日中值公式的推广,它给出了上述问题的回答,在理论和应用上都有重要的意义.

先给定一多项式:

$$p_n(x)=a_0+a_1(x-x_0)+a_2(x-x_0)^2+\cdots+a_n(x-x_0)^n.$$

我们下面来考察此多项式的系数与它在 x_0 处的各阶导数有何关系？易见

$$p_n(x_0)=a_0.$$

由

$$p_n'(x)=a_1+2a_2(x-x_0)+3a_3(x-x_0)^2+\cdots+na_n(x-x_0)^{n-1},$$

得

$$a_1=p_n'(x_0).$$

再由

$$p_n''(x)=2a_2+3\cdot 2a_3(x-x_0)+4\cdot 3a_4(x-x_0)^2+\cdots+n(n-1)a_n(x-x_0)^{n-2},$$

得

$$a_2=\frac{1}{2!}p_n''(x_0).$$

类似地,可得

$$a_k=\frac{1}{k!}p_n^{(k)}(x_0)\quad (k=3,4,\cdots,n).$$

因此有

$$p_n(x)=p_n(x_0)+p_n'(x_0)(x-x_0)+\frac{p_n''(x_0)}{2!}(x-x_0)^2+\cdots+\frac{p_n^{(n)}(x_0)}{n!}(x-x_0)^n.\quad (5)$$

现在设函数 $f(x)$ 在 x_0 点的某个邻域内有直到 n 阶的导数,则对于 $f(x)$ 可以作出一个多项式

$$F_n(x)=f(x_0)+f'(x_0)(x-x_0)+\frac{f''(x_0)}{2!}(x-x_0)^2+\cdots+\frac{f^{(n)}(x_0)}{n!}(x-x_0)^n.\quad (6)$$

由上面的讨论,我们自然想到用多项式 $F_n(x)$ 来作为 $f(x)$ 的近似表示.由式(5)和式(6)可知,$F_n(x)$ 及它的直到 n 阶的各阶导数在 x_0 点与 $f(x)$ 及它的各阶导数有相同的值,即:$F_n(x_0)=f(x_0)$,$F_n'(x_0)=f'(x_0)$,$F_n''(x_0)=f''(x_0)$,$\cdots$,$F_n^{(n)}(x_0)=f^{(n)}(x_0)$.这样我们便得到了函数 $f(x)$ 的一个多项式近似公式.自然要问,如果用多项式 $F_n(x)$ 近似表示函数 $f(x)$,那么其误差

$$R_n(x)=f(x)-\left[f(x_0)+f'(x_0)(x-x_0)+\frac{f''(x_0)}{2!}(x-x_0)^2+\cdots+\frac{f^{(n)}(x_0)}{n!}(x-x_0)^n\right]$$

是多少呢?一般而言,有以下的结果:

定理 5(泰勒中值定理)　设函数 $f(x)$ 在 (a,b) 内具有直到 $n+1$ 阶导数,$x_0\in(a,b)$,则 $\forall x\in(a,b)$,有

$$f(x)=f(x_0)+f'(x_0)(x-x_0)+\frac{f''(x_0)}{2!}(x-x_0)^2+\cdots+\frac{f^{(n)}(x_0)}{n!}(x-x_0)^n+R_n(x),\quad (7)$$

其中

$$R_n(x)=\frac{f^{(n+1)}(\xi)}{(n+1)!}(x-x_0)^{n+1}\quad (\xi\text{ 在 }x_0\text{ 与 }x\text{ 之间}).\quad (8)$$

证　令 $G(x)=(x-x_0)^{n+1}$,由假设可知

$$R_n(x)=f(x)-f(x_0)-f'(x_0)(x-x_0)-\frac{f''(x_0)}{2!}(x-x_0)^2-\cdots-\frac{f^{(n)}(x_0)}{n!}(x-x_0)^n$$

在 (a,b) 内具有直到 $n+1$ 阶的导数,且易求出

$$R_n(x_0)=R_n'(x_0)=\cdots=R_n^{(n)}(x_0)=0,$$

$$R_n^{(n+1)}(x)=f^{(n+1)}(x),$$

$$G(x_0)=G'(x_0)=\cdots=G^{(n)}(x_0)=0,$$

$$G^{(n+1)}(x)=(n+1)!.$$

对 $R_n(x)$ 与 $G(x)$ 在相应的区间上使用柯西中值定理 $n+1$ 次，则有

$$\begin{aligned}\frac{R_n(x)}{G(x)}&=\frac{R_n(x)-R_n(x_0)}{G(x)-G(x_0)}=\frac{R_n'(\xi_1)}{G'(\xi_1)}\quad(\xi_1\text{ 在 }x_0\text{ 与 }x\text{ 之间})\\&=\frac{R_n'(\xi_1)-R_n'(x_0)}{G'(\xi_1)-G'(x_0)}=\frac{R_n''(\xi_2)}{G''(\xi_2)}\quad(\xi_2\text{ 在 }x_0\text{ 与 }\xi_1\text{ 之间})\\&=\frac{R_n''(\xi_2)-R_n''(x_0)}{G''(\xi_2)-G''(x_0)}\\&=\cdots=\frac{R_n^{(n)}(\xi_n)}{G^{(n)}(\xi_n)}\quad(\xi_n\text{ 在 }x_0\text{ 与 }\xi_{n-1}\text{ 之间})\\&=\frac{R_n^{(n)}(\xi_n)-R_n^{(n)}(x_0)}{G^{(n)}(\xi_n)-G^{(n)}(x_0)}=\frac{R_n^{(n+1)}(\xi)}{G^{(n+1)}(\xi)}\\&=\frac{f^{(n+1)}(\xi)}{(n+1)!}\quad(\xi\text{ 在 }x_0\text{ 与 }\xi_n\text{ 之间，因而也在 }x_0\text{ 与 }x\text{ 之间}).\end{aligned}$$

于是

$$R_n(x)=\frac{f^{(n+1)}(\xi)}{(n+1)!}(x-x_0)^{n+1}\quad(\xi\text{ 在 }x_0\text{ 与 }x\text{ 之间}).$$

定理 5 中的公式(7)称为**函数 $f(x)$ 在 $x=x_0$ 点的 n 阶泰勒展开式**，或称为**具有拉格朗日余项的 n 阶泰勒公式**.(8)式中的 $R_n(x)$ 称为**拉格朗日余项**，(6)式中的多项式 $F_n(x)=f(x_0)+f'(x_0)(x-x_0)+\dfrac{f''(x_0)}{2!}(x-x_0)^2+\cdots+\dfrac{f^{(n)}(x_0)}{n!}(x-x_0)^n$ 称为 **$f(x)$ 在 $x=x_0$ 点的 n 阶泰勒多项式**（或称为 n 次近似公式）.

拉格朗日余项还可写成以下形式：

$$R_n(x)=\frac{f^{(n+1)}[x_0+\theta(x-x_0)]}{(n+1)!}(x-x_0)^{n+1}\quad(0<\theta<1).$$

拉格朗日中值定理可看作是零阶($n=0$)拉格朗日余项的泰勒公式：

$$f(x)=f(x_0)+f'(\xi)(x-x_0)\quad(\xi\text{ 在 }x_0\text{ 与 }x\text{ 之间}).$$

因此拉格朗日余项的泰勒公式是拉格朗日中值定理的推广.

由泰勒中值定理可知，以多项式 $F_n(x)$ 近似表达函数 $f(x)$ 时，其误差为 $|R_n(x)|$.如果对于某个固定的 n，当 x 在开区间 (a,b) 内变动时有 $|f^{(n+1)}(x)|\leqslant M$（$M$ 为常数），则其误差有估计式 $|R_n(x)|\leqslant\dfrac{M}{(n+1)!}|x-x_0|^{n+1}$，而且 $\lim\limits_{x\to x_0}\dfrac{R_n(x)}{(x-x_0)^n}=0$.从而当 $x\to x_0$ 时，$R_n(x)$ 是关于 $(x-x_0)^n$ 的高阶无穷小，即余项又可以表示为 $R_n(x)=o((x-x_0)^n)$，我们称这种形式的余项为**佩亚诺**(Peano)**余项**.

当 $x_0=0$ 时的泰勒公式，又称为**麦克劳林**(Maclaurin)**公式**：

$$f(x)=f(0)+f'(0)x+\frac{f''(0)}{2!}x^2+\cdots+\frac{f^{(n)}(0)}{n!}x^n+\frac{f^{(n+1)}(\xi)}{(n+1)!}x^{n+1}\quad(\xi\text{ 在 }0\text{ 与 }x\text{ 之间})$$

或

$$f(x)=f(0)+f'(0)x+\frac{f''(0)}{2!}x^2+\cdots+\frac{f^{(n)}(0)}{n!}x^n+o(x^n).$$

具有拉格朗日余项的麦克劳林公式也可写成

$$f(x)=f(0)+f'(0)x+\frac{f''(0)}{2!}x^2+\cdots+\frac{f^{(n)}(0)}{n!}x^n+\frac{f^{(n+1)}(\theta x)}{(n+1)!}x^{n+1}\quad(0<\theta<1).$$

2. 函数的泰勒展开式举例

例 7　写出函数 $f(x)=\mathrm{e}^x$ 的 n 阶麦克劳林公式,并利用三阶麦克劳林多项式计算$\sqrt{\mathrm{e}}$的近似值,并估计误差.

解　由 $f'(x)=\mathrm{e}^x,\cdots,f^{(n)}(x)=\mathrm{e}^x,f^{(n+1)}(x)=\mathrm{e}^x$,得 $f(0)=1,f'(0)=1,\cdots,f^{(n)}(0)=1,f^{(n+1)}(\xi)=\mathrm{e}^\xi$.于是得 e^x 的麦克劳林公式为

$$\mathrm{e}^x=1+x+\frac{x^2}{2!}+\cdots+\frac{x^n}{n!}+\frac{\mathrm{e}^\xi}{(n+1)!}x^{n+1}\quad(\xi\text{ 在 }0\text{ 与 }x\text{ 之间})$$

或

$$\mathrm{e}^x=1+x+\frac{x^2}{2!}+\cdots+\frac{x^n}{n!}+\frac{\mathrm{e}^{\theta x}}{(n+1)!}x^{n+1}\quad(0<\theta<1).$$

因此,将 e^x 用它在 $x_0=0$ 处的 n 阶泰勒多项式来近似表达为

$$\mathrm{e}^x\approx1+x+\frac{x^2}{2!}+\cdots+\frac{x^n}{n!},$$

所产生的误差为

$$|R_n(x)|=\left|\frac{\mathrm{e}^{\theta x}}{(n+1)!}x^{n+1}\right|.$$

取 $x=\frac{1}{2},n=3$,则

$$\begin{aligned}\sqrt{\mathrm{e}}&\approx1+\frac{1}{2}+\frac{1}{2!}\left(\frac{1}{2}\right)^2+\frac{1}{3!}\left(\frac{1}{2}\right)^3\\&\approx1.645\ 8.\end{aligned}$$

其误差

$$\begin{aligned}\left|R_3\left(\frac{1}{2}\right)\right|&=\frac{\mathrm{e}^\xi}{4!}\left(\frac{1}{2}\right)^4<\frac{\mathrm{e}^{\frac{1}{2}}}{4!}\left(\frac{1}{2}\right)^4<\frac{3^{\frac{1}{2}}}{4!}\left(\frac{1}{2}\right)^4<\frac{1.8}{4!}\frac{1}{2^4}\\&<0.0047<0.005=5\times10^{-3}.\end{aligned}$$

例 8　写出函数 $f(x)=\sin x$ 的 n 阶麦克劳林公式.

解　由 $f^{(n)}(x)=\sin\left(x+n\cdot\frac{\pi}{2}\right)\quad(n=1,2,\cdots)$,有

$f(0)=0,f'(0)=1,f''(0)=0,f'''(0)=-1,f^{(4)}(0)=0,\cdots,f^{(2m)}(0)=0,f^{(2m+1)}(0)=(-1)^m,\cdots.$

于是,当 $n=2m+1$ 时,$\sin x$ 的 n 阶麦克劳林展开式为

$$\sin x=x-\frac{x^3}{3!}+\frac{x^5}{5!}-\frac{x^7}{7!}+\cdots+(-1)^m\frac{x^{2m+1}}{(2m+1)!}+R_{2m+1}(x),$$

其中 $R_{2m+1}(x)=\dfrac{\sin[\theta x+(m+1)\pi]}{(2m+2)!}x^{2m+2}\quad(0<\theta<1)$.

当 $n=2m$ 时,$\sin x$ 的 n 阶麦克劳林展开式为

$$\sin x=x-\frac{x^3}{3!}+\frac{x^5}{5!}-\frac{x^7}{7!}+\cdots+(-1)^{m-1}\frac{x^{2m-1}}{(2m-1)!}+R_{2m}(x)$$

其中 $R_{2m}(x)=\dfrac{\sin\left[\theta x+(2m+1)\dfrac{\pi}{2}\right]}{(2m+1)!}x^{2m+1}$.

类似地,当 $n=2m+1$ 时,$\cos x$ 的 n 阶麦克劳林展开式为

$$\cos x=1-\frac{x^2}{2!}+\frac{x^4}{4!}-\frac{x^6}{6!}+\cdots+(-1)^m\frac{x^{2m}}{(2m)!}+\frac{\cos[\theta x+(m+1)\pi]}{(2m+2)!}x^{2m+2}\quad(0<\theta<1).$$

当 $n=2m$ 时,$\cos x$ 的 n 阶麦克劳林展开式为

$$\cos x=1-\frac{x^2}{2!}+\frac{x^4}{4!}-\frac{x^6}{6!}+\cdots+(-1)^m\frac{x^{2m}}{(2m)!}+\frac{\cos\left[\theta x+(2m+1)\dfrac{\pi}{2}\right]}{(2m+1)!}x^{2m+1}.$$

为提高精度,一般将正弦函数 $\sin x$ 展开到偶次幂,将余弦函数 $\cos x$ 展开到奇次幂.

例 9 求函数 $f(x)=(1+x)^{\alpha}$(α 为任意实数)在 $x=0$ 点的泰勒公式.

解 由于 $f'(x)=\alpha(1+x)^{\alpha-1}$,$f''(x)=\alpha(\alpha-1)(1+x)^{\alpha-2}$,$\cdots$,$f^{(n)}(\alpha)=\alpha(\alpha-1)\cdots(\alpha-n+1)(1+x)^{\alpha-n}$.于是有

$$f(0)=1,\ f'(0)=\alpha,\ f''(0)=\alpha(\alpha-1),\cdots,$$
$$f^{(n)}(0)=\alpha(\alpha-1)\cdots(\alpha-n+1),\cdots,$$

从而得到 $f(x)=(1+x)^{\alpha}$ 在 $x=0$ 点的泰勒公式为

$$(1+x)^{\alpha}=1+\alpha x+\frac{\alpha(\alpha-1)}{2!}x^2+\cdots+\frac{\alpha(\alpha-1)\cdots(\alpha-n+1)}{n!}x^n+o(x^n).$$

特别地,当 $\alpha=n$(正整数)时,有

$$(1+x)^n=1+nx+\frac{n(n-1)}{2!}x^2+\cdots+nx^{n-1}+x^n.$$

例 10 求极限 $\lim\limits_{x\to 0}\dfrac{\cos x-e^{-\frac{x^2}{2}}}{x^4}$.

解 利用泰勒公式,有

$$\cos x=1-\frac{x^2}{2!}+\frac{x^4}{4!}+o(x^4),$$
$$e^{-\frac{x^2}{2}}=1+\left(-\frac{x^2}{2}\right)+\frac{1}{2!}\left(-\frac{x^2}{2}\right)^2+o(x^4).$$

于是

$$\cos x-e^{-\frac{x^2}{2}}=-\frac{1}{12}x^4+o(x^4).$$

典型例题
用泰勒公式
求极限

所以

$$\lim_{x\to 0}\frac{\cos x-e^{-\frac{x^2}{2}}}{x^4}=\lim_{x\to 0}\frac{-\frac{1}{12}x^4+o(x^4)}{x^4}=-\frac{1}{12}.$$

例 11　设 $f(x)$ 在 (a,b) 内二阶可导，且 $\forall x\in(a,b)$ 有 $f''(x)\geqslant 0$，x_1,x_2 为 (a,b) 内任意两点，证明

$$f\left(\frac{x_1+x_2}{2}\right)\leqslant\frac{1}{2}[f(x_1)+f(x_2)],$$

且当 $x_1\neq x_2$，$f''(x)>0$ 时，此不等式只成立"$<$"号.

证　$f(x)$ 在 $x_0=\frac{1}{2}(x_1+x_2)$ 处的一阶泰勒公式为

$$f(x)=f\left(\frac{x_1+x_2}{2}\right)+f'\left(\frac{x_1+x_2}{2}\right)\left(x-\frac{x_1+x_2}{2}\right)+\frac{1}{2!}f''(\xi)\left(x-\frac{x_1+x_2}{2}\right)^2,$$

其中 ξ 为 x 与 $x_0=\frac{x_1+x_2}{2}$ 之间某一值. 由此有

$$f(x_1)=f\left(\frac{x_1+x_2}{2}\right)+f'\left(\frac{x_1+x_2}{2}\right)\left(\frac{x_1-x_2}{2}\right)+\frac{1}{2!}f''(\xi_1)\left(\frac{x_1-x_2}{2}\right)^2,$$

$$f(x_2)=f\left(\frac{x_1+x_2}{2}\right)+f'\left(\frac{x_1+x_2}{2}\right)\left(-\frac{x_1-x_2}{2}\right)+\frac{1}{2!}f''(\xi_2)\left(-\frac{x_1-x_2}{2}\right)^2,$$

其中 ξ_1 在 $x_0=\frac{x_1+x_2}{2}$ 与 x_1 之间，ξ_2 在 $x_0=\frac{x_1+x_2}{2}$ 与 x_2 之间.

将上面两式相加，再整理后得

$$\begin{aligned}&\frac{1}{2}[f(x_1)+f(x_2)]-f\left(\frac{x_1+x_2}{2}\right)\\&=\frac{1}{4}[f''(\xi_1)+f''(\xi_2)]\left(\frac{x_1-x_2}{2}\right)^2\geqslant 0.\end{aligned}$$

典型例题
利用泰勒公
式的证明题

由上式知，如果 $x_1\neq x_2$，且 $\forall x\in(a,b)$ 有 $f''(x)>0$ 时，一定有

$$\frac{1}{2}[f(x_1)+f(x_2)]-f\left(\frac{x_1+x_2}{2}\right)>0.$$

习题 4–5

1. 验证函数 $f(x)=\ln\sin x$ 在 $\left[\frac{\pi}{6},\frac{5\pi}{6}\right]$ 上满足罗尔中值定理的条件，并求出相应的 ξ，使 $f'(\xi)=0$.

2. 下列函数在指定区间上是否满足罗尔中值定理的三个条件？有没有满足定

理结论中的ξ？

(1) $f(x)=\begin{cases}x^2, & 0\leqslant x\leqslant 1,\\ 0, & x=1,\end{cases}\quad [0,1]$；

(2) $f(x)=|x-1|$，$[0,2]$；(3) $f(x)=\begin{cases}\sin x, & 0<x\leqslant\pi,\\ 1, & x=0,\end{cases}\quad [0,\pi]$.

3. 函数$f(x)=(x-2)(x-1)x(x+1)(x+2)$的导函数有几个零点？各位于哪个区间内？

4. 对函数$f(x)=x^3+2x$在区间$[0,1]$上验证拉格朗日中值定理的正确性.

5. 证明不等式

$$\frac{x}{1+x}<\ln(1+x)<x\quad(x>0).$$

6. 如果$f'(x)$在$[a,b]$上连续，在(a,b)内可导且$f'(a)\geqslant 0$，$f''(x)>0$，证明$f(b)>f(a)$.

7. 设$f(a)=f(c)=f(b)$且$a<c<b$，$f''(x)$在$[a,b]$内存在，证明在(a,b)内至少有一点ξ使$f''(\xi)=0$.

8. 已知函数$f(x)$在$[a,b]$上连续，在(a,b)内可导，且$f(a)=f(b)=0$.试证：在(a,b)内至少存在一点ξ，使得

$$f(\xi)+f'(\xi)=0,\quad \xi\in(a,b).$$

9. 证明恒等式：

$$2\arctan x+\arcsin\frac{2x}{1+x^2}=\pi\quad(x\geqslant 1).$$

10. 对函数$f(x)=\sin x$及$g(x)=x+\cos x$在$\left[0,\dfrac{\pi}{2}\right]$上验证柯西中值定理的正确性.

11. 设$f(x)$在$[a,b]$上有$(n-1)$阶连续导数，在(a,b)内有n阶导数，且$f(b)=f(a)=f'(a)=\cdots=f^{(n-1)}(a)=0$，试证在$(a,b)$内至少存在一点$\xi$，使得$f^{(n)}(\xi)=0$.

12. 利用麦克劳林公式，按x的幂展开函数$f(x)=(x^2-3x+1)^3$.

13. 利用泰勒公式求下列极限：

(1) $\lim\limits_{x\to 0}\dfrac{x-\sin x}{x^3}$；　　(2) $\lim\limits_{x\to 0}\dfrac{e^{\tan x}-1}{x}$；

(3) $\lim\limits_{x\to+\infty}\left[x-x^2\ln\left(1+\dfrac{1}{x}\right)\right]$.

14. 求下列函数在$x=x_0$处的三阶泰勒展开式：

(1) $y=\sqrt{x}\quad(x_0=4)$；　　(2) $y=(x-1)\ln x\quad(x_0=1)$.

15. 求函数$f(x)=\dfrac{1}{x}$在$x_0=-1$处的n阶泰勒公式.

16. 求函数$f(x)=xe^x$的n阶麦克劳林公式.

17. 求函数 $y=\dfrac{e^{x}+e^{-x}}{2}$ 的 $2n$ 阶麦克劳林展开式.

18. 设 $f(x)$ 在含 x_0 的某区间上存在有界的二阶导函数，证明：当 x 在 x_0 处的增量 h 很小时，用增量比近似一阶导数 $f'(x_0)$ 的近似公式

$$f'(x_0)\approx\frac{f(x_0+h)-f(x_0)}{h},$$

其绝对误差的量级为 $O(h)$，即不超过 h 的常数倍.

19. 利用四阶泰勒公式，求 $\ln 1.2$ 的近似值，并估计误差.

20. 计算 $e^{0.2}$ 的近似值，使误差不超过 10^{-3}.

第六节　洛必达法则

本节我们将利用微分中值定理来计算某些重要类型的极限.

由第二章我们知道在某一极限过程中，$f(x)$ 和 $g(x)$ 都是无穷小量或都是无穷大量时，$f(x)/g(x)$ 的极限可能存在，也可能不存在.通常称这种极限为不定式（或待定型），并分别简记为 $\dfrac{0}{0}$ 或 $\dfrac{\infty}{\infty}$.

洛必达（L'Hospital）法则是处理不定式极限的重要工具，是计算 $\dfrac{0}{0}$ 型、$\dfrac{\infty}{\infty}$ 型极限的简单而有效的法则.该法则的理论依据是柯西中值定理.

一、$\dfrac{0}{0}$ 型不定式的洛必达法则

定理 1　设 $f(x)$，$g(x)$ 满足下列条件：

（1）$\lim\limits_{x\to x_0}f(x)=0$，$\lim\limits_{x\to x_0}g(x)=0$；

（2）$f(x)$，$g(x)$ 在 $\hat{U}(x_0)$ 内可导，且 $g'(x)\neq 0$；

（3）$\lim\limits_{x\to x_0}\dfrac{f'(x)}{g'(x)}$ 存在（或为 ∞），

则

$$\lim_{x\to x_0}\frac{f(x)}{g(x)}=\lim_{x\to x_0}\frac{f'(x)}{g'(x)}.$$

证　由于函数在 x_0 点的极限与函数在该点的定义无关，由条件（1），我们不妨设 $f(x_0)=0$，$g(x_0)=0$.由条件（1）和（2）知 $f(x)$ 与 $g(x)$ 在 $U(x_0)$ 内连续.设 $x\in\hat{U}(x_0)$，

则 $f(x)$ 与 $g(x)$ 在 $[x_0,x]$ 或 $[x,x_0]$ 上满足柯西中值定理的条件，于是

$$\frac{f(x)}{g(x)}=\frac{f(x)-f(x_0)}{g(x)-g(x_0)}=\frac{f'(\xi)}{g'(\xi)},\xi\text{ 在 }x_0\text{ 与 }x\text{ 之间}.$$

当 $x\to x_0$ 时，显然有 $\xi\to x_0$，由条件(3)，可得

$$\lim_{x\to x_0}\frac{f(x)}{g(x)}=\lim_{\xi\to x_0}\frac{f'(\xi)}{g'(\xi)}=\lim_{x\to x_0}\frac{f'(x)}{g'(x)}.$$

这个定理的结果，可以推广到 $x\to x_0^-$ 或 $x\to x_0^+$ 的情形.

注意：(1) 如果 $\lim\limits_{x\to x_0}\frac{f'(x)}{g'(x)}$ 仍为 $\frac{0}{0}$ 型不定式，且 $f'(x)$，$g'(x)$ 满足定理条件，则可继续使用洛必达法则；(2) 洛必达法则仅适用于不定式求极限，运用洛必达法则时，要验证定理的条件，当 $\lim\limits_{x\to x_0}\frac{f'(x)}{g'(x)}$ 既不存在也不为 ∞ 时，不能用洛必达法则.

例 1　求 $\lim\limits_{x\to 0}\frac{x-\tan x}{x-\sin x}$.

解　该极限属于 $\frac{0}{0}$ 型不定式.

$$\begin{aligned}\lim_{x\to 0}\frac{x-\tan x}{x-\sin x}&=\lim_{x\to 0}\frac{1-\sec^2 x}{1-\cos x}\\&=\lim_{x\to 0}\frac{-2\sec^2 x\cdot\tan x}{\sin x}=-\lim_{x\to 0}\frac{2}{\cos^3 x}=-2.\end{aligned}$$

例 2　求 $\lim\limits_{x\to 0}\frac{\sin^2 x-x\sin x\cos x}{x^4}$.

解　它是 $\frac{0}{0}$ 型不定式，如果直接利用洛必达法则，分子的导函数比较复杂，但如果利用极限运算法则进行适当的化简，再用洛必达法则就简单多了.

$$\begin{aligned}\lim_{x\to 0}\frac{\sin^2 x-x\sin x\cos x}{x^4}&=\lim_{x\to 0}\left(\frac{\sin x-x\cos x}{x^3}\right)\cdot\lim_{x\to 0}\frac{\sin x}{x}\\&=\lim_{x\to 0}\frac{\sin x-x\cos x}{x^3}=\lim_{x\to 0}\frac{\cos x-\cos x+x\sin x}{3x^2}\\&=\lim_{x\to 0}\frac{x\sin x}{3x^2}=\frac{1}{3}\lim_{x\to 0}\frac{\sin x}{x}=\frac{1}{3}.\end{aligned}$$

例 3　求 $\lim\limits_{x\to 0}\frac{x^2\sin\frac{1}{x}}{\sin x}$.

解　它是 $\frac{0}{0}$ 型不定式.这时若对分子、分母分别求导再求极限，得

$$\lim_{x\to 0}\frac{x^2\sin\frac{1}{x}}{\sin x}=\lim_{x\to 0}\frac{2x\cdot\sin\frac{1}{x}-\cos\frac{1}{x}}{\cos x}.$$

上式右端的极限是不存在的且不为∞，所以洛必达法则失效.事实上可以求得

$$\lim_{x\to 0}\frac{x^2\sin\frac{1}{x}}{\sin x}=\lim_{x\to 0}\left(\frac{x}{\sin x}\cdot x\cdot\sin\frac{1}{x}\right)$$

$$=\lim_{x\to 0}\frac{x}{\sin x}\cdot\lim_{x\to 0}x\sin\frac{1}{x}=0.$$

洛必达法则对 $x\to\infty$ 的情形也成立.只要把定理中的条件所考虑的点 x_0 的某邻域改成 $|x|$ 充分大.

推论 1　设 $f(x)$ 与 $g(x)$ 满足

（1）$\lim\limits_{x\to\infty}f(x)=0,\lim\limits_{x\to\infty}g(x)=0$；

（2）$\exists X>0$，当 $|x|>X$ 时，$f(x)$ 和 $g(x)$ 可导，且 $g'(x)\neq 0$；

（3）$\lim\limits_{x\to\infty}\dfrac{f'(x)}{g'(x)}$ 存在（或为∞），

则

$$\lim_{x\to\infty}\frac{f(x)}{g(x)}=\lim_{x\to\infty}\frac{f'(x)}{g'(x)}.$$

证　令 $x=\dfrac{1}{t}$，则 $x\to\infty$ 时，$t\to 0$.于是

$$\lim_{x\to\infty}\frac{f(x)}{g(x)}=\lim_{t\to 0}\frac{f\left(\frac{1}{t}\right)}{g\left(\frac{1}{t}\right)}=\lim_{t\to 0}\frac{f'\left(\frac{1}{t}\right)\cdot\left(-\frac{1}{t^2}\right)}{g'\left(\frac{1}{t}\right)\cdot\left(-\frac{1}{t^2}\right)}=\lim_{x\to\infty}\frac{f'(x)}{g'(x)}.$$

上述推论的结果也可推广到 $x\to-\infty$ 或 $x\to+\infty$ 的情形.

例 4　求 $\lim\limits_{x\to+\infty}\dfrac{\frac{\pi}{2}-\arctan x}{\frac{1}{x}}$.

解　它是 $\dfrac{0}{0}$ 型不定式，由洛必达法则有

$$\lim_{x\to+\infty}\frac{\frac{\pi}{2}-\arctan x}{\frac{1}{x}}=\lim_{x\to+\infty}\frac{-\frac{1}{1+x^2}}{-\frac{1}{x^2}}=\lim_{x\to+\infty}\frac{x^2}{1+x^2}=1.$$

二、$\dfrac{\infty}{\infty}$ 型不定式的洛必达法则

当 $x\to x_0$（或 $x\to\infty$）时，$f(x)$ 和 $g(x)$ 都是无穷大量，即 $\dfrac{\infty}{\infty}$ 型不定式，它也有与 $\dfrac{0}{0}$ 型不定式类似的方法，我们将其结果叙述如下，而将证明省略.

定理 2　设 $f(x),g(x)$ 满足下列条件：

（1）$\lim\limits_{x\to x_0}f(x)=\infty,\lim\limits_{x\to x_0}g(x)=\infty$；

(2) $f(x)$ 和 $g(x)$ 在 $\hat{U}(x_0)$ 内可导,且 $g'(x)\neq 0$;

(3) $\lim\limits_{x\to x_0}\dfrac{f'(x)}{g'(x)}$ 存在(或为 ∞),

则

$$\lim_{x\to x_0}\frac{f(x)}{g(x)}=\lim_{x\to x_0}\frac{f'(x)}{g'(x)}.$$

推论 2 设 $f(x)$ 与 $g(x)$ 满足

(1) $\lim\limits_{x\to\infty}f(x)=\infty$, $\lim\limits_{x\to\infty}g(x)=\infty$;

(2) $\exists X>0$,当 $|x|>X$ 时, $f(x)$ 和 $g(x)$ 可导,且 $g'(x)\neq 0$;

(3) $\lim\limits_{x\to\infty}\dfrac{f'(x)}{g'(x)}$ 存在(或为 ∞),

则

$$\lim_{x\to\infty}\frac{f(x)}{g(x)}=\lim_{x\to\infty}\frac{f'(x)}{g'(x)}.$$

上述定理及推论中的结果可分别推广到 $x\to x_0^-$, $x\to x_0^+$ 和 $x\to-\infty$, $x\to+\infty$ 的情形.

例 5 求 $\lim\limits_{x\to 0^+}\dfrac{\ln\cot x}{\ln x}$.

解 这是 $\dfrac{\infty}{\infty}$ 型不定式,由洛必达法则有

$$\lim_{x\to 0^+}\frac{\ln\cot x}{\ln x}=\lim_{x\to 0^+}\frac{\frac{1}{\cot x}(-\csc^2 x)}{\frac{1}{x}}$$

$$=\lim_{x\to 0^+}\frac{-x}{\sin x\cos x}=-\lim_{x\to 0^+}\frac{1}{\cos x}\cdot\lim_{x\to 0^+}\frac{x}{\sin x}=-1.$$

例 6 求 $\lim\limits_{x\to+\infty}\dfrac{x^n}{e^{\lambda x}}$ (n 为正整数,$\lambda>0$).

解 应用洛必达法则 n 次,得

$$\lim_{x\to+\infty}\frac{x^n}{e^{\lambda x}}=\lim_{x\to+\infty}\frac{nx^{n-1}}{\lambda e^{\lambda x}}=\lim_{x\to+\infty}\frac{n(n-1)x^{n-2}}{\lambda^2 e^{\lambda x}}$$

$$=\cdots=\lim_{x\to+\infty}\frac{n!}{\lambda^n\cdot e^{\lambda x}}=0.$$

事实上,当 n 为任意正实数时,结论也成立.这说明任何正数幂的幂函数的增长总比指数函数 $e^{\lambda x}$ 的增长慢.

例 7 求 $\lim\limits_{x\to 0^+}\dfrac{e^{-\frac{1}{x}}}{x}$.

解 这是 $\dfrac{0}{0}$ 型不定式.运用洛必达法则有

$$\lim_{x\to0^+}\frac{e^{-\frac{1}{x}}}{x}=\lim_{x\to0^+}\frac{e^{-\frac{1}{x}}\frac{1}{x^2}}{1}=\lim_{x\to0^+}\frac{e^{-\frac{1}{x}}}{x^2}$$

$$=\lim_{x\to0^+}\frac{e^{-\frac{1}{x}}}{2x^3}\left(\frac{0}{0}型\right).$$

可见,这样做下去得不出结果.但此时我们可以采用下面的变换技巧来求得其极限.

$$\lim_{x\to0^+}\frac{e^{-\frac{1}{x}}}{x}=\lim_{x\to0^+}\frac{\frac{1}{x}}{e^{\frac{1}{x}}}\overset{令\,t=\frac{1}{x}}{=\!=\!=\!=}\lim_{t\to+\infty}\frac{t}{e^t}\left(\frac{\infty}{\infty}型\right)$$

$$=\lim_{t\to+\infty}\frac{1}{e^t}=0.$$

三、其他不定式的洛必达法则

若对某极限过程有 $f(x)\to0$ 且 $g(x)\to\infty$,则称 $\lim f(x)g(x)$ 为 $0\cdot\infty$ 型不定式.

若对某极限过程有 $f(x)\to\infty$ 且 $g(x)\to\infty$,则称 $\lim(f(x)-g(x))$ 为 $\infty-\infty$ 型不定式.

若对某极限过程有 $f(x)\to0^+$ 且 $g(x)\to0$,则称 $\lim f(x)^{g(x)}$ 为 0^0 型不定式.

若对某极限过程有 $f(x)\to1$ 且 $g(x)\to\infty$,则称 $\lim f(x)^{g(x)}$ 为 1^∞ 型不定式.

若对某极限过程有 $f(x)\to+\infty$ 且 $g(x)\to0$,则称 $\lim f(x)^{g(x)}$ 为 ∞^0 型不定式.

上面这些不定式都可经过简单变换转化成 $\frac{0}{0}$ 型或 $\frac{\infty}{\infty}$ 型.因此,也常可用洛必达法则求出其极限.下面举例说明.

例 8　求 $\lim\limits_{x\to1^-}[\ln x\cdot\ln(1-x)]$.

解　这是 $0\cdot\infty$ 型不定式.

$$\lim_{x\to1^-}\ln x\cdot\ln(1-x)=\lim_{x\to1^-}\frac{\ln(1-x)}{(\ln x)^{-1}}\quad\left(\frac{\infty}{\infty}型\right)$$

$$=\lim_{x\to1^-}\frac{-\frac{1}{1-x}}{-\frac{1}{x\ln^2x}}=\lim_{x\to1^-}\frac{x\ln^2x}{1-x}$$

$$=\lim_{x\to1^-}x\cdot\lim_{x\to1^-}\frac{\ln^2x}{1-x}=\lim_{x\to1^-}\frac{(2\ln x)\cdot\frac{1}{x}}{-1}$$

$$=0.$$

例 9　求 $\lim\limits_{x\to1}\left(\frac{x}{x-1}-\frac{1}{\ln x}\right)$

解　这是 $\infty-\infty$ 型不定式.通分后可转化成 $\frac{0}{0}$ 型.

$$\lim_{x\to1}\left(\frac{x}{x-1}-\frac{1}{\ln x}\right)=\lim_{x\to1}\frac{x\ln x-x+1}{(x-1)\ln x}\left(\frac{0}{0}\text{型}\right)$$

$$=\lim_{x\to1}\frac{\ln x}{\frac{x-1}{x}+\ln x}=\lim_{x\to1}\frac{\frac{1}{x}}{\frac{1}{x^2}+\frac{1}{x}}$$

$$=\frac{1}{2}.$$

例 10 求 $\lim\limits_{x\to0^+}x^{\sin x}$.

解 这是 0^0 型不定式.

设 $y=x^{\sin x}$,则 $\ln y=\sin x\ln x$,因

$$\lim_{x\to0^+}\ln y=\lim_{x\to0^+}\sin x\cdot\ln x\quad(0\cdot\infty\text{型})$$

$$=\lim_{x\to0^+}\frac{\ln x}{\frac{1}{\sin x}}=\lim_{x\to0^+}\frac{\frac{1}{x}}{-\frac{\cos x}{\sin^2 x}}$$

$$=-\lim_{x\to0^+}\frac{1}{\cos x}\cdot\lim_{x\to0^+}\frac{\sin^2 x}{x}=0,$$

由 $y=e^{\ln y}$ 有 $\lim y=\lim e^{\ln y}=e^{\lim\ln y}$,所以

$$\lim_{x\to0^+}x^{\sin x}=e^0=1.$$

例 11 求 $\lim\limits_{x\to0^+}\left(1+\frac{1}{x}\right)^x$.

解 这是 ∞^0 型不定式.设 $y=\left(1+\frac{1}{x}\right)^x$,则 $\ln y=x\ln\left(1+\frac{1}{x}\right)$.而

$$\lim_{x\to0^+}\ln y=\lim_{x\to0^+}\frac{\ln\left(1+\frac{1}{x}\right)}{x^{-1}}=\lim_{x\to0^+}\frac{\ln(x+1)-\ln x}{x^{-1}}$$

$$=\lim_{x\to0^+}\frac{(x+1)^{-1}-x^{-1}}{-x^{-2}}=\lim_{x\to0^+}\left(x-\frac{x^2}{x+1}\right)=0.$$

故

$$\lim_{x\to0^+}\left(1+\frac{1}{x}\right)^x=e^0=1.$$

例 12 求 $\lim\limits_{x\to1}x^{\frac{1}{1-x}}$

解 这是 1^∞ 型不定式.将其改写成为 $\lim\limits_{x\to1}e^{\frac{\ln x}{1-x}}$,而 $\lim\limits_{x\to1}\frac{\ln x}{1-x}$是$\frac{0}{0}$型,故

$$\lim_{x\to1}x^{\frac{1}{1-x}}=\lim_{x\to1}e^{\frac{\ln x}{1-x}}=e^{\lim\limits_{x\to1}\frac{\ln x}{1-x}}=e^{-1}.$$

洛必达法则是求不定式的一种有效方法,但不是万能的.我们要学会善于根据具体问题采取不同的方法求解,最好能与其他求极限的方法结合使用,例如能化简时应

尽可能先化简,可以应用等价无穷小替代成重要极限时,应尽可能应用,这样可以使运算简捷.

例 13　求 $\lim\limits_{x\to0}\frac{x-\tan x}{x^2\sin x}$.

解　若直接用洛必达法则,则分母的导函数较烦琐.我们可先进行等价无穷小的代换.由 $\sin x\sim x(x\to0)$,则有

$$\begin{aligned}\lim_{x\to0}\frac{x-\tan x}{x^2\sin x}&=\lim_{x\to0}\frac{x-\tan x}{x^3}\\&=\lim_{x\to0}\frac{1-\sec^2x}{3x^2}=-\lim_{x\to0}\frac{2\sec^2x\tan x}{6x}\\&=-\frac{1}{3}\lim_{x\to0}\frac{1}{\cos^2x}\cdot\lim_{x\to0}\frac{\tan x}{x}\\&=-\frac{1}{3}\lim_{x\to0}\frac{\tan x}{x}=-\frac{1}{3}.\end{aligned}$$

典型例题
用洛必达法则求极限

习题 4-6

1. 设函数 $f(x)$ 在 $[a,b]$ 上连续,在 (a,b) 内可导,且 $\lim\limits_{x\to b^-}f'(x)=A$,试证:$f'_-(b)=A$.

2. 利用洛必达法则求下列极限:

(1) $\lim\limits_{x\to\pi}\frac{\sin 3x}{\tan 5x}$;　(2) $\lim\limits_{x\to\frac{\pi}{2}}\frac{\ln\sin x}{(\pi-2x)^2}$;

(3) $\lim\limits_{x\to0}\frac{e^x-x-1}{x(e^x-1)}$;　(4) $\lim\limits_{x\to a}\frac{\sin x-\sin a}{x-a}$;

(5) $\lim\limits_{x\to a}\frac{x^m-a^m}{x^n-a^n}$;　(6) $\lim\limits_{x\to+\infty}\frac{\ln\left(1+\frac{1}{x}\right)}{\operatorname{arccot} x}$;

(7) $\lim\limits_{x\to0^+}\frac{\ln x}{\cot x}$;　(8) $\lim\limits_{x\to0^+}\sin x\ln x$;

(9) $\lim\limits_{x\to0}\left(\frac{e^x}{x}-\frac{1}{e^x-1}\right)$;　(10) $\lim\limits_{x\to0}(1+\sin x)^{\frac{1}{x}}$;

(11) $\lim\limits_{x\to+\infty}\left(\frac{2}{\pi}\arctan x\right)^x$;　(12) $\lim\limits_{x\to0^+}\left(\ln\frac{1}{x}\right)^x$;

(13) $\lim\limits_{x\to0^+}\ln x\ln(1+x)$;　(14) $\lim\limits_{x\to+\infty}\left(\sqrt[3]{x^3+x^2+x+1}-x\right)$;

(15) $\lim\limits_{x\to0}\frac{e^x-e^{\sin x}}{x-\sin x}$;　(16) $\lim\limits_{x\to0}\left(\frac{\sin x}{x}\right)^{\frac{1}{x^2}}$;

(17) $\lim\limits_{x\to0}\left[\frac{1}{e}(1+x)^{\frac{1}{x}}\right]^{\frac{1}{x}}$.

3. 设$f(x)$具有二阶连续导数，且$f(0)=0$，试证

$$g(x)=\begin{cases}\dfrac{f(x)}{x}, & x\neq 0,\\ f'(0), & x=0\end{cases}$$

可导，且导函数连续.

4. 下列求极限问题中能使用洛必达法则的有(　).

(A) $\lim\limits_{x\to 0}\dfrac{x\sin\dfrac{1}{x}}{\sin x}$　　(B) $\lim\limits_{x\to+\infty}\left(1+\dfrac{k}{x}\right)^{x}$

(C) $\lim\limits_{x\to\infty}\dfrac{x-\sin x}{x+\sin x}$　　(D) $\lim\limits_{x\to+\infty}\dfrac{e^{3x}-e^{-x}}{e^{2x}+e^{-4x}}$

5. 设 $\lim\limits_{x\to 1}\dfrac{x^2+mx+n}{x-1}=5$，求常数 m,n 的值.

6. 设$f(x)$二阶可导，求 $\lim\limits_{h\to 0}\dfrac{f(x+h)-2f(x)+f(x-h)}{h^2}$.

综合题四

1. 填空题：

(1) 若$f(t)=\lim\limits_{x\to 0}t(1+x)^{\frac{2t}{x}}$，则$f'(t)=$____________.

(2) 已知$f(x)=x(x-1)(x-2)\cdots(x-100)$，则$f'(50)=$____________.

(3) 若$f(x)=(e^x-1)(e^{2x}-2)\cdots(e^{nx}-n)$，其中 n 为正整数，则$f'(0)=$____________.

(4) 设当 $x=0$ 时，$\dfrac{d}{dx}f(\sin x)=\dfrac{d}{dx}f^2(\sin x)$，$f'(0)\neq 0$，则$f(0)=$____________.

(5) 曲线 $\tan\left(x+y+\dfrac{\pi}{4}\right)=e^y$ 在点$(0,0)$处的切线方程为____________.

(6) 已知 $y=f\left(\dfrac{3x-2}{3x+2}\right)$，$f'(x)=\arcsin x^2$，则$\left.\dfrac{dy}{dx}\right|_{x=0}=$____________.

(7) 已知$f'(x_0)=-1$，则 $\lim\limits_{x\to 0}\dfrac{x}{f(x_0-2x)-f(x_0-x)}=$____________.

(8) 设严格单调函数 $y=f(x)$有二阶连续导数，其反函数为 $x=\varphi(y)$，且$f(1)=1$，$f'(1)=2$，$f''(1)=3$，则 $\varphi''(1)=$____________.

(9) 设$f(x)=3x^2+x^2|x|$，则使$f^{(n)}(0)$存在的最高阶导数 $n=$____________.

(10) 若两曲线 $y=Ax^2$ 与 $y=\ln x$ 有公切线，则 $A=$____________，且此公切线的方程为____________.

(11) 设 $y=\dfrac{1}{2x+3}$,则 $y^{(n)}(0)=$ ______.

(12) 已知 $f(x)=x^2\ln(1-x)$,则当 $n>2$ 时,$f^{(n)}(0)=$ ______.

2. 选择题:

(1) 设 $f(0)=0$,则 $f(x)$ 在点 $x=0$ 可导的充要条件是(　　).

(A) $\lim\limits_{h\to0}\dfrac{1}{h^2}f(1-\cos h)$ 存在　　(B) $\lim\limits_{h\to0}\dfrac{1}{h}f(1-\mathrm{e}^h)$

(C) $\lim\limits_{h\to0}\dfrac{1}{h^2}f(h-\sin h)$ 存在　　(D) $\lim\limits_{h\to0}\dfrac{1}{h}[f(2h)-f(h)]$

(2) 设 $f(x)$ 可导,$F(x)=f(x)(1+|\sin x|)$,欲使 $F(x)$ 在 $x=0$ 可导,则必有(　　).

(A) $f'(0)=0$　　(B) $f(0)=0$

(C) $f(0)+f'(0)=0$　　(D) $f(0)-f'(0)=0$

(3) 设函数 $f(x)$ 在区间 $(-\delta,\delta)$ 内有定义,若当 $x\in(-\delta,\delta)$ 时,恒有 $|f(x)|\leqslant x^2$,则 $x=0$ 必是 $f(x)$ 的(　　),

(A) 间断点　　(B) 连续但不可导的点

(C) 可导的点,且 $f'(0)=0$　　(D) 可导的点,且 $f'(0)\neq0$

(4) 设 $f(x)$ 处处可导,则(　　).

(A) 当 $\lim\limits_{x\to-\infty}f(x)=-\infty$ 时,必有 $\lim\limits_{x\to-\infty}f'(x)=-\infty$

(B) 当 $\lim\limits_{x\to-\infty}f'(x)=-\infty$ 时,必有 $\lim\limits_{x\to-\infty}f(x)=-\infty$

(C) 当 $\lim\limits_{x\to+\infty}f(x)=+\infty$ 时,必有 $\lim\limits_{x\to+\infty}f'(x)=+\infty$

(D) 当 $\lim\limits_{x\to+\infty}f'(x)=+\infty$ 时,必有 $\lim\limits_{x\to+\infty}f(x)=+\infty$

(5) 设函数 $f(x)$ 对任意 x 均满足 $f(1+x)=af(x)$,且有 $f'(0)=b$,其中 a,b 为非零常数,则(　　).

(A) $f(x)$ 在 $x=1$ 处不可导

(B) $f(x)$ 在 $x=1$ 处可导,且 $f'(1)=a$

(C) $f(x)$ 在 $x=1$ 处可导,且 $f'(1)=b$

(D) $f(x)$ 在 $x=1$ 处可导,且 $f'(1)=ab$

(6) 设 $f(x)=\begin{cases}\dfrac{1-\cos x}{\sqrt{x}}, & x>0,\\ x^2g(x), & x\leqslant0,\end{cases}$ 其中 $g(x)$ 为有界函数,则 $f(x)$ 在 $x=0$ 处(　　).

(A) 极限不存在　　(B) 极限存在,但不连续

(C) 连续,但不可导　　(D) 可导

(7) 设函数 $f(x)$ 连续,且 $f'(0)>0$,则存在 $\delta>0$,使得(　　).

(A) $f(x)$ 在 $(0,\delta)$ 内单调增加

(B) 对任意的 $x\in(-\delta,0)$,有 $f(x)>f(0)$

(C) $f(x)$在$(-\delta,0)$内单调减少

(D) 对任意的$x\in(0,\delta)$,有$f(x)>f(0)$

(8) 设函数$f(x)$,$g(x)$是大于零的可导函数,且$f'(x)g(x)-f(x)g'(x)<0$,则当$a<x<b$时,有(　　).

(A) $f(x)g(b)>f(b)g(x)$　　(B) $f(x)g(a)>f(a)g(x)$

(C) $f(x)g(x)>f(b)g(b)$　　(D) $f(x)g(x)>f(a)g(a)$

(9) 设在$[0,1]$上$f''(x)>0$,则$f'(0)$,$f'(1)$,$f(1)-f(0)$或$f(0)-f(1)$的大小顺序是(　　).

(A) $f'(1)>f'(0)>f(1)-f(0)$

(B) $f'(1)>f(1)-f(0)>f'(0)$

(C) $f(1)-f(0)>f'(1)>f'(0)$

(D) $f'(1)>f(0)-f(1)>f'(0)$

(10) 设$f(x)$在$(-\infty,+\infty)$内可导,且对任意x_1,x_2,当$x_1>x_2$时都有$f(x_1)>f(x_2)$,则(　　).

(A) 对任意x,$f'(x)>0$　　(B) 对任意x,$f'(-x)\leqslant 0$

(C) 函数$f(-x)$单调增加　　(D) 函数$-f(-x)$单调增加

3. 设对于任意实数s,t,函数$f(x)$满足$f(s+t)=f(s)+f(t)+2st$,且$f'(0)=1$,证明函数$f(x)$在任一点处均可导,并求$f'(x)$.

4. 设$f(x)=\lim\limits_{n\to\infty}\dfrac{x^2e^{n(x-1)}+ax+b}{1+e^{n(x-1)}}$,求$f(x)$并讨论$f(x)$的连续性与可导性.

5. 设$f(x)$在$(-\infty,+\infty)$内有定义,对任意x,恒有$f(x+1)=2f(x)$,当$0\leqslant x\leqslant 1$时,$f(x)=x(1-x^2)$,试判断在$x=0$处,$f'(x)$是否存在.

6. 设$P(x)=\dfrac{d^n}{dx^n}(1-x^m)^n$,其中$m,n$为正整数,求$P(1)$.

7. 设$f(x)=\arctan\dfrac{1-x}{1+x}$,求$f^{(n)}(0)$.

8. 设$f\left(\dfrac{1}{2}x\right)=\sin x$,求$f'[f(x)]$,$\{f[f(x)]\}'$.

9. 设$f(x)=\begin{cases}\dfrac{\sin x}{x}, & x\neq 0,\\ 1, & x=0,\end{cases}$求$f''(0)$.

10. 已知当$x\leqslant 0$时,$f(x)$有定义且二阶可导,问a,b,c为何值时,

$$F(x)=\begin{cases}f(x), & x\leqslant 0,\\ ax^2+bx+c, & x>0\end{cases}$$

是二阶可导的.

11. 设函数$f(x)$在$x=0$的某个邻域内有二阶导数,且

$$\lim_{x\to 0}\left[\frac{\sin 3x}{x^3}+\frac{f(x)}{x^2}\right]=0.$$

求：(1) $f(0)$，$f'(0)$ 和 $f''(0)$ 的值；(2) $\lim\limits_{x\to 0}\left[\dfrac{3}{x^2}+\dfrac{f(x)}{x^2}\right]$.

12. 验证 $f(x)=\begin{cases}\dfrac{3-x^2}{2}, & x\leqslant 1,\\[2mm] \dfrac{1}{x}, & x>1\end{cases}$ 在 $[0,2]$ 上满足拉格朗日中值定理的条件，并求满足拉格朗日中值定理的 ξ 的值.

13. 设函数 $f(x)$ 在 $[0,3]$ 上连续，$(0,3)$ 内可导，且 $f(0)+f(1)+f(2)=3$，$f(3)=1$，证明：存在 $\xi\in(0,3)$，使得 $f'(\xi)=0$.

14. 设函数 $f(x)$ 在 $[0,1]$ 上具有三阶导数，且 $f(1)=0$，令 $F(x)=x^3f(x)$，证明：存在 $\xi\in(0,1)$，使得 $F'''(\xi)=0$.

15. 设函数 $f(x)$ 在 $[0,1]$ 上连续，在 $(0,1)$ 内可导，且 $f(0)=0$，$f(1)=1$，证明：存在不同的两点 $\xi_1,\xi_2\in(0,1)$，使得 $\dfrac{1}{f'(\xi_1)}+\dfrac{1}{f'(\xi_2)}=2$.

16. 设函数 $f(x)$ 在 $[a,b]$ 上具有二阶连续导数，证明：存在点 $\xi\in(a,b)$，使得

$$f(b)-2f\left(\frac{a+b}{2}\right)+f(a)=\frac{(b-a)^2}{4}f''(\xi).$$

17. 设 $y=f(x)$ 在 $(-1,1)$ 内具有二阶连续导数，且 $f''(x)\neq 0$，证明：

(1) 对于 $(-1,1)$ 内的任一 $x\neq 0$，存在唯一的 $\theta(x)\in(0,1)$，使得

$$f(x)=f(0)+xf'(\theta(x)x)\text{ 成立；}$$

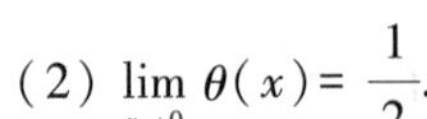

(2) $\lim\limits_{x\to 0}\theta(x)=\dfrac{1}{2}$.

综合题四
答案与提示

18. 设函数 $f(x)$ 在闭区间 $[-1,1]$ 上具有三阶连续导数，且 $f(-1)=0$，$f(1)=1$，$f'(0)=0$. 证明：在开区间 $(-1,1)$ 内至少存在一点 ξ，使 $f'''(\xi)=3$.

第五章

导数与微分的应用

导数是在研究与变化率相关问题时抽象出来的数学概念,因此导数与微分在实际问题中应用非常广泛.前面我们已经介绍了一元函数导数与微分的基本概念、计算方法及导数应用的理论基础(微分中值定理).在本章中,我们将利用导数来研究函数以及曲线的某些性态,同时介绍导数与微分在优化、几何、物理及经济等方面的一些应用.

第一节　函数的单调性与曲线的凸性

一、函数的单调性

我们知道,如果函数在定义域的某个区间内随着自变量的增加而增加(减少),则称函数在这一区间上是单调增加(减少)的.函数的单调性,在几何上表现为图形的升降.单调增加函数的图形在平面直角坐标系中是一条从左至右(自变量增加的方向)逐渐上升(函数值增加的方向)的曲线,那么曲线上各点处切线(如果存在的话)的斜率为非负,也即导数大于或等于零.类似地,单调减少函数的图形是平面直角坐标系中一条从左至右逐渐下降的曲线,其上任一点处的导数小于或等于零.由此可见,函数的单调性与导数的符号有着密切的关系.事实上,函数的单调性有如下判别法:

定理 1　设 $f(x)$ 在 $[a,b]$ 上连续,且在 (a,b) 内可导,则

(1) 若 $\forall x\in(a,b)$ 有 $f'(x)>0$,则 $f(x)$ 在 $[a,b]$ 上严格单调增加;

(2) 若 $\forall x\in(a,b)$ 有 $f'(x)<0$,则 $f(x)$ 在 $[a,b]$ 上严格单调减少.

证　$\forall x_1,x_2\in[a,b]$,不妨设 $x_1<x_2$,应用拉格朗日中值定理有

$$f(x_2)-f(x_1)=f'(\xi)(x_2-x_1),\quad \xi\in(x_1,x_2).$$

由 $f'(x)>0$,得 $f'(\xi)>0$,故 $f(x_2)>f(x_1)$,(1)得证.类似地可证(2).

从上面的证明过程可以看到,定理中的闭区间若换成其他区间(如开的、半闭的或无穷区间等),结论仍成立.

例 1　$y=\sin x$ 在 $\left(-\dfrac{\pi}{2},\dfrac{\pi}{2}\right)$ 内严格单调增加.

这是因为 $\forall x\in\left(-\dfrac{\pi}{2},\dfrac{\pi}{2}\right)$ 有 $(\sin x)'=\cos x>0$.

定理 1 的条件可以适当放宽，即若在 (a,b) 内有限个点上 $f'(x)=0$，在其余点处处满足定理条件，则定理的结论仍然成立. 例如 $y=x^3$ 在 $x=0$ 处有 $f'(0)=0$，但它在 $(-\infty,+\infty)$ 上严格单调增加，见图 5-1.

例 2　求函数 $y=2x^2-\ln x$ 的单调区间.

解　函数的定义域为 $(0,+\infty)$，函数在整个定义域上可导，且 $y'=4x-\dfrac{1}{x}$. 令 $y'=0$，解得 $x=\pm\dfrac{1}{2}$，舍去 $x=-\dfrac{1}{2}$.

当 $0<x<\dfrac{1}{2}$ 时，$y'<0$；当 $x>\dfrac{1}{2}$ 时，$y'>0$，故函数在 $\left(0,\dfrac{1}{2}\right]$ 上严格单调减少，在 $\left(\dfrac{1}{2},+\infty\right)$ 上严格单调增加.

例 3　讨论函数 $y=\sqrt[3]{x^2}$ 的单调性.

解　函数的定义域为 $(-\infty,+\infty)$. 当 $x\neq 0$ 时，$y'=\dfrac{2}{3\sqrt[3]{x}}$；当 $x=0$ 时，函数的导数不存在. 而当 $x>0$ 时，$y'>0$；当 $x<0$ 时，$y'<0$，故函数在 $(-\infty,0)$ 上严格单调减少，在 $(0,+\infty)$ 上严格单调增加. 见图 5-2.

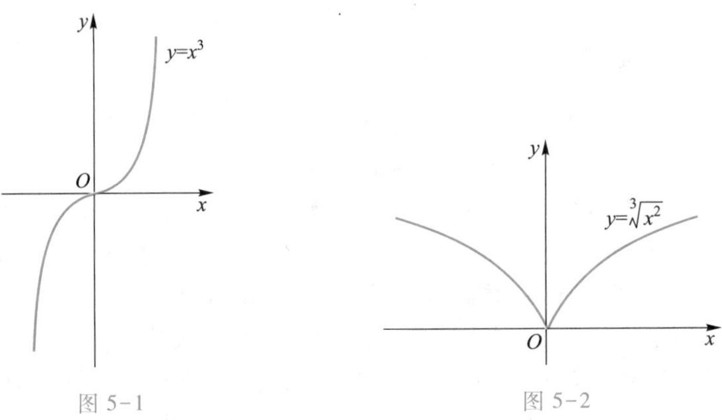

图 5-1　　图 5-2

典型例题
函数的单调性

从例 2、例 3 可以看出，函数单调区间的分界点是导数为零的点或导数不存在的点. 一般地，如果函数在定义区间上连续，除去有限个点外导数存在，那么只要用 $f'(x)=0$ 的点及 $f'(x)$ 不存在的点来划分函数的定义域区间，在每一区间上判别导数的符号，便可求得函数的单调区间.

例 4　在经济学中，消费品的需求量 y 与消费者的收入 $x(x>0)$ 的关系常常简化为函数 $y=f(x)$，称为恩格尔(Engle)函数，它有多种形式. 例如有

$$f(x)=Ax^b,\quad A>0,b\text{ 为常数}.$$

对恩格尔函数求导得

$$f'(x)=Abx^{b-1}.$$

因为 $A>0$,故当 $b>0$ 时,有 $f'(x)=Abx^{b-1}>0$,$f(x)$ 为严格单调增加函数;当 $b<0$ 时,$f'(x)=Abx^{b-1}<0$,$f(x)$ 为严格单调减少函数.恩格尔函数单调性的经济学解释为:收入越高,购买力越强,正常情况下,该商品的需求量也越多,即恩格尔函数为增函数;相反,若收入增加,对该商品的需求量反而减少,只能说明该商品是劣等的,即因生活水平提高而放弃质量较低的商品转向购买高质量的商品.因此,恩格尔函数 $f(x)=Ax^b$ 当 $b>0$ 时,该商品为正常品;当 $b<0$ 时,为劣等品.

利用函数的单调性,可以证明一些不等式.例如,要证 $f(x)>0$ 在 (a,b) 上成立,只要证明在 $[a,b]$ 上 $f(x)$ 严格单调增加(减少)且 $f(a)\geqslant 0$ $(f(b)\geqslant 0)$ 即可.

例 5　证明:当 $x>0$ 时,$1+\frac{1}{2}x>\sqrt{1+x}$.

证　令 $f(x)=1+\frac{x}{2}-\sqrt{1+x}$,则

$$f'(x)=\frac{1}{2}-\frac{1}{2\sqrt{1+x}}.$$

由于当 $x>0$ 时,$f'(x)>0$,因此 $f(x)$ 在 $[0,+\infty)$ 上严格单调增加,即当 $x>0$ 时,$f(x)>f(0)$.而 $f(0)=0$,所以当 $x>0$ 时有 $f(x)>0$,即

$$1+\frac{1}{2}x>\sqrt{1+x}.$$

例 6　证明:当 $0<x<\frac{\pi}{2}$ 时,$\sin x+\tan x>2x$.

证　令 $f(x)=\sin x+\tan x-2x$,则

$$f'(x)=\cos x+\sec^2 x-2,$$

$$f''(x)=-\sin x+2\sec^2 x\tan x=\sin x(2\sec^3 x-1).$$

当 $0<x<\frac{\pi}{2}$ 时,$f''(x)>0$,即在 $\left(0,\frac{\pi}{2}\right)$ 上 $f'(x)$ 严格单调增加.因此有 $f'(x)>f'(0)=0$,从而 $f(x)$ 在 $\left(0,\frac{\pi}{2}\right)$ 上严格单调增加,即有 $f(x)>f(0)=0$,故得

$$\sin x+\tan x>2x,\quad x\in\left(0,\frac{\pi}{2}\right).$$

二、曲线的凸性

考虑两个函数 $f(x)=x^2$ 和 $g(x)=\sqrt{x}$,它们在 $(0,+\infty)$ 上都是严格单调增加的(图 5-3 所示),但它们增加的方式不同.从几何上来说,两条曲线的弯曲方向不同.$f(x)=x^2$ 的图形是向下凸出,而 $g(x)=\sqrt{x}$ 的图形是向上凸出的.我们把函数图形向上或向下凸的性质称为**曲线的凸性**.对于向下凸的曲线来说,其上任意两点间的弧段总位于联结该两点的弦的下方(图 5-4(a));对于向上凸的曲线来说,其上任意两点间的弧段总位于联结两点的弦的上方(图 5-4(b)).

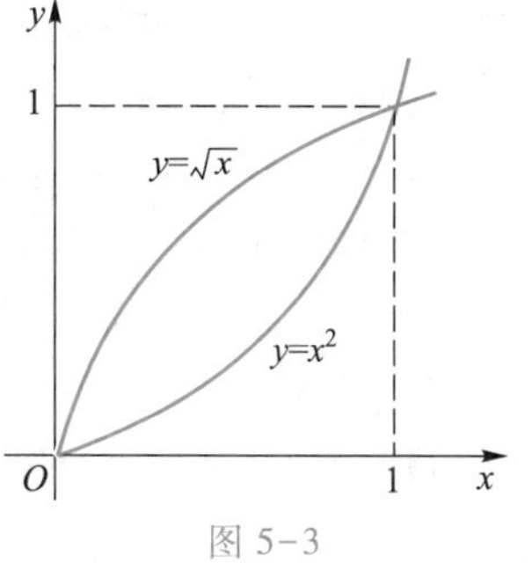

图 5-3

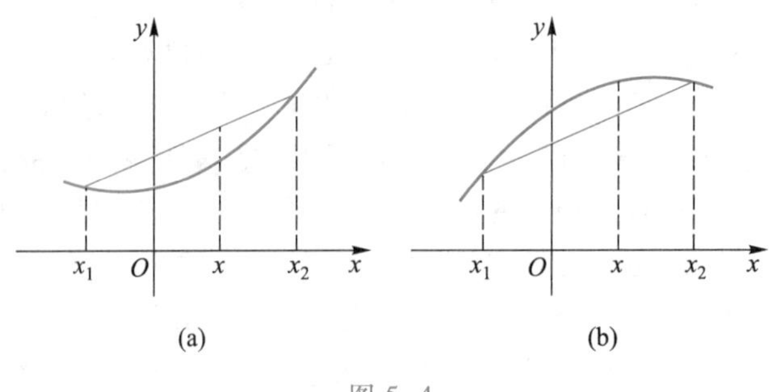

图 5-4

在曲线 $y=f(x)$ 上任取两点 (x_1,y_1) 和 (x_2,y_2)，其中 $y_1=f(x_1)$，$y_2=f(x_2)$. 不妨设 $x_1<x_2$，则联结这两点的弦可用下面的参数方程表示：

$$\begin{cases} x=x_2+(x_1-x_2)t, \\ y=y_2+(y_1-y_2)t, \end{cases} \quad t\in[0,1].$$

$\forall t\in[0,1]$，则可得区间 $[x_1,x_2]$ 内一点

$$x=x_2+(x_1-x_2)t=tx_1+(1-t)x_2.$$

这时曲线弧上对应点的纵坐标为 $f(tx_1+(1-t)x_2)$，而弦上对应点的纵坐标为

$$y_2+(y_1-y_2)t=tf(x_1)+(1-t)f(x_2).$$

这样，由前面关于曲线凸性的直观描述（弧与弦的位置关系），我们可给出如下关于曲线凸性的定义.

定义 1　设 $f(x)$ 在 $[a,b]$ 上连续，$\forall x_1,x_2\in[a,b]\,(x_2\neq x_1)$ 和 $\forall t\in(0,1)$，若有

$$f(tx_1+(1-t)x_2)\leqslant tf(x_1)+(1-t)f(x_2), \tag{1}$$

则称曲线 $y=f(x)$ **在** $[a,b]$ **上是下凸的**；若有

$$f(tx_1+(1-t)x_2)\geqslant tf(x_1)+(1-t)f(x_2), \tag{2}$$

则称曲线 $y=f(x)$ **在** $[a,b]$ **上是上凸的**.

若上述不等式(1)（或(2)）中的不等号“$\leqslant$”（或“$\geqslant$”）为严格的不等号“$<$”（或“$>$”），则称曲线 $y=f(x)$ **在** $[a,b]$ **上是严格下凸（或严格上凸）的**.

直接利用定义来判断曲线的凸性是比较困难的. 下面我们仍以图 5-3 所示两曲线为考察对象，不难发现：在上凸曲线 $g(x)=\sqrt{x}$ 的图形上任一点处（$x=0$ 除外）的切线总在曲线的上方，且切线斜率随 x 增大而减小（图 5-5(a)）；在下凸曲线 $f(x)=x^2$ 图形上任一点处的切线总在曲线的下方，且切线斜率是不断增加的（图 5-5(b)）

由导数的几何意义，我们可以得到下面的定理.

定理 2　设 $f(x)$ 在 $[a,b]$ 上连续，且在 (a,b) 内可导，则下列命题等价：

(1) 曲线 $y=f(x)$ 在 $[a,b]$ 上是下凸的；

(2) $\forall x_1,x_2\in[a,b]$，$f(x_2)\geqslant f(x_1)+f'(x_1)(x_2-x_1)$；

(3) $f'(x)$ 在 $[a,b]$ 上单调增加.

定理的证明从略. 定理中命题(2)的几何解释为：曲线 $y=f(x)$ 在它任一点处切线的上方.

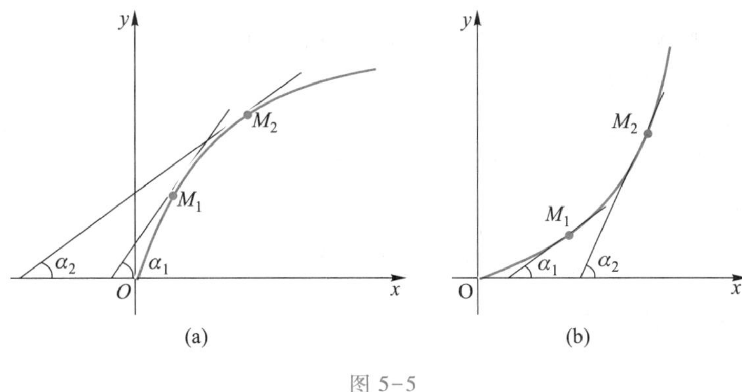

图 5-5

类似地，我们可给出 $f(x)$ 在 $[a,b]$ 上为上凸时相应的等价命题.

如果函数 $y=f(x)$ 在区间 $[a,b]$ 内是二阶可导的，那么我们便可以利用二阶导数的符号来判定曲线的凸性.

定理 3　设 $f(x)$ 在 $[a,b]$ 上连续，且在 (a,b) 内具有二阶导数，那么

(1) 若 $\forall x\in(a,b)$ 有 $f''(x)>0$，则曲线 $y=f(x)$ 在 $[a,b]$ 上是严格下凸的；

(2) 若 $\forall x\in(a,b)$ 有 $f''(x)<0$，则曲线 $y=f(x)$ 在 $[a,b]$ 上是严格上凸的.

定理 2 和定理 3 中的闭区间可以换成其他类型的区间. 此外，若在 (a,b) 内除有限个点处 $f''(x)=0$ 外其余处处满足定理 3 的条件，则定理 3 的结论仍然成立. 例如，$y=x^4$ 在 $x=0$ 时有 $f''(0)=0$，但它在 $(-\infty,+\infty)$ 上是严格下凸的.

例 7　$y=\mathrm{e}^x$ 是严格下凸的，$y=\ln x$ 是严格上凸的.

事实上，当 $x\in(-\infty,+\infty)$ 时，由 $y=\mathrm{e}^x$ 得 $y''=\mathrm{e}^x>0$；当 $x\in(0,+\infty)$ 时，由 $y=\ln x$ 得 $y''=-\dfrac{1}{x^2}<0$.

例 8　讨论曲线 $y=x^3$ 的凸性.

解　由 $y''=6x$ 知当 $x\in(0,+\infty)$ 时，$y''>0$；当 $x\in(-\infty,0)$ 时，$y''<0$，因此 $y=x^3$ 在 $(0,+\infty)$ 上是严格下凸的，在 $(-\infty,0)$ 上是严格上凸的.

利用曲线的凸性，可以证明一些不等式.

例 9　证明：当 $x>0,y>0$ 且 $x\neq y$ 时，有不等式

$$\left(\frac{x+y}{2}\right)^n<\frac{1}{2}(x^n+y^n)$$

成立，这里 $n>1$ 是正整数.

典型例题
曲线的凸性

证　令 $f(x)=x^n,x>0$，则

$$f''(x)=n(n-1)x^{n-2}>0,\quad x>0.$$

因此，曲线 $y=f(x)$ 当 $x>0$ 时是严格下凸的. 在定义 1 的 (1) 式中取 $t=\dfrac{1}{2},x_1=x$，$x_2=y$，则得

$$\left(\frac{x+y}{2}\right)^n<\frac{1}{2}(x^n+y^n).$$

定义 2　设 $f(x)$ 在点 x_0 的某邻域 $U(x_0)$ 内连续.若曲线 $y=f(x)$ 在点 $(x_0,f(x_0))$ 的左、右两侧凸性相反,则称**点 $(x_0,f(x_0))$ 为该曲线的拐点**.

例如,点 $(0,0)$ 是曲线 $y=x^3$ 的一个拐点.

由于曲线的凸性可由其函数的二阶导数的符号来判断,故对于二阶可导函数 $y=f(x)$ 来说,先求出 $f''(x)=0$ 的根,再判别 $f''(x)$ 在这些点左、右两侧的符号是否改变,便可求出拐点.

例 10　讨论 $y=3x^4-4x^3+1$ 的凸性,并求拐点.

解　由 $y''=36x\left(x-\dfrac{2}{3}\right)$,得其两个零点为

$$x_1=0,\quad x_2=\frac{2}{3}.$$

当 $x<0$ 时,$y''>0$;当 $0<x<\dfrac{2}{3}$ 时,$y''<0$;当 $x>\dfrac{2}{3}$ 时,$y''>0$,故曲线在 $(-\infty,0)$ 和 $\left[\dfrac{2}{3},+\infty\right)$ 上为严格下凸的,在 $\left[0,\dfrac{2}{3}\right]$ 上为严格上凸的,$(0,1)$ 和 $\left(\dfrac{2}{3},\dfrac{11}{27}\right)$ 都是曲线的拐点.

典型例题
曲线的拐点

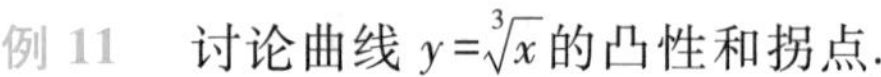

例 11　讨论曲线 $y=\sqrt[3]{x}$ 的凸性和拐点.

解　当 $x\neq 0$ 时,

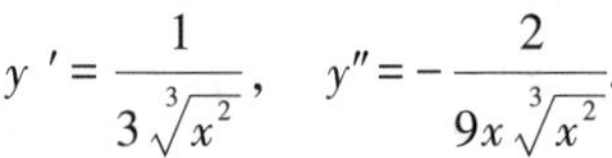

$$y'=\frac{1}{3\sqrt[3]{x^2}},\quad y''=-\frac{2}{9x\sqrt[3]{x^2}}.$$

方程 $y''=0$ 无实根,在 $x=0$ 处,y'' 不存在.当 $x<0$ 时,$y''>0$,故曲线在 $(-\infty,0)$ 内为严格下凸的;当 $x>0$ 时,$y''<0$,曲线在 $(0,+\infty)$ 内为严格上凸的.又函数 $y=\sqrt[3]{x}$ 在 $x=0$ 处连续,故 $(0,0)$ 是曲线的拐点.

由例 10、例 11 可以看出,若 $(x_0,f(x_0))$ 是曲线 $y=f(x)$ 的拐点,则 $f''(x_0)=0$ 或 $f''(x_0)$ 不存在.但要注意的是 $f''(x)=0$ 的根或 $f''(x)$ 不存在的点不一定都是曲线 $y=f(x)$ 的拐点的横坐标.例如,$f(x)=x^4$,由 $f''(x)=12x^2=0$ 得 $x=0$,但在 $x=0$ 的两侧二阶导数的符号不变,即曲线 $f(x)=x^4$ 的凸性不变,故 $(0,0)$ 不是拐点.又如,本节例 3 讨论的函数 $f(x)=\sqrt[3]{x^2}$,它在 $x=0$ 处不可导,但 $(0,0)$ 也不是该曲线的拐点(详细讨论请读者完成).

习题 5-1

1. 求下列函数的单调区间:

(1) $y=2x^3-6x^2-18x-7,x\in(-\infty,+\infty)$;

(2) $y=\ln(x+\sqrt{1+x^2}),x\in(-\infty,+\infty)$;

(3) $y=x^n\mathrm{e}^{-x},n>0,x\in[0,+\infty]$;

(4) $y=x+|\sin 2x|$.

2. 试证方程 $\sin x=x$ 只有一个实根.

3. 讨论方程 $\ln x=ax(a>0)$ 有几个实根.

4. 方程 $x^5+x+7=0$ 有多少个实根？说明你的判断依据.

5. 讨论下列曲线的凸性并求拐点：

(1) $y=(x+1)^4+e^x$；　　(2) $y=x^4(12\ln x-7)$；

(3) $y=\ln(x^2+1)$；　　(4) $y=\dfrac{x}{1+x^2}$.

6. 试确定 $y=k(x^2-3)^2$ 中的 k 的值，使曲线在拐点处的法线通过原点.

7. 证明下列不等式：

(1) $1+x\ln(x+\sqrt{1+x^2})>\sqrt{1+x^2},x>0$；

(2) $2^x>x^2,x>4$；

(3) $x\ln x+y\ln y>(x+y)\ln\dfrac{x+y}{2},x>0,y>0$，且 $x\neq y$；

(4) $e^{\frac{x+y}{2}}<\dfrac{e^x+e^y}{2},x\neq y$.

8. 已知 $f(x)$ 在 $[0,+\infty)$ 上连续，若 $f(0)=0$，$f'(x)$ 在 $[0,+\infty)$ 内存在且单调增加，证明 $\dfrac{f(x)}{x}$ 在 $[0,+\infty)$ 内也单调增加.

9. 若在 $[a,b]$ 上有 $f'(x)>0$，又 $f(a)\cdot f(b)<0$，证明方程 $f(x)=0$ 在 (a,b) 内只有唯一实根.

第二节　函数的极值和最值

一、函数的极值

函数的极值就是函数在某邻域内的最大或最小值，其确切定义如下.

定义　设 $f(x)$ 在 x_0 的某邻域 $U(x_0)$ 内有定义. 若 $\forall x\in\hat{U}(x_0)$，有

$$f(x)<f(x_0)\quad(f(x)>f(x_0)),$$

则称 $f(x)$ 在点 x_0 处取得**极大值**（**极小值**）$f(x_0)$，x_0 称为**极大值点**（**极小值点**）.

极大值和极小值统称为**极值**，极大值点和极小值点统称为**极值点**. 由定义可知，极值只是一个局部性的概念，是在一点的邻域内比较函数值的大小而产生的. 因此对于一个定义在 (a,b) 内的函数，极值往往可能有很多个，且某一点取得的极大值可能会比另一点取得的极小值还要小（图 5-6）.

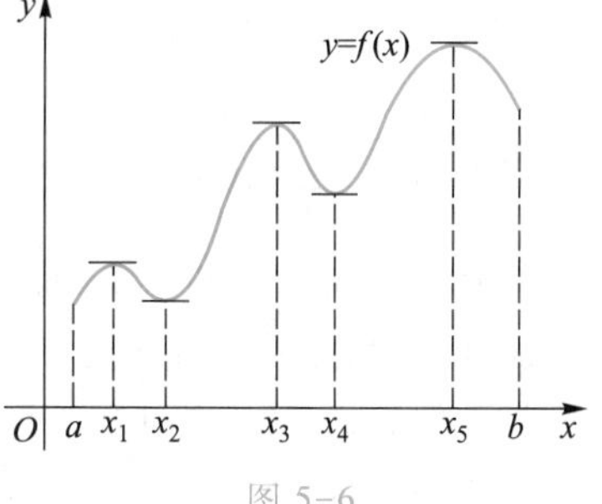

图 5-6

从直观上看，图 5-6 中曲线所对应的函数在取极值的地方，其切线（如果存在）都是水平的，亦即该点处的导数为零，事实上，由第四章第五节的费马定理知，如果函数 $f(x)$ 在 x_0 处可导，且 $f(x)$ 在 x_0 处取得极值，那么 $f'(x_0)=0$. 这是可导函数取得极值的必要条件，也是费马定理的另一表达方式.

通常称 $f'(x)=0$ 的根为函数 $f(x)$ 的驻点. 费马定理告诉我们：可导函数的极值点一定是驻点. 但其逆命题不成立. 例如，$x=0$ 是 $f(x)=x^3$ 的驻点但不是 $f(x)$ 的极值点. 事实上，$f(x)=x^3$ 在 $(-\infty,+\infty)$ 上是单调函数. 另外，连续函数在导数不存在的点处也可能取得极值. 例如，$y=|x|$ 在 $x=0$ 处取极小值，而函数在 $x=0$ 处不可导（第一章图 1-8）. 因此，对于连续函数来说，驻点和导数不存在的点均有可能成为极值点. 那么，如何判别它们是否确为极值点呢？我们有以下的判别准则.

定理 1　设 $f(x)$ 在点 x_0 处连续，在 $\hat{U}(x_0)$ 内可导.

(1) 若 $\forall x\in\hat{U}(x_0^-)$，$f'(x)>0$；$\forall x\in\hat{U}(x_0^+)$，$f'(x)<0$，则 $f(x)$ 在 x_0 取得极大值.

(2) 若 $\forall x\in\hat{U}(x_0^-)$，$f'(x)<0$；$\forall x\in\hat{U}(x_0^+)$，$f'(x)>0$，则 $f(x)$ 在 x_0 取得极小值.

证　考虑情形(1). 当 $x\in\hat{U}(x_0^-)$ 时，因为 $f'(x)>0$，所以 $f(x)$ 严格单调增加，因而 $f(x)<f(x_0)$，$x\in\hat{U}(x_0^-)$.

当 $x\in\hat{U}(x_0^+)$ 时，因为 $f'(x)<0$，所以 $f(x)$ 严格单调减少，因而同样有 $f(x)<f(x_0)$，$x\in\hat{U}(x_0^+)$.

故 $f(x)$ 在 x_0 取极大值.

类似地，可证得情形(2)成立.

定理 1 实际上是利用点 x_0 左、右两侧邻近的 $f(x)$ 的不同单调性来确定 $f(x)$ 在 x_0 处取得极值的. 因此，若 $f'(x)$ 在 $\hat{U}(x_0)$ 内不变号，则 $f(x)$ 在 x_0 处就不取极值. 我们常把定理 1 称为极值第一判别法（或称极值第一充分条件）.

例 1　第一节例 2 中函数 $y=2x^2-\ln x$ 在 $x=\dfrac{1}{2}$ 处导数为零且导数在 $x=\dfrac{1}{2}$ 的左、右两边由负变正，故 $x=\dfrac{1}{2}$ 是函数的极小值点. 第一节例 3 中函数 $y=\sqrt[3]{x^2}$ 在 $x=0$ 处导数不存在，但其导数在该点左、右两边由负变正，故 $x=0$ 是函数的极小值点.

典型例题
函数的极值

例 2　求函数 $f(x)=\dfrac{1}{\sqrt{2\pi}}\mathrm{e}^{-\frac{x^2}{2}}$ 的极值.

解　$f'(x)=-\dfrac{x}{\sqrt{2\pi}}\mathrm{e}^{-\frac{x^2}{2}}$. 由 $f'(x)=0$ 解得 $x=0$. 由于 $x<0$ 时，$f'(x)>0$，而 $x>0$ 时，$f'(x)<0$，因此 $x=0$ 是 $f(x)$ 的极大值点，极大值 $f(0)=\dfrac{1}{\sqrt{2\pi}}$.

极值第一判别法和第一节的函数单调性判别法有紧密联系. 此判别法在几何上也是很直观的，如图 5-7 所示.

若函数 $f(x)$ 在驻点处的二阶导数存在且不为零，则也可利用下面定理进行判别.

定理 2　设 $f(x)$ 在 $U(x_0)$ 具有二阶导数，且 $f'(x_0)=0$. 若 $f''(x_0)\neq 0$，则

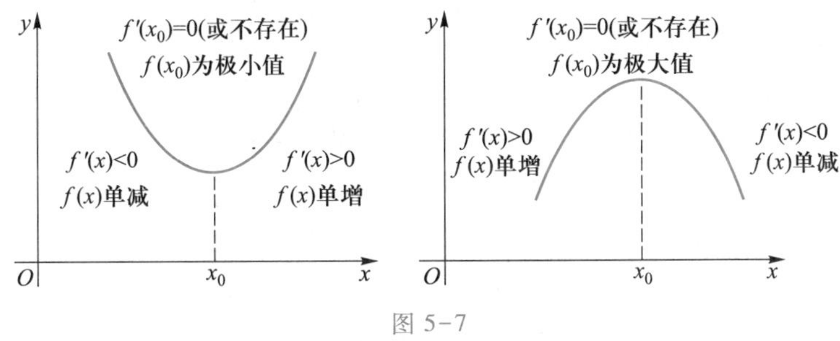

图 5-7

(1) 当 $f''(x_0)<0$ 时，$f(x)$ 在 x_0 处取得极大值；

(2) 当 $f''(x_0)>0$ 时，$f(x)$ 在 x_0 处取得极小值.

证　考虑情形(1).因为 $f''(x_0)<0$，所以有

$$f''(x_0)=\lim_{x\to x_0}\frac{f'(x)-f'(x_0)}{x-x_0}<0.$$

由函数极限的局部保号性知，存在 x_0 的某一足够小的去心邻域，当 x 在该去心邻域内时，有

$$\frac{f'(x)-f'(x_0)}{x-x_0}<0.$$

又 $f'(x_0)=0$，于是上式可化为 $\dfrac{f'(x)}{x-x_0}<0$.由此可知，在该去心邻域内，当 $x<x_0$ 时，$f'(x)>0$；当 $x>x_0$ 时，$f'(x)<0$.因此，由定理 1 知，$f(x)$ 在 x_0 处取得极大值.

类似地，可证得情形(2)成立.

例 3　求 $f(x)=x^3-3x^2-9x+5$ 的极值.

解　$f'(x)=3x^2-6x-9$，$f''(x)=6x-6$.

令 $f'(x)=0$ 得 $x_1=-1$，$x_2=3$.而 $f''(-1)=-12<0$，$f''(3)=12>0$，所以 $f(x)$ 的极大值为 $f(-1)=10$，$f(x)$ 的极小值为 $f(3)=-22$.

定理 2 常称为极值第二判别法(或称极值第二充分条件).

如果在驻点 x_0 处 $f''(x_0)=0$，那么利用定理 2 不能判别 $f(x)$ 在 x_0 处是否取极值.例如，$f(x)=x^3$，$g(x)=x^4$，不仅 $f'(0)=g'(0)=0$，而且 $f''(0)=g''(0)=0$.此时我们可运用定理 1 来判别，也可以借助更高阶的导数来判别.我们不加证明地给出下面的定理.

定理 3　设函数 $f(x)$ 在 x_0 处有直到 $n(n\geqslant 2)$ 阶导数，且 $f'(x_0)=f''(x_0)=\cdots=f^{(n-1)}(x_0)=0$，而 $f^{(n)}(x_0)\neq 0$，则

(1) 当 n 为偶数时，x_0 必是 $f(x)$ 的极值点，且 $f^{(n)}(x_0)>0$ 时，x_0 为极小值点；$f^{(n)}(x_0)<0$ 时，x_0 为极大值点.

(2) 当 n 为奇数时，点 $(x_0,f(x_0))$ 是曲线 $y=f(x)$ 的拐点.

二、拐点与导函数极值点的关系

典型例题
极值与拐点 1

设 $f(x)$ 在 x_0 的某邻域 $U(x_0)$ 内连续，且在 $\mathring{U}(x_0)$ 内具有二阶导数.如果$(x_0$，

$f(x_0)$)是曲线 $y=f(x)$ 的拐点,则 $f''(x)$ 在 $x=x_0$ 的左、右两侧符号改变,也就是说 $f'(x)$ 在 $x=x_0$ 两侧单调性改变,从而 $f'(x)$ 在 $x=x_0$ 处取得极值.反过来,若 $f'(x)$ 在 $x=x_0$ 处取得极值,则 $f'(x)$ 在点 $x=x_0$ 两侧的单调性发生改变,而在 $f'(x)$ 单调增加的一侧, $f(x)$ 是下凸的,而在 $f'(x)$ 单调减少的一侧, $f(x)$ 是上凸的,从而 $(x_0, f(x_0))$ 是曲线 $y=f(x)$ 的拐点.

由于导函数 $f'(x)$ 也称为函数 $f(x)$ 相对自变量 x 的变化率,故若 $(x_0, f(x_0))$ 为曲线 $y=f(x)$ 的拐点,则函数 $f(x)$ 在 x_0 处的变化率达到局部最大(或最小).

典型例题
极值与拐点 2

例 4 设水以匀速(单位时间注入的体积相等)注入图 5-8 所示的罐中,试作出水的高度 y 关于时间 t 的函数 $y=f(t)$ 的示意图,并指出拐点.

解 设 $t=0$ 时, $y=0$.由于开始时水面上升较慢,而随着罐子腰部变细,水面升高的速率不断增加,即 $f'(t)$ 是递增的,因而曲线 $f(t)$ 是下凸的.当水面上升至罐的最窄处,水面上升的速率达到最大值,此处是 $y=f(t)$ 的一个拐点.随后 $f(t)$ 增加的速率将减缓,即 $f'(t)$ 递减,因而曲线 $f(t)$ 是上凸的.函数 $y=f(t)$ 的图形如图 5-9 所示.

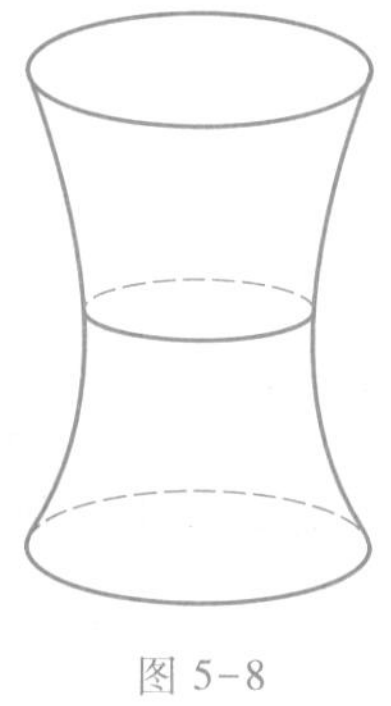

图 5-8

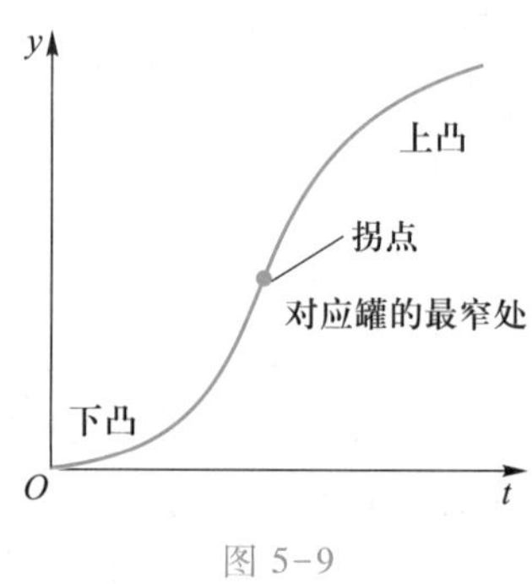

图 5-9

三、最优化问题

许多实际问题中,经常提出诸如用料最省、成本最低、效益最大等问题,这就是所谓的最优化问题.这类问题在数学上常归结为求一个函数(称为目标函数)的最大值或最小值问题.

设 $f(x)$ 在区间 $[a,b]$ 上连续,且在 (a,b) 内只有有限个驻点或导数不存在的点,记其为 $x_1, x_2, \cdots, x_n$.由闭区间上连续函数的最值定理知 $f(x)$ 在 $[a,b]$ 上必取得最大值和最小值.若最值在区间内部取得,则最值一定也是极值.而极值点只能是驻点或导数不存在的点.最值也可能在区间端点 $x=a$ 或 $x=b$ 处达到,所以 $f(x)$ 在 $[a,b]$ 上的最大值为

$$\max_{x\in[a,b]}\{f(x)\}=\max\{f(a), f(x_1), \cdots, f(x_n), f(b)\};$$

最小值为

$$\min_{x\in[a,b]}\{f(x)\}=\min\{f(a), f(x_1), \cdots, f(x_n), f(b)\}.$$

例 5 求 $f(x)=x^4-8x^2+2$ 在 $[-1,3]$ 上的最大值和最小值.

解 $f'(x)=4x(x-2)(x+2)$.

令$f'(x)=0$,得驻点 $x_1=0,x_2=2,x_3=-2$(舍去).计算可得$f(-1)=-5,f(0)=2,f(2)=-14,f(3)=11$.故有 $\max\limits_{x\in[-1,3]}\{f(x)\}=f(3)=11$,$\min\limits_{x\in[-1,3]}\{f(x)\}=f(2)=-14$.

例 6　设$f(x)=xe^x$,求它在定义域上的最大值和最小值.

典型例题
函数的最值

解　$f(x)$在定义域$(-\infty,+\infty)$上连续且可导,

$$f'(x)=(x+1)e^x.$$

令$f'(x)=0$,得驻点 $x=-1$.

当 $x\in(-\infty,-1)$时,$f'(x)<0$;当 $x\in(-1,+\infty)$时.$f'(x)>0$,故 $x=-1$ 为极小值点.又 $\lim\limits_{x\to-\infty}f(x)=0$, $\lim\limits_{x\to+\infty}f(x)=+\infty$,从而$f(-1)=-e^{-1}$为$f(x)$的最小值,$f(x)$无最大值.

在解最值问题时,我们经常使用如下两个结论,不再另行判定.

(1) 若$f(x)$在区间$[a,b]$上连续,且在(a,b)内只有唯一的一个极值点 x_0,则当$f(x_0)$为极大值时,$f(x_0)$就是$f(x)$在$[a,b]$上的最大值;当$f(x_0)$为极小值时,$f(x_0)$就是$f(x)$在$[a,b]$上的最小值.

(2) 若$f(x)$在$[a,b]$上严格单调增加,则$f(a)$为最小值,$f(b)$为最大值;若 $f(x)$在$[a,b]$上严格单调减少,则$f(a)$为最大值,$f(b)$为最小值.

例 7　要制造一个容积为 V_0 的带盖圆柱形桶.问桶的半径 r 和桶高 h 如何确定,才能使所用材料最省?

解　首先建立目标函数.要材料最省,就是要圆桶表面积 A 最小,由 $\pi r^2h=V_0$,得$h=\dfrac{V_0}{\pi r^2}$.故目标函数为

$$A=2\pi r^2+2\pi rh=2\pi r^2+\frac{2V_0}{r}\quad(r>0).$$

其次求出最优解.令

$$A'=4\pi r-\frac{2V_0}{r^2}=0,$$

得驻点 $r=\sqrt[3]{\dfrac{V_0}{2\pi}}$.又

$$A''=4\pi+\frac{4V_0}{r^3},\quad A''\Big|_{r=\sqrt[3]{\frac{V_0}{2\pi}}}=12\pi>0,$$

故 $r=\sqrt[3]{\dfrac{V_0}{2\pi}}$为极小值点.又因在$(0,+\infty)$内只有唯一一个极值点,故这个极小值点也就是最小值点.当 $r=\sqrt[3]{\dfrac{V_0}{2\pi}}$时,$h=2\sqrt[3]{\dfrac{V_0}{2\pi}}$.故当 $h=2r=2\sqrt[3]{\dfrac{V_0}{2\pi}}$时,圆桶表面积最小,从而用料最省.

例 8　如图 5-10 所示,某工厂 C 到铁路 A 处的垂直距离 $CA=20$ km,需从距 A 为 150 km 的 B 处运来原料.现要在 AB 上选一点 D 修建一条直线公路与工厂 C 连接.已知铁路与公路运送 1 吨原料每千米的运费之比为3:5,问 D 应选在何处,方能使运费最省?

解 设 $AD=x$ (km),则 $DB=150-x$, $DC=\sqrt{x^2+20^2}$.再设铁路运送1吨原料每千米的运费为 $3k(k>0)$,则公路运送1吨原料每千米的运费为 $5k$,于是从 B 到 C 每吨原料的总费用为

$$y=3k(150-x)+5k\sqrt{x^2+20^2},\quad x\in[0,150],$$

这就是目标函数,我们的问题是求其最小值点.由

$$y'=\left(-3+\frac{5x}{\sqrt{x^2+400}}\right)k=0,$$

得 $x=15$,于是目标函数在区间 $(0,150)$ 内只有唯一驻点 $x=15$.又因为 $\forall x\in(0,150)$ 有

$$y''=\frac{2\,000k}{(x^2+400)^{3/2}}>0.$$

故函数在 $x=15$ 处取得最小值.于是 D 点应选择在距 A 15 km 处,这时全程运费最省.

在实际应用中,根据问题本身的特点往往可以断定目标函数 $f(x)$ 在某区间 I 中一定存在最大值或最小值.

例 9 宽为 2 m 的支渠道垂直地流向宽为 3 m 的主渠道.若在其中漂运原木,问能通过的原木的最大长度是多少?

解 将问题理想化,原木的直径不计.

建立坐标系如图 5-11 所示,AB 是通过点 $C(3,2)$ 且与渠道两侧壁分别交于 A 和 B 的线段.

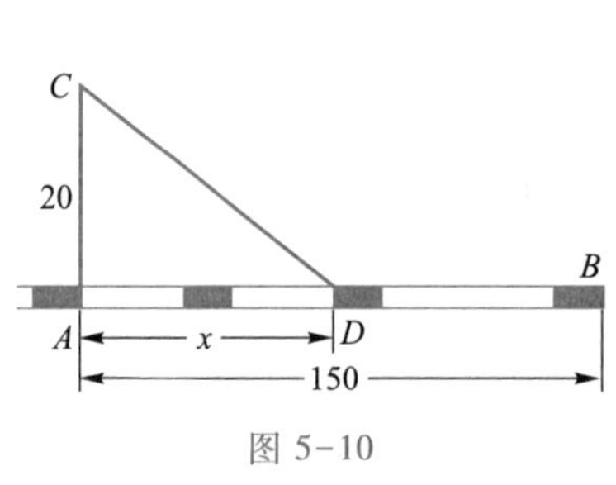

图 5-10

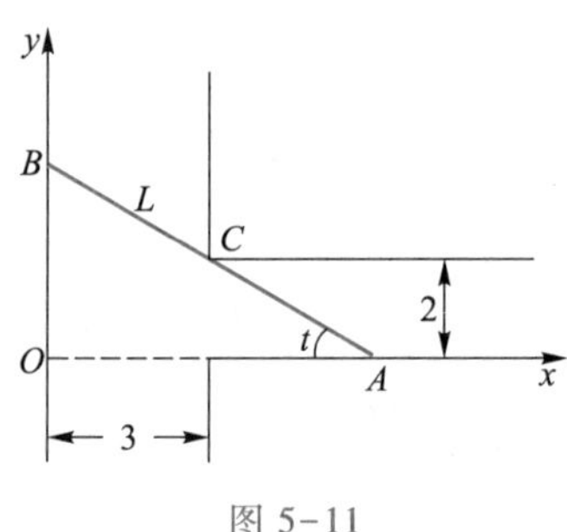

图 5-11

设 $\angle OAC=t, t\in\left(0,\frac{\pi}{2}\right)$,则当原木长度不超过线段 AB 的长度 L 的最小值时,原木就能通过,于是建立目标函数

$$L(t)=AC+CB=\frac{2}{\sin t}+\frac{3}{\cos t},\quad t\in\left(0,\frac{\pi}{2}\right).$$

由于

$$L'(t)=-\frac{2\cos t}{\sin^2 t}-\frac{3(-\sin t)}{\cos^2 t}=\frac{3\sin t}{\cos^2 t}-\frac{2\cos t}{\sin^2 t}$$
$$=\frac{3\sin t}{\cos^2 t}\left(1-\frac{2}{3}\cot^3 t\right),$$

当 $t\in\left(0,\frac{\pi}{2}\right)$ 时，$\frac{\sin t}{\cos^2 t}>0$. 于是从 $L'(t)=0$ 解得

$$t_0=\arctan\sqrt[3]{\frac{2}{3}}\approx 48°52'.$$

这个问题的最小值（L 的最小值）一定存在，而在 $\left(0,\frac{\pi}{2}\right)$ 内只有一个驻点 t_0，故它就是 L 的最小值点，于是

$$\min_{t\in\left(0,\frac{\pi}{2}\right)}\{L(t)\}=L(t_0)\approx 7.02.$$

故能通过的原木的最大的长度是 7.02 米.

习题 5-2

1. 确定下列函数的单调区间并求极值：

(1) $f(x)=x-\ln x$；　　(2) $f(x)=e^x\cos x$；

(3) $f(x)=|x|(x-4)$；　　(4) $f(x)=\frac{(x+1)^{\frac{2}{3}}}{x+1}$.

2. 试问 a 为何值时，$f(x)=a\sin x+\frac{1}{3}\sin 3x$ 在 $x=\frac{\pi}{3}$ 处取得极值？是极大值还是极小值？并求出此极值.

3. 设 $f(x)=x-\cos x$，$0\leqslant x\leqslant\pi$，求适合下列条件的 x 值：

(1) $f(x)$ 取最大值，$f(x)$ 取最小值；

(2) $f(x)$ 递增最快，$f(x)$ 递增最慢；

(3) 曲线 $f(x)$ 的切线斜率递增最快.

4. 设导函数 $f'(x)$ 的图形如图所示，指出函数的单调区间、极值，曲线的上凸和下凸区间及拐点.

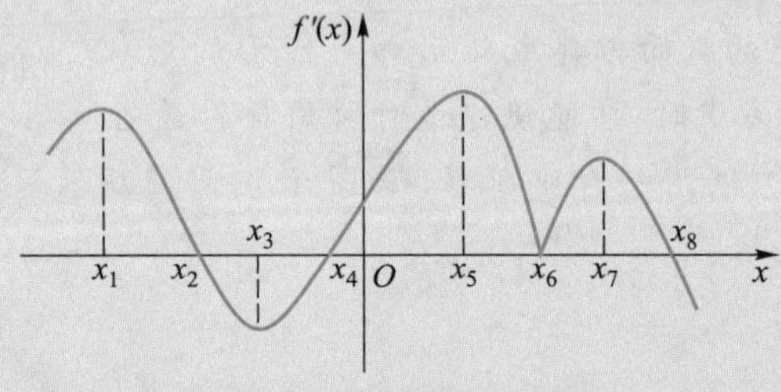

第 4 题图

5. 已知函数 $f(x)$ 的图形如图所示：

(1) 画出 $f'(x)$ 的图形（示意图）；

(2) $f'(x)$ 在哪里改变符号；

(3) $f'(x)$ 在哪里取极大值或极小值.

6. 水以常速注入如图形状的罐中.

(1) 画出水位高度 y 与时间 t 的函数关系 $y=f(t)$ 的示意图,并标出拐点;

(2) $y=f(t)$ 在何处增长最快,何处最慢?

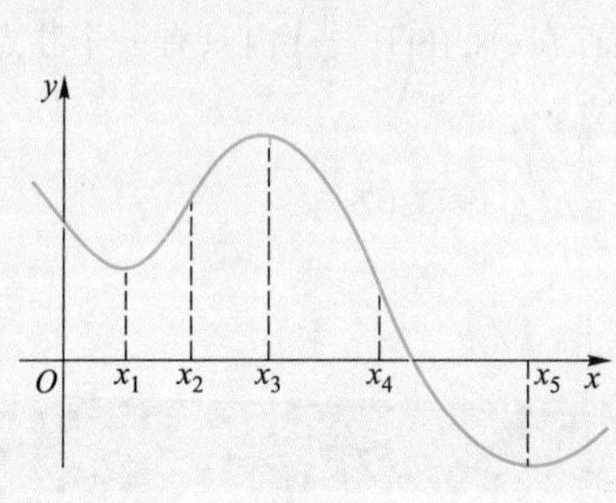

第 5 题图

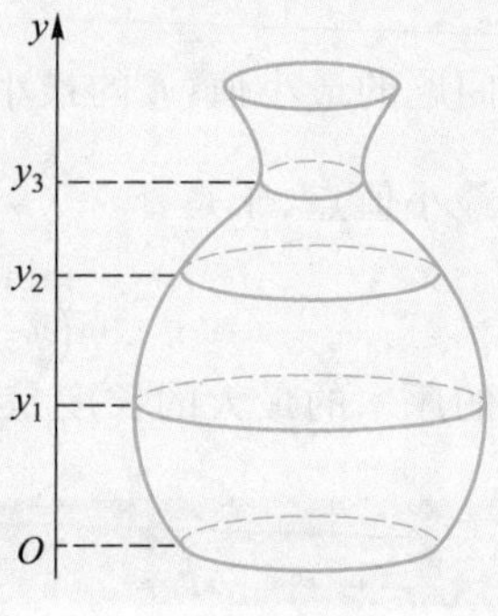

第 6 题图

7. 求下列函数在给定区间上的最值:

(1) $f(x)=x^2-\dfrac{54}{x}$, $x\in(-\infty,0)$;

(2) $f(x)=x+\sqrt{1-x}$, $x\in[-5,1]$.

8. 设 a 为非零常数, b 为正常数,求 $y=ax^2+bx$ 在以 0 和 $\dfrac{b}{a}$ 为端点的闭区间上的最大值和最小值.

9. 求数列 $\left\{\dfrac{\sqrt{n}}{n+1\,000}\right\}$ 的最大的项.

10. 已知 $a>0$,试证 $f(x)=\dfrac{1}{1+|x|}+\dfrac{1}{1+|x-a|}$ 的最大值为 $\dfrac{2+a}{1+a}$.

11. 在已知半径为 r 的球中内接一正圆柱体,使其体积为最大,求此圆柱体的高.

12. 某铁路隧道的截面拟建成矩形加半圆形的形状(如图示),设截面积为 $a(\mathrm{m}^2)$,问底宽 x 为多少时,才能使建造时所用材料最省?

13. 甲、乙两用户共用一台变压器(如图示),问变压器设在输电干线 AB 的何处时,所需电线最短?

第 12 题图

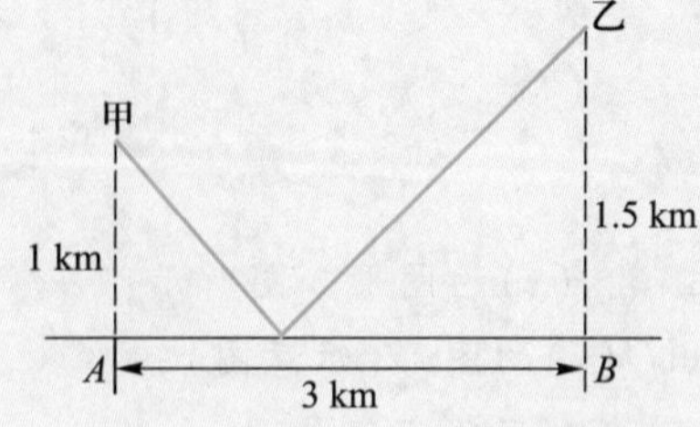

第 13 题图

14. 在边长为 a 的一块正方形铁皮的四个角上截出一个小正方形，将四边上折焊成一个无盖方盒. 问截去的小正方形边长为多大时，方盒的容积最大？

第三节　函数图形的描绘

在前面两节中，我们利用函数的一阶、二阶导数讨论了函数的单调性、曲线的凸性、函数的极值点与其图形的拐点等. 函数的这些性态，可以帮助我们更准确地描绘函数的图形.

为能使函数图形更准确地反映函数的变化趋势，我们先介绍渐近线的概念及求法.

一、曲线的渐近线

曲线 C 上的动点 M 沿曲线离坐标原点无限远移时，若其与某一直线 l 的距离趋于零，则称直线 l 为曲线 C 的一条渐近线（图 5-12）. 渐近线反映了曲线无限延伸时的走向和趋势.

曲线 $y=f(x)$ 上的动点 (x,y) 向无穷远移动有三种可能：一种是 $x\to\infty$ 时，y 趋于有限数；一种是 x 趋于有限数时，$y\to\infty$；再一种是 x,y 均趋于无穷. 因此，确定曲线 $y=f(x)$ 的渐近线的方法如下：

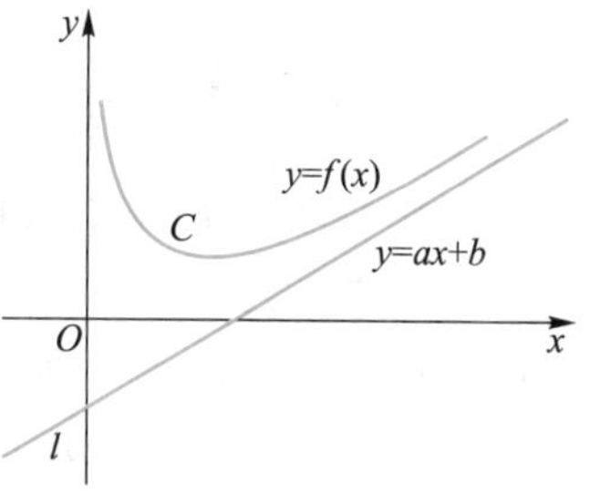

图 5-12

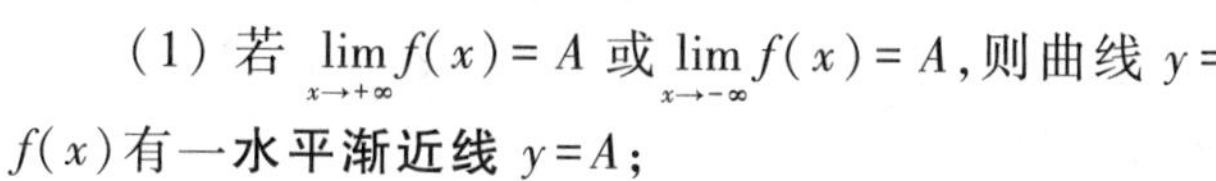

（1）若 $\lim\limits_{x\to+\infty}f(x)=A$ 或 $\lim\limits_{x\to-\infty}f(x)=A$，则曲线 $y=f(x)$ 有一**水平渐近线** $y=A$；

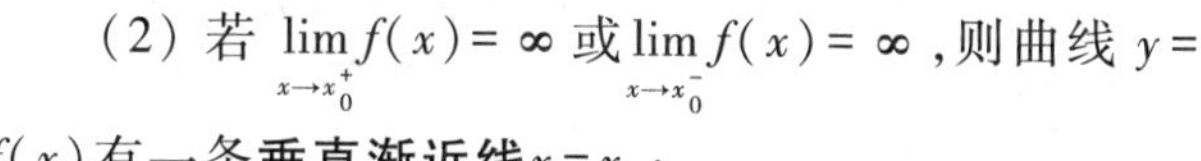

（2）若 $\lim\limits_{x\to x_0^+}f(x)=\infty$ 或 $\lim\limits_{x\to x_0^-}f(x)=\infty$，则曲线 $y=f(x)$ 有一条**垂直渐近线** $x=x_0$；

（3）若 $\lim\limits_{x\to+\infty}\dfrac{f(x)}{x}=a\ (a\neq0)$ 且 $\lim\limits_{x\to+\infty}(f(x)-ax)=b$，或 $\lim\limits_{x\to-\infty}\dfrac{f(x)}{x}=a\ (a\neq0)$ 且 $\lim\limits_{x\to-\infty}(f(x)-ax)=b$，则曲线 $y=f(x)$ 有一条**斜渐近线** $y=ax+b$.

例 1　求曲线 $y=\ln x$，$y=\dfrac{1}{x}$ 及 $\dfrac{x^2}{a^2}-\dfrac{y^2}{b^2}=-1$ 的渐近线.

解　对于曲线 $y=\ln x$，因为 $\lim\limits_{x\to0^+}\ln x=-\infty$，所以它有垂直渐近线 $x=0$（图 5-13(a)）.

对于曲线 $y=\dfrac{1}{x}$，因为 $\lim\limits_{x\to\infty}\dfrac{1}{x}=0$，所以它有水平渐近线 $y=0$，又因 $\lim\limits_{x\to0}\dfrac{1}{x}=\infty$，所以它又有垂直渐近线 $x=0$（图 1-15(c)）.

对于曲线 $\dfrac{x^2}{a^2}-\dfrac{y^2}{b^2}=1$，有 $y=\pm\dfrac{b}{a}\sqrt{x^2-a^2}$. 因为 $\lim\limits_{x\to+\infty}\dfrac{b}{a}\dfrac{\sqrt{x^2-a^2}}{x}=\dfrac{b}{a}$ 且

$\lim\limits_{x\to+\infty}\left(\dfrac{b}{a}\sqrt{x^2-a^2}-\dfrac{b}{a}x\right)=0$，又因 $\lim\limits_{x\to-\infty}\dfrac{b}{a}\cdot\dfrac{\sqrt{x^2-a^2}}{x}=-\dfrac{b}{a}$，且

$$\lim_{x\to-\infty}\left[\frac{b}{a}\sqrt{x^2-a^2}-\left(-\frac{b}{a}x\right)\right]=0,$$

所以曲线 $y=\dfrac{b}{a}\sqrt{x^2-a^2}$ 有一对斜渐近线 $y=\pm\dfrac{b}{a}x$. 同样可得 $y=-\dfrac{b}{a}\sqrt{x^2-a^2}$ 也有一对斜渐近线 $y=\pm\dfrac{b}{a}x$（图5-13(b)）.

典型例题
曲线的渐近线

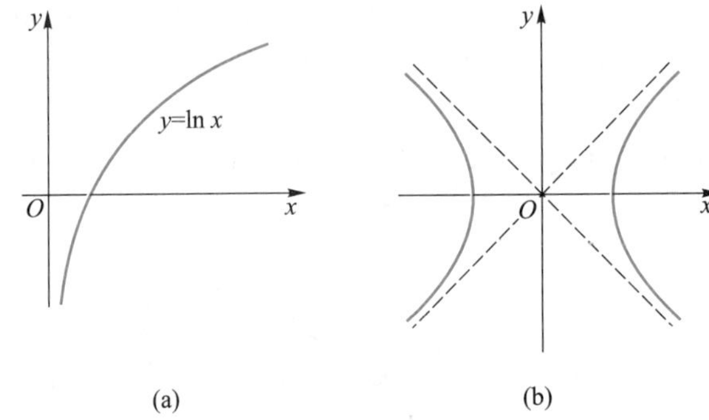

图 5-13

二、函数图形的描绘

作函数 $y=f(x)$ 的图形可按下列步骤进行：

(1) 确定函数 $f(x)$ 的定义域，并讨论其奇偶性、周期性、连续性等；

(2) 在函数的定义域内，求出 $f'(x)$ 和 $f''(x)$ 的全部零点及其不存在的点，并以这些点为分点将定义域划分为若干小区间；

(3) 考察各个小区间内及各分点处的 $f'(x)$ 和 $f''(x)$ 的符号，从而确定出 $f(x)$ 的增减区间、极值点和上凸、下凸区间及曲线的拐点，并使用下列记号列表：

⤴：下凸且严格单调增加，　　⤷：下凸且严格单调减少，

↗：上凸且严格单调增加，　　↘：上凸且严格单调减少；

(4) 确定曲线 $y=f(x)$ 的渐近线及其变化趋势；

(5) 必要时，补充一些适当的点，例如 $y=f(x)$ 与坐标轴的交点等；

(6) 结合上面讨论连点描出图形.

例 2　描绘 $f(x)=\dfrac{1}{\sqrt{2\pi}}\mathrm{e}^{-\frac{x^2}{2}}$ 的图形.

解　(1) 函数的定义域为 $(-\infty,+\infty)$，且 $f(x)\in C(-\infty,+\infty)$. $f(x)$ 为偶函数，因此它关于 y 轴对称，可以只讨论 $(0,+\infty)$ 上该函数的图形. 又 $\forall x\in(-\infty,+\infty)$ 有 $f(x)>0$，所以 $y=f(x)$ 的图形位于 x 轴的上方.

(2) $f'(x)=-\dfrac{x}{\sqrt{2\pi}}\mathrm{e}^{-\frac{x^2}{2}}$，$f''(x)=\dfrac{1}{\sqrt{2\pi}}\mathrm{e}^{-\frac{x}{2}}(x^2-1)$. 令 $f'(x)=0$ 得 $x=0$；令 $f''(x)=0$ 得 $x=\pm1$.

(3) 列表如下：

x	0	$(0,1)$	1	$(1,+\infty)$
$f'(x)$	0	$-$	$-$	$-$
$f''(x)$	$-$	$-$	0	$+$
$f(x)$	极大值	↘(凸)	拐点	↘(凹)

(4) 因 $\lim\limits_{x\to+\infty}\dfrac{1}{\sqrt{2\pi}}\mathrm{e}^{-\frac{x^2}{2}}=0$，故有水平渐近线 $y=0$.

(5) $f(0)=\dfrac{1}{\sqrt{2\pi}}$，　$f(1)=\dfrac{1}{\sqrt{2\pi\mathrm{e}}}$，　$f(\sqrt{2})=\dfrac{1}{\sqrt{2\pi}\,\mathrm{e}}$，取辅助点 $\left(0,\dfrac{1}{\sqrt{2\pi}}\right)$，$\left(1,\dfrac{1}{\sqrt{2\pi\mathrm{e}}}\right)$，$\left(\sqrt{2},\dfrac{1}{\sqrt{2\pi}\,\mathrm{e}}\right)$，画出函数在 $[0,+\infty)$ 上的图形，再利用对称性便得到函数在 $(-\infty,0]$ 上的图形(图 5-14).

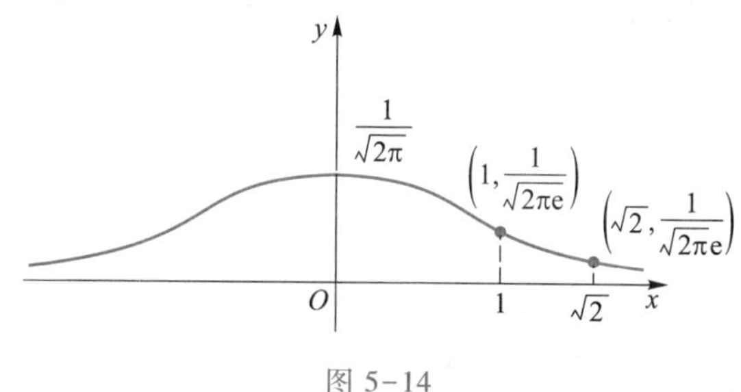

图 5-14

例 2 中的函数是概率论与数理统计中用到的标准正态分布的密度函数.一般地，形如 $y=\mathrm{e}^{-\frac{(x-a)^2}{b}}\,(b>0)$ 的指数函数，其图形是以 $x=a$ 为对称轴的类似于图 5-15 的曲线，称之为“钟形”曲线，它位于 x 轴的上方且以 x 轴为渐近线.此函数在 $x=a$ 处取得极大值 1，容易求得在 $x=a\pm\sqrt{\dfrac{b}{2}}$ 处两侧，曲线的凸性发生改变.因此，对于曲线 $y=\mathrm{e}^{-\frac{(x-a)^2}{b}}$ 来说，a 决定了对称轴的位置，b 决定了拐点与对称轴的距离，即钟形线的宽窄(图 5-15).

例 3　描绘 $f(x)=\dfrac{x}{3-x^2}$ 的图形.

解　(1) 定义域为 $(-\infty,-\sqrt{3})\cup(-\sqrt{3},\sqrt{3})\cup(\sqrt{3},+\infty)$，$x=\pm\sqrt{3}$ 为其间断点，且 $f(x)$ 为奇函数，因此它的图形关于原点对称，从而可以只讨论 $[0,\sqrt{3})\cup(\sqrt{3},+\infty)$ 上该函数的图形.

(2) $f'(x)=\dfrac{x^2+3}{(3-x^2)^2}>0$，故 $f(x)$ 在定义域内单调增加，无驻点.由于

$$f''(x)=\frac{2x(x^2+9)}{(3-x^2)^3},$$

令 $f''(x)=0$ 可得 $x=0$.

（3）列表如下

x	0	$(0,\sqrt{3})$	$\sqrt{3}$	$(\sqrt{3},+\infty)$
$f'(x)$	+	+	不存在	+
$f''(x)$	0	+	不存在	−
$f(x)$	拐点(0,0)	⤴	间断点	⤴

（4）由 $\lim\limits_{x\to\sqrt{3}}f(x)=\infty$ 知曲线有垂直渐近线 $x=\sqrt{3}$，由 $\lim\limits_{x\to\infty}f(x)=0$ 知曲线有水平渐近线 $y=0$.

（5）取辅助点 $M_1\left(1,\frac{1}{2}\right)$，$M_2(2,-2)$，$M_3\left(3,-\frac{1}{2}\right)$，描绘出函数在 $[0,\sqrt{3})\cup(\sqrt{3},+\infty)$ 上的图形，再利用对称性便得到函数在 $(-\infty,-\sqrt{3})\cup(-\sqrt{3},0]$ 内的图形（图 5-16）.

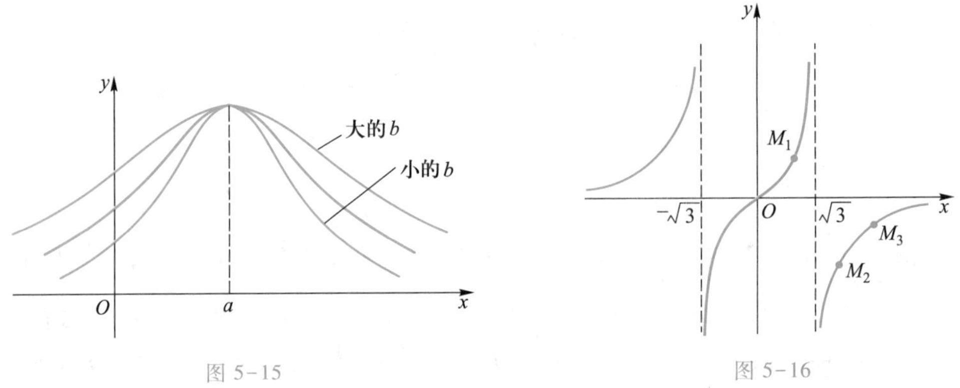

图 5-15　　图 5-16

习题 5-3

1. 作出下列函数的图形：

（1）$f(x)=\dfrac{x}{1+x^2}$；　　（2）$f(x)=x-2\arctan x$；

（3）$f(x)=\dfrac{x^2}{1+x}$；　　（4）$f(x)=2xe^{-x}$，$x\in(0,+\infty)$.

2. 逻辑斯谛(logistic)曲线族

$$y=\frac{A}{1+Be^{-Cx}},\quad -\infty<x<+\infty,\quad A,B,C>0$$

建立了动物的生长模型.

(1) 画出 $B=1$ 时的曲线 $g(x)=\dfrac{A}{1+\mathrm{e}^{-Cx}}$ 的图像，参数 A 的意义是什么(设 x 表示时间，y 表示某种动物数量)？

(2) 计算 $g(-x)+g(x)$，并说明该和的几何意义？

(3) 证明曲线 $y=\dfrac{A}{1+B\mathrm{e}^{-Cx}}$ 是对 $g(x)$ 的图像所作的平移.

第四节　相关变化率、曲率

一、相关变化率

在许多实际问题中，常常遇到两个变量 $x=x(t)$，$y=y(t)$. 如果它们的变化率(亦即它们的导数) $x'(t)$，$y'(t)$ 满足一定的关系式，则我们称 $x'(t)$ 与 $y'(t)$ 为相关变化率. 一般来说，如果已知其中一个变化率，我们便可从建立的关系式中求出另一个变化率.

例 1　在汽缸内，当理想气体的体积为 100 cm^3 时，压强为 5 Pa. 如果温度不变，压强以 0.05 Pa 的速率减少，那么体积增加的速率是多少？

解　由物理学知，在温度不变的条件下，理想气体压强 P 与体积 V 之间的关系为

$$PV=k\quad (k \text{ 为常数}).$$

由题意知 P,V 都是时间 t 的函数，上式对 t 求导，得

$$P\frac{\mathrm{d}V}{\mathrm{d}t}+V\frac{\mathrm{d}P}{\mathrm{d}t}=0.$$

将 $V=100, P=5, \dfrac{\mathrm{d}P}{\mathrm{d}t}=-0.05$ 代入上式得

$$\frac{\mathrm{d}V}{\mathrm{d}t}=-\frac{V}{P}\frac{\mathrm{d}P}{\mathrm{d}t}=-100\times\frac{1}{5}\times(-0.05)=1,$$

即体积增加的速率是 1 cm^3/h.

例 2　液体从深为 18 cm，顶直径为 12 cm 的正圆锥形漏斗中漏入直径为 10 cm 的圆柱形桶中. 设开始时漏斗盛满液体. 已知漏斗中液面深为 12 cm 时，液面下落的速度为 1 cm/min，求此时桶中液面上升的速率.

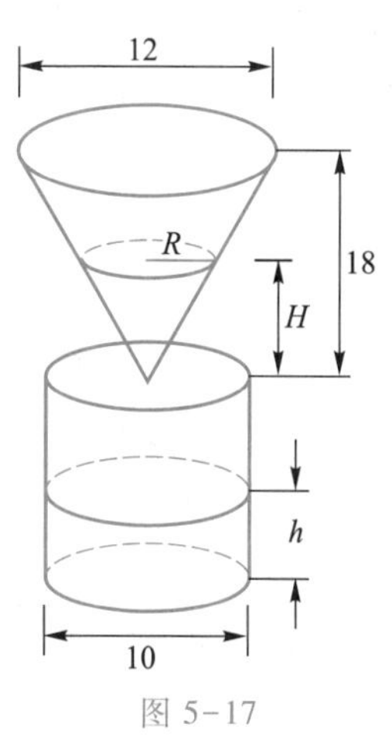

图 5-17

解　设漏斗中液面深为 H 时，桶中液面深为 h，漏斗液面半径为 R(图 5-17)，则

$$\frac{R}{H}=\frac{6}{18},\quad 即\quad R=\frac{1}{3}H.$$

且有

$$\frac{1}{3}\pi\cdot 6^2\cdot 18-\frac{1}{3}\pi R^2\cdot H=\pi\cdot 5^2h,$$

即

$$6^3-\frac{1}{27}H^3=25h.$$

上式两边对时间 t 求导数得

$$-\frac{1}{9}H^2\frac{\mathrm{d}H}{\mathrm{d}t}=25\frac{\mathrm{d}h}{\mathrm{d}t},$$

即

$$\frac{\mathrm{d}h}{\mathrm{d}t}=-\frac{H^2}{225}\cdot\frac{\mathrm{d}H}{\mathrm{d}t}.$$

将 $H=12,\frac{\mathrm{d}H}{\mathrm{d}t}=-1$ 代入上式得 $\frac{\mathrm{d}h}{\mathrm{d}t}=0.64$，即此时桶中液面上升速率为 0.64 cm/min.

二、曲率

在各种实际问题中，常常需要考虑曲线的弯曲程度.例如，在力学中，往往要考虑在外力的作用下，梁会发生怎样的弯曲；而在设计过程中，就需要考虑把这些梁的弯曲程度控制在允许的范围内；又如在设计铁路弯道时也需考虑轨道曲线的弯曲程度.这些问题都要求从数学上研究曲线的弯曲程度，于是有了曲率的概念.

在图 5-18(a)中，弧段 $\widehat{M_1M_2}$ 与弧段 $\widehat{M_2M_3}$ 等长，且弧段 $\widehat{M_2M_3}$ 比弧段 $\widehat{M_1M_2}$ 弯曲得厉害，当动点沿 $\widehat{M_1M_2}$ 从 M_1 移至 M_2 时，切线转过的角度(称为转角)为 α_1；当动点沿 $\widehat{M_2M_3}$ 从 M_2 移至 M_3 时，切线转角为 α_2，显然 $\alpha_1<\alpha_2$.故两等长的弧段，弯曲程度较大的弧段上切线的转角也较大.

然而，切线转角的大小并不能完全反映曲线的弯曲程度.例如，在图 5-18(b)中，当两弧段 $\widehat{M_1M_2}$ 与 $\widehat{N_1N_2}$ 的切线转角相等时，弧长短的弧段弯曲得更厉害.

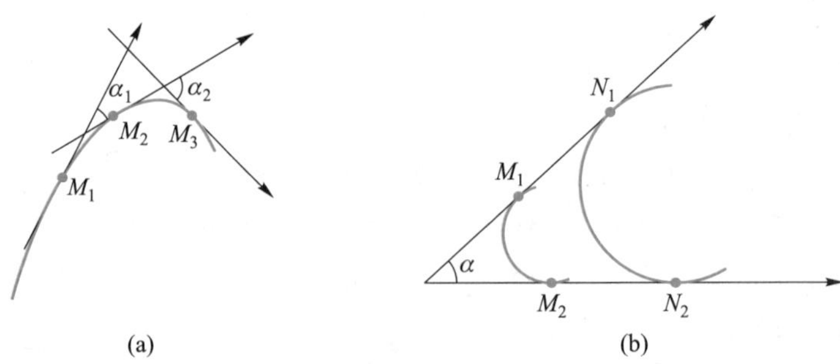

图 5-18

因此，我们用切线转角的大小与相应弧段长度之比值来描述曲线的弯曲程度，这个比值即为曲率，其具体定义如下：

设弧段 $\overset{\frown}{MM'}$ 的弧长为 Δs，切线转角为 $\Delta\alpha$（图 5-19），比值 $\left|\dfrac{\Delta\alpha}{\Delta s}\right|$ 称为弧段 $\overset{\frown}{MM'}$ 的平均曲率，记为

$$\overline{K}=\left|\frac{\Delta\alpha}{\Delta s}\right|.$$

当 $\Delta s\to 0$ 时（即 $M\to M'$），上述平均曲率的极限

$$K=\lim_{\Delta s\to 0}\left|\frac{\Delta\alpha}{\Delta s}\right|=\left|\frac{\mathrm{d}\alpha}{\mathrm{d}s}\right|$$

称为**曲线 C 在点 M 的曲率**.

对于直线，倾角 α 始终不变，故 $\Delta\alpha=0$，从而 $K=0$，即"直线不弯曲".

对于圆，设半径为 R，由图 5-20 知，任意两点 M,M' 处圆之切线所夹的角 $\Delta\alpha$ 等于圆心角 $\angle MDM'$，而 $\angle MDM'=\left|\dfrac{\Delta s}{R}\right|$，于是

$$\left|\frac{\Delta\alpha}{\Delta s}\right|=\left|\frac{\Delta s/R}{\Delta s}\right|=\frac{1}{R}.$$

故

$$K=\lim_{\Delta s\to 0}\left|\frac{\Delta\alpha}{\Delta s}\right|=\frac{1}{R}.$$

即圆上任一点处曲率都相等，且等于半径的倒数. 于是半径越小，曲率越大；反之，半径越大，曲率越小. 若半径无限增大，则曲率就无限趋近于零. 从这个意义上看，直线是半径为无穷大的圆.

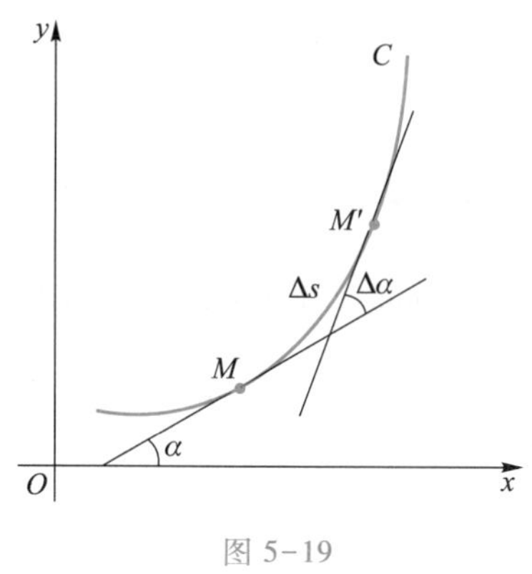

图 5-19

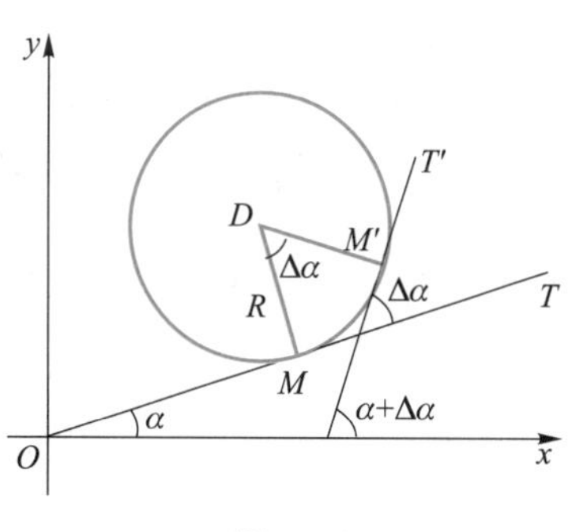

图 5-20

下面来推导一般曲线的曲率计算公式. 首先计算 $\mathrm{d}s$，称为曲线弧长的微分. 这里先利用几何的直观性来讨论弧长微分，在第七章第三节讨论弧长计算时再研究弧长微分.

设一条平面曲线的弧长 s 由某一定点 A 起算，设 $\overset{\frown}{MN}$ 是由某一点 $M(x,y)$ 起弧长的改变量 Δs，而 Δx 和 Δy 是相应的 x 和 y 的改变量. 记 $\overline{MN}$ 是起点为 M、终点为 N 的

线段,由图 5-21 中的直角三角形得到

$$(\overline{MN})^2=\Delta x^2+\Delta y^2,$$

由此有

$$\frac{(\overline{MN})^2}{\Delta x^2}=1+\left(\frac{\Delta y}{\Delta x}\right)^2.$$

当 Δx 充分小时,在一些假定之下,可以用线段 $\overline{MN}$ 代替弧 $\widehat{MN}$,再令 $\Delta x\to 0$,得到

$$\left(\frac{\mathrm{d}s}{\mathrm{d}x}\right)^2=1+\left(\frac{\mathrm{d}y}{\mathrm{d}x}\right)^2.$$

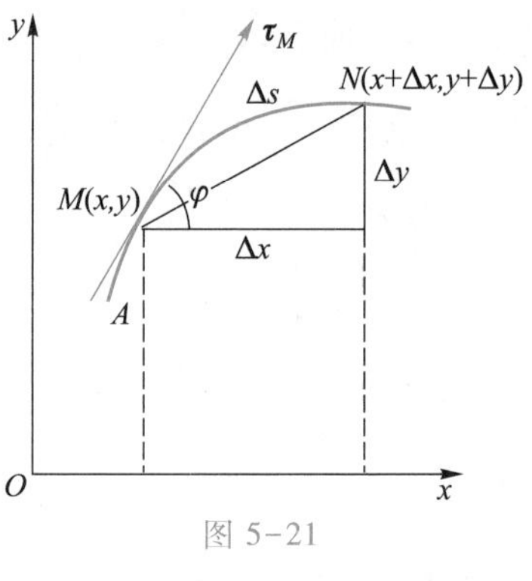

图 5-21

由此得到弧长微分的表达式

$$\mathrm{d}s=\pm\sqrt{1+(y')^2}\ \mathrm{d}x$$

或

$$\mathrm{d}s=\pm\sqrt{(\mathrm{d}x)^2+(\mathrm{d}y)^2},$$

$$(\mathrm{d}s)^2=(\mathrm{d}x)^2+(\mathrm{d}y)^2.$$

$\mathrm{d}s$ 正负的选取是按实际需要来确定,这里暂不讨论.

下面给出 $\mathrm{d}s$ 的具体表示式:

(1) 若曲线方程为 $y=f(x)\ (a\leqslant x\leqslant b)$,且 $f'(x)$ 在 $[a,b]$ 上连续,则

$$\mathrm{d}s=\pm\sqrt{1+f'^2(x)}\,\mathrm{d}x;$$

(2) 若曲线方程为

$$\begin{cases}x=\varphi(t),\\ y=\psi(t),\end{cases}\quad \alpha\leqslant t\leqslant\beta,$$

$\varphi'(t),\psi'(t)$ 在 $[\alpha,\beta]$ 上连续,且不全为 0,则

$$\mathrm{d}s=\pm\sqrt{\varphi'^2(t)+\psi'^2(t)}\,\mathrm{d}t.$$

设曲线方程为 $y=f(x)$,且 $f(x)$ 具有二阶导数.由 $y'=\tan\alpha$,得 $y''=\sec^2\alpha\dfrac{\mathrm{d}\alpha}{\mathrm{d}x}$,因此有

$$\frac{\mathrm{d}\alpha}{\mathrm{d}x}=\frac{y''}{1+\tan^2\alpha}=\frac{y''}{1+y'^2}.$$

故 $\mathrm{d}\alpha=\dfrac{y''}{1+y'^2}\,\mathrm{d}x$.又

$$\mathrm{d}s=\pm\sqrt{1+y'^2}\ \mathrm{d}x,$$

于是

$$K=\left|\frac{\mathrm{d}\alpha}{\mathrm{d}s}\right|=\frac{|y''|}{(1+y'^2)^{3/2}}.\tag{1}$$

公式(1)就是曲率的计算公式.

若曲线方程为

$$\begin{cases}x=\varphi(t),\\ y=\psi(t),\end{cases}$$

则

$$K=\frac{|\varphi'(t)\psi''(t)-\psi'(t)\varphi''(t)|}{[\varphi'^2(t)+\psi'^2(t)]^{3/2}}.$$

在本节前面有提到，铺设铁轨时，在拐弯处要考虑曲率.铁轨由直线到圆弧，这中间必须用过渡曲线连接.过渡曲线在其与直轨衔接的一端曲率为零，而在与圆轨衔接的另一端应具有与圆弧相同的曲率.否则，曲率的突然变化会使高速行驶的列车产生的离心力发生突变，从而造成列车的剧烈震动，影响车辆及铁轨的使用寿命，甚至有使列车脱轨的危险.

例 3　铁路拐弯处常用立方抛物线作为过渡曲线.试求立方抛物线 $y=\frac{1}{3}x^3$ 在点 $(0,0)$，$\left(1,\frac{1}{3}\right)$ 和 $\left(2,\frac{8}{3}\right)$ 处的曲率.

典型例题
曲率的计算

解　由 $y'=x^2$，$y''=2x$ 得

$$K=\frac{|2x|}{[1+(x^2)^2]^{3/2}}=\frac{2x}{(1+x^4)^{3/2}}.$$

于是，在 $(0,0)$ 处，$K_0=0$；在 $\left(1,\frac{1}{3}\right)$ 处，$K_1=\frac{\sqrt{2}}{2}$；在 $\left(2,\frac{8}{3}\right)$ 处，$K_2=\frac{4}{17\sqrt{17}}$.

在有些实际问题中，若 $|y'|\ll 1$，则 y' 可忽略不计，这时 $1+y'^2\approx 1$，从而有

$$K=\frac{|y''|}{(1+y'^2)^{3/2}}\approx|y''|.$$

前面已经指出，圆周上任一点处的曲率都相等，且等于圆半径的倒数，也就是说，圆的半径 R 正好是曲率的倒数，即

$$R=\frac{1}{K}.$$

一般地，我们把曲线上一点的曲率的倒数称为曲线在该点的**曲率半径**，记为

$$\rho=\frac{1}{K}.$$

下面介绍曲率半径的几何意义：

如图 5-22，在 A 点处作曲线的法线，并在曲线的一侧（如果为下凸曲线，则取"上侧"；如果为上凸曲线，则取"下侧"）作一个圆，圆的中心在法线上的 D 点，且圆的半径为 $DA=\rho$（ρ 是曲线在 A 点的曲率半径），这个圆叫做曲线在 A 点的**曲率圆**，曲率圆的圆心 D 叫做曲线在 A 处的**曲率中心**.

曲率圆与曲线在 A 点具有以下关系：

（1）有共同的切线，亦即圆与曲线在 A 点相切；

（2）有相同的曲率；

（3）在切点 A 附近有相同的凸性，

即圆和曲线在 A 点处具有相同的一、二阶导数.

上述事实常常可以使我们在实际问题中用曲率圆在 A 点处邻近的一段圆弧来

近似代替曲线弧，以使问题简化.

我们来看一个应用实例.

例 4　某工件内表面的截面为抛物线 $y=0.4x^2$（图 5-23），现要用砂轮磨削内表面，问应选多大直径的砂轮？

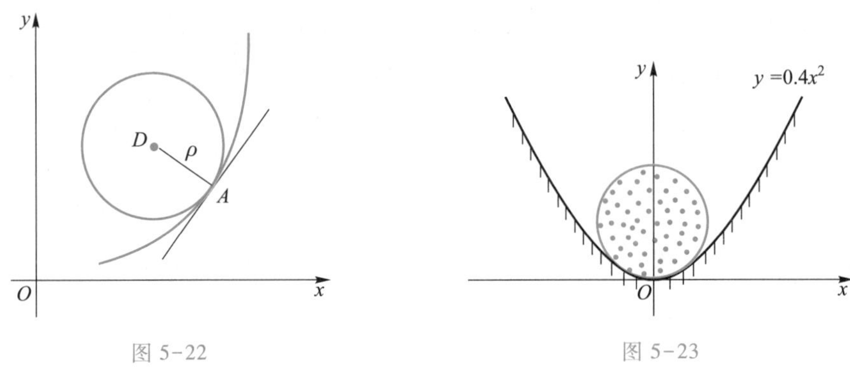

图 5-22　　　　图 5-23

解　为使磨削时不会磨掉不应磨去的部分，砂轮半径应不超过抛物线上各点处曲率半径的最小值.

对于 $y=0.4x^2$，有 $y'=0.8x$，$y''=0.8$. 曲率半径最小处曲率最大，而

$$K=\frac{0.8}{[1+(0.8x)^2]^{3/2}}.$$

当 $x=0$ 时，K 取最大值 0.8，即顶点处曲率最大，此时曲率半径

$$\rho=\frac{1}{K}=1.25.$$

故砂轮直径不得超过 2.50 单位长.

习题 5-4

1. 设一球形气球充气时，体积以 12 cm^3/s 的速率增大，始终保持球形不变，问半径为10 cm时，表面积增加的速率为多少？

2. 一动点沿抛物线 $y=x^2$ 运动，它沿 x 轴的方向的分速度为 4 cm/s，求动点在点(2,4)时，沿 y 轴的分速度.

3. 注水入深 8 m、上顶直径 8 m 的正圆锥形容器中，其速率为每分钟 4 m^3. 当水深为 5 m 时，其表面上升的速度为多少？

4. 抛物线 $y=ax^2+bx+c$ 上哪一点处的曲率最大？

5. 计算正弦曲线 $y=\sin x$ 在点 $\left(\frac{\pi}{2},1\right)$ 处的曲率.

6. 求曲线 $x=a\cos^3 t$，$y=a\sin^3 t$ 在 $t=t_0$ 处的曲率与曲率半径.

7. 求曲线 $y=\ln x$ 在与 x 轴交点处的曲率与曲率半径.

8. 求曲线 $y=2(x-1)^2$ 的最小曲率半径.

第五节　导数在经济学中的应用

一、边际函数

“边际”是经济学中的关键术语，常常是指“新增”的意思.例如，边际效应是指消费新增一单位商品时所带来的新增效应；边际成本是在所考虑的产量水平上再增加生产一单位产品所需成本；边际收入是指在所考虑的销量水平上再增加一个单位产品销量所带来的收入.经济学中此类边际问题还有很多.下面以边际成本为例，引出经济学中边际函数的数学定义.

设生产数量为 x 的某种产品的总成本为 $C(x)$，一般而言，它是 x 的增函数.产量从 x 变为 $x+1$ 时，总成本增加量为

$$\Delta C(x)=C(x+1)-C(x)=\frac{C(x+1)-C(x)}{(x+1)-x}.$$

它也是产量从 x 变为 $x+1$ 时，成本的平均变化率.由微分学中关于导数的定义知导数即是平均变化率当自变量的增量趋于零时的极限.当自变量从 x 变为$x+\Delta x$时，只要 Δx 改变不大，则函数在 x 处的瞬时变化率与函数在 x 至 $x+\Delta x$ 上的平均变化率相差不大.因此经济学家将 $C(x)$ 视为可微函数，把边际成本定义为成本关于产量的瞬时变化率，即

$$\text{边际成本}=C'(x).$$

类似地，若销售 x 个单位产品产生的收入为 $R(x)$，则

$$\text{边际收入}=R'(x).$$

设利润函数用 $\pi(x)$ 表示，则有

$$\pi(x)=R(x)-C(x).$$

因此边际利润为

$$\pi'(x)=R'(x)-C'(x).$$

令 $\pi'(x)=0$，得 $R'(x)=C'(x)$.如果 $\pi(x)$ 有极值，则在 $R'(x)=C'(x)$ 时取得.因此当边际成本等于边际收入时，利润取得极大(极小)值.

一般地，经济学上称某函数的导数为其**边际函数**.

二、函数的弹性

我们首先来讨论需求的价格弹性.人们对于某些商品的需求量与该商品的价格有关.当商品价格下降时，需求量将增大；当商品的价格上升时，需求量会减少.为了衡量某种商品的价格发生变动时，该商品的需求量的大小，经济学家把需求量变动的百分比除以价格变动的百分比定义为需求的价格弹性，简称**价格弹性**.

设商品的需求 Q 为价格 p 的函数，即 $Q=f(p)$，则价格弹性为

$$\left(\frac{\Delta Q}{Q}\right)\Big/\left(\frac{\Delta p}{p}\right)=\frac{p}{Q}\cdot\frac{\Delta Q}{\Delta p}.$$

若 Q 是 p 的可微函数，则当 $\Delta p\to0$ 时，有

$$\lim_{\Delta p\to0}\left(\frac{\Delta Q}{Q}\Big/\frac{\Delta p}{p}\right)=\frac{p}{Q}\lim_{\Delta p\to0}\frac{\Delta Q}{\Delta p}=\frac{p}{Q}\frac{\mathrm{d}Q}{\mathrm{d}p}.$$

故商品的价格弹性为 $\frac{p}{Q}\frac{\mathrm{d}Q}{\mathrm{d}p}$，记为 $\frac{EQ}{Ep}$，其含义为价格变动百分之一所引起的需求变动百分比.

例 1　设某地区城市人口对服装的需求函数为

$$Q=ap^{-0.54},$$

其中 $a>0$ 为常数，p 为价格，则服装的需求价格弹性为

$$\frac{EQ}{Ep}=\frac{p}{Q}\cdot\frac{\mathrm{d}Q}{\mathrm{d}p}=\frac{p}{Q}ap^{-0.54-1}(-0.54)=-0.54,$$

说明服装价格提高（或降低）10%，则对服装的需求减少（或提高）5.4%.

需求价格弹性为负值时，需求量的变化与价格的变化是反向的.为了方便，记 $E=\left|\frac{EQ}{Ep}\right|$，称 $E>1$ 的需求为弹性需求，表示该需求对价格变动比较敏感；称 $E<1$ 的需求为非弹性需求，表示该需求对价格变动不太敏感.一般地，生活必需品，需求的价格弹性小，而奢侈品的需求价格弹性通常比较大.

例 2　求下面函数的弹性：

(1) $y=ax^b$；(2) $y=ax^2+bx+c$　$(a>0,b\neq0)$.

解　(1) $\frac{Ey}{Ex}=\frac{x}{ax^b}\cdot abx^{b-1}=b.$

(2) $\frac{Ey}{Ex}=\frac{x}{ax^2+bx+c}\cdot(2ax+b)=\frac{2ax^2+bx}{ax^2+bx+c}.$

三、增长率

在许多宏观经济问题的研究中，所考察的对象一般是随时间的推移而不断变化的，如国民收入、人口、对外贸易额、投资总额等.我们希望了解这些量在单位时间内相对于过去的变化率.比如，人口增长率、国民收入增长率、投资增长率等.

设某经济变量 y 是时间 t 的函数 $y=f(t)$.单位时间内 $f(t)$ 的增长量占基数 $f(t)$ 的百分比

$$\frac{f(t+\Delta t)-f(t)}{\Delta t}\Big/f(t)$$

称为 $f(t)$ 从 t 到 $t+\Delta t$ 的平均增长率.

若 $f(t)$ 视为 t 的可微函数，则有

$$\begin{aligned}&\lim_{\Delta t\to0}\frac{1}{f(t)}\cdot\frac{f(t+\Delta t)-f(t)}{\Delta t}\\&=\frac{1}{f(t)}\lim_{\Delta t\to0}\frac{f(t+\Delta t)-f(t)}{\Delta t}=\frac{f'(t)}{f(t)}.\end{aligned}$$

我们称$\frac{f'(t)}{f(t)}$为$f(t)$在时刻t的瞬时增长率，简称**增长率**，记为r_f.

由导数的运算法则知函数的增长率有两条重要的运算法则：

(1) 积的增长率等于各因子增长率的和；

(2) 商的增长率等于分子与分母的增长率之差.

事实上，设$y(t)=u(t)\cdot v(t)$，则由

$$\frac{\mathrm{d}y}{\mathrm{d}t}=u\frac{\mathrm{d}v}{\mathrm{d}t}+v\frac{\mathrm{d}u}{\mathrm{d}t},$$

可得

$$\begin{aligned} r_y&=\frac{1}{y}\frac{\mathrm{d}y}{\mathrm{d}t}=\frac{1}{uv\mathrm{d}t}(u\mathrm{d}v+v\mathrm{d}u)\\ &=\frac{1}{v}\frac{\mathrm{d}v}{\mathrm{d}t}+\frac{1}{u}\frac{\mathrm{d}u}{\mathrm{d}t}\\ &=r_u+r_v. \end{aligned}$$

同理可推出，若$y(t)=\frac{u(t)}{v(t)}$，则$r_y=r_u-r_v$.

例 3　设国民收入Y的增长率是r_Y，人口H的增长率是r_H，则人均国民收入$\frac{Y}{H}$的增长率是r_Y-r_H.

例 4　求下列函数的增长率：

(1) $y=ax+b$；(2) $y=a\mathrm{e}^{bx}$.

解　(1) $r_y=\frac{y'}{y}=\frac{a}{ax+b}$.

(2) $r_y=\frac{ab\mathrm{e}^{bx}}{a\mathrm{e}^{bx}}=b$.

由(1)知，当$x\to+\infty$时，$r_y\to0$，即线性函数的增长率随自变量的不断增大而不断减少直至趋于零.由(2)知，指数函数的增长率恒等于常数.

习题 5-5

1. 设总收入和总成本分别由以下两式给出：

$$R(q)=5q-0.003q^2,\quad C(q)=300+1.1q,$$

其中q为产量，$0\leqslant q\leqslant 1\ 000$，求(1) 边际成本；(2) 获得最大利润时的产量；(3) 怎样的生产量盈亏平衡.

2. 设生产q件产品的总成本$C(q)$由下式给出：

$$C(q)=0.01q^3-0.6q^2+13q.$$

(1) 设每件产品的价格为7元，企业的最大利润是多少？

(2) 当固定生产水平为34件时，若每件价格每提高一元时少卖出2件，问是否应该提高价格？如果是，价格应该提高多少？

3. 求下列初等函数的边际函数、弹性和增长率：

(1) $y=ax+b$；　(2) $y=ae^{bx}$；　(3) $y=x^{a}$，

其中 $a,b\in\mathbf{R},a\neq0$.

4. 设某种商品的需求弹性为0.8，则当价格分别提高10%，20%时，需求量将如何变化？

5. 国民收入的年增长率为7.1%．若人口的增长率为1.2%，则人均收入年增长率为多少？

综合题五

1. 选择题：

(1) 已知函数 $y=f(x)$ 对一切 x 满足 $xf''(x)+3x[f'(x)]^2=1-e^{-x}$，若 $f'(x_0)=0$ $(x_0\neq0)$，则(　　).

(A) $f(x_0)$ 是 $f(x)$ 的极大值

(B) $(x_0,f(x_0))$ 是曲线 $y=f(x)$ 的拐点

(C) $f(x_0)$ 是 $f(x)$ 的极小值

(D) $f(x_0)$ 不是 $f(x)$ 的极值，$(x_0,f(x_0))$ 不是曲线 $y=f(x)$ 的拐点

(2) 设常数 $k>0$，函数 $f(x)=\ln x-\dfrac{x}{e}+k$ 在 $(0,+\infty)$ 内零点个数为(　　).

(A) 3　　(B) 2　　(C) 1　　(D) 0

(3) 曲线 $y=(x-1)^2(x-3)^2$ 的拐点个数为(　　).

(A) 0　　(B) 1　　(C) 2　　(D) 3

(4) 设函数 $f(x)$ 在 $x=a$ 的某个邻域内连续且 $f(a)$ 为其极大值，则存在 $\delta>0$，当 $x\in(a-\delta,a+\delta)$ 时必有(　　).

(A) $(x-a)[f(x)-f(a)]\geqslant0$　　(B) $(x-a)[f(x)-f(a)]\leqslant0$

(C) $\lim\limits_{t\to a}\dfrac{f(t)-f(x)}{(t-x)^2}\geqslant0(x\neq a)$　　(D) $\lim\limits_{t\to a}\dfrac{f(t)-f(x)}{(t-x)^2}\leqslant0(x\neq a)$

(5) 设 $f(x)=|x(1-x)|$，则(　　).

(A) $f(0)$ 是 $f(x)$ 的极值，点 $(0,f(0))$ 不是曲线 $y=f(x)$ 的拐点

(B) $f(0)$ 不是 $f(x)$ 的极值，点 $(0,f(0))$ 是曲线 $y=f(x)$ 的拐点

(C) $f(0)$ 不是 $f(x)$ 的极值，点 $(0,f(0))$ 不是曲线 $y=f(x)$ 的拐点

(D) $f(0)$ 是 $f(x)$ 的极值，点 $(0,f(0))$ 是曲线 $y=f(x)$ 的拐点

(6) 设 $f(x)$ 有二阶连续导数，$f'(0)=0,\lim\limits_{x\to0}\dfrac{f''(x)}{|x|}=1$，则(　　).

(A) $f(0)$ 是 $f(x)$ 的极大值

(B) $f(0)$ 是 $f(x)$ 的极小值

(C) $(0,f(0))$是曲线 $y=f(x)$ 的拐点

(D) $f(0)$不是$f(x)$的极值,$(0,f(0))$也不是曲线 $y=f(x)$ 的拐点

(7) 函数 $y=f(x)$ 在点 $x=x_0$ 处取得极大值,则(　　).

(A) $f'(x_0)=0$　　　　(B) $f''(x_0)<0$

(C) $f'(x_0)=0$ 且$f''(x_0)<0$　　　　(D) $f'(x_0)=0$ 或不存在

(8) 曲线 $y=(x-1)(x-2)^2(x-3)^3(x-4)^4$ 的拐点是(　　).

(A) $(1,0)$　　(B) $(2,0)$　　(C) $(3,0)$　　(D) $(4,0)$

(9) 曲线 $y=\dfrac{x^2+x}{x^2-1}$的渐近线条数为(　　).

(A) 0　　(B) 1　　(C) 2　　(D) 3

(10) 设曲线 $y=\dfrac{1+e^{-x^2}}{1-e^{-x^2}}$,则该曲线(　　).

(A) 没有渐近线　　　　(B) 仅有水平渐近线

(C) 仅有垂直渐近线　　　　(D) 既有水平又有垂直渐近线

(11) 曲线 $y=x+\sqrt{x^2-x+1}$ (　　).

(A) 没有渐近线

(B) 有一条水平渐近线和一条斜渐近线

(C) 有一条垂直渐近线

(D) 有两条水平渐近线

2. 填空题:

(1) 设三次函数$f(x)=x^3+3mx^2+3nx+p$ 有极值点 $x=a$ 和 $x=b$,若用 m,n,p 表示$f(a)+f(b)$,则$f(a)+f(b)=$________.

(2) 设$f(x)=ax^3-6ax^2+b$ 在区间$[-1,2]$上的最大值为 3,最小值为-29, 又知$a>0$,则 $a=$________,$b=$________.

(3) 曲线 $y=(x-5)x^{\frac{2}{3}}$的拐点坐标为________.

(4) 设 k 为常数,方程 $kx-\dfrac{1}{x}+1=0$ 在区间$(0,+\infty)$上恰有一根,则 k 的取值范围是________.

(5) 当 $x>0$ 时,曲线 $y=x\sin\dfrac{1}{x}$的渐近线为________.

(6) 方程$\sqrt{|x|}+\sqrt[4]{|x|}-\cos x=0$ 的实根个数为________.

3. 设 $y=f(x)=\begin{cases}\sqrt[x]{x}, x>0,\\ 0, x=0,\end{cases}$讨论$f(x)$的连续性,并求单调区间、极值与渐近线.

4. 设$f(x)=x^2(x-1)^2(x-3)^2$,试问曲线 $y=f(x)$有几个拐点,证明你的结论.

5. 已知函数 $g(x)$ 在区间$[a,b]$上连续,且函数 $f(x)$ 在$[a,b]$上满足 $f''+gf'-f=0$,又$f(a)=f(b)=0$,证明:$f(x)$在闭区间$[a,b]$上恒为一常数.

6. 函数$f(x)$对于一切实数 x 满足方程 $xf''(x)+3x[f'(x)]^2=1-e^{-x}$,若$f(x)$在点$x=0$ 有极值,证明它是极小值.

7. 设函数 $f(x)$ 满足方程 $f(x)+4f\left(-\frac{1}{x}\right)=\frac{1}{x}$，求函数 $f(x)$ 的极大值与极小值.

8. 试讨论方程 $x\mathrm{e}^{-x}=a(a>0)$ 的实根.

9. 设 $y^2=6x$，试从其所有与法线重合的弦中，找出一条最短的弦的长度.

10. 设 $f(x)$ 在 $(-\infty,+\infty)$ 上二阶可导，$f''(x)>0$，且 $\lim\limits_{x\to+\infty}f'(x)=\alpha>0$，$\lim\limits_{x\to-\infty}f'(x)=\beta<0$，又存在一点 x_0，使 $f(x_0)<0$，证明：方程 $f(x)=0$ 在 $(-\infty,+\infty)$ 上有且仅有两个实根.

11. 证明下列不等式：

(1) $\dfrac{\mathrm{e}^b-\mathrm{e}^a}{b-a}<\dfrac{\mathrm{e}^b+\mathrm{e}^a}{2}\quad(a\neq b)$；

(2) $(x^2-1)\ln x\geqslant(x-1)^2\quad(x>0)$；

(3) $\sin\dfrac{x}{2}>\dfrac{x}{\pi}\quad(0<x<\pi)$；

综合题五答案与提示

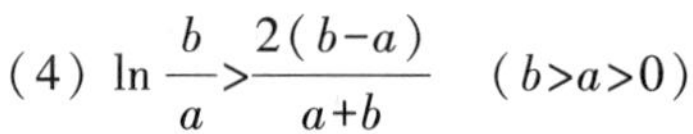

(4) $\ln\dfrac{b}{a}>\dfrac{2(b-a)}{a+b}\quad(b>a>0)$.

12. 设 $f(x)$ 在 $[0,1]$ 上二阶导数连续，$f(0)=f(1)=0$，且当 $x\in(0,1)$ 时，$|f''(x)|\leqslant A$，求证：$|f'(x)|\leqslant\dfrac{A}{2}$，$x\in[0,1]$.

第六章

函数的积分

本章介绍一元函数的积分，包括定积分与不定积分两部分.定积分的有关知识是从17世纪出现和发展起来的，以下两类问题是导致定积分出现的主要背景：一是几何上的长度、面积和体积的计算；二是物理上的速度、距离与变力做功的计算.尽管某些问题早在公元前就被古希腊人研究过，但直到17世纪有了牛顿（Newton）和莱布尼茨（Leibniz）的微积分思想后，才使这些问题得到统一，并且与求不定积分的问题联系起来.

第一节　定积分的概念与性质

一、定积分概念的导出背景

1. 曲边梯形的面积

设$f(x)$是定义在区间$[a,b]$上的非负连续函数，由曲线$y=f(x)$及直线$x=a,x=b$和$y=0$所围成的图形称为曲边梯形.下面我们讨论如何求这个曲边梯形的面积.

为了利用已知图形（比如说矩形）的面积公式，可以先把$[a,b]$分成n个小区间，其分点为

$$a=x_0<x_1<x_2<\cdots<x_n=b.$$

这样整个曲边梯形就相应地被直线$x=x_k(k=1,2,\cdots,n-1)$分成n个小曲边梯形.对于第k个小曲边梯形来说，当其底边长$\Delta x_k=x_k-x_{k-1}$足够小时，其高度的变化也是非常小的，这时它的面积可以用某个小矩形的面积来近似.若任取$\xi_k\in[x_{k-1},x_k]$，用$f(\xi_k)$作为第k个小矩形的高（图6-1），则第k个小曲边梯形面积的近似值为

$$\Delta S_k\approx f(\xi_k)\Delta x_k.$$

这样，整个曲边梯形面积的近似值就是

$$S=\sum_{k=1}^{n}\Delta S_k\approx\sum_{k=1}^{n}f(\xi_k)\Delta x_k.$$

从几何直观上看，当分点越密时，小矩形与小曲边梯形的面积就会越接近，因

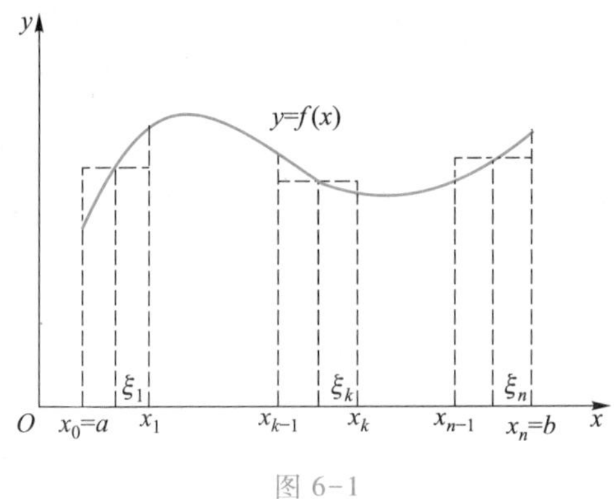

图 6-1

而和式 $\sum\limits_{k=1}^{n} f(\xi_k)\Delta x_k$ 与整个曲边梯形的面积也会更加接近.当 $\max\limits_{1\leqslant k\leqslant n}\{\Delta x_k\}\to 0$ 时,和式 $\sum\limits_{k=1}^{n} f(\xi_k)\Delta x_k$ 的极限如果存在,则这个极限值即为曲边梯形的面积 S.

2. 变速直线运动的路程

设某物体做变速直线运动,其速度 $v(t)$ 在时间间隔 $[T_1,T_2]$ 上是 t 的连续函数,且 $v(t)\geqslant 0$,试计算物体在 $[T_1,T_2]$ 内所经过的路程 s.

此时,速度 $v(t)$ 是变量,由于速度函数 $v(t)$ 在 $[T_1,T_2]$ 上连续,在很短一段时间里,速度的变化是很小的,因此物体的运动可近似地看作匀速直线运动.基于这一事实,我们有如下过程:

在 $[T_1,T_2]$ 内取 $(n-1)$ 个分点 $t_k(k=1,2,\cdots,n-1)$,且

$$T_1=t_0<t_1<t_2<\cdots<t_n=T_2,$$

然后在每一小区间 $[t_{k-1},t_k]$ 上任取一点 ξ_k,只要时间间隔 $\Delta t_k=t_k-t_{k-1}$ 充分小,$v(\xi_k)$ 就可以近似地代替 $[t_{k-1},t_k]$ 上各个时刻的速度,因此这段时间内物体所走过的路程的近似值为 $v(\xi_k)\Delta t_k$,于是整个路程就近似等于 $\sum\limits_{k=1}^{n} v(\xi_k)\Delta t_k$.

当 $\lambda=\max\limits_{1\leqslant k\leqslant n}\{\Delta t_k\}\to 0$ 时,若和式 $\sum\limits_{k=1}^{n} v(\xi_k)\Delta t_k$ 的极限存在,则该极限值即为所求的路程 s.

在实践中还有许多其他量可类似表示.于是,从这些量出发我们便抽象出一个重要概念——定积分.

二、定积分的定义

为了便于表达,先引入以下概念.

定义 1　若有限点集 $\{x_k\}_{k=0}^{n}$ 属于 $[a,b]$,且满足条件 $a=x_0<x_1<x_2<\cdots<x_n=b$,则称点集 $\{x_k\}_{k=0}^{n}$ 是区间 $[a,b]$ 的一个**划分**;每个小区间 $[x_{k-1},x_k]$ $(k=1,2,\cdots,n)$ 称为 $[a,b]$ 的一个**子区间**;$\Delta x_k=x_k-x_{k-1}$ $(k=1,2,\cdots,n)$ 称为第 k 个**子区间的长度**;$\lambda=\max\limits_{1\leqslant k\leqslant n}\{\Delta x_k\}$ 称为划分 $\{x_k\}_{k=0}^{n}$ 的**直径**.

有了划分的概念后,定积分的定义可如下给出.

定义 2　设函数$f(x)$在区间$[a,b]$上有界.对于$[a,b]$的任意划分$\{x_k\}_{k=0}^{n}$及任取的点$\xi_k \in [x_{k-1},x_k]$ $(k=1,2,\cdots,n)$,若和式$\sum\limits_{k=1}^{n} f(\xi_k)\Delta x_k$的极限

$$\lim_{\lambda\to 0}\sum_{k=1}^{n} f(\xi_k)\Delta x_k$$

存在,且与闭区间$[a,b]$的分法及点ξ_k的取法无关,则称$f(x)$**在**$[a,b]$**上可积**,此极限值称为$f(x)$**在**$[a,b]$**上的定积分**,记作

$$\int_a^b f(x)\,\mathrm{d}x = \lim_{\lambda\to 0}\sum_{k=1}^{n} f(\xi_k)\Delta x_k,$$

其中$\int$是积分号,$f(x)$称为**被积函数**,x称为**积分变量**,a和b分别称为**积分下限**和**积分上限**,$[a,b]$称为**积分区间**.

这里的λ是划分$\{x_k\}_{k=0}^{n}$的直径,和式$\sum\limits_{k=1}^{n} f(\xi_k)\Delta x_k$称为**积分和式**.由于这个定义是由黎曼(Riemann)首先给出的,所以这里的可积也称为**黎曼可积**,相应的积分和式也称为**黎曼和**.

根据定积分的定义及前面对曲边梯形面积的讨论,我们知道定积分有如下的几何意义:

(1) 若在区间$[a,b]$上,$f(x)\geqslant 0$,则定积分$\int_a^b f(x)\,\mathrm{d}x$表示由曲线$y=f(x)$,直线$x=a$,$x=b$与$x$轴所围成的曲边梯形的面积;

(2) 若在区间$[a,b]$上,$f(x)\leqslant 0$,则定积分$\int_a^b f(x)\,\mathrm{d}x$表示由曲线$y=f(x)$,直线$x=a$,$x=b$与$x$轴所围成的曲边梯形的面积的相反数;

(3) 若在区间$[a,b]$上,$f(x)$变号,则定积分表示位于x轴上方图形的面积减去位于x轴下方图形的面积.

如在图 6-2 中,S_1,S_2和S_3分别表示所在阴影部分的面积,则

$$\int_a^b f(x)\,\mathrm{d}x = S_2 - S_1 - S_3.$$

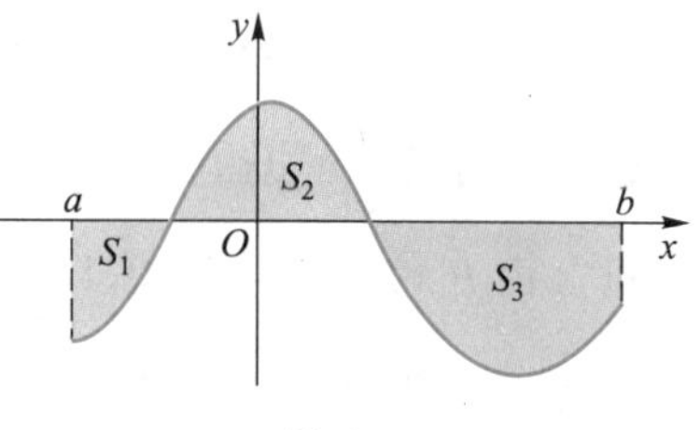

图 6-2

例 1　对任意常数c,证明$f(x)=c$在$[a,b]$上可积,且$\int_a^b c\,\mathrm{d}x = c(b-a)$.

证　对任给$[a,b]$上的一个划分$\{x_k\}_{k=0}^{n}$,任取$\xi_k\in[x_{k-1},x_k]$,$(k=1,2,\cdots,n)$,则

$$\sum_{k=1}^{n} f(\xi_k)\Delta x_k = \sum_{k=1}^{n} c\Delta x_k = c\sum_{k=1}^{n}\Delta x_k = c(b-a).$$

所以

$$\lim_{\lambda\to 0}\sum_{k=1}^{n} f(\xi_k)\Delta x_k = c(b-a),$$

即

$$\int_a^b f(x)\,dx = \int_a^b c\,dx = c(b-a).$$

例 2　证明狄利克雷函数

$$D(x)=\begin{cases}1, & x\text{ 为有理数},\\ 0, & x\text{ 为无理数}\end{cases}$$

在$[0,1]$上不可积.

证　任给$[0,1]$的一个划分$\{x_k\}_{k=0}^n$，当取ξ_k为$[x_{k-1},x_k]$中的有理数时，其和式

$$\sum_{k=1}^n D(\xi_k)\Delta x_k = 1,$$

从而

$$\lim_{\lambda\to 0}\sum_{k=1}^n D(\xi_k)\Delta x_k = 1.$$

而当取η_k为$[x_{k-1},x_k]$中的无理数时，其和式

$$\sum_{k=1}^n D(\eta_k)\Delta x_k = 0,$$

从而

$$\lim_{\lambda\to 0}\sum_{k=1}^n D(\eta_k)\Delta x_k = 0.$$

由定义知$D(x)$在$[0,1]$上不可积.

一般地，用记号$R([a,b])$表示区间$[a,b]$上所有可积函数的集合. 下面我们不加证明地给出定积分存在的一个定理.

定理　设$f(x)$是在$[a,b]$上有定义的函数，则下面三个结论成立：

(1) 若$f(x)\in C([a,b])$，则$f(x)\in R([a,b])$；

(2) 若$f(x)$在闭区间$[a,b]$上有界且只有有限个第一类间断点，则$f(x)\in R([a,b])$；

(3) 若$f(x)$在闭区间$[a,b]$上单调有界，则$f(x)\in R([a,b])$.

例 3　计算$\int_0^1 x^2\,dx$.

解　由$f(x)=x^2\in C([0,1])$知$f(x)\in R([0,1])$，因此其积分值与对$[0,1]$的划分及点ξ_i的取法无关. 现将$[0,1]$ n等分，得分点$x_i=\frac{i}{n}(i=0,1,\cdots,n)$，其部分区间长度$\Delta x_i=\frac{1}{n}$，取$\xi_i=x_i=\frac{i}{n}(i=1,2,\cdots,n)$，则

$$\begin{aligned}\int_0^1 x^2\,dx &= \lim_{n\to\infty}\sum_{i=1}^n \xi_i^2\Delta x_i = \lim_{n\to\infty}\sum_{i=1}^n\left(\frac{i}{n}\right)^2\cdot\frac{1}{n}\\ &= \lim_{n\to\infty}\frac{n(n+1)(2n+1)}{6n^3} = \frac{1}{3}.\end{aligned}$$

例 4　设$f(x)\in C([0,1])$且$f(x)>0$，证明

$$\lim_{n\to\infty}\sqrt[n]{f\left(\frac{1}{n}\right)f\left(\frac{2}{n}\right)\cdots f\left(\frac{n}{n}\right)} = e^{\int_0^1 \ln f(x)\,dx}.$$

解　因为 $f(x)\in C([0,1])$，所以 $f(x)$ 在 $[0,1]$ 上可积. 又因为

$$\sqrt[n]{f\left(\frac{1}{n}\right)f\left(\frac{2}{n}\right)\cdots f\left(\frac{n}{n}\right)}=e^{\frac{1}{n}\sum\limits_{k=1}^{n}\ln f\left(\frac{k}{n}\right)}=e^{\sum\limits_{k=1}^{n}\frac{1}{n}\ln f\left(\frac{k}{n}\right)},$$

所以

$$\lim_{n\to\infty}\sqrt[n]{f\left(\frac{1}{n}\right)f\left(\frac{2}{n}\right)\cdots f\left(\frac{n}{n}\right)}=e^{\lim\limits_{n\to\infty}\sum\limits_{k=1}^{n}\frac{1}{n}\ln f\left(\frac{k}{n}\right)}=e^{\int_0^1\ln f(x)\,dx}.$$

三、定积分的性质

性质 1　若 $f(x)\in R([a,b])$，则

$$\int_a^b f(x)\,dx=\int_a^b f(t)\,dt,$$

即定积分的值与积分变量的记号无关.

性质 2　$\int_a^b 1dx=\int_a^b dx=b-a.$

这两个性质由定积分的定义可直接得到.

性质 3　若 $f(x),g(x)\in R([a,b])$，则 $\alpha f(x)+\beta g(x)\in R([a,b])$（其中 α,β 为常数），且

$$\int_a^b[\alpha f(x)+\beta g(x)]\,dx=\alpha\int_a^b f(x)\,dx+\beta\int_a^b g(x)\,dx.$$

证　由于 $f(x),g(x)\in R([a,b])$，则对 $[a,b]$ 的任一划分 $\{x_k\}_{k=0}^{n}$，即

$$x_0=a<x_1<x_2<\cdots<x_{n-1}<x_n=b,$$

记 $\Delta x_k=x_k-x_{k-1}(k=1,2,\cdots,n)$，$\lambda=\max\limits_{1\leqslant k\leqslant n}\{\Delta x_k\}$，$\forall\xi_k\in[x_{k-1},x_k]$，都有

$$\begin{aligned}&\lim_{\lambda\to0}\sum_{k=1}^{n}[\alpha f(\xi_k)+\beta g(\xi_k)]\Delta x_k\\&=\alpha\lim_{\lambda\to0}\sum_{k=1}^{n}f(\xi_k)\Delta x_k+\beta\lim_{\lambda\to0}\sum_{k=1}^{n}g(\xi_k)\Delta x_k.\end{aligned}$$

所以 $\alpha f(x)+\beta g(x)\in R([a,b])$，且

$$\int_a^b[\alpha f(x)+\beta g(x)]\,dx=\alpha\int_a^b f(x)\,dx+\beta\int_a^b g(x)\,dx.$$

性质 4　若 $a<c<b$，且 $f(x)\in R([a,b])$，则 $f(x)\in R([a,c])$ 及 $f(x)\in R([c,b])$，且有

$$\int_a^b f(x)\,dx=\int_a^c f(x)\,dx+\int_c^b f(x)\,dx.$$

证　我们证明等式成立，至于 $f(x)$ 在 $[a,c]$ 和 $[c,b]$ 上可积的证明，留给读者. 由于 $f(x)\in R([a,b])$，且 $a<c<b$，故可选取区间 $[a,b]$ 的划分，使 c 成为分点，即

$$a=x_0<x_1<\cdots<x_{k_0}=c<x_{k_0+1}<\cdots<x_n=b.$$

于是

$$\sum_{i=1}^{n}f(\xi_i)\Delta x_i=\sum_{i=1}^{k_0}f(\xi_i)\Delta x_i+\sum_{i=k_0+1}^{n}f(\xi_i)\Delta x_i.$$

令 $\lambda\to0$，得

$$\int_a^b f(x)\,\mathrm{d}x = \int_a^c f(x)\,\mathrm{d}x + \int_c^b f(x)\,\mathrm{d}x.$$

此性质称为定积分的分段可加性.为以后应用和计算中的方便,我们规定

$$\int_a^b f(x)\,\mathrm{d}x = -\int_b^a f(x)\,\mathrm{d}x.$$

由此有$\int_a^a f(x)\,\mathrm{d}x = 0$.这样性质 4 的条件"$a < c < b$"可去掉,只要$f(x)$在所给区间上是可积的即可.

性质 5 若$f(x)\in R([a,b])$,且$\forall x\in[a,b]$有$f(x)\geqslant 0$,则

$$\int_a^b f(x)\,\mathrm{d}x \geqslant 0.$$

证 由已知条件及极限性质有

$$\int_a^b f(x)\,\mathrm{d}x = \lim_{\lambda\to 0}\sum_{k=1}^n f(\xi_k)\Delta x_k \geqslant 0.$$

推论 1 若$f(x),g(x)\in R([a,b])$,且$\forall x\in[a,b]$有$f(x)\geqslant g(x)$,则

$$\int_a^b f(x)\,\mathrm{d}x \geqslant \int_a^b g(x)\,\mathrm{d}x.$$

证 令$F(x)=f(x)-g(x)$,则$F(x)\in R([a,b])$,且$\forall x\in[a,b]$有$F(x)\geqslant 0$,由性质 5 即得$\int_a^b F(x)\,\mathrm{d}x\geqslant 0$,再由性质 3 可得

$$\int_a^b f(x)\,\mathrm{d}x \geqslant \int_a^b g(x)\,\mathrm{d}x.$$

推论 2 若$f(x)\in R([a,b])$,则

$$\left|\int_a^b f(x)\,\mathrm{d}x\right| \leqslant \int_a^b |f(x)|\,\mathrm{d}x.$$

证 由于$\forall x\in[a,b]$有

$$-|f(x)|\leqslant f(x)\leqslant |f(x)|,$$

由推论 1 有

$$-\int_a^b |f(x)|\,\mathrm{d}x \leqslant \int_a^b f(x)\,\mathrm{d}x \leqslant \int_a^b |f(x)|\,\mathrm{d}x,$$

即

$$\left|\int_a^b f(x)\,\mathrm{d}x\right| \leqslant \int_a^b |f(x)|\,\mathrm{d}x.$$

需要注意的是,当$f(x)\in R([a,b])$时,可以证明$|f(x)|\in R([a,b])$.但其逆命题是不成立的,也就是说,由$|f(x)|$在$[a,b]$上可积并不能得出$f(x)$在$[a,b]$上也可积.

例如,函数

$$f(x)=\begin{cases} 1, & x\text{ 为有理数},\\ -1, & x\text{ 为无理数}\end{cases}$$

在区间$[0,1]$上是不可积的(仿例 2 可证明).但是$|f(x)|\equiv 1$在区间$[0,1]$上是可积的.

推论 3(估值定理) 设$f(x)\in R([a,b])$,m,M为常数.若$\forall x\in[a,b]$有$m\leqslant$

$f(x)\leqslant M$，则

$$m(b-a)\leqslant\int_a^b f(x)\,\mathrm{d}x\leqslant M(b-a).$$

证　由于 $m\leqslant f(x)\leqslant M$，则由推论 1 得

$$m(b-a)=\int_a^b m\,\mathrm{d}x\leqslant\int_a^b f(x)\,\mathrm{d}x\leqslant\int_a^b M\,\mathrm{d}x=M(b-a).$$

性质 6（积分第一中值定理）　设 $f(x)\in C([a,b])$，$g(x)\in R([a,b])$，且 $g(x)$ 在 $[a,b]$ 上不变号，则 $\exists\,\xi\in[a,b]$ 使得

$$\int_a^b f(x)g(x)\,\mathrm{d}x=f(\xi)\int_a^b g(x)\,\mathrm{d}x.$$

证　不妨设 $g(x)\geqslant 0$，$x\in[a,b]$，则

$$\int_a^b g(x)\,\mathrm{d}x\geqslant 0.$$

又因 $f(x)\in C([a,b])$，故 $f(x)$ 在 $[a,b]$ 上存在最大值和最小值. 令 $m=\min\limits_{x\in[a,b]}\{f(x)\}$，$M=\max\limits_{x\in[a,b]}\{f(x)\}$，则

$$mg(x)\leqslant f(x)g(x)\leqslant Mg(x),$$

由推论 1 得

$$m\int_a^b g(x)\,\mathrm{d}x\leqslant\int_a^b f(x)g(x)\,\mathrm{d}x\leqslant M\int_a^b g(x)\,\mathrm{d}x.$$

若 $\int_a^b g(x)\,\mathrm{d}x=0$，则所证等式显然成立. 若 $\int_a^b g(x)\,\mathrm{d}x\neq 0$，则

$$m\leqslant\frac{\int_a^b f(x)g(x)\,\mathrm{d}x}{\int_a^b g(x)\,\mathrm{d}x}\leqslant M.$$

因为 $f(x)\in C([a,b])$，由闭区间上连续函数的介值定理知 $\exists\,\xi\in[a,b]$，使

$$f(\xi)=\frac{\int_a^b f(x)g(x)\,\mathrm{d}x}{\int_a^b g(x)\,\mathrm{d}x},$$

即

$$\int_a^b f(x)g(x)\,\mathrm{d}x=f(\xi)\int_a^b g(x)\,\mathrm{d}x.$$

推论 4　设 $f(x)\in C([a,b])$，则 $\exists\,\xi\in[a,b]$，使得

$$\int_a^b f(x)\,\mathrm{d}x=f(\xi)(b-a).$$

这个公式叫做**积分中值公式**.

显然推论 4 是性质 6 的特殊情形.

推论 4 中的公式有如下的几何解释：在区间 $[a,b]$ 上至少存在一点 ξ，使得以区间 $[a,b]$ 为底边，以曲线 $y=f(x)$ 为曲边的曲边梯形的面积等于同一底边而高为 $f(\xi)$ 的一个矩形的面积（图 6-3）.

例 5　估计 $\int_0^1 \mathrm{e}^{-x^2}\,\mathrm{d}x$ 的值.

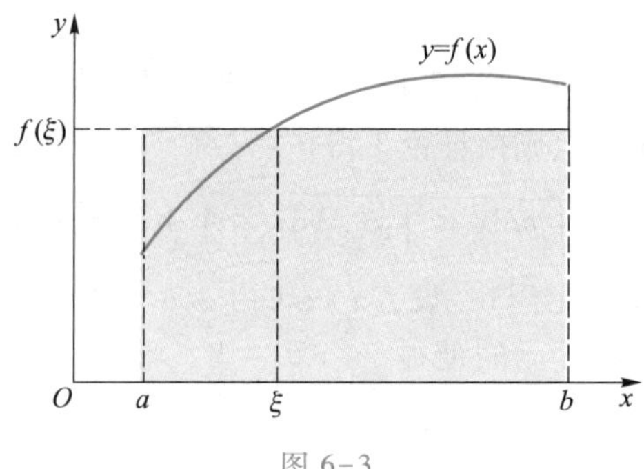

图 6-3

解　由于 $x\in[0,1]$ 时有 $-1\leqslant -x^2\leqslant 0$，根据指数函数的单调性有

$$e^{-1}\leqslant e^{-x^2}\leqslant e^0=1,$$

于是

$$\frac{1}{e}\leqslant\int_0^1 e^{-x^2}dx\leqslant 1.$$

典型例题
定积分的性质

例 6　求 $\lim\limits_{n\to+\infty}\int_0^{\frac{1}{2}}\frac{x^n}{\sqrt{1+x^2}}dx$.

解　由于当 $0\leqslant x\leqslant\frac{1}{2}$ 时，有

$$0\leqslant\frac{x^n}{\sqrt{1+x^2}}\leqslant x^n,$$

所以

$$0\leqslant\int_0^{\frac{1}{2}}\frac{x^n}{\sqrt{1+x^2}}dx\leqslant\int_0^{\frac{1}{2}}x^n dx.$$

又由积分第一中值定理，有

$$\lim_{n\to+\infty}\int_0^{\frac{1}{2}}x^n dx=\lim_{n\to+\infty}\frac{1}{2}\xi^n=0\quad\left(0\leqslant\xi\leqslant\frac{1}{2}\right).$$

故

$$\lim_{n\to+\infty}\int_0^{\frac{1}{2}}\frac{x^n}{\sqrt{1+x^2}}dx=0.$$

性质 7　设 $f(x)\in C([a,b])$，$f(x)$ 在 $[a,b]$ 上非负且不恒等于零，则

$$\int_a^b f(x)dx>0.$$

证　由于 $f(x)$ 在 $[a,b]$ 上非负且不恒等于零，故 $\exists x_0\in[a,b]$ 使得 $f(x_0)>0$. 若 $x_0\in(a,b)$. 则由连续函数的保号性知，存在 x_0 的某邻域 $U(x_0,\delta)\subset[a,b]$，使得 $\forall x\in U(x_0,\delta)$ 均有 $f(x)>0$，从而由性质 4，性质 5 及推论 4 得

$$\begin{aligned}\int_a^b f(x)dx&=\int_a^{x_0-\delta}f(x)dx+\int_{x_0-\delta}^{x_0+\delta}f(x)dx+\int_{x_0+\delta}^b f(x)dx\geqslant\int_{x_0-\delta}^{x_0+\delta}f(x)dx\\&=f(\xi)2\delta>0,\quad \xi\in(x_0-\delta,x_0+\delta).\end{aligned}$$

若 $x_0=a$ 或 b,则取 a 的右邻域或 b 的左邻域可类似地证明.

由性质 7 有如下推论:

推论 5　设 $f(x),g(x)\in C([a,b])$,且在 $[a,b]$ 上满足 $f(x)\geqslant g(x)$ 及 $f(x)\not\equiv g(x)$,则

$$\int_a^b f(x)\mathrm{d}x > \int_a^b g(x)\mathrm{d}x.$$

推论 6　设 $f(x)\in C([a,b])$,且 $\int_a^b |f(x)|\mathrm{d}x=0$,则 $\forall x\in[a,b]$ 有 $f(x)\equiv 0$.

证　用反证法.如果存在 $x_0\in[a,b]$ 使得 $f(x_0)\neq 0$,即 $|f(x_0)|\neq 0$,则由性质 7 有

$$\int_a^b |f(x)|\mathrm{d}x > 0.$$

这与题设矛盾,故 $\forall x\in[a,b]$ 有 $f(x)\equiv 0$.

习题 6-1

1. 利用定义计算下列定积分:

(1) $\int_a^b x\mathrm{d}x\ (a<b)$;　　(2) $\int_0^1 \mathrm{e}^x\mathrm{d}x$.

2. 用定积分的几何意义求下列积分值:

(1) $\int_0^1 2x\mathrm{d}x$;　　(2) $\int_0^R \sqrt{R^2-x^2}\,\mathrm{d}x\quad (R>0)$.

3. 讨论下列函数在指定区间上的可积性:

(1) $\mathrm{e}^{-x^2},\ x\in[0,4]$;　　(2) $\dfrac{\sin x}{x},\ x\in[-1,1]$;

(3) $f(x)=\begin{cases} x-1, & x\in[-1,1),\\ \dfrac{1}{x^2}, & x\in[1,2];\end{cases}$　　(4) $x\sin\dfrac{1}{x},\ x\in[-1,1]$.

4. 证明 $f(x)$ 在 $[0,1]$ 上不可积,其中

$$f(x)=\begin{cases} 1, & x\text{ 为}[0,1]\text{上的有理数},\\ -1, & x\text{ 为}[0,1]\text{上的无理数}.\end{cases}$$

5. 证明下列不等式:

(1) $\mathrm{e}^2-\mathrm{e}\leqslant\int_{\mathrm{e}}^{\mathrm{e}^2}\ln x\mathrm{d}x\leqslant 2(\mathrm{e}^2-\mathrm{e})$;

(2) $1\leqslant\int_0^1 \mathrm{e}^{x^2}\mathrm{d}x\leqslant \mathrm{e}$.

6. 设 $f(x)$ 在 $[a,b]$ 上连续,且 $\int_a^b f^2(x)\mathrm{d}x=0$,证明:$\forall x\in[a,b]$ 有 $f(x)\equiv 0$.

7. 证明:

(1) $\lim\limits_{n\to+\infty}\int_0^{\frac{1}{2}}\dfrac{x^n}{\sqrt{1+x}}\mathrm{d}x=0$;　　(2) $\lim\limits_{n\to+\infty}\int_0^{\frac{\pi}{4}}\sin^n x\mathrm{d}x=0$.

第二节　定积分的基本定理

在第一节我们介绍了定积分的定义和性质,但并未给出一个有效的计算方法.当被积函数较复杂时,难以利用定义直接计算.为此,自本节开始将介绍一些求定积分的有效方法.

下面我们先从变速直线运动这一实例出发来寻找微分与积分的内在联系.

在第一节中,我们已经知道,以速度 $v(t)(\geqslant 0)$ 做变速直线运动的物体在时间段 $[T_1,T_2]$ 内走过的路程为

$$\lim_{\lambda\to 0}\sum_{k=1}^{n} v(\xi_k)\Delta t_k=\int_{T_1}^{T_2} v(t)\,\mathrm{d}t.$$

若设物体在时间段 $[0,t]$ 所走过的路程为 $s(t)$,则它在时间段 $[T_1,T_2]$ 所走过的路程为 $s(T_2)-s(T_1)$,所以

$$\int_{T_1}^{T_2} v(t)\,\mathrm{d}t=s(T_2)-s(T_1),$$

微分与积分联系之几何实例

其中 $s'(t)=v(t)$(称 $s(t)$ 为 $v(t)$ 的一个原函数,具体定义见下面的定义 1),于是上式说明了 $v(t)$ 在区间 $[T_1,T_2]$ 上的定积分 $\int_{T_1}^{T_2} v(t)\,\mathrm{d}t$ 等于 $v(t)$ 的原函数 $s(t)$ 在区间 $[T_1,T_2]$ 上的增量 $s(T_2)-s(T_1)$.

这其实是一普遍规律,为证明这一规律,下面先介绍原函数与积分上限函数.

一、原函数与积分上限函数

定义 1　设 I 为某个区间.若 $\forall x\in I$,对 I 上的可导函数 $F(x)$ 有 $F'(x)=f(x)$,则称 $F(x)$ 为函数 $f(x)$ 在区间 I 上的一个**原函数**.

例如,$\forall x\in(-\infty,+\infty)$,有 $(\sin x)'=\cos x$,故 $\sin x$ 是 $\cos x$ 在 $(-\infty,+\infty)$ 上的一个原函数.又 $\forall x\in(-\infty,0)\cup(0,+\infty)$,有 $(\ln|x|)'=\dfrac{1}{x}$,故 $y=\ln|x|$ 是 $y=\dfrac{1}{x}$ 在 $(-\infty,0)$ 和 $(0,+\infty)$ 上的一个原函数.

另外,若 $F(x)$ 是 $f(x)$ 在区间 I 上的一个原函数,则易证对任意常数 C,$F(x)+C$ 也是 $f(x)$ 在 I 上的原函数.从而一个函数如果存在原函数,就会有无穷多个.那么,一个函数的任意两个原函数之间有什么关系?如果已知函数 $f(x)$ 的一个原函数,能否求出 $f(x)$ 的所有原函数?

定理 1　设 $F(x)$ 是 $f(x)$ 在区间 I 上的一个原函数,则 $F(x)+C$ 是 $f(x)$ 在 I 上的全体原函数,其中 C 为任意常数.

证　首先,由于 $(F(x)+C)'=F'(x)=f(x)$,$x\in I$,所以 $F(x)+C$ 是 $f(x)$ 在 I 上的原函数.

又设 $G(x)$ 是 $f(x)$ 在 I 上的任意一个原函数,则有 $(G(x)-F(x))'=G'(x)-$

$F'(x)=f(x)-f(x)=0$, $\forall x\in I$. 所以由拉格朗日中值定理的推论知 $\forall x\in I$ 有 $G(x)-F(x)=C_0$, C_0 为某一常数,即

$$G(x)=F(x)+C_0,\quad x\in I.$$

故定理 1 得证.

由定理 1 可知:若 $f(x)$ 在 I 上的原函数存在,则它的任意两个原函数之间最多只相差一个常数.

定义 2　若 $f(x)\in R([a,b])$,则称积分

$$\Phi(x)=\int_a^x f(t)\,\mathrm{d}t\quad(\forall x\in[a,b])$$

为 $f(x)$ 在区间 $[a,b]$ 上的**积分上限函数**.

下面我们来研究积分上限函数的性质.

定理 2　若 $f(x)\in R([a,b])$,则

$$\Phi(x)=\int_a^x f(t)\,\mathrm{d}t\in C([a,b]).$$

证　由于 $f(x)\in R([a,b])$,则由定积分定义知,$\exists M>0$,使 $\forall x\in[a,b]$ 有 $|f(x)|\leqslant M$,从而 $\forall x$ 及 $x+\Delta x\in[a,b]$,有

$$\left|\Phi(x+\Delta x)-\Phi(x)\right|=\left|\int_a^{x+\Delta x} f(t)\,\mathrm{d}t-\int_a^x f(x)\,\mathrm{d}t\right|=\left|\int_x^{x+\Delta x} f(t)\,\mathrm{d}t\right|$$

$$\leqslant\int_x^{x+\Delta x}|f(t)|\,\mathrm{d}t\leqslant M|\Delta x|\to 0\quad(\text{当 }\Delta x\to 0\text{ 时}).$$

因此

$$\lim_{\Delta x\to 0}[\Phi(x+\Delta x)-\Phi(x)]=0,$$

即 $\Phi(x)\in C([a,b])$.

定理 3　若 $f(x)\in C([a,b])$,则 $\Phi(x)=\int_a^x f(t)\,\mathrm{d}t$ 在 $[a,b]$ 上可导,且 $\forall x\in[a,b]$ 有 $\Phi'(x)=f(x)$.

证　只就 $x_0\in(a,b)$ 的情形进行证明(x_0 为端点时类似可证).

由于 $f(x)$ 在 x_0 处连续,故 $\forall\varepsilon>0$, $\exists\delta>0$,当 $x\in U(x_0,\delta)$ 时,$|f(x)-f(x_0)|<\varepsilon$,于是当 $x\in\hat{U}(x_0,\delta)$ 时,有

$$\begin{aligned}&\left|\frac{\Phi(x)-\Phi(x_0)}{x-x_0}-f(x_0)\right|\\=&\left|\frac{1}{x-x_0}\int_{x_0}^x f(t)\,\mathrm{d}t-f(x_0)\right|\\=&\left|\frac{1}{x-x_0}\int_{x_0}^x[f(t)-f(x_0)]\,\mathrm{d}t\right|\\\leqslant&\frac{1}{|x-x_0|}\int_{x_0}^x|f(t)-f(x_0)|\,\mathrm{d}t\\\leqslant&\frac{1}{|x-x_0|}\cdot\varepsilon|x-x_0|=\varepsilon,\end{aligned}$$

即

$$\Phi'(x_0)=\lim_{x\to x_0}\frac{\Phi(x)-\Phi(x_0)}{x-x_0}=f(x_0).$$

由 x_0 的任意性即知，$\Phi(x)$ 在 $[a,b]$ 上可导，且 $\forall x\in[a,b]$，$\Phi'(x)=f(x)$.

定理 3 给出了一个重要结论：连续函数 $f(x)$ 的积分上限函数的导数仍为 $f(x)$ 本身. 因此由原函数的定义，我们有如下的原函数存在定理.

定理 4　如果 $f(x)\in C([a,b])$，则函数

$$\Phi(x)=\int_a^x f(t)\,\mathrm{d}t$$

是 $f(x)$ 在 $[a,b]$ 上的一个原函数.

另外，若 $f(x)\in R([a,b])$，则称函数

$$\psi(x)=\int_x^b f(t)\,\mathrm{d}t,\quad \forall x\in[a,b]$$

为 $f(x)$ 在 $[a,b]$ 上的积分下限函数，它的有关性质及运算可直接通过关系式

$$\int_x^b f(t)\,\mathrm{d}t=-\int_b^x f(t)\,\mathrm{d}t$$

转化为积分上限函数而获得.

例 1　设 $f(x)\in C((-\infty,+\infty))$，且满足方程

$$\int_0^x f(t)\,\mathrm{d}t=\int_x^1 t^2 f(t)\,\mathrm{d}t+\frac{x^{16}}{8}+\frac{x^{18}}{9},$$

求 $f(x)$.

解　在方程两端对变量 x 求导得

$$f(x)=-x^2f(x)+2x^{15}+2x^{17},$$

即

$$(1+x^2)f(x)=2x^{15}(1+x^2),$$

故

$$f(x)=2x^{15}.$$

典型例题
积分上限函数求导

例 2　计算下列导数：

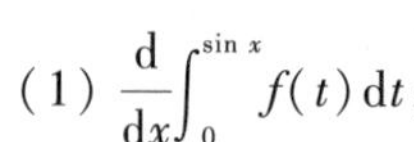

(1) $\dfrac{\mathrm{d}}{\mathrm{d}x}\displaystyle\int_0^{\sin x}f(t)\,\mathrm{d}t$；　　(2) $\dfrac{\mathrm{d}}{\mathrm{d}x}\displaystyle\int_{x^2}^{x^3}\mathrm{e}^{-t}\mathrm{d}t$.

解　(1) $$\frac{\mathrm{d}}{\mathrm{d}x}\int_0^{\sin x}f(t)\,\mathrm{d}t=\frac{\mathrm{d}}{\mathrm{d}(\sin x)}\int_0^{\sin x}f(t)\,\mathrm{d}t\,\frac{\mathrm{d}(\sin x)}{\mathrm{d}x}=f(\sin x)\cdot\cos x.$$

(2) $$\begin{aligned}\frac{\mathrm{d}}{\mathrm{d}x}\int_{x^2}^{x^3}\mathrm{e}^{-t}\mathrm{d}t&=\frac{\mathrm{d}}{\mathrm{d}x}\left(\int_{x^2}^0\mathrm{e}^{-t}\mathrm{d}t+\int_0^{x^3}\mathrm{e}^{-t}\mathrm{d}t\right)\\&=-\frac{\mathrm{d}}{\mathrm{d}x}\int_0^{x^2}\mathrm{e}^{-t}\mathrm{d}t+\frac{\mathrm{d}}{\mathrm{d}x}\int_0^{x^3}\mathrm{e}^{-t}\mathrm{d}t\\&=-\mathrm{e}^{-x^2}\cdot 2x+\mathrm{e}^{-x^3}\cdot 3x^2.\end{aligned}$$

对于一般情形，我们有下述结论：

设 $f(x)\in C([a,b])$，$u(x)$ 和 $v(x)$ 为可导函数，且 $u(x)\in[a,b]$，$v(x)\in[a,b]$，则有

$$\frac{\mathrm{d}}{\mathrm{d}x}\int_{v(x)}^{u(x)} f(t)\,\mathrm{d}t = f(u(x))u'(x) - f(v(x))v'(x).$$

读者可用复合函数求导法则证明此结论.

例 3　计算下列极限：

(1) $\lim\limits_{x\to 0}\dfrac{\int_0^x \sin t^2\,\mathrm{d}t}{x^3}$；　　(2) $\lim\limits_{x\to\infty}\dfrac{\left(\int_0^x \mathrm{e}^{t^2}\mathrm{d}t\right)^2}{\int_0^x \mathrm{e}^{2t^2}\mathrm{d}t}$.

解　利用洛必达法则有

(1) $$\lim_{x\to 0}\frac{\int_0^x \sin t^2\,\mathrm{d}t}{x^3} = \lim_{x\to 0}\frac{\sin x^2}{3x^2} = \frac{1}{3}.$$

(2) $$\lim_{x\to\infty}\frac{\left(\int_0^x \mathrm{e}^{t^2}\mathrm{d}t\right)^2}{\int_0^x \mathrm{e}^{2t^2}\mathrm{d}t} = \lim_{x\to\infty}\frac{2\int_0^x \mathrm{e}^{t^2}\mathrm{d}t\cdot \mathrm{e}^{x^2}}{\mathrm{e}^{2x^2}} = \lim_{x\to\infty}\frac{2\int_0^x \mathrm{e}^{t^2}\mathrm{d}t}{\mathrm{e}^{x^2}}$$

$$= \lim_{x\to\infty}\frac{2\mathrm{e}^{x^2}}{2x\mathrm{e}^{x^2}} = \lim_{x\to\infty}\frac{1}{x} = 0.$$

二、微积分基本公式

定理 5　设 $f(x)\in C([a,b])$，$F(x)$ 是 $f(x)$ 在 $[a,b]$ 上的一个原函数，则

$$\int_a^b f(x)\,\mathrm{d}x = F(b) - F(a). \tag{1}$$

证　由于 $f(x)\in C([a,b])$，由定理 4 知

$$\Phi(x) = \int_a^x f(t)\,\mathrm{d}t$$

是 $f(x)$ 在 $[a,b]$ 上的一个原函数，且 $\Phi(a)=0$，因此

$$\int_a^b f(t)\,\mathrm{d}t = \Phi(b) = \Phi(b) - \Phi(a). \tag{2}$$

定理 5 另一证明方法

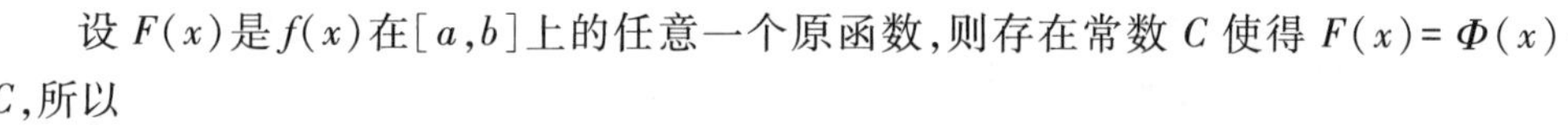

设 $F(x)$ 是 $f(x)$ 在 $[a,b]$ 上的任意一个原函数，则存在常数 C 使得 $F(x)=\Phi(x)+C$，所以

$$\Phi(b)-\Phi(a)=F(b)-F(a).$$

于是由(2)式即可得到(1)式.

公式(1)称为**微积分基本公式**，也称为**牛顿-莱布尼茨公式**. 为了书写方便，常将其简写为

$$\int_a^b f(x)\,\mathrm{d}x = F(x)\Big|_a^b.$$

这个公式揭示了定积分与原函数的联系，同时也为定积分的计算提供了一个有效的方法，即将连续函数 $f(x)$ 的定积分 $\int_a^b f(x)\,\mathrm{d}x$ 的计算问题转化为求 $f(x)$ 的原函数问题.

利用牛顿-莱布尼茨公式，我们可进一步完善本章第一节的推论 4，即积分中值

公式：

若 $f(x)\in C([a,b])$，则至少存在一点 $\xi\in(a,b)$，使得

$$\int_a^b f(x)\,\mathrm{d}x=f(\xi)(b-a).$$

牛顿与莱布尼茨

证　设 $\Phi(x)=\int_a^x f(t)\,\mathrm{d}t\,(a\leqslant x\leqslant b)$，由定理 2 与定理 3 可知，$\Phi(x)$ 满足拉格朗日中值定理的条件，所以至少存在一点 $\xi\in(a,b)$，使得

$$\Phi(b)-\Phi(a)=\Phi'(\xi)(b-a),$$

于是由公式(1)及定理 3，有

$$\int_a^b f(x)\,\mathrm{d}x=f(\xi)(b-a).$$

例 4　求 $\int_0^1\frac{x}{\sqrt{1+x^2}}\mathrm{d}x$.

解　由于 $(\sqrt{1+x^2})'=\frac{x}{\sqrt{1+x^2}}$，即 $\sqrt{1+x^2}$ 是 $\frac{x}{\sqrt{1+x^2}}$ 的一个原函数，故有

$$\int_0^1\frac{x}{\sqrt{1+x^2}}\mathrm{d}x=\sqrt{1+x^2}\,\Big|_0^1=\sqrt{2}-1.$$

例 5　求 $\int_0^{\pi}\sqrt{1+\cos 2x}\,\mathrm{d}x$.

解
$$\begin{aligned}\int_0^{\pi}\sqrt{1+\cos 2x}\,\mathrm{d}x&=\sqrt{2}\int_0^{\pi}|\cos x|\,\mathrm{d}x\\&=\sqrt{2}\left[\int_0^{\frac{\pi}{2}}\cos x\,\mathrm{d}x+\int_{\frac{\pi}{2}}^{\pi}(-\cos x)\,\mathrm{d}x\right]\\&=\sqrt{2}\left(\sin x\,\Big|_0^{\frac{\pi}{2}}-\sin x\,\Big|_{\frac{\pi}{2}}^{\pi}\right)=2\sqrt{2}.\end{aligned}$$

习题 6-2

1. 计算下列定积分：

(1) $\int_3^4\sqrt{x}\,\mathrm{d}x$；　　(2) $\int_{-1}^2|x^2-x|\,\mathrm{d}x$；

(3) $\int_0^{\pi}f(x)\,\mathrm{d}x$，其中 $f(x)=\begin{cases}x, & 0\leqslant x\leqslant\frac{\pi}{2},\\ \sin x, & \frac{\pi}{2}<x\leqslant\pi;\end{cases}$

(4) $\int_{-2}^2\max\{1,x^2\}\,\mathrm{d}x$；　(5) $\int_0^{\frac{\pi}{2}}\sqrt{1-\sin 2x}\,\mathrm{d}x$.

2. 求由方程

$$\int_0^y \mathrm{e}^t\,\mathrm{d}t+\int_0^x\cos t\,\mathrm{d}t=0$$

所确定的隐函数 $y=y(x)$ 的导数.

3. 计算下列极限:

(1) $\lim\limits_{x\to 0}\dfrac{\int_0^{x^2}\sin\sqrt{t}\,dt}{x^3}$;　　(2) $\lim\limits_{x\to 0^+}\dfrac{\int_0^{x^2}t^{3/2}dt}{\int_0^x t(t-\sin t)dt}$;

(3) $\lim\limits_{x\to 0}\dfrac{\int_{\cos x}^{1}e^{-t^2}dt}{x^2}$;　　(4) $\lim\limits_{x\to +\infty}\dfrac{\int_0^x(\arctan t)^2dt}{\sqrt{x^2+1}}$.

4. a,b,c 取何实数值才能使

$$\lim_{x\to 0}\frac{1}{\sin x-ax}\int_b^x\frac{t^2}{\sqrt{1+t^2}}dt=c$$

成立.

第三节　不定积分

在第二节我们借助于牛顿-莱布尼茨公式得到了一个求定积分的基本方法,但该公式的关键是求被积函数的原函数.若被积函数较复杂,它的原函数可能不容易求出.本节介绍求函数的原函数的方法,称之为不定积分法.

一、不定积分的概念和性质

定义　设 I 为某个区间,称 $f(x)$ 在区间 I 上的原函数的全体为 $f(x)$ 在 I 上的**不定积分**,记作 $\int f(x)dx$,其中记号"$\int$"称为积分号,$f(x)$ 称为**被积函数**,x 称为**积分变量**.

由不定积分的定义及第二节中的定理 1 我们有下面的结论.

定理 1　设 $F(x)$ 是 $f(x)$ 在区间 I 上的一个原函数,则

$$\int f(x)dx=F(x)+C\quad(C\text{ 为任意常数}).$$

通常,我们把 $f(x)$ 在区间 I 上的原函数的图形称为 $f(x)$ 的积分曲线.由定理 1 知 $\int f(x)dx$ 在几何上表示横坐标相同的点处切线都平行的一族积分曲线(图 6-4).

由原函数与不定积分的定义易知,不定积分有下列性质.

性质 1　(1) 若函数 $f(x)$ 的不定积分存在,则

$$\frac{d}{dx}\left[\int f(x)dx\right]=f(x),\text{或 }d\left[\int f(x)dx\right]=f(x)dx.$$

(2) 若函数 $f(x)$ 可导,则

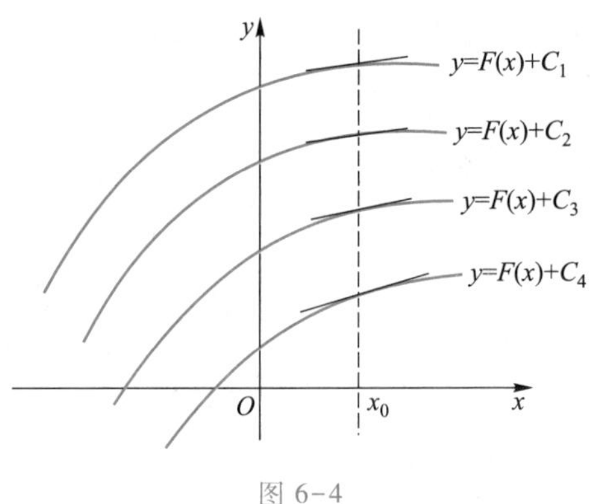

图 6-4

$$\int f'(x)\mathrm{d}x = f(x)+C \quad 或 \quad \int \mathrm{d}f(x) = f(x)+C,$$

其中 C 为任意常数.

性质 2　若函数 $f(x)$ 与 $g(x)$ 的不定积分存在,则

$$\int [\alpha f(x)+\beta g(x)]\mathrm{d}x = \alpha\int f(x)\mathrm{d}x + \beta\int g(x)\mathrm{d}x,$$

其中 α,β 为不全为零的常数.

性质 2 可推广到任意有限个函数的情形.此外,由性质 1 可看出,微分运算(以记号 d 表示)与求不定积分的运算(以记号$\int$表示)是“互逆”的.因此由导数公式可以得到相应的积分公式.

例如,因为$(\arctan x)'=\frac{1}{1+x^2}$,即 $\arctan x$ 是$\frac{1}{1+x^2}$的一个原函数,于是有

$$\int \frac{1}{1+x^2}\mathrm{d}x = \arctan x + C.$$

利用第四章的基本导数公式,我们可以得到基本积分公式.下面我们把一些基本的积分公式列成一个表,这个表通常叫做基本积分表.

基本积分表(其中 C 为任意常数)

(1) $\int k\mathrm{d}x = kx + C$　(k 为常数);

(2) $\int x^{\alpha}\mathrm{d}x = \frac{1}{\alpha+1}x^{\alpha+1} + C$　($\alpha\neq -1$);

(3) $\int \frac{1}{x}\mathrm{d}x = \ln|x| + C$　($x\neq 0$);

(4) $\int \mathrm{e}^{x}\mathrm{d}x = \mathrm{e}^{x} + C$;

(5) $\int a^{x}\mathrm{d}x = \frac{1}{\ln a}a^{x} + C$　($a>0$ 且 $a\neq 1$);

(6) $\int \cos x\mathrm{d}x = \sin x + C$;

(7) $\int \sin x\mathrm{d}x = -\cos x + C$;

(8) $\int \sec^2 x\mathrm{d}x = \tan x + C$;

(9) $\int \csc^2 x\mathrm{d}x = -\cot x + C$;

(10) $\int \sec x\tan x\mathrm{d}x = \sec x + C$;

(11) $\int \csc x\cot x\mathrm{d}x = -\csc x + C$;

(12) $\int \frac{\mathrm{d}x}{\sqrt{1-x^2}} = \arcsin x + C$;

(13) $\int \frac{1}{1+x^2}\mathrm{d}x = \arctan x + C$;

(14) $\int \mathrm{sh}\, x\mathrm{d}x = \mathrm{ch}\, x + C$;

(15) $\int \mathrm{ch}\, x\mathrm{d}x = \mathrm{sh}\, x + C$.

上述这些不定积分的性质及基本积分表是求不定积分的基础,读者必须熟记.

例 1 求下列不定积分:

(1) $\int\left(x+\frac{1}{x}-\sqrt{x}+\frac{3}{x^3}\right)\mathrm{d}x$; (2) $\int \frac{x^2}{1+x^2}\mathrm{d}x$.

解 (1) $$\int\left(x+\frac{1}{x}-\sqrt{x}+\frac{3}{x^3}\right)\mathrm{d}x = \int x\mathrm{d}x + \int \frac{1}{x}\mathrm{d}x - \int x^{\frac{1}{2}}\mathrm{d}x + 3\int x^{-3}\mathrm{d}x$$
$$= \frac{x^2}{2} + \ln|x| - \frac{2}{3}x^{\frac{3}{2}} - \frac{3}{2}x^{-2} + C.$$

(2) $$\int \frac{x^2}{1+x^2}\mathrm{d}x = \int \frac{(x^2+1)-1}{1+x^2}\mathrm{d}x = \int \mathrm{d}x - \int \frac{\mathrm{d}x}{1+x^2}$$
$$= x - \arctan x + C.$$

例 2 求下列不定积分:

(1) $\int \tan^2 x\mathrm{d}x$; (2) $\int \sin^2\frac{x}{2}\mathrm{d}x$.

解 (1) $$\int \tan^2 x\mathrm{d}x = \int(\sec^2 x - 1)\mathrm{d}x = \int \sec^2 x\mathrm{d}x - \int \mathrm{d}x$$
$$= \tan x - x + C.$$

(2) $$\int \sin^2\frac{x}{2}\mathrm{d}x = \int \frac{1}{2}(1-\cos x)\mathrm{d}x = \frac{1}{2}\left(\int \mathrm{d}x - \int \cos x\mathrm{d}x\right)$$
$$= \frac{1}{2}(x - \sin x) + C.$$

例 3 求 $\int |x|\mathrm{d}x$.

解 因为 $|x| = \begin{cases} x, & x \geqslant 0, \\ -x, & x < 0, \end{cases}$ 所以

$$\int |x|\,dx=\begin{cases}\dfrac{x^2}{2}+C_1, & x\geqslant 0,\\ -\dfrac{x^2}{2}+C_2, & x<0.\end{cases}$$

由于被积函数 $|x|$ 在 $(-\infty,+\infty)$ 上连续,故其原函数存在且连续.由原函数在 $x=0$ 处的连续性,则有 $C_1=C_2$.从而

$$\int |x|\,dx=\begin{cases}\dfrac{x^2}{2}+C, & x\geqslant 0,\\ -\dfrac{x^2}{2}+C, & x<0\end{cases}$$

$$=\frac{1}{2}x|x|+C,\quad C\text{ 为任意常数}.$$

二、求不定积分的方法

直接利用基本积分表和不定积分的性质可计算出来的不定积分是非常有限的,下面介绍求不定积分的方法.

由于求不定积分是微分运算的逆运算,因此把复合函数的求导法则反过来用于求不定积分,便可得计算不定积分的重要方法——换元法.

1. 第一类换元积分法

定理 2 设 $F(u)$ 是 $f(u)$ 在区间 I 上的一个原函数,$u=\psi(x)$ 在区间 J 上可导,且 $\psi(J)\subset I$,则在区间 J 上有

$$\int f(\psi(x))\psi'(x)\,dx=F(\psi(x))+C. \tag{1}$$

证 由复合函数求导法有

$$[F(\psi(x))]'=F'(u)\psi'(x)=f(u)\psi'(x)=f(\psi(x))\psi'(x),$$

故 $F(\psi(x))$ 是 $f(\psi(x))\psi'(x)$ 在区间 J 上的一个原函数,从而

$$\int f(\psi(x))\psi'(x)\,dx=F(\psi(x))+C.$$

上述定理中的等式(1)可看成如下换元过程的复合:

$$\begin{array}{ccc}\int f(\psi(x))\psi'(x)\,dx & \xlongequal{\text{令 } u=\psi(x)} & \int f(u)\,du\\ \| & \begin{array}{c}\longrightarrow\\ \longleftarrow\end{array} & \Downarrow\\ F(\psi(x))+C & \xlongequal{u=\psi(x)\text{ 代回}} & F(u)+C.\end{array}$$

利用上面这种换元的办法求得不定积分的方法称为第一类换元法.

由定理 2,在求 $\int g(x)\,dx$ 时,如果 $g(x)\,dx$ 可以化成

$$g(x)\,dx=f(\psi(x))\psi'(x)\,dx$$

的形式,那么

$$\int g(x)\,dx=\int f(\psi(x))\psi'(x)\,dx\xlongequal{\text{令 } u=\psi(x)}\int f(u)\,du.$$

这样,就将求 $g(x)$ 的原函数问题转化为求 $f(u)$ 的原函数.

在使用第一类换元法时,由于将 $g(x)\mathrm{d}x$ 化成 $f(\psi(x))\psi'(x)\mathrm{d}x$ 的过程中往往要利用导数与微分的有关公式适当地“凑”出新的积分变量的微分,因此又把这种方法叫做“凑微分法”.

例 4　求 $\int(3x+1)^6\mathrm{d}x$.

解　$$\int(3x+1)^6\mathrm{d}x=\frac{1}{3}\int(3x+1)^6\mathrm{d}(3x+1)\xlongequal{令\ u=3x+1}\frac{1}{3}\int u^6\mathrm{d}u$$
$$=\frac{1}{21}u^7+C=\frac{1}{21}(3x+1)^7+C.$$

例 5　求 $\int x\mathrm{e}^{-x^2}\mathrm{d}x$.

解　$$\int x\mathrm{e}^{-x^2}\mathrm{d}x=-\frac{1}{2}\int\mathrm{e}^{-x^2}\mathrm{d}(-x^2)\xlongequal{令\ u=-x^2}-\frac{1}{2}\int\mathrm{e}^u\mathrm{d}u$$
$$=-\frac{1}{2}\mathrm{e}^u+C=-\frac{1}{2}\mathrm{e}^{-x^2}+C.$$

当熟练掌握该方法后,就不必明显写出中间变量 $u=\varphi(x)$,只需做到心中有数即可.

例 6　求 $\int\frac{1}{\sqrt{a^2-x^2}}\mathrm{d}x$($a>0$ 为常数).

典型例题
第一类换元法

解　$$\int\frac{1}{\sqrt{a^2-x^2}}\mathrm{d}x=\int\frac{\mathrm{d}\left(\frac{x}{a}\right)}{\sqrt{1-\left(\frac{x}{a}\right)^2}}=\arcsin\frac{x}{a}+C.$$

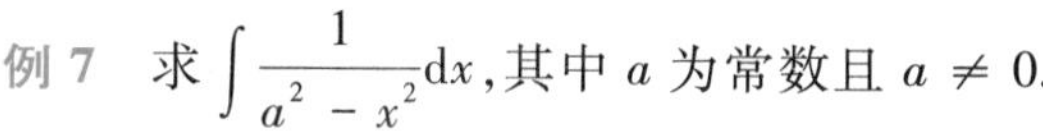

例 7　求 $\int\frac{1}{a^2-x^2}\mathrm{d}x$,其中 a 为常数且 $a\neq0$.

解　$$\int\frac{1}{a^2-x^2}\mathrm{d}x=\int\frac{1}{(a+x)(a-x)}\mathrm{d}x=\frac{1}{2a}\int\left(\frac{1}{a+x}+\frac{1}{a-x}\right)\mathrm{d}x$$
$$=\frac{1}{2a}\left[\int\frac{\mathrm{d}(a+x)}{a+x}-\int\frac{\mathrm{d}(a-x)}{a-x}\right]$$
$$=\frac{1}{2a}[\ln|a+x|-\ln|a-x|]+C$$
$$=\frac{1}{2a}\ln\left|\frac{a+x}{a-x}\right|+C.$$

例 8　求下列不定积分:

(1) $\int\tan x\mathrm{d}x$;　　(2) $\int\sec x\mathrm{d}x$;　　(3) $\int\cos 3x\sin 2x\mathrm{d}x$;

(4) $\int\sin^3x\mathrm{d}x$;　　(5) $\int\sin^2x\cos^3x\mathrm{d}x$;　　(6) $\int\cos^2x\sin^4x\mathrm{d}x$.

解　(1) $\int\tan x\mathrm{d}x=\int\frac{\sin x}{\cos x}\mathrm{d}x=-\int\frac{\mathrm{d}(\cos x)}{\cos x}=-\ln|\cos x|+C.$

类似可得

$$\int \cot x\mathrm{d}x = \ln|\sin x| + C.$$

(2) $\int \sec x\mathrm{d}x = \int \frac{1}{\cos x}\mathrm{d}x = \int \frac{\cos x}{\cos^2 x}\mathrm{d}x = \int \frac{1}{1-\sin^2 x}\mathrm{d}(\sin x)$

$$= \frac{1}{2}\ln\left|\frac{1+\sin x}{1-\sin x}\right| + C(\text{由例 }7)$$

$$= \frac{1}{2}\ln\left(\frac{1+\sin x}{\cos x}\right)^2 + C.$$

$$= \ln|\sec x + \tan x| + C.$$

类似可得

$$\int \csc x\mathrm{d}x = \ln|\csc x - \cot x| + C.$$

(3) 利用三角函数的积化和差公式,有

$$\int \cos 3x\sin 2x\mathrm{d}x = \frac{1}{2}\int(\sin 5x - \sin x)\mathrm{d}x$$

$$= \frac{1}{10}\int \sin 5x\mathrm{d}(5x) - \frac{1}{2}\int \sin x\mathrm{d}x$$

$$= -\frac{1}{10}\cos 5x + \frac{1}{2}\cos x + C.$$

(4) $\int \sin^3 x\mathrm{d}x = \int(1-\cos^2 x)\sin x\mathrm{d}x = -\int(1-\cos^2 x)\mathrm{d}(\cos x)$

$$= -\int \mathrm{d}(\cos x) + \int \cos^2 x\mathrm{d}(\cos x)$$

$$= -\cos x + \frac{1}{3}\cos^3 x + C.$$

(5) $\int \sin^2 x\cos^3 x\mathrm{d}x = \int \sin^2 x\cos^2 x\cdot\cos x\mathrm{d}x = \int \sin^2 x(1-\sin^2 x)\mathrm{d}(\sin x)$

$$= \int \sin^2 x\mathrm{d}(\sin x) - \int \sin^4 x\mathrm{d}(\sin x)$$

$$= \frac{1}{3}\sin^3 x - \frac{1}{5}\sin^5 x + C.$$

(6) $\int \cos^2 x\sin^4 x\mathrm{d}x = \frac{1}{4}\int(2\cos x\sin x)^2\cdot\sin^2 x\mathrm{d}x$

$$= \frac{1}{8}\int \sin^2 2x(1-\cos 2x)\mathrm{d}x$$

$$= \frac{1}{8}\int \frac{1-\cos 4x}{2}\mathrm{d}x - \frac{1}{16}\int \sin^2 2x\mathrm{d}(\sin 2x)$$

$$= \frac{1}{16}\int \mathrm{d}x - \frac{1}{16}\int \cos 4x\mathrm{d}x - \frac{1}{48}\sin^3 2x$$

$$= \frac{1}{16}x - \frac{1}{64}\sin 4x - \frac{1}{48}\sin^3 2x + C.$$

2. 第二类换元积分法

第一类换元积分法是先将积分$\int g(x)\,\mathrm{d}x$凑成$\int f(\psi(x))\psi'(x)\,\mathrm{d}x$的形式，然后再作代换$u=\psi(x)$，把要求的积分$\int g(x)\,\mathrm{d}x$转化为基本积分表中的积分$\int f(u)\,\mathrm{d}u$. 但有些积分并不适合利用此方法计算，而是可以先作代换，把要求的积分化简，然后再求出积分. 这种方法称为第二类换元积分法.

定理 3 设I,J是两个区间，$f(x)\in C(I)$，又$x=\psi(t)$在J上单调、可导，且$\psi'(t)\neq 0$，$\psi(J)\subseteq I$，若$f(\psi(t))\psi'(t)$在J上有原函数$F(t)$，则在I上有

$$\int f(x)\,\mathrm{d}x=F(\psi^{-1}(x))+C, \tag{2}$$

其中C为任意常数，$t=\psi^{-1}(x)$是$x=\psi(t)$的反函数.

证 由$\psi(t)$满足的条件知$\psi^{-1}(x)$存在，且在I上单调、可导，因此由复合函数求导法及反函数求导法有

$$\begin{aligned}[F(\psi^{-1}(x))]'&=F'(t)\cdot[\psi^{-1}(x)]'=f(\psi(t))\psi'(t)\cdot\frac{1}{\psi'(t)}\\&=f(\psi(t))=f(x).\end{aligned}$$

故

$$\int f(x)\,\mathrm{d}x=F(\psi^{-1}(x))+C.$$

定理 3 中的等式(2)可看成如下换元过程复合而成：

$$\begin{array}{ccc}\int f(x)\,\mathrm{d}x & \xlongequal{\text{令 } x=\psi(t)} & \int f(\psi(t))\psi'(t)\,\mathrm{d}t\\ \| & \rightleftarrows & \Downarrow\\ F(\psi^{-1}(x))+C & \xlongequal{\text{用 } t=\psi^{-1}(x)\text{ 代回}} & F(t)+C\end{array}$$

例 9 求$\int\sqrt{a^2-x^2}\,\mathrm{d}x$　$(a>0$为常数).

解 被积函数为无理式，应设法将被积函数有理化. 为此，令$x=a\sin t$，$t\in\left(-\frac{\pi}{2},\frac{\pi}{2}\right)$，则它是$t$的单调可微函数，且$\mathrm{d}x=a\cos t\,\mathrm{d}t$，$\sqrt{a^2-x^2}=a\cos t$，因而

$$\begin{aligned}\int\sqrt{a^2-x^2}\,\mathrm{d}x&=\int a\cos t\cdot a\cos t\,\mathrm{d}t=\int a^2\cos^2 t\,\mathrm{d}t\\&=a^2\int\frac{1+\cos 2t}{2}\mathrm{d}t=a^2\left(\frac{1}{2}t+\frac{1}{4}\sin 2t\right)+C\\&=\frac{a^2}{2}t+\frac{a^2}{2}\sin t\cos t+C\\&=\frac{a^2}{2}\arcsin\frac{x}{a}+\frac{1}{2}x\sqrt{a^2-x^2}+C,\end{aligned}$$

其中最后一个等式是由$x=a\sin t$，$\sqrt{a^2-x^2}=a\cos t$而得到的.

例 10　求 $\int \frac{1}{\sqrt{a^2+x^2}}\mathrm{d}x$　($a>0$ 为常数).

解　令 $x=a\tan t, t\in\left(-\frac{\pi}{2},\frac{\pi}{2}\right)$，则 $\mathrm{d}x=a\sec^2 t\mathrm{d}t$，$\sqrt{x^2+a^2}=a\sec t$，因而

$$\begin{aligned}\int \frac{1}{\sqrt{x^2+a^2}}\mathrm{d}x &= \int \frac{1}{a\sec t}\cdot a\sec^2 t\mathrm{d}t = \int \sec t\mathrm{d}t\\ &= \ln\left|\sec t+\tan t\right| + C_1\\ &= \ln\left|\frac{\sqrt{x^2+a^2}}{a}+\frac{x}{a}\right| + C_1\\ &= \ln\left|\sqrt{x^2+a^2}+x\right| + C,\end{aligned}$$

其中 $C=C_1-\ln a$.

例 11　求 $\int \frac{1}{\sqrt{x^2-a^2}}\mathrm{d}x$　($a>0$ 为常数).

解　令 $x=a\sec t, t\in\left(0,\frac{\pi}{2}\right)$，可求得被积函数在 $(a,+\infty)$ 上的不定积分，这时 $\mathrm{d}x=a\sec t\tan t\mathrm{d}t$，$\sqrt{x^2-a^2}=a\tan t$，故

$$\begin{aligned}\int \frac{1}{\sqrt{x^2-a^2}}\mathrm{d}x &= \int \frac{1}{a\tan t}a\sec t\tan t\mathrm{d}t = \int \sec t\mathrm{d}t\\ &= \ln\left|\sec t+\tan t\right| + C_1\\ &= \ln\left|\frac{x}{a}+\frac{\sqrt{x^2-a^2}}{a}\right| + C_1\\ &= \ln\left|x+\sqrt{x^2-a^2}\right| + C,\end{aligned}$$

其中 $C=C_1-\ln a$. 至于当 $x\in(-\infty,-a)$，可令 $x=a\sec t\left(\frac{\pi}{2}<t<\pi\right)$，类似地可得到相同形式的结果.

以上三例所作变换均利用了三角恒等式，称之为三角代换，目的是将被积函数中的无理式化为三角函数的有理式. 一般地，若被积函数含有 $\sqrt{a^2-x^2}$ 时，可作代换 $x=a\sin t$ 或 $x=a\cos t$；若含有 $\sqrt{x^2+a^2}$，可作代换 $x=a\tan t$；若含有 $\sqrt{x^2-a^2}$，可作代换 $x=a\sec t$.

当被积函数含有 $\sqrt{x^2\pm a^2}$ 时，还可利用公式 $\mathrm{ch}^2x-\mathrm{sh}^2x=1$，作双曲代换 $x=a\,\mathrm{sh}\,t$ 或 $x=a\,\mathrm{ch}\,t$，便能将无理式转化为有理式. 如例 10 中令 $x=a\,\mathrm{sh}\,t$，也可得相同结果. 当一道题有多种代换时，应根据被积函数的具体情况，尽可能地选择较为简单的代换，如例 6.

例 12　求 $\int \frac{1}{\sqrt{1+\mathrm{e}^x}}\mathrm{d}x$.

解　令 $\sqrt{1+e^x}=t$，则 $x=\ln(t^2-1)$，且 $dx=\frac{2t}{t^2-1}dt$. 于是

$$\int\frac{1}{\sqrt{1+e^x}}dx=2\int\frac{1}{t^2-1}dt=\int\left(\frac{1}{t-1}-\frac{1}{t+1}\right)dt$$

$$=\ln\frac{t-1}{t+1}+C=\ln\frac{\sqrt{1+e^x}-1}{\sqrt{1+e^x}+1}+C.$$

例 13　求 $\int x\sqrt[3]{1-3x}\,dx$.

解　令 $\sqrt[3]{1-3x}=t$，则 $x=\frac{1-t^3}{3}$，且 $dx=-t^2dt$. 于是

$$\int x\sqrt[3]{1-3x}\,dx=-\frac{1}{3}\int(1-t^3)t^3dt=-\frac{1}{3}\left(\frac{t^4}{4}-\frac{t^7}{7}\right)+C$$

$$=\frac{1}{21}(1-3x)^{\frac{7}{3}}-\frac{1}{12}(1-3x)^{\frac{4}{3}}+C.$$

例 14　求 $\int\sqrt{\frac{1-x}{1+x}}\cdot\frac{dx}{x}$.

典型例题
第二类换元法

解　令 $\sqrt{\frac{1-x}{1+x}}=t$，则 $x=\frac{1-t^2}{1+t^2}$，$dx=\frac{-4t}{(1+t^2)^2}dt$，从而

$$\int\sqrt{\frac{1-x}{1+x}}\cdot\frac{dx}{x}=\int t\cdot\frac{1+t^2}{1-t^2}\cdot\frac{-4t}{(1+t^2)^2}dt$$

$$=\int\frac{-4t^2}{(1+t^2)(1-t^2)}dt$$

$$=\int\left(\frac{2}{1+t^2}-\frac{2}{1-t^2}\right)dt$$

$$=\int\left(\frac{2}{1+t^2}-\frac{1}{1+t}-\frac{1}{1-t}\right)dt$$

$$=2\arctan t-\ln|1+t|+\ln|1-t|+C$$

$$=2\arctan t+\ln\left|\frac{1-t}{1+t}\right|+C$$

$$=2\arctan\sqrt{\frac{1-x}{1+x}}+\ln\left|\frac{\sqrt{1+x}-\sqrt{1-x}}{\sqrt{1+x}+\sqrt{1-x}}\right|+C.$$

上述三例的被积函数均含有难以处理的根式，对于这类问题，可考虑适当换元，将根号消去.一般地，若被积函数只含有根式 $\sqrt[n]{ax+b}$，则可作代换 $t=\sqrt[n]{ax+b}$；若被积函数含有根式 $\sqrt[n]{\frac{ax+b}{cx+d}}$（$a,b,c,d$ 为实常数），则考虑作代换 $t=\sqrt[n]{\frac{ax+b}{cx+d}}$.

例 15　求 $\int\frac{1}{x\sqrt{x^2-1}}dx$.

解 令 $x=\frac{1}{t}$，则 $dx=-\frac{1}{t^2}dt$. 于是

$$\int\frac{1}{x\sqrt{x^2-1}}dx=-\int\frac{|t|}{t\sqrt{1-t^2}}dt.$$

当 $x>0$ 时，有

$$\int\frac{1}{x\sqrt{x^2-1}}dx=-\int\frac{1}{\sqrt{1-t^2}}dt=-\arcsin t+C=-\arcsin\frac{1}{x}+C;$$

当 $x<0$ 时，有

$$\int\frac{1}{x\sqrt{x^2-1}}dx=\int\frac{1}{\sqrt{1-t^2}}dt=\arcsin t+C=\arcsin\frac{1}{x}+C.$$

综上，有

$$\int\frac{1}{x\sqrt{x^2-1}}dx=-\left|\arcsin\frac{1}{x}\right|+C.$$

通常称上例中所采用的代换 $x=\frac{1}{t}$ 为倒代换，利用倒代换可消去被积函数分母中的变量因子 $x^{\mu}(\mu\in\mathbf{N}_+)$.

3. 分部积分法

设函数 $u(x)$，$v(x)$ 可微，则由求导法则有

$$(uv)'=u'v+uv'$$

或

$$uv'=(uv)'-u'v,$$

若 $u'v$ 具有原函数，则由不定积分的性质知 uv' 也有原函数，且

$$\int uv'dx=\int(uv)'dx-\int u'vdx,$$

即

$$\int uv'dx=uv-\int u'vdx. \tag{3}$$

公式(3)称为分部积分公式，常简写为

$$\int udv=uv-\int vdu. \tag{4}$$

利用该公式求不定积分的方法称为分部积分法.

例 16 求 $\int xe^x dx$.

解 取 $u=x$，$v=e^x$，则

$$\int xe^x dx=\int xd(e^x)=xe^x-\int e^x dx=xe^x-e^x+C.$$

此处若取 $u=e^x$，$v=\frac{1}{2}x^2$，则

$$\int xe^x dx=\int e^x d\left(\frac{1}{2}x^2\right)=\frac{1}{2}x^2e^x-\int\frac{1}{2}x^2d(e^x)$$

$$= \frac{1}{2}x^2e^x - \frac{1}{2}\int x^2e^x dx,$$

显然,求上式右端积分 $\int x^2e^x dx$ 比求左端积分 $\int xe^x dx$ 更困难. 因此,使用分部积分法时,正确选择 u 和 v 尤为关键.一般说来,u,v 的选取以 $\int v du$ 比 $\int u dv$ 易求出为准则.根据这一准则,若被积函数是两基本初等函数的乘积,则可按反三角函数、对数函数、幂函数、三角函数、指数函数的顺序,把位于前面的那类函数选作 u.

例 17 求 $\int x\sin x dx$.

解 取 $u=x$,$v=-\cos x$,则

$$\int x\sin x dx = \int x d(-\cos x) = x(-\cos x) - \int(-\cos x)dx$$
$$= -x\cos x + \sin x + C.$$

例 18 求 $\int \ln x dx$.

解 取 $u=\ln x$,$v=x$,则

$$\int \ln x dx = x\ln x - \int x d(\ln x) = x\ln x - \int dx$$
$$= x\ln x - x + C.$$

例 19 $\int x\arctan x dx$.

解 取 $u=\arctan x$, $v=\frac{1}{2}x^2$,则

$$\begin{aligned}\int x\arctan x dx &= \int \arctan x d\left(\frac{1}{2}x^2\right)\\ &= \frac{1}{2}x^2\arctan x - \int \frac{1}{2}x^2 d(\arctan x)\\ &= \frac{1}{2}x^2\arctan x - \frac{1}{2}\int \frac{x^2}{1+x^2}dx\\ &= \frac{1}{2}x^2\arctan x - \frac{1}{2}\int\left(1 - \frac{1}{1+x^2}\right)dx\\ &= \frac{1}{2}x^2\arctan x - \frac{1}{2}x + \frac{1}{2}\arctan x + C.\end{aligned}$$

当我们对分部积分法熟悉后,可不必明显写出公式中的 u 和 v,只需做到心中有数.一般地,下面几类不定积分都可以利用分部积分法求出.

(1) $\int P_n(x)e^{\lambda x}dx$;

(2) $\int P_n(x)\ln^m x dx$;

(3) $\int P_n(x)\sin \alpha x dx$, $\int P_n(x)\cos \beta x dx$;

(4) $\int P_n(x)\arcsin x\mathrm{d}x,\int P_n(x)\arccos x\mathrm{d}x$;

(5) $\int P_n(x)\operatorname{arccot} x\mathrm{d}x,\int P_n(x)\arctan x\mathrm{d}x$,

其中 $P_n(x)$ 为 x 的多项式,λ,m,α 和 β 为常数.

例 20　求$\int \mathrm{e}^x\cos x\mathrm{d}x$.

解　$$\begin{aligned}\int \mathrm{e}^x\cos x\mathrm{d}x &= \int \cos x\mathrm{d}(\mathrm{e}^x) = \mathrm{e}^x\cos x - \int \mathrm{e}^x\mathrm{d}(\cos x)\\ &= \mathrm{e}^x\cos x + \int \mathrm{e}^x\sin x\mathrm{d}x = \mathrm{e}^x\cos x + \int \sin x\mathrm{d}(\mathrm{e}^x)\\ &= \mathrm{e}^x\cos x + \mathrm{e}^x\sin x - \int \mathrm{e}^x\mathrm{d}(\sin x)\\ &= \mathrm{e}^x\cos x + \mathrm{e}^x\sin x - \int \mathrm{e}^x\cos x\mathrm{d}x.\end{aligned}$$

故

$$2\int \mathrm{e}^x\cos x\mathrm{d}x = \mathrm{e}^x(\sin x + \cos x) + C_1.$$

注意,因为上式右端已不包含不定积分项,所以必须加上任意常数 C_1.因而

$$\int \mathrm{e}^x\cos x\mathrm{d}x = \frac{1}{2}\mathrm{e}^x(\sin x + \cos x) + C,$$

其中 $C=\frac{1}{2}C_1$.

例 21　求$\int \sec^3 x\mathrm{d}x$.

解　$$\begin{aligned}\int \sec^3 x\mathrm{d}x &= \int \sec x\cdot\sec^2 x\mathrm{d}x = \int \sec x\mathrm{d}(\tan x)\\ &= \sec x\tan x - \int \tan x\mathrm{d}(\sec x) = \sec x\tan x - \int \tan^2 x\sec x\mathrm{d}x\\ &= \sec x\tan x - \int \sec x(\sec^2 x - 1)\mathrm{d}x\\ &= \sec x\tan x - \int \sec^3 x\mathrm{d}x + \int \sec x\mathrm{d}x\\ &= \sec x\tan x + \ln|\sec x + \tan x| - \int \sec^3 x\mathrm{d}x.\end{aligned}$$

所以

$$\int \sec^3 x\mathrm{d}x = \frac{1}{2}\sec x\tan x + \frac{1}{2}\ln|\sec x + \tan x| + C.$$

例 22　求 $I_n = \int \frac{\mathrm{d}x}{(x^2 + a^2)^n}\quad(n\in\mathbf{N}_+,a\in\mathbf{R},a\neq 0)$.

解　当 $n=1$ 时,易求得

$$I_1 = \int \frac{\mathrm{d}x}{x^2 + a^2} = \int \frac{\frac{1}{a}}{1 + \left(\frac{x}{a}\right)^2}\mathrm{d}\left(\frac{x}{a}\right) = \frac{1}{a}\arctan\frac{x}{a} + C.$$

当 $n>1$ 时，

$$
\begin{aligned}
I_n &= \frac{1}{a^2}\int\frac{x^2+a^2-x^2}{(x^2+a^2)^n}\mathrm{d}x = \frac{1}{a^2}I_{n-1} - \frac{1}{a^2}\int\frac{x^2}{(x^2+a^2)^n}\mathrm{d}x \\
&= \frac{1}{a^2}I_{n-1} + \frac{1}{a^2}\int\frac{x}{2(n-1)}\mathrm{d}\left[\frac{1}{(x^2+a^2)^{n-1}}\right] \\
&= \frac{1}{a^2}I_{n-1} + \frac{1}{2(n-1)a^2}\left[\frac{x}{(x^2+a^2)^{n-1}} - \int\frac{\mathrm{d}x}{(x^2+a^2)^{n-1}}\right] \\
&= \frac{1}{a^2}\left[1-\frac{1}{2(n-1)}\right]I_{n-1} + \frac{1}{2(n-1)a^2}\cdot\frac{x}{(x^2+a^2)^{n-1}}.
\end{aligned}
$$

由此即得递推式

$$
I_n = \frac{1}{2(n-1)a^2}\left[(2n-3)I_{n-1} + \frac{x}{(x^2+a^2)^{n-1}}\right],
$$

且由上述递推式及 I_1 即可求出所有形如 I_n 的积分.如取 $n=2$ 得

$$
I_2 = \frac{x}{2a^2(x^2+a^2)} + \frac{1}{2a^3}\arctan\frac{x}{a} + C.
$$

由例 20~例 22 可以看出,在对某些积分利用若干次分部积分法后得到了所求不定积分满足的一个方程或递推公式,然后求解即可得到所要求出的积分.

需要指出的是,我们往往不是单纯地使用某一种方法来计算不定积分,有时需要用不同的方法相结合来解决问题.

例 23　求 $\displaystyle\int\frac{x\mathrm{e}^x}{\sqrt{\mathrm{e}^x-3}}\mathrm{d}x$.

典型例题 不定积分的计算

解　令 $\sqrt{\mathrm{e}^x-3}=t$,则 $x=\ln(t^2+3)$, $\mathrm{d}x=\dfrac{2t}{t^2+3}\mathrm{d}t$,所以

$$
\begin{aligned}
\int\frac{x\mathrm{e}^x}{\sqrt{\mathrm{e}^x-3}}\mathrm{d}x &= 2\int\ln(t^2+3)\,\mathrm{d}t \\
&= 2t\ln(t^2+3) - \int\frac{4t^2}{t^2+3}\mathrm{d}t \\
&= 2t\ln(t^2+3) - 4t + 4\sqrt{3}\arctan\frac{t}{\sqrt{3}} + C \\
&= 2(x-2)\sqrt{\mathrm{e}^x-3} + 4\sqrt{3}\arctan\sqrt{\frac{\mathrm{e}^x}{3}-1} + C.
\end{aligned}
$$

利用以上方法,我们可获得不少常用积分公式,现列出以备后用.

(1) $\displaystyle\int\frac{1}{x^2+a^2}\mathrm{d}x = \frac{1}{a}\arctan\frac{x}{a} + C$　($a>0$ 为常数);

(2) $\displaystyle\int\frac{1}{x^2-a^2}\mathrm{d}x = \frac{1}{2a}\ln\left|\frac{x-a}{x+a}\right| + C$　($a>0$ 为常数);

(3) $\displaystyle\int\frac{1}{\sqrt{a^2-x^2}}\mathrm{d}x = \arcsin\frac{x}{a} + C$　($a>0$ 为常数);

(4) $\int \frac{1}{\sqrt{x^2 \pm a^2}} dx = \ln \left| x + \sqrt{x^2 \pm a^2} \right| + C$ （$a > 0$ 为常数）；

(5) $\int \tan x dx = -\ln|\cos x| + C$；

(6) $\int \cot x dx = \ln|\sin x| + C$；

(7) $\int \sec x dx = \ln|\sec x + \tan x| + C$；

(8) $\int \csc x dx = \ln|\csc x - \cot x| + C$；

(9) $\int \sqrt{a^2 - x^2} dx = \frac{a^2}{2}\arcsin \frac{x}{a} + \frac{x}{2}\sqrt{a^2 - x^2} + C$ （$a > 0$ 为常数）；

(10) $\int \sqrt{x^2 \pm a^2} dx = \frac{x}{2}\sqrt{x^2 \pm a^2} \pm \frac{a^2}{2}\ln \left| x + \sqrt{x^2 \pm a^2} \right| + C$ （$a > 0$ 为常数）；

(11) $\int \frac{dx}{(x^2 + a^2)^n} = \frac{1}{2a^2(n-1)}\left[\frac{x}{(x^2 + a^2)^{n-1}} + (2n-3)\int \frac{dx}{(x^2 + a^2)^{n-1}}\right] + C$

（$a>0$ 为常数）.

三、有理函数的不定积分

设 $P_m(x)$ 和 $Q_n(x)$ 分别是 m 次和 n 次实系数多项式，则形如

$$\frac{P_m(x)}{Q_n(x)} \tag{5}$$

的函数称为有理函数.当 $m<n$ 时，称(5)式为真分式，否则称为假分式.

由代数学的有关知识知道，任何一个假分式可以分解为一个真分式与一个整式(即多项式)之和.所以，为了求有理函数的不定积分，只需研究真分式的原函数的求法.

以下四个真分式称为最简分式(其中 A,B 为常数)：

(Ⅰ) $\frac{A}{x-a}$ （a 为常数）；

(Ⅱ) $\frac{A}{(x-a)^k}$ （$k>1$ 为整数，a 为常数）；

(Ⅲ) $\frac{Ax+B}{x^2+px+q}$ （p,q 为常数且 $p^2-4q<0$）；

(Ⅳ) $\frac{Ax+B}{(x^2+px+q)^k}$ （p,q 为常数且 $p^2-4q<0$，$k>1$ 为整数）.

下面讨论最简分式的不定积分：

(Ⅰ) $\int \frac{A}{x-a} dx = A\ln|x-a| + C$ （C 为任意常数）.

(Ⅱ) $\int \frac{A}{(x-a)^k} dx$

$$= \frac{A}{(1-k)(x-a)^{k-1}} + C \quad (k=2,3,4,\cdots,\text{且 } C \text{ 为任意常数}).$$

(Ⅲ) $\displaystyle\int \frac{Ax+B}{x^2+px+q}\mathrm{d}x \quad (p^2-4q<0)$

$$= \frac{A}{2}\int \frac{\mathrm{d}(x^2+px+q)}{x^2+px+q} + \left(B-\frac{Ap}{2}\right)\int \frac{\mathrm{d}x}{\left(x+\frac{p}{2}\right)^2+\left(\sqrt{q-\frac{p^2}{4}}\right)^2}$$

$$= \frac{A}{2}\ln|x^2+px+q| + \frac{2B-Ap}{\sqrt{4q-p^2}}\arctan\frac{2x+p}{\sqrt{4q-p^2}} + C(C \text{ 为任意常数}).$$

(Ⅳ) $\displaystyle\int \frac{Ax+B}{(x^2+px+q)^k}\mathrm{d}x \quad (p^2-4q>0,k=2,3,4,\cdots)$

$$= \frac{A}{2}\int \frac{\mathrm{d}(x^2+px+q)}{(x^2+px+q)^k} + \left(B-\frac{Ap}{2}\right)\int \frac{\mathrm{d}x}{(x^2+px+q)^k}$$

$$= \frac{A}{2(1-k)(x^2+px+q)^{k-1}} +$$

$$\left(B-\frac{Ap}{2}\right)\int \frac{\mathrm{d}x}{\left[\left(x+\frac{p}{2}\right)^2+\left(\sqrt{q-\frac{p^2}{4}}\right)^2\right]^k},$$

上式右端中的不定积分,令 $t=x+\frac{p}{2}$,$a=\sqrt{q-\frac{p^2}{4}}$,则利用换元法可以变为如下形式的不定积分

$$\int \frac{\mathrm{d}t}{(t^2+a^2)^k},$$

这个不定积分的求法已经在例 22 中解决.

因此,以上四种最简分式都可以求出它们的原函数.

综合上面的分析,我们知道,对任何一个有理函数(5)都可以通过如下过程求出它的原函数:

(1) 如果(5)式是假分式,先将其表示成一个整式与一个真分式之和,再分别求原函数.

(2) 如果(5)式已经是一个真分式,则可以将其分解成若干个最简分式之和,分别求原函数.

(3) 将上述过程中分别求出的原函数相加,就得到有理函数(5)的原函数.

现在的关键问题是如何将真分式 $\frac{P_m(x)}{Q_n(x)}$ 分解成若干个最简分式之和?分解方法如下:

(1) 若 $Q_n(x)$ 含有因式 $(x-a)^k$,则分解时相应地含有以下最简分式组合:

$$\frac{A_1}{x-a}+\frac{A_2}{(x-a)^2}+\cdots+\frac{A_k}{(x-a)^k},$$

其中 $A_1,A_2,\cdots,A_k$ 是待定系数；

(2) 若 $Q_n(x)$ 含有因式 $(x^2+px+q)^k$，则分解时相应地含有以下最简分式组合：

$$\frac{B_1x+C_1}{x^2+px+q}+\frac{B_2x+C_2}{(x^2+px+q)^2}+\cdots+\frac{B_kx+C_k}{(x^2+px+q)^k},$$

其中 $B_1,B_2,\cdots,B_k,C_1,C_2,\cdots,C_k$ 都是待定系数.

例 24　试将分式 $\dfrac{x^2+5x+6}{(x-1)(x^2+2x+3)}$ 分解为最简分式之和.

解　设

$$\frac{x^2+5x+6}{(x-1)(x^2+2x+3)}=\frac{A}{x-1}+\frac{Bx+C}{x^2+2x+3}.$$

两边去分母后，得

$$x^2+5x+6=(A+B)x^2+(2A-B+C)x+(3A-C).$$

比较等式两边 x 同次幂的系数，得方程组

$$\begin{cases}A+B=1,\\2A-B+C=5,\\3A-C=6.\end{cases}$$

解之得 $A=2,B=-1,C=0$，故

$$\frac{x^2+5x+6}{(x-1)(x^2+2x+3)}=\frac{2}{x-1}-\frac{x}{x^2+2x+3},$$

例 25　将 $\dfrac{2x+2}{(x-1)(x^2+1)^2}$ 分解为最简分式之和.

解　设

$$\frac{2x+2}{(x-1)(x^2+1)^2}=\frac{A}{x-1}+\frac{B_1x+C_1}{x^2+1}+\frac{B_2x+C_2}{(x^2+1)^2},$$

两边去分母后，得

$$2x+2=(A+B_1)x^4+(C_1-B_1)x^3+(2A+B_2+B_1-C_1)x^2+(C_2+C_1-B_2-B_1)x+(A-C_2-C_1).$$

比较等式两边 x 同次幂系数，得方程组

$$\begin{cases}A+B_1=0,\\C_1-B_1=0,\\2A+B_2+B_1-C_1=0,\\C_2+C_1-B_2-B_1=2,\\A-C_2-C_1=2.\end{cases}$$

解之得 $A=1,B_1=-1,C_1=-1,B_2=-2,C_2=0$. 故

$$\frac{2x+2}{(x-1)(x^2+1)^2}=\frac{1}{x-1}-\frac{x+1}{x^2+1}-\frac{2x}{(x^2+1)^2}.$$

例 26　求 $\displaystyle\int\frac{x+5}{(x-1)^2}\mathrm{d}x$.

解　$\int \frac{x+5}{(x-1)^2}dx = \int \frac{(x-1)+6}{(x-1)^2}dx = \int \left[\frac{1}{x-1} + \frac{6}{(x-1)^2}\right] dx$

$$= \int \frac{1}{x-1}dx + 6\int \frac{dx}{(x-1)^2}$$

$$= \ln|x-1| - \frac{6}{x-1} + C.$$

例 27　求 $\int \frac{x^2+5x+6}{(x-1)(x^2+2x+3)}dx.$

解　由例 24 得

$$\int \frac{x^2+5x+6}{(x-1)(x^2+2x+3)}dx$$

$$= \int \frac{2}{x-1}dx - \int \frac{x}{x^2+2x+3}dx$$

$$= 2\ln|x-1| - \frac{1}{2}\int \frac{d(x^2+2x+3)}{x^2+2x+3} + \int \frac{dx}{(x+1)^2+(\sqrt{2})^2}$$

$$= 2\ln|x-1| - \frac{1}{2}\ln(x^2+2x+3) + \frac{1}{\sqrt{2}}\arctan\frac{x+1}{\sqrt{2}} + C$$

$$= \ln\frac{(x-1)^2}{\sqrt{x^2+2x+3}} + \frac{1}{\sqrt{2}}\arctan\frac{x+1}{\sqrt{2}} + C.$$

例 28　求 $\int \frac{2x+2}{(x-1)(x^2+1)^2}dx.$

解　由例 25 得

$$\int \frac{2x+2}{(x-1)(x^2+1)^2}dx$$

$$= \int \frac{dx}{x-1} - \int \frac{x+1}{x^2+1}dx - \int \frac{2x}{(x^2+1)^2}dx$$

$$= \ln|x-1| - \frac{1}{2}\int \frac{d(x^2+1)}{x^2+1} - \int \frac{dx}{x^2+1} - \int \frac{d(x^2+1)}{(x^2+1)^2}$$

$$= \ln|x-1| - \frac{1}{2}\ln(x^2+1) - \arctan x + \frac{1}{x^2+1} + C$$

$$= \ln\frac{|x-1|}{\sqrt{x^2+1}} - \arctan x + \frac{1}{x^2+1} + C.$$

例 29　求 $\int \frac{x^4-2x^2+4x+1}{x^3-x^2-x+1}dx.$

解　由多项式的除法得

$$\frac{x^4-2x^2+4x+1}{x^3-x^2-x+1} = x+1+\frac{4x}{(x-1)^2(x+1)},$$

设

$$\frac{4x}{(x-1)^2(x+1)}=\frac{A}{x-1}+\frac{B}{(x-1)^2}+\frac{C}{x+1},$$

其中 A,B,C 为待定系数.去分母,得

$$4x=(A+C)x^2+(B-2C)x+(-A+B+C).$$

比较等式两边 x 同次幂的系数,得

$$\begin{cases}A+C=0,\\B-2C=4,\\-A+B+C=0,\end{cases}$$

解得 $A=1,B=2,C=-1$.于是

$$\begin{aligned}&\int\frac{x^4-2x^2+4x+1}{x^3-x^2-x+1}\mathrm{d}x\\&=\int\left[x+1+\frac{1}{x-1}+\frac{2}{(x-1)^2}-\frac{1}{x+1}\right]\mathrm{d}x\\&=\frac{x^2}{2}+x+\ln|x-1|-\frac{2}{x-1}-\ln|x+1|+C\\&=\frac{x^2}{2}+x-\frac{2}{x-1}+\ln\left|\frac{x-1}{x+1}\right|+C.\end{aligned}$$

例 30　求 $\int\frac{x-2}{x^2+2x+3}\mathrm{d}x$.

解　被积函数已是简单分式,直接采用凑微分法.

$$\begin{aligned}\int\frac{x-2}{x^2+2x+3}\mathrm{d}x&=\int\frac{\frac{1}{2}(2x+2)-3}{x^2+2x+3}\mathrm{d}x\\&=\frac{1}{2}\int\frac{2x+2}{x^2+2x+3}\mathrm{d}x-3\int\frac{\mathrm{d}x}{x^2+2x+3}\\&=\frac{1}{2}\int\frac{\mathrm{d}(x^2+2x+3)}{x^2+2x+3}-3\int\frac{\mathrm{d}(x+1)}{(x+1)^2+(\sqrt{2})^2}\\&=\frac{1}{2}\ln(x^2+2x+3)-\frac{3}{\sqrt{2}}\arctan\frac{x+1}{\sqrt{2}}+C.\end{aligned}$$

例 31　求 $\int\frac{x(2-x^2)}{1-x^4}\mathrm{d}x$.

解　$$\begin{aligned}\int\frac{x(2-x^2)}{1-x^4}\mathrm{d}x&=\int\frac{2x}{1-x^4}\mathrm{d}x-\int\frac{x^3}{1-x^4}\mathrm{d}x\\&=\int\frac{\mathrm{d}(x^2)}{1-x^4}+\frac{1}{4}\int\frac{\mathrm{d}(1-x^4)}{1-x^4}\\&=\frac{1}{2}\ln\left|\frac{1+x^2}{1-x^2}\right|+\frac{1}{4}\ln|1-x^4|+C\\&=\frac{3}{4}\ln(1+x^2)-\frac{1}{4}\ln|1-x^2|+C.\end{aligned}$$

本例若根据 $1-x^4=(1-x)(1+x)(1+x^2)$，将被积函数分解为部分分式来求积分，会比较麻烦.因此在求积分时，应灵活运用积分方法，不可拘泥于模式.

值得注意的是，有些积分本身虽不属于有理函数积分，但经变量代换后，可将其转换为有理函数的积分. 比如，对于形如 $\int R(x,\sqrt[n]{ax+b})\mathrm{d}x(a\neq 0)$ 的积分（其中 $R(x,y)$ 表示关于 x,y 的有理函数），若令 $t=\sqrt[n]{ax+b}$，则可化为有理函数的积分.对于形如 $\int R\left(x,\sqrt[n]{\dfrac{ax+b}{cx+d}}\right)\mathrm{d}x$ 的积分（$R(x,y)$ 含义同上），若令 $t=\sqrt[n]{\dfrac{ax+b}{cx+d}}$，则可将其化为有理函数的积分.这样的例子我们已在本节第二类换元法中给出.

四、三角函数有理式的不定积分

三角函数有理式是指由三角函数和常数经过有限次四则运算构成的函数.由于各种三角函数都可以用 $\sin x$ 及 $\cos x$ 表示，因此三角函数有理式都可以表示为 $\sin x$ 和 $\cos x$ 的有理式，记作 $R(\sin x,\cos x)$.下面我们讨论 $\int R(\sin x,\cos x)\mathrm{d}x$ 型的积分.

一般地，可取 $t=\tan\dfrac{x}{2}$，则 $x=2\arctan t$，$\mathrm{d}x=\dfrac{2}{1+t^2}\mathrm{d}t$，$\sin x=\dfrac{2t}{1+t^2}$，$\cos t=\dfrac{1-t^2}{1+t^2}$. 因此有

$$\int R(\sin x,\cos x)\mathrm{d}x=\int R\left(\frac{2t}{1+t^2},\frac{1-t^2}{1+t^2}\right)\frac{2}{1+t^2}\mathrm{d}t.$$

根据 $R(\sin x,\cos x)$ 的定义知 $R\left(\dfrac{2t}{1+t^2},\dfrac{1-t^2}{1+t^2}\right)\dfrac{2}{1+t^2}$ 是一个有理函数，而有理函数的不定积分问题已得到解决，因此，通过变换 $t=\tan\dfrac{x}{2}$，能将 $\int R(\sin x,\cos x)\mathrm{d}x$ 求出.

例 32 求 $\displaystyle\int\frac{\mathrm{d}x}{3+5\cos x}$.

解 令 $t=\tan\dfrac{x}{2}$，则

$$\int\frac{\mathrm{d}x}{3+5\cos x}=\int\frac{1}{3+5\dfrac{1-t^2}{1+t^2}}\cdot\frac{2}{1+t^2}\mathrm{d}t=\int\frac{\mathrm{d}t}{4-t^2}$$

$$=\frac{1}{4}\ln\left|\frac{2+t}{2-t}\right|+C=\frac{1}{4}\ln\left|\frac{2+\tan\dfrac{x}{2}}{2-\tan\dfrac{x}{2}}\right|+C.$$

例 33 求 $\displaystyle\int\frac{1+\sin x}{\sin x(1+\cos x)}\mathrm{d}x$.

解 令 $t=\tan\dfrac{x}{2}$，则

$$\int \frac{1+\sin x}{\sin x(1+\cos x)}\mathrm{d}x = \int \frac{\left(1+\frac{2t}{1+t^2}\right)\frac{2}{1+t^2}\mathrm{d}t}{\frac{2t}{1+t^2}\left(1+\frac{1-t^2}{1+t^2}\right)}$$

$$= \frac{1}{2}\int\left(t+2+\frac{1}{t}\right)\mathrm{d}t = \frac{1}{2}\left(\frac{t^2}{2}+2t+\ln|t|\right)+C$$

$$= \frac{1}{4}\tan^2\frac{x}{2}+\tan\frac{x}{2}+\frac{1}{2}\ln\left|\tan\frac{x}{2}\right|+C.$$

需要注意的是,虽然三角函数有理式的积分可转化为有理函数积分,但并非这样积分的途径最简捷,有时可能还有更简单的方法.

例 34 求$\int \frac{\cos x}{1+\sin x}\mathrm{d}x$.

解 $\int \frac{\cos x}{1+\sin x}\mathrm{d}x = \int \frac{\mathrm{d}(1+\sin x)}{1+\sin x} = \ln(1+\sin x)+C.$

例 35 求$\int \frac{\mathrm{d}x}{1+\sin x+\cos x}$.

解

$$\int \frac{1}{1+\sin x+\cos x}\mathrm{d}x = \int \frac{\mathrm{d}x}{2\sin\frac{x}{2}\cos\frac{x}{2}+2\cos^2\frac{x}{2}}$$

$$= \int \frac{\mathrm{d}\left(1+\tan\frac{x}{2}\right)}{1+\tan\frac{x}{2}}$$

$$= \ln\left|1+\tan\frac{x}{2}\right|+C.$$

五、积分表的使用

通过前面的讨论可以看出,积分的计算要比导数的计算更灵活、复杂.为了实际应用的方便,往往把常用的积分公式汇集成表,这种表称为积分表(见附录一).积分表是按照被积函数的类型来排列的.求积分时,可根据被积函数的类型直接地或经过简单的变形后,在表内查得所需的结果.

例 36 求$\int \mathrm{e}^{-x}\sin 2x\mathrm{d}x$.

解 被积函数含指数函数,查书末(附录)积分表(十三)中公式 128 得

$$\int \mathrm{e}^{-x}\sin 2x\mathrm{d}x = \frac{1}{(-1)^2+2^2}\mathrm{e}^{-x}(-\sin 2x-2\cos 2x)+C$$

$$= -\frac{1}{5}\mathrm{e}^{-x}(\sin 2x+2\cos 2x)+C.$$

例 37 求$\int \frac{2x+3}{\sqrt{x^2+x+1}}\mathrm{d}x$.

解　由于

$$\int \frac{2x+3}{\sqrt{x^2+x+1}}\mathrm{d}x = 2\int \frac{x\mathrm{d}x}{\sqrt{x^2+x+1}} + 3\int \frac{\mathrm{d}x}{\sqrt{x^2+x+1}},$$

查积分表(九)中公式 73 及 75 得

$$\int \frac{2x+3}{\sqrt{x^2+x+1}}\mathrm{d}x = 2\sqrt{x^2+x+1} + 2\ln\left|2x+1+2\sqrt{x^2+x+1}\right| + C.$$

例 38　求$\int \frac{\mathrm{d}x}{(x+1)\sqrt{x^2+2x+5}}$.

解　该积分在表中不能直接查出,为此先令 $u=x+1$ 得

$$\int \frac{\mathrm{d}x}{(x+1)\sqrt{x^2+2x+5}} = \int \frac{\mathrm{d}u}{u\sqrt{u^2+4}}.$$

查积分表(六)中公式 37 得

$$\begin{aligned}\int \frac{\mathrm{d}x}{(x+1)\sqrt{x^2+2x+5}} &= \frac{1}{2}\ln\frac{\sqrt{u^2+4}-2}{|u|}+C \\ &= \frac{1}{2}\ln\frac{\sqrt{x^2+2x+5}-2}{|x+1|}+C.\end{aligned}$$

最后,我们需指出的是:若一个函数在某区间上连续,则在此区间上其原函数必定存在(参见第二节定理 4),因此初等函数在其有定义的区间内一定有原函数,但是初等函数的原函数不一定也是初等函数,这就意味着某些初等函数的不定积分不能用初等函数明显表示出来,如

$$\int e^{-x^2}\mathrm{d}x,\quad \int \frac{\sin x}{x}\mathrm{d}x,\quad \int \frac{\mathrm{d}x}{\ln x},\quad \int \sin(x^2)\mathrm{d}x,\quad \int \sqrt{1-R^2\sin^2 x}\,\mathrm{d}x$$

等.

习题 6-3

1. 利用基本积分公式及性质求下列积分:

(1) $\int \sqrt{x}(x^2-5)\mathrm{d}x$;　　(2) $\int 3^x e^x \mathrm{d}x$;

(3) $\int \left(\frac{3}{1+x^2} - \frac{2}{\sqrt{1-x^2}}\right)\mathrm{d}x$;　　(4) $\int \frac{\cos 2x}{\cos x - \sin x}\mathrm{d}x$;

(5) $\int \frac{1}{\sin^2 x\cos^2 x}\mathrm{d}x$;　　(6) $\int \left(1-\frac{1}{x^2}\right)\sqrt{x\sqrt{x}}\,\mathrm{d}x$.

2. 一平面曲线过点(1,0),且曲线上任一点(x,y)处的切线斜率为 $2x-2$,求该曲线方程.

3. 利用换元法求下列积分:

(1) $\int (x+4)^{10}\mathrm{d}x$;　　(2) $\int \frac{\mathrm{d}x}{\sqrt[3]{2-3x}}$;

(3) $\int x\cos(x^2)\,\mathrm{d}x$,　　(4) $\int \sqrt{\frac{a+x}{a-x}}\mathrm{d}x$;

(5) $\int \frac{\mathrm{d}x}{\mathrm{e}^x+\mathrm{e}^{-x}}$;　　(6) $\int \frac{\ln x}{x}\mathrm{d}x$;

(7) $\int \cos^5 x\sin^3 x\mathrm{d}x$;　　(8) $\int \frac{\mathrm{d}x}{x^4\sqrt{x^2+1}}$;

(9) $\int \sin^4 x\mathrm{d}x$;　　(10) $\int \sin 5x\sin 7x\mathrm{d}x$;

(11) $\int \frac{x^2}{\sqrt{4-x^2}}\mathrm{d}x$;　　(12) $\int \frac{x+1}{\sqrt[3]{3x+1}}\mathrm{d}x$;

(13) $\int \sqrt{\frac{\mathrm{e}^x-1}{\mathrm{e}^x+1}}\mathrm{d}x$;　　(14) $\int \mathrm{e}^{\sqrt{x+1}}\mathrm{d}x$;

(15) $\int \frac{1}{\sqrt{x}(1+\sqrt[3]{x})}\mathrm{d}x$;　　(16) $\int \frac{1}{x^2\sqrt{a^2+x^2}}\mathrm{d}x$.

4. 用分部积分法求下列不定积分:

(1) $\int x^2\sin x\mathrm{d}x$;　　(2) $\int x\mathrm{e}^{-x}\mathrm{d}x$;

(3) $\int x\ln x\mathrm{d}x$;　　(4) $\int x^2\arctan x\mathrm{d}x$;

(5) $\int \arccos x\mathrm{d}x$;　　(6) $\int x\tan^2 x\mathrm{d}x$;

(7) $\int \mathrm{e}^{-x}\cos x\mathrm{d}x$;　　(8) $\int x\sin x\cos x\mathrm{d}x$;

(9) $\int \frac{(\ln x)^3}{x^2}\mathrm{d}x$;　　(10) $\int \sqrt{x^2+a^2}\mathrm{d}x$.

5. 求下列不定积分:

(1) $\int \frac{x^2+1}{(x+1)^2(x-1)}\mathrm{d}x$;　　(2) $\int \frac{\mathrm{d}x}{x^3+1}$;

(3) $\int \frac{x^5+x^4-8}{x^3-x}\mathrm{d}x$;　　(4) $\int \frac{x^2}{x^6+1}\mathrm{d}x$;

(5) $\int \frac{\sin x}{1+\sin x}\mathrm{d}x$;　　(6) $\int \frac{\cot x}{\sin x+\cos x+1}\mathrm{d}x$;

(7) $\int \frac{1}{\sqrt{x(1+x)}}\mathrm{d}x$;　　(8) $\int \frac{\sqrt{x+1}-1}{\sqrt{x+1}+1}\mathrm{d}x$.

6. 求下列不定积分,并用求导方法验证其结果正确否.

(1) $\int \frac{\mathrm{d}x}{1+\mathrm{e}^x}$;　　(2) $\int \ln(x+\sqrt{1+x^2})\,\mathrm{d}x$;

(3) $\int \ln(1+x^2)\mathrm{d}x$;　　(4) $\int \sqrt{5-4x-x^2}\,\mathrm{d}x$;

(5) $\int \sin(\ln x)\mathrm{d}x$;　　(6) $\int \dfrac{xe^x}{(e^x+1)^2}\mathrm{d}x$;

(7) $\int \dfrac{\ln x}{(1+x^2)^{3/2}}\mathrm{d}x$;　　(8) $\int \dfrac{x+\sin x}{1+\cos x}\mathrm{d}x$;

(9) $\int xf''(x)\mathrm{d}x$;　　(10) $\int \sin^n x\mathrm{d}x\ (n>1, n\in \mathbf{N}_+)$.

7. 求不定积分$\int \max\{1,|x|\}\mathrm{d}x$.

第四节　定积分的计算

在第二节给出的牛顿-莱布尼茨公式将定积分的计算问题转化为求被积函数的原函数问题,即转化为求不定积分的问题.于是在本节,我们借鉴求不定积分的方法,给出求定积分的换元积分法、分部积分法.

一、定积分的换元法

定理 1　设$f(x)$在区间$[a,b]$上连续,$x=\psi(t)$在区间$[\alpha,\beta]$(或区间$[\beta,\alpha]$)上有连续导数,其值域包含于$[a,b]$,且满足$\psi(\alpha)=a$和$\psi(\beta)=b$,则

$$\int_a^b f(x)\mathrm{d}x=\int_\alpha^\beta f(\psi(t))\psi'(t)\mathrm{d}t. \tag{1}$$

证　因为$f(x)$在区间$[a,b]$上连续,所以$f(x)$必有原函数.设$F(x)$为$f(x)$的某一原函数,由复合函数求导法则知$F(\psi(t))$是$f(\psi'(t))\psi'(t)$的一个原函数,因此由牛顿-莱布尼茨公式有

$$\int_a^b f(x)\mathrm{d}x=F(b)-F(a),$$

及

$$\int_\alpha^\beta f(\psi(t))\psi'(t)\mathrm{d}t=F(\psi(\beta))-F(\psi(\alpha))=F(b)-F(a),$$

故

$$\int_a^b f(x)\mathrm{d}x=\int_\alpha^\beta f(\psi(t))\psi'(t)\mathrm{d}t.$$

公式(1)在作代换$x=\psi(t)$后,原来关于x的积分区间必须换为关于新变量t的积分区间,并且换元后的定积分$\int_\alpha^\beta f(\psi(t))\psi'(t)\mathrm{d}t$的上、下限$\alpha$和$\beta$必须与原来定积分的上、下限$a$和$b$相对应,而不必考虑$\alpha$与$\beta$的大小关系.

此外,利用公式(1)求定积分时,新的被积函数的原函数求出后不必再代回原积分变量,只需把新积分变量的上、下限直接代入相减即可.

例 1　计算 $\int_0^a \sqrt{a^2 - x^2}\,\mathrm{d}x$（$a > 0$ 为常数）.

解　令 $x = a\sin t$，则 $\mathrm{d}x = a\cos t\,\mathrm{d}t$，且当 $x=0$ 时，$t=0$；当 $x=a$ 时，$t=\frac{\pi}{2}$. 于是

$$\int_0^a \sqrt{a^2 - x^2}\,\mathrm{d}x = \int_0^{\frac{\pi}{2}} a\cos t \cdot a\cos t\,\mathrm{d}t = \frac{a^2}{2}\int_0^{\frac{\pi}{2}} (1 + \cos 2t)\,\mathrm{d}t$$

$$= \frac{a^2}{2}\left(t + \frac{\sin 2t}{2}\right)\Bigg|_0^{\frac{\pi}{2}} = \frac{\pi}{4}a^2.$$

例 2　计算 $\int_0^1 x(1-x)^{100}\,\mathrm{d}x$.

解　令 $t=1-x$，则 $x=1-t$，$\mathrm{d}x=-\mathrm{d}t$，且当 $x=0$ 时，$t=1$；当 $x=1$ 时，$t=0$. 于是

$$\int_0^1 x(1-x)^{100}\,\mathrm{d}x = -\int_1^0 (1-t)t^{100}\,\mathrm{d}t = \int_0^1 (t^{100} - t^{101})\,\mathrm{d}t$$

$$= \left(\frac{1}{101}t^{101} - \frac{1}{102}t^{102}\right)\Bigg|_0^1 = \frac{1}{10\,302}.$$

例 3　设函数 $f(x)=\begin{cases} x\mathrm{e}^{-x^2}, & x \geqslant 0, \\ \dfrac{1}{1+\cos x}, & -1<x<0, \end{cases}$ 计算 $\int_1^4 f(x-2)\,\mathrm{d}x$.

解　设 $x-2=t$，则 $\mathrm{d}x=\mathrm{d}t$，且当 $x=1$ 时，$t=-1$；当 $x=4$ 时，$t=2$. 于是

$$\int_1^4 f(x-2)\,\mathrm{d}x = \int_{-1}^2 f(t)\,\mathrm{d}t = \int_{-1}^0 \frac{\mathrm{d}t}{1+\cos t} + \int_0^2 t\mathrm{e}^{-t^2}\,\mathrm{d}t$$

$$= \tan\frac{t}{2}\Bigg|_{-1}^0 - \frac{1}{2}\mathrm{e}^{-t^2}\Bigg|_0^2$$

$$= \tan\frac{1}{2} - \frac{1}{2}\mathrm{e}^{-4} + \frac{1}{2}.$$

例 4　设 $f(x) \in R([-a,a])$，证明

（1）若 $f(x)$ 为偶函数，则

$$\int_{-a}^a f(x)\,\mathrm{d}x = 2\int_0^a f(x)\,\mathrm{d}x;$$

（2）若 $f(x)$ 为奇函数，则

$$\int_{-a}^a f(x)\,\mathrm{d}x = 0.$$

证　因为

$$\int_{-a}^a f(x)\,\mathrm{d}x = \int_{-a}^0 f(x)\,\mathrm{d}x + \int_0^a f(x)\,\mathrm{d}x,$$

对积分 $\int_{-a}^0 f(x)\,\mathrm{d}x$ 作代换 $x=-t$，可得

$$\int_{-a}^0 f(x)\,\mathrm{d}x = -\int_a^0 f(-t)\,\mathrm{d}t = \int_0^a f(-t)\,\mathrm{d}t = \int_0^a f(-x)\,\mathrm{d}x.$$

于是

$$\int_{-a}^a f(x)\,\mathrm{d}x = \int_0^a f(-x)\,\mathrm{d}x + \int_0^a f(x)\,\mathrm{d}x = \int_0^a [f(x) + f(-x)]\,\mathrm{d}x.$$

(1) 若 $f(x)$ 为偶函数,则 $f(x)+f(-x)=2f(x)$,故

$$\int_{-a}^{a} f(x)\,\mathrm{d}x = 2\int_{0}^{a} f(x)\,\mathrm{d}x.$$

(2) 若 $f(x)$ 为奇函数,则 $f(x)+f(-x)=0$,故

$$\int_{-a}^{a} f(x)\,\mathrm{d}x = 0.$$

利用例 4 的结论,常可简化计算偶函数、奇函数在对称于原点的区间上的定积分.

例 5　求 $\int_{-2}^{2} \min\left\{\frac{1}{|x|}, x^2\right\}\mathrm{d}x$.

解　由于被积函数是偶函数,由例 4 的结果我们有

$$\begin{aligned}\int_{-2}^{2} \min\left\{\frac{1}{|x|}, x^2\right\}\mathrm{d}x &= 2\int_{0}^{2} \min\left\{\frac{1}{|x|}, x^2\right\}\mathrm{d}x \\ &= 2\int_{0}^{1} x^2\,\mathrm{d}x + 2\int_{1}^{2} \frac{1}{x}\,\mathrm{d}x = \frac{2}{3} + 2\ln 2.\end{aligned}$$

例 6　若 $f(x)\in C([0,1])$,证明

$$\int_{0}^{\pi} xf(\sin x)\,\mathrm{d}x = \frac{\pi}{2}\int_{0}^{\pi} f(\sin x)\,\mathrm{d}x,$$

并由此计算 $\int_{0}^{\pi} \frac{x\sin x}{1+\cos^2 x}\mathrm{d}x$.

典型例题
定积分的计算 1

证　设 $x=\pi-t$,则 $\mathrm{d}x=-\mathrm{d}t$,且当 $x=0$ 时,$t=\pi$;当 $x=\pi$ 时,$t=0$.于是

$$\begin{aligned}\int_{0}^{\pi} xf(\sin x)\,\mathrm{d}x &= -\int_{\pi}^{0} (\pi-t)f[\sin(\pi-t)]\,\mathrm{d}t \\ &= \int_{0}^{\pi} (\pi-t)f(\sin t)\,\mathrm{d}t \\ &= \pi\int_{0}^{\pi} f(\sin t)\,\mathrm{d}t - \int_{0}^{\pi} tf(\sin t)\,\mathrm{d}t \\ &= \pi\int_{0}^{\pi} f(\sin x)\,\mathrm{d}x - \int_{0}^{\pi} xf(\sin x)\,\mathrm{d}x,\end{aligned}$$

所以

$$\int_{0}^{\pi} xf(\sin x)\,\mathrm{d}x = \frac{\pi}{2}\int_{0}^{\pi} f(\sin x)\,\mathrm{d}x.$$

利用上述结论,我们有

$$\begin{aligned}\int_{0}^{\pi} \frac{x\sin x}{1+\cos^2 x}\mathrm{d}x &= \int_{0}^{\pi} x\frac{\sin x}{2-\sin^2 x}\mathrm{d}x = \frac{\pi}{2}\int_{0}^{\pi} \frac{\sin x}{2-\sin^2 x}\mathrm{d}x \\ &= -\frac{\pi}{2}\int_{0}^{\pi} \frac{\mathrm{d}(\cos x)}{1+\cos^2 x} = -\frac{\pi}{2}\arctan(\cos x)\Big|_{0}^{\pi} = \frac{\pi^2}{4}.\end{aligned}$$

例 7　设 $f(x)$ 是 $\mathbf{R}$ 上以 T 为周期的函数,且在任意区间上可积,则对任意实数 a,有

$$\int_{a}^{a+T} f(x)\,\mathrm{d}x = \int_{0}^{T} f(x)\,\mathrm{d}x.$$

证　由定积分的分段可加性,得

$$\int_{a}^{a+T} f(x)\,\mathrm{d}x = \int_{a}^{0} f(x)\,\mathrm{d}x + \int_{0}^{T} f(x)\,\mathrm{d}x + \int_{T}^{a+T} f(x)\,\mathrm{d}x.$$

对于积分 $\int_T^{a+T} f(x)\,\mathrm{d}x$，令 $x=t+T$，则 $\mathrm{d}x=\mathrm{d}t$，且当 $x=T$ 时，$t=0$；当 $x=a+T$ 时，$t=a$. 于是

$$\int_T^{a+T} f(x)\,\mathrm{d}x=\int_0^a f(t+T)\,\mathrm{d}t=\int_0^a f(t)\,\mathrm{d}t,$$

故

$$\int_a^{a+T} f(x)\,\mathrm{d}x=\int_a^0 f(x)\,\mathrm{d}x+\int_0^T f(x)\,\mathrm{d}x+\int_0^a f(x)\,\mathrm{d}x=\int_0^T f(x)\,\mathrm{d}x.$$

例 8　计算 $\int_0^{20\pi} |\cos x|(\sin x+1)\,\mathrm{d}x$.

解　由于被积函数是以 2π 为周期的函数，因此

$$\begin{aligned}\int_0^{20\pi} |\cos x|(\sin x+1)\,\mathrm{d}x&=10\int_{-\pi}^{\pi} |\cos x|(\sin x+1)\,\mathrm{d}x\\&=10\left(\int_{-\pi}^{\pi} |\cos x|\sin x\,\mathrm{d}x+\int_{-\pi}^{\pi} |\cos x|\,\mathrm{d}x\right)\\&=20\int_0^{\pi} |\cos x|\,\mathrm{d}x=20\left(\int_0^{\frac{\pi}{2}} \cos x\,\mathrm{d}x-\int_{\frac{\pi}{2}}^{\pi} \cos x\,\mathrm{d}x\right)\\&=20\left(\sin x\Big|_0^{\frac{\pi}{2}}-\sin x\Big|_{\frac{\pi}{2}}^{\pi}\right)=40.\end{aligned}$$

二、定积分的分部积分法

定理 2　设 $u=u(x)$，$v=v(x)$ 均在区间 $[a,b]$ 上可导，且 $u'v\in R([a,b])$，则有分部积分公式

$$\int_a^b uv'\,\mathrm{d}x=uv\Big|_a^b-\int_a^b u'v\,\mathrm{d}x \tag{2}$$

证　因为 u,v 在 $[a,b]$ 上可导，所以 uv 为 $(uv)'$ 的原函数，且 $uv\in R([a,b])$. 又 $u'v\in R([a,b])$，于是由

$$(uv)'=u'v+uv'$$

可知 $uv'\in R([a,b])$. 对上式两边从 a 到 b 积分得

$$\int_a^b (uv)'\,\mathrm{d}x=\int_a^b u'v\,\mathrm{d}x+\int_a^b uv'\,\mathrm{d}x,$$

即

$$\int_a^b uv'\,\mathrm{d}x=uv\Big|_a^b-\int_a^b u'v\,\mathrm{d}x.$$

例 9　计算 $\int_0^{\frac{1}{2}} \arcsin x\,\mathrm{d}x$.

解　
$$\begin{aligned}\int_0^{\frac{1}{2}} \arcsin x\,\mathrm{d}x&=(x\arcsin x)\Big|_0^{\frac{1}{2}}-\int_0^{\frac{1}{2}} \frac{x\,\mathrm{d}x}{\sqrt{1-x^2}}\\&=\frac{1}{2}\cdot\frac{\pi}{6}+\frac{1}{2}\int_0^{\frac{1}{2}}(1-x^2)^{-\frac{1}{2}}\mathrm{d}(1-x^2)\\&=\frac{\pi}{12}+(1-x^2)^{\frac{1}{2}}\Big|_0^{\frac{1}{2}}\end{aligned}$$

$$= \frac{\pi}{12} + \frac{\sqrt{3}}{2} - 1.$$

例 10　计算$\int_0^{\pi} e^x \sin x dx$.

解　$\int_0^{\pi} e^x \sin x dx = \int_0^{\pi} \sin x d(e^x) = e^x \sin x \Big|_0^{\pi} - \int_0^{\pi} e^x \cos x dx$

$$= 0 - e^x \cos x \Big|_0^{\pi} - \int_0^{\pi} e^x \sin x dx,$$

由此得到

$$\int_0^{\pi} e^x \sin x dx = \frac{1}{2}(e^{\pi} + 1).$$

例 11　求$\int_{\frac{1}{e}}^{e} |\ln x| dx$.

解　$\int_{\frac{1}{e}}^{e} |\ln x| dx = \int_{\frac{1}{e}}^{1} (-\ln x) dx + \int_1^e \ln x dx$

$$= \left(-x\ln x \Big|_{\frac{1}{e}}^{1} + \int_{\frac{1}{e}}^{1} dx\right) + \left(x\ln x \Big|_1^e - \int_1^e dx\right)$$

$$= 2\left(1 - \frac{1}{e}\right).$$

例 12　若 $f(x)$ 在 $[a,b]$ 上可导，且 $f(a) = f(b) = 0$，$\int_a^b f^2(x) dx = 1$，试求 $\int_a^b xf(x) f'(x) dx$.

解　$\int_a^b xf(x)f'(x) dx = \int_a^b xf(x) d[f(x)]$

$$= \frac{1}{2}\int_a^b x d[f^2(x)]$$

$$= \frac{1}{2}xf^2(x) \Big|_a^b - \frac{1}{2}\int_a^b f^2(x) dx$$

$$= 0 - \frac{1}{2} \times 1 = -\frac{1}{2}.$$

典型例题　定积分的计算 2

例 13　证明$\int_0^{\frac{\pi}{2}} \sin^n x dx = \int_0^{\frac{\pi}{2}} \cos^n x dx$，并求 $I_n = \int_0^{\frac{\pi}{2}} \sin^n x dx$，其中 n 为正整数.

证　令 $x = \frac{\pi}{2} - t$，则当 $x = 0$ 时，$t = \frac{\pi}{2}$；当 $x = \frac{\pi}{2}$ 时，$t = 0$. 故

$$\int_0^{\frac{\pi}{2}} \sin^n x dx = -\int_{\frac{\pi}{2}}^{0} \sin^n\left(\frac{\pi}{2} - t\right) dt = \int_0^{\frac{\pi}{2}} \cos^n x dx.$$

当 $n \geqslant 2$ 时，有

$$I_n = \int_0^{\frac{\pi}{2}} \sin^n x dx = -\int_0^{\frac{\pi}{2}} \sin^{n-1} x d(\cos x)$$

$$= -\sin^{n-1} x \cos x \Big|_0^{\frac{\pi}{2}} + \int_0^{\frac{\pi}{2}} \cos x \cdot (n-1)\sin^{n-2} x \cos x dx$$

$$= (n-1)\int_0^{\frac{\pi}{2}} \sin^{n-2}x(1-\sin^2 x)\mathrm{d}x$$
$$= (n-1)I_{n-2} - (n-1)I_n,$$

由此得到递推公式

$$I_n = \frac{n-1}{n}I_{n-2}.$$

又易求得

$$I_0 = \int_0^{\frac{\pi}{2}}\mathrm{d}x = \frac{\pi}{2},\quad I_1 = \int_0^{\frac{\pi}{2}}\sin x\mathrm{d}x = 1,$$

故当 n 为正偶数时

$$I_n = \frac{n-1}{n}\cdot\frac{n-3}{n-2}\cdot\cdots\cdot\frac{3}{4}\cdot\frac{1}{2}\cdot\frac{\pi}{2},$$

当 n 为正奇数时

$$I_n = \frac{n-1}{n}\cdot\frac{n-3}{n-2}\cdot\cdots\cdot\frac{4}{5}\cdot\frac{2}{3}.$$

三、利用定积分求极限

既然定积分是一种特殊的和式的极限,那么当我们要计算一些和式的极限时,也可以考虑把它转化为定积分来计算.

例 14 求极限 $\lim\limits_{n\to\infty}\left(\frac{1}{n+1}+\frac{1}{n+2}+\cdots+\frac{1}{2n}\right)$.

解　因为

$$\frac{1}{n+1}+\frac{1}{n+2}+\cdots+\frac{1}{2n} = \frac{1}{n}\left(\frac{1}{1+\frac{1}{n}}+\frac{1}{1+\frac{2}{n}}+\cdots+\frac{1}{1+\frac{n}{n}}\right)$$
$$= \sum_{k=1}^{n}\frac{1}{1+\frac{k}{n}}\cdot\frac{1}{n},$$

此时设函数 $f(x)=\frac{1}{1+x}$,将区间 $[0,1]$ n 等分,分点为 $\frac{k}{n}(k=0,1,2,\cdots,n)$,在每一个小区间 $\left[\frac{k-1}{n},\frac{k}{n}\right]$ 中取 $\xi_k=\frac{k}{n}(k=1,2,\cdots,n)$,$f(\xi_k)=\frac{1}{1+\frac{k}{n}}$,于是

$$\lim_{n\to\infty}\left(\frac{1}{n+1}+\frac{1}{n+2}+\cdots+\frac{1}{2n}\right) = \lim_{n\to\infty}\sum_{k=1}^{n}f(\xi_k)\cdot\frac{1}{n}$$
$$= \int_0^1 f(x)\mathrm{d}x = \int_0^1\frac{1}{1+x}\mathrm{d}x = \ln 2.$$

例 15 求极限 $\lim\limits_{n\to\infty}\frac{1}{n}\sqrt[n]{(n+1)(n+2)\cdots(2n)}$.

解　记 $y_n=\frac{1}{n}\sqrt[n]{(n+1)(n+2)\cdots(2n)}$,则有

$$\begin{aligned}\ln y_n &= \frac{1}{n}[\ln(n+1)+\ln(n+2)+\cdots+\ln(2n)]-\ln n\\&=\frac{1}{n}[\ln(n+1)+\ln(n+2)+\cdots+\ln(2n)-n\ln n]\\&=\frac{1}{n}\left[\ln\left(n\left(1+\frac{1}{n}\right)\right)+\ln\left(n\left(1+\frac{2}{n}\right)\right)+\cdots+\ln\left(n\left(1+\frac{n}{n}\right)\right)-n\ln n\right].\\&=\sum_{k=1}^{n}\frac{1}{n}\ln\left(1+\frac{k}{n}\right).\end{aligned}$$

而 $\sum_{k=1}^{n}\frac{1}{n}\ln\left(1+\frac{k}{n}\right)$ 可看作函数 $f(x)=\ln(1+x)$ 在区间 $[0,1]$ 作 n 等分后的积分和式 $\sum_{k=1}^{n}f(\xi_k)\Delta x_k$，其中 $\xi_k=\frac{k}{n}$，$\Delta x_k=\frac{1}{n}$.所以有

$$\lim_{n\to\infty}\ln y_n=\int_0^1\ln(1+x)\,dx=2\ln2-1,$$

故

$$\lim_{n\to\infty}\frac{1}{n}\sqrt[n]{(n+1)(n+2)\cdots(2n)}=\frac{4}{e}.$$

习题 6-4

1. 计算下列积分：

(1) $\int_0^4\frac{x+2}{\sqrt{2x+1}}dx$；

(2) $\int_1^{e^2}\frac{dx}{x\sqrt{1+\ln x}}$；

(3) $\int_1^{\sqrt{3}}\frac{dx}{x^2\sqrt{1+x^2}}$；

(4) $\int_0^{\frac{\pi}{4}}\frac{\sin x}{1+\sin x}dx$；

(5) $\int_{\ln 2}^{\ln 3}\frac{dx}{e^x-e^{-x}}$；

(6) $\int_0^{\pi}\sqrt{1+\cos 2x}\,dx$；

(7) $\int_0^{\pi}\sqrt{\sin^3x-\sin^5x}\,dx$；

(8) $\int_1^2 x^3\ln x\,dx$；

(9) $\int_0^{\frac{\pi}{2}}e^{2x}\cos x\,dx$；

(10) $\int_0^1\frac{\ln(1+x)}{(2-x)^2}dx$；

(11) $\int_2^3\frac{dx}{x^2+x-2}$；

(12) $\int_1^2\frac{\sqrt[3]{x}}{x(\sqrt{x}+\sqrt[3]{x})}dx$；

(13) $\int_0^{\frac{1}{\sqrt{2}}}\frac{1}{(1-x^2)^{3/2}}dx$；

(14) $\int_0^{\ln 2}\sqrt{e^x-1}\,dx$.

2. 计算下列积分($n\in\mathbf{N}$)：

(1) $\int_0^1\frac{x^n}{\sqrt{1-x^2}}dx$；

(2) $\int_0^{\frac{\pi}{4}}\tan^{2n}x\,dx$.

3. 利用被积函数奇偶性计算下列积分值(其中 a 为正常数):

(1) $\int_{-a}^{a}\frac{\sin x}{|x|}dx$;　　(2) $\int_{-a}^{a}\ln(x+\sqrt{1+x^2})dx$.

4. 证明下列等式:

(1) $\int_0^a x^3f(x^2)dx=\frac{1}{2}\int_0^{a^2}xf(x)dx$($a$ 为正常数);

(2) 若 $f(x)\in C([a,b])$,则

$$\int_0^{\frac{\pi}{2}}f(\sin x)dx=\int_0^{\frac{\pi}{2}}f(\cos x)dx.$$

5. 利用分部积分公式证明

$$\int_0^x f(u)(x-u)du=\int_0^x\left(\int_0^u f(x)dx\right)du.$$

6. 利用第 4 题中(2)说明

$$\int_0^{\frac{\pi}{2}}\frac{\sin x}{\sin x+\cos x}dx=\int_0^{\frac{\pi}{2}}\frac{\cos x}{\sin x+\cos x}dx=\frac{\pi}{4},$$

并由此计算 $\int_0^a\frac{dx}{x+\sqrt{a^2-x^2}}$ (a 为正常数).

7. 已知 $f(2)=\frac{1}{2}$, $f'(2)=0$, $\int_0^2 f(x)dx=1$,求 $\int_0^1 x^2f''(2x)dx$.

8. 求下列极限:

(1) $\lim\limits_{n\to\infty}\frac{1}{n^2}(\sqrt{n}+\sqrt{2n}+\cdots+\sqrt{n^2})$;

(2) $\lim\limits_{n\to\infty}\frac{1}{n}\left(\sin\frac{\pi}{n}+\sin\frac{2\pi}{n}+\cdots+\sin\frac{n-1}{n}\pi\right)$;

(3) $\lim\limits_{n\to\infty}\frac{1^p+2^p+\cdots+n^p}{n^{p+1}}(p>0)$;

(4) $\lim\limits_{n\to\infty}\frac{1}{n^4}\sqrt[n]{(n^2+1^2)(n^2+2^2)\cdots(n^2+(2n)^2)}$.

第五节　反常积分

在介绍定积分概念时,我们所考虑的积分区间 $[a,b]$ 是有限区间,由可积的必要条件还知道,被积函数也必须是有界的.但实际问题往往要求突破这两个限制,因而产生了无穷区间上的函数的积分(也称无穷积分)及有限区间上的无界函数积分(也称瑕积分),这两类积分我们统称为反常积分(也称广义积分).

一、无穷区间上的积分

定义 1　设 $f(x)$ 在 $[a,+\infty)$ 上有定义，$\forall A>a, f(x)\in R([a,A])$，称 $\lim\limits_{A\to+\infty}\int_a^A f(x)\,\mathrm{d}x$ 为 $f(x)$ 在 $[a,+\infty)$ 上的**无穷积分**，记作 $\int_a^{+\infty} f(x)\,\mathrm{d}x$，即

$$\int_a^{+\infty} f(x)\,\mathrm{d}x=\lim_{A\to+\infty}\int_a^A f(x)\,\mathrm{d}x. \tag{1}$$

如果(1)式中的极限存在，则称无穷积分 $\int_a^{+\infty} f(x)\,\mathrm{d}x$ 收敛；否则，称该无穷积分发散.

类似地，可定义：

(1) $$\int_{-\infty}^{b} f(x)\,\mathrm{d}x=\lim_{B\to-\infty}\int_B^b f(x)\,\mathrm{d}x\quad(B<b). \tag{2}$$

(2) $$\begin{aligned}\int_{-\infty}^{+\infty} f(x)\,\mathrm{d}x&=\int_{-\infty}^{c} f(x)\,\mathrm{d}x+\int_{c}^{+\infty} f(x)\,\mathrm{d}x\\&=\lim_{B\to-\infty}\int_B^c f(x)\,\mathrm{d}x+\lim_{A\to+\infty}\int_c^A f(x)\,\mathrm{d}x\quad(-\infty<c<+\infty).\end{aligned} \tag{3}$$

积分 $\int_{-\infty}^{+\infty} f(x)\,\mathrm{d}x$ 收敛的充要条件是 $\int_{-\infty}^{c} f(x)\,\mathrm{d}x$ 及 $\int_{c}^{+\infty} f(x)\,\mathrm{d}x$ 同时收敛.

注意：在(3)式中，数 c 的选择并不影响 $\int_{-\infty}^{+\infty} f(x)\,\mathrm{d}x$ 的敛散性和它的值.另外，在定义中的两个极限过程

$$\int_{-\infty}^{c} f(x)\,\mathrm{d}x=\lim_{B\to-\infty}\int_B^c f(x)\,\mathrm{d}x$$

和

$$\int_{c}^{+\infty} f(x)\,\mathrm{d}x=\lim_{A\to+\infty}\int_c^A f(x)\,\mathrm{d}x$$

是相互独立的，即 A 与 B 是两个独立的量.

与定积分的情况类似，我们也可以考虑无穷积分的几何意义：若对一切 $x\in[a,+\infty)$ 有 $f(x)\geqslant 0$，且 $\int_a^{+\infty} f(x)\,\mathrm{d}x$ 收敛，则 $\int_a^{+\infty} f(x)\,\mathrm{d}x$ 表示的就是由曲线 $y=f(x)$，直线 $x=a$ 和 x 轴围成的无穷区域的面积(图 6-5).

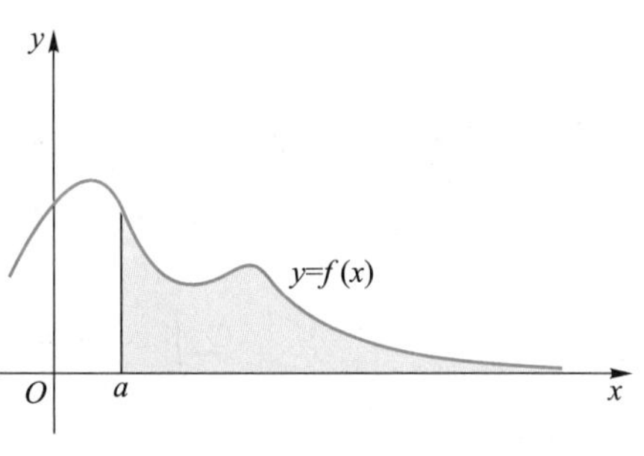

图 6-5

例 1　计算无穷积分 $\int_0^{+\infty} x\mathrm{e}^{-x^2}\,\mathrm{d}x$.

解　$\int_0^{+\infty} x\mathrm{e}^{-x^2}\,\mathrm{d}x=\lim\limits_{A\to+\infty}\int_0^A x\mathrm{e}^{-x^2}\,\mathrm{d}x=\lim\limits_{A\to+\infty}\left(-\dfrac{1}{2}\mathrm{e}^{-x^2}\right)\Big|_0^A=\dfrac{1}{2}.$

设 $F(x)$ 是 $f(x)$ 的一个原函数，若 $\lim\limits_{x\to\pm\infty}F(x)$ 存在，且记

$$\lim_{x\to+\infty}F(x)=F(+\infty),\ \lim_{x\to-\infty}F(x)=F(-\infty),$$

则

$$\int_a^{+\infty} f(x)\,\mathrm{d}x = F(x)\Big|_a^{+\infty} = F(+\infty) - F(a),$$

$$\int_{-\infty}^b f(x)\,\mathrm{d}x = F(x)\Big|_{-\infty}^{b} = F(b) - F(-\infty),$$

$$\int_{-\infty}^{+\infty} f(x)\,\mathrm{d}x = F(x)\Big|_{-\infty}^{+\infty} = F(+\infty) - F(-\infty).$$

上述三个式子称为无穷积分的牛顿-莱布尼茨公式.

例 2　计算无穷积分 $\int_{-\infty}^{+\infty} \frac{1}{x^2+2x+5}\mathrm{d}x$.

解　
$$\begin{aligned}\int_{-\infty}^{+\infty} \frac{1}{x^2+2x+5}\mathrm{d}x &= \int_{-\infty}^{+\infty} \frac{\mathrm{d}x}{(x+1)^2+4} = \frac{1}{2}\arctan\frac{x+1}{2}\Big|_{-\infty}^{+\infty}\\ &= \lim_{x\to+\infty}\frac{1}{2}\arctan\frac{x+1}{2} - \lim_{x\to-\infty}\frac{1}{2}\arctan\frac{x+1}{2}\\ &= \frac{\pi}{4} - \left(-\frac{\pi}{4}\right) = \frac{\pi}{2}.\end{aligned}$$

例 3　设函数 $f(x)=\begin{cases}\lambda\mathrm{e}^{-\lambda x}, & x>0,\\ 0, & x\leqslant 0,\end{cases}$ 且 $\lambda>0$,计算无穷积分 $\int_{-\infty}^{+\infty} xf(x)\,\mathrm{d}x$.

解　
$$\begin{aligned}\int_{-\infty}^{+\infty} xf(x)\,\mathrm{d}x &= \int_0^{+\infty} \lambda x\mathrm{e}^{-\lambda x}\mathrm{d}x = -\int_0^{+\infty} x\mathrm{d}(\mathrm{e}^{-\lambda x})\\ &= -x\mathrm{e}^{-\lambda x}\Big|_0^{+\infty} + \int_0^{+\infty}\mathrm{e}^{-\lambda x}\mathrm{d}x\\ &= -\lim_{x\to+\infty}\frac{x}{\mathrm{e}^{\lambda x}} - \frac{1}{\lambda}\mathrm{e}^{-\lambda x}\Big|_0^{+\infty}\\ &= -\lim_{x\to+\infty}\frac{1}{\lambda\mathrm{e}^{\lambda x}} - \frac{1}{\lambda}\left(\lim_{x\to+\infty}\frac{1}{\mathrm{e}^{\lambda x}} - 1\right)\\ &= \frac{1}{\lambda}.\end{aligned}$$

例 4　判断 p 积分 $\int_a^{+\infty}\frac{\mathrm{d}x}{x^p}$ (a,p 为常数且 $a>0$) 的敛散性.

解　当 $p=1$ 时,

$$\int_a^{+\infty}\frac{\mathrm{d}x}{x} = \ln|x|\Big|_a^{+\infty} = +\infty.$$

当 $p\neq 1$ 时,

$$\int_a^{+\infty}\frac{\mathrm{d}x}{x^p} = \frac{x^{1-p}}{1-p}\Big|_a^{+\infty} = \begin{cases}+\infty, & p<1,\\ \dfrac{a^{1-p}}{p-1}, & p>1.\end{cases}$$

故当 $p\leqslant 1$ 时原积分发散,当 $p>1$ 时原积分收敛,其积分值为 $\frac{a^{1-p}}{p-1}$.

以后将用该例中的结果作为基准,借助于下面的比较判别法来判断某些无穷积分的敛散性.

定理 1（比较判别法）　若 $\forall x\in[a,+\infty)$ 有 $g(x)\geqslant f(x)\geqslant 0$，且 $f(x)$，$g(x)$ 在 $[a,+\infty)$ 内有界，则

(1) 当 $\int_a^{+\infty}g(x)\mathrm{d}x$ 收敛时，$\int_a^{+\infty}f(x)\mathrm{d}x$ 也收敛；

(2) 当 $\int_a^{+\infty}f(x)\mathrm{d}x$ 发散时，$\int_a^{+\infty}g(x)\mathrm{d}x$ 也发散.

这个判别法可直接从收敛性的定义推出. 对于无穷积分 $\int_{-\infty}^{b}f(x)\mathrm{d}x$ 及 $\int_{-\infty}^{+\infty}f(x)\mathrm{d}x$ 也有类似的结论.

例 5　判断无穷积分 $\int_1^{+\infty}\dfrac{\mathrm{d}x}{x\sqrt{x+4}}$ 的敛散性.

解　由于 $x\in[1,+\infty)$ 时，有

$$0<\frac{1}{x\sqrt{x+4}}<\frac{1}{x^{3/2}},$$

而由例 4 知 $\int_1^{+\infty}\dfrac{1}{x^{3/2}}\mathrm{d}x$ 收敛 $\left(p=\dfrac{3}{2}>1\right)$，故由定理 1 知原积分收敛.

比较判别法常用下面的极限形式：

定理 2　设 $f(x)$ 和 $g(x)$ 在 $[a,+\infty)$ 上有定义，且 $\lim\limits_{x\to+\infty}\dfrac{|f(x)|}{g(x)}=l$，则

(1) 当 $0\leqslant l<+\infty$ 时，若 $\int_a^{+\infty}g(x)\mathrm{d}x$ 收敛，则 $\int_a^{+\infty}|f(x)|\mathrm{d}x$ 收敛；

(2) 当 $0<l\leqslant+\infty$ 时，若 $\int_a^{+\infty}g(x)\mathrm{d}x$ 发散，则 $\int_a^{+\infty}|f(x)|\mathrm{d}x$ 发散.

该定理的证明请读者自己完成.

在定理 2 中，若取 $g(x)=\dfrac{1}{x^p}$，利用例 4 的结果，则可得到下面的柯西判别法.

定理 3（柯西判别法）　设 $f(x)$ 在 $[a,+\infty)$ 有定义，且 $\lim\limits_{x\to+\infty}x^p|f(x)|=l$，则

(1) 当 $0\leqslant l<+\infty$，$p>1$ 时，积分 $\int_a^{+\infty}|f(x)|\mathrm{d}x$ 收敛；

(2) 当 $0<l\leqslant+\infty$，$p\leqslant 1$ 时，积分 $\int_a^{+\infty}|f(x)|\mathrm{d}x$ 发散.

例 6　判断无穷积分 $\int_1^{+\infty}\dfrac{x^{3/2}}{1+x^2}\mathrm{d}x$ 的敛散性.

解　由于

$$\lim_{x\to+\infty}x\cdot\frac{x^{3/2}}{1+x^2}=\lim_{x\to+\infty}\frac{x^2\sqrt{x}}{1+x^2}=+\infty,$$

故由定理 3 知此无穷积分发散.

典型例题
无穷积分

若积分 $\int_a^{+\infty}|f(x)|\mathrm{d}x$ 收敛，则称 $f(x)$ 在 $[a,+\infty)$ 上的无穷积分绝对收敛. 若积分 $\int_a^{+\infty}|f(x)|\mathrm{d}x$ 发散，而 $\int_a^{+\infty}f(x)\mathrm{d}x$ 收敛，则称 $f(x)$ 在 $[a,+\infty)$ 上的无穷积分条件

收敛.关于条件收敛和绝对收敛的关系我们有下面定理.

定理 4　若$\int_a^{+\infty}|f(x)|\mathrm{d}x$收敛,则$\int_a^{+\infty}f(x)\mathrm{d}x$收敛.

例 7　判别$\int_0^{+\infty}\mathrm{e}^{-ax}\sin x\mathrm{d}x$($a$为正常数)的敛散性.

解　由于

$$|\mathrm{e}^{-ax}\sin x|\leqslant \mathrm{e}^{-ax},$$

又

$$\lim_{x\to+\infty}x^2\mathrm{e}^{-ax}=\lim_{x\to+\infty}\frac{x^2}{\mathrm{e}^{ax}}=\lim_{x\to+\infty}\frac{2x}{a\mathrm{e}^{ax}}=\lim_{x\to+\infty}\frac{2}{a^2\mathrm{e}^{ax}}=0,$$

故$\int_0^{+\infty}\mathrm{e}^{-ax}\mathrm{d}x$收敛,从而原积分绝对收敛.

二、瑕积分

若$\forall\delta>0$,函数$f(x)$在$\hat{U}(x_0,\delta)$内无界,则称点x_0为$f(x)$的一个**瑕点**(或奇点).例如$x=2$是$f(x)=\dfrac{1}{2-x}$的瑕点,$x=0$是$g(x)=\dfrac{1}{\ln|x-1|}$的瑕点.但要注意$x=0$不是$f(x)=\dfrac{\sin x}{x}$的瑕点,这是因为$\lim\limits_{x\to0}\dfrac{\sin x}{x}=1$,从而可知$f(x)=\dfrac{\sin x}{x}$在$\hat{U}(0,\delta)$内有界.

定义 2　设$f(x)$在$(a,b]$上有定义,a为其瑕点,且$\forall\varepsilon>0,f(x)\in R([a+\varepsilon,b])$,称$\lim\limits_{\varepsilon\to0^+}\int_{a+\varepsilon}^b f(x)\mathrm{d}x$为$f(x)$在$[a,b]$上的**瑕积分**,记作$\int_a^b f(x)\mathrm{d}x$,即

$$\int_a^b f(x)\mathrm{d}x=\lim_{\varepsilon\to0^+}\int_{a+\varepsilon}^b f(x)\mathrm{d}x. \tag{4}$$

如果(4)式中的极限存在,则称瑕积分$\int_a^b f(x)\mathrm{d}x$收敛;否则,称该瑕积分发散.

设b为$f(x)$在$[a,b]$上的唯一瑕点,类似地可定义

$$\int_a^b f(x)\mathrm{d}x=\lim_{\varepsilon\to0^+}\int_a^{b-\varepsilon}f(x)\mathrm{d}x. \tag{5}$$

设c为$f(x)$在$[a,b]$内的唯一瑕点($a<c<b$),我们定义

$$\begin{aligned}\int_a^b f(x)\mathrm{d}x&=\int_a^c f(x)\mathrm{d}x+\int_c^b f(x)\mathrm{d}x\\&=\lim_{\varepsilon_1\to0^+}\int_a^{c-\varepsilon_1}f(x)\mathrm{d}x+\lim_{\varepsilon_2\to0^+}\int_{c+\varepsilon_2}^b f(x)\mathrm{d}x.\end{aligned} \tag{6}$$

此时$\int_a^b f(x)\mathrm{d}x$收敛的充要条件是$\int_a^c f(x)\mathrm{d}x$及$\int_c^b f(x)\mathrm{d}x$同时收敛.

注意:在(6)式中的两个极限过程$\int_a^c f(x)\mathrm{d}x=\lim\limits_{\varepsilon_1\to0^+}\int_a^{c-\varepsilon_1}f(x)\mathrm{d}x$及$\int_c^b f(x)\mathrm{d}x=\lim\limits_{\varepsilon_2\to0^+}\int_{c+\varepsilon_2}^b f(x)\mathrm{d}x$是相互独立的,即$\varepsilon_1$与$\varepsilon_2$是两个独立的量.

设$x=a$为$f(x)$的瑕点,$F(x)$是$f(x)$的一个原函数,若瑕积分$\int_a^b f(x)\mathrm{d}x$收敛,则

$$\int_a^b f(x)\,\mathrm{d}x = F(b) - \lim_{\varepsilon\to 0^+} F(a+\varepsilon) = F(b) - F(a+0).$$

为了方便,我们仍用记号 $F(x)\Big|_a^b$ 来表示 $F(b)-F(a+0)$,从而有

$$\int_a^b f(x)\,\mathrm{d}x = F(x)\Big|_a^b = F(b) - F(a+0).$$

上式称为瑕积分的牛顿-莱布尼茨公式,其他情况类似.

例 8　求 $\int_0^1 \frac{1}{\sqrt{1-x^2}}\mathrm{d}x$.

解　显然 $x=1$ 是函数 $\frac{1}{\sqrt{1-x^2}}$ 在 $[0,1]$ 上的唯一瑕点,故由定义知

$$\int_0^1 \frac{\mathrm{d}x}{\sqrt{1-x^2}} = \lim_{\varepsilon\to 0^+}\int_0^{1-\varepsilon} \frac{\mathrm{d}x}{\sqrt{1-x^2}} = \lim_{\varepsilon\to 0^+}\arcsin x\Big|_0^{1-\varepsilon} = \frac{\pi}{2}.$$

这个反常积分值的几何意义是:位于曲线 $y=\frac{1}{\sqrt{1-x^2}}$ 之下,x 轴之上,直线 $x=0$ 与 $x=1$ 之间的图形面积(图 6-6)为有限值 $\frac{\pi}{2}$.

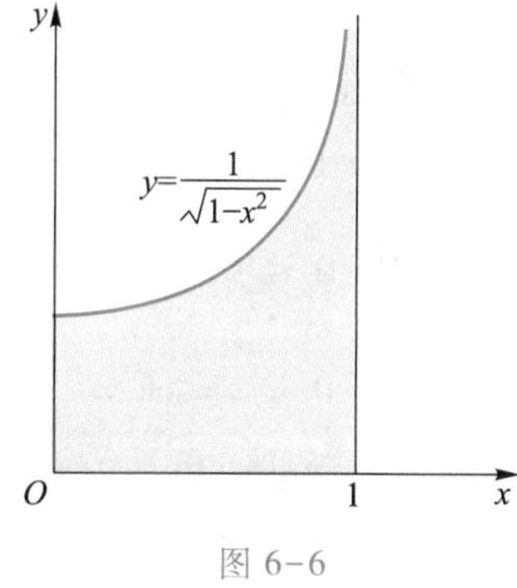

图 6-6

例 9　讨论瑕积分 $\int_{-1}^1 \frac{\mathrm{d}x}{x}$ 的敛散性.

解　显然 $x=0$ 是被积函数 $f(x)=\frac{1}{x}$ 在积分区间 $[-1,1]$ 上的唯一瑕点.根据定义,有

$$\int_{-1}^1 \frac{\mathrm{d}x}{x} = \int_{-1}^0 \frac{1}{x}\mathrm{d}x + \int_0^1 \frac{1}{x}\mathrm{d}x.$$

因为

$$\int_{-1}^0 \frac{1}{x}\mathrm{d}x = \ln|x|\Big|_{-1}^0 = \lim_{x\to 0^-}|x| - 0 = -\infty,$$

即瑕积分 $\int_{-1}^0 \frac{1}{x}\mathrm{d}x$ 发散,所以瑕积分 $\int_{-1}^1 \frac{1}{x}\mathrm{d}x$ 发散.

本题如若疏忽了 $x=0$ 是被积函数的瑕点,就会得到以下的错误结果:

$$\int_{-1}^1 \frac{1}{x}\mathrm{d}x = \ln|x|\Big|_{-1}^1 = 0.$$

例 10　讨论 $\int_a^b \frac{\mathrm{d}x}{(x-a)^p}$ (其中 a,b,p 为任意给定的常数,且 $a<b$) 的敛散性.

解　当 $p\leqslant 0$ 时,所求积分为通常的定积分,且容易求得积分值为 $\frac{(b-a)^{1-p}}{1-p}$;

当 $0<p<1$ 时,a 为其唯一瑕点,且

$$\int_a^b \frac{\mathrm{d}x}{(x-a)^p} = \lim_{\varepsilon\to 0^+}\int_{a+\varepsilon}^b \frac{\mathrm{d}x}{(x-a)^p} = \lim_{\varepsilon\to 0^+}\frac{(x-a)^{1-p}}{1-p}\Bigg|_{a+\varepsilon}^b = \frac{(b-a)^{1-p}}{1-p};$$

当 $p=1$ 时，a 为瑕点，且

$$\int_a^b \frac{\mathrm{d}x}{(x-a)^p}=\lim_{\varepsilon\to 0^+}\int_{a+\varepsilon}^b \frac{\mathrm{d}x}{x-a}=\lim_{\varepsilon\to 0^+}\ln|x-a|\Big|_{a+\varepsilon}^b=+\infty;$$

当 $p>1$ 时，a 为瑕点，且

$$\int_a^b \frac{\mathrm{d}x}{(x-a)^p}=\lim_{\varepsilon\to 0^+}\int_{a+\varepsilon}^b \frac{\mathrm{d}x}{(x-a)^p}=\lim_{\varepsilon\to 0^+}\frac{(x-a)^{1-p}}{1-p}\Big|_{a+\varepsilon}^b=+\infty.$$

故当 $p<1$ 时，积分值为 $\dfrac{(b-a)^{1-p}}{1-p}$；当 $p\geqslant 1$ 时，积分发散.

瑕积分 $\displaystyle\int_a^b \frac{\mathrm{d}x}{(b-x)^p}$ 的敛散性有同样的结论.

关于瑕积分同样可引入绝对收敛与条件收敛的概念：设 a 为 $f(x)$ 在 $[a,b]$ 上的唯一瑕点.若 $\displaystyle\int_a^b|f(x)|\mathrm{d}x$ 收敛，则称瑕积分 $\displaystyle\int_a^b f(x)\mathrm{d}x$ 绝对收敛；若 $\displaystyle\int_a^b f(x)\mathrm{d}x$ 收敛，但 $\displaystyle\int_a^b|f(x)|\mathrm{d}x$ 发散，则称瑕积分 $\displaystyle\int_a^b f(x)\mathrm{d}x$ 条件收敛.绝对收敛的积分必收敛.

此外，对瑕积分也有比较判别法和柯西判别法，如柯西判别法的极限形式是：若 $x=a$ 是 $f(x)$ 在 $[a,b]$ 上的唯一瑕点，且 $\lim\limits_{x\to a}(x-a)^p|f(x)|=k$，则

(1) 当 $0\leqslant k<+\infty$，$p<1$ 时，积分 $\displaystyle\int_a^b|f(x)|\mathrm{d}x$ 收敛；

(2) 当 $0<k\leqslant+\infty$，$p\geqslant 1$ 时，积分 $\displaystyle\int_a^b|f(x)|\mathrm{d}x$ 发散.

其他类型的瑕积分也有类似结论，请读者自己给出.

例 11　判断积分

(1) $\displaystyle\int_0^{\frac{\pi}{2}}\ln\sin x\mathrm{d}x$；　　(2) $\displaystyle\int_0^{\frac{\pi}{2}}\ln\cos x\mathrm{d}x$

的敛散性，若收敛则求其积分值.

解　易知 $x=0$ 为函数 $\ln\sin x$ 在 $\left[0,\dfrac{\pi}{2}\right]$ 上的唯一瑕点，$x=\dfrac{\pi}{2}$ 为 $\ln\cos x$ 在 $\left[0,\dfrac{\pi}{2}\right]$ 上的唯一瑕点.因为

$$\lim_{x\to 0^+}x^{\frac{1}{2}}\ln\sin x=0,\quad \lim_{x\to\frac{\pi}{2}^-}\left(\frac{\pi}{2}-x\right)^{\frac{1}{2}}\ln\cos x=0,$$

故反常积分(1)和(2)均收敛.另外，作代换 $y=\dfrac{\pi}{2}-x$，有

$$\int_0^{\frac{\pi}{2}}\ln\cos x\mathrm{d}x=\int_0^{\frac{\pi}{2}}\ln\sin x\mathrm{d}x.$$

设 $\displaystyle\int_0^{\frac{\pi}{2}}\ln\cos x\mathrm{d}x=A$，则

$$2A=\int_0^{\frac{\pi}{2}}(\ln\sin x+\ln\cos x)\mathrm{d}x=\int_0^{\frac{\pi}{2}}\ln\left(\frac{1}{2}\sin 2x\right)\mathrm{d}x$$

$$= \int_0^{\frac{\pi}{2}} \ln \sin 2x\mathrm{d}x - \int_0^{\frac{\pi}{2}} \ln 2\mathrm{d}x = \frac{1}{2}\int_0^{\pi} \ln \sin t\mathrm{d}t - \frac{\pi}{2}\ln 2$$

$$= \frac{1}{2}\left(\int_0^{\frac{\pi}{2}} \ln \sin t\mathrm{d}t + \int_{\frac{\pi}{2}}^{\pi} \ln \sin t\mathrm{d}t\right) - \frac{\pi}{2}\ln 2$$

$$= \frac{1}{2}A + \frac{1}{2}\int_0^{\frac{\pi}{2}} \ln \cos s\mathrm{d}s - \frac{\pi}{2}\ln 2 \quad \left(s = t - \frac{\pi}{2}\right)$$

$$= A - \frac{\pi}{2}\ln 2,$$

故

$$A = -\frac{\pi}{2}\ln 2.$$

三、Γ 函数

下面我们介绍由反常积分定义的且在理论和应用上都有重要意义的 Γ 函数：

$$\Gamma(s) = \int_0^{+\infty} x^{s-1}\mathrm{e}^{-x}\mathrm{d}x \quad (s > 0). \tag{7}$$

首先我们讨论(7)式右端积分的敛散性.注意到

$$\Gamma(s) = \int_0^{+\infty} x^{s-1}\mathrm{e}^{-x}\mathrm{d}x = \int_0^1 x^{s-1}\mathrm{e}^{-x}\mathrm{d}x + \int_1^{+\infty} x^{s-1}\mathrm{e}^{-x}\mathrm{d}x.$$

且当 $s-1<0$ 时，$x=0$ 为 $x^{s-1}\mathrm{e}^{-x}$ 的瑕点，故该积分为混合型反常积分.进一步有

（1）当 $s \geqslant 1$ 时，$\int_0^1 x^{s-1}\mathrm{e}^{-x}\mathrm{d}x$ 是通常定积分.

（2）当 $0<s<1$ 时，由于

$$\lim_{x\to 0^+} x^{1-s}\cdot(x^{s-1}\mathrm{e}^{-x}) = 1, \quad p=1-s<1,$$

则由柯西判别法的极限形式知 $\int_0^1 x^{s-1}\mathrm{e}^{-x}\mathrm{d}x$ 收敛.

（3）当 $s>0$ 时，由洛必达法则有

$$\lim_{x\to+\infty} x^2\cdot x^{s-1}\mathrm{e}^{-x} = \lim_{x\to+\infty}\frac{x^{s+1}}{\mathrm{e}^x} = 0, \quad p=2>1,$$

故 $\int_1^{+\infty} x^{s-1}\mathrm{e}^{-x}\mathrm{d}x$ 收敛.

综上所述可得：$s>0$ 时，$\Gamma(s)$ 收敛.

Γ 函数有如下重要性质：

1. 递推公式　$\Gamma(s+1)=s\Gamma(s)\quad(s>0)$.

证　由分部积分法有

$$\Gamma(s+1) = \int_0^{+\infty} \mathrm{e}^{-x}x^s\mathrm{d}x = -x^s\mathrm{e}^{-x}\Big|_0^{+\infty} + s\int_0^{+\infty} x^{s-1}\mathrm{e}^{-x}\mathrm{d}x$$

$$= s\Gamma(s).$$

设 $n<s\leqslant n+1$，即 $0<s-n\leqslant 1$，应用上述递推公式 n 次，得到

$$\Gamma(s+1) = s\Gamma(s) = s(s-1)\Gamma(s-1)$$

$$= s(s-1)(s-2)\Gamma(s-2) = \cdots$$

$$=s(s-1)\cdots(s-n)\Gamma(s-n).$$

由此可知,如果 $\Gamma(s)$ 在 $0<s\leqslant 1$ 中之值已知,则在其他范围的数值由乘法可以计算.

特别地,当 $s=n+1$ 为正整数时,有

$$\Gamma(n+1)=n(n-1)\cdots 2\cdot 1\cdot\Gamma(1).$$

注意到 $\Gamma(1)=\int_0^{+\infty}\mathrm{e}^{-x}\mathrm{d}x=1$, 则有

$$\Gamma(n+1)=n!$$

2. $\Gamma(s)\Gamma(1-s)=\dfrac{\pi}{\sin\pi s}\quad(0<s<1).$

这个公式称为余元公式,在此我们不作证明.

特别地,当 $s=\dfrac{1}{2}$时,由余元公式可得

$$\Gamma\left(\frac{1}{2}\right)=\sqrt{\pi}.$$

3. $\Gamma(s)=2\int_0^{+\infty}\mathrm{e}^{-u^2}u^{2s-1}\mathrm{d}u.$

证 在 $\Gamma(s)=\int_0^{+\infty}x^{s-1}\mathrm{e}^{-x}\mathrm{d}x$ 中作代换 $x=u^2$,则

$$\Gamma(s)=2\int_0^{+\infty}\mathrm{e}^{-u^2}u^{2s-1}\mathrm{d}u. \tag{8}$$

上式右端积分是应用上常见的,其值可以通过上式用 Γ 函数计算出来.

如在(8)式中令 $s=\dfrac{1}{2}$,得

$$2\int_0^{+\infty}\mathrm{e}^{-u^2}\mathrm{d}u=\Gamma\left(\frac{1}{2}\right)=\sqrt{\pi},$$

所以

$$\int_0^{+\infty}\mathrm{e}^{-u^2}\mathrm{d}u=\frac{\sqrt{\pi}}{2},$$

上式左端积分是在概率论中常用的积分.

*四、反常积分的收敛原理

对于反常积分的敛散性判别,我们将不加证明地给出如下柯西收敛原理.

定理 5 设 $f(x)$ 在 $[a,+\infty)$ 上有定义,则无穷积分 $\int_a^{+\infty}f(x)\mathrm{d}x$ 收敛的充要条件是: $\forall\varepsilon>0$, $\exists A_0\geqslant a$,当 $A',A''>A_0$ 时,有

$$\left|\int_{A'}^{A''}f(x)\mathrm{d}x\right|<\varepsilon$$

成立(其中 $f(x)$ 在 $[a,+\infty)$ 上无瑕点).

定理 6 设 $x=a$ 为 $f(x)$ 在 $[a,b]$ 上唯一的瑕点,则瑕积分 $\int_a^b f(x)\mathrm{d}x$ 收敛的充要条件是: $\forall\varepsilon>0$, $\exists\delta>0$,当 $0<\eta',\eta''<\delta$ 时,有

$$\left|\int_{a+\eta'}^{a+\eta''} f(x)\,\mathrm{d}x\right| < \varepsilon$$

成立.

至于其他情形的反常积分同样有类似的收敛原理.

例 12　讨论积分$\int_1^{+\infty}\frac{\sin x}{x}\mathrm{d}x$ 的敛散性.

解　$\forall\varepsilon>0$,若取 $A_0=\max\left\{\frac{4}{\varepsilon},1\right\}$,则当 $A',A''>A_0$ 时,有

$$\begin{aligned}\left|\int_{A'}^{A''}\frac{\sin x}{x}\mathrm{d}x\right| &= \left|\int_{A'}^{A''}\frac{(-1)}{x}\mathrm{d}(\cos x)\right| \\ &= \left|-\frac{\cos x}{x}\right|_{A'}^{A''}-\int_{A'}^{A''}\frac{\cos x}{x^2}\mathrm{d}x\right| \\ &= \left|-\frac{\cos A''}{A''}+\frac{\cos A'}{A'}-\int_{A'}^{A''}\frac{\cos x}{x^2}\mathrm{d}x\right| \\ &\leqslant \frac{1}{A''}+\frac{1}{A'}+\left|\int_{A'}^{A''}\frac{1}{x^2}\mathrm{d}x\right| \\ &\leqslant \frac{2}{A'}+\frac{2}{A''}<\frac{4}{A_0}\leqslant\varepsilon.\end{aligned}$$

所以由柯西收敛原理知原积分收敛.

例 13　试利用柯西收敛原理证明本节定理 4 的前半部分.

证　由于$\int_a^{+\infty}|f(x)|\mathrm{d}x$ 收敛,因此由柯西收敛原理知 $\forall\varepsilon>0,\exists A_0\geqslant a$,当 $A''>A'>A_0$ 时,有

$$\int_{A'}^{A''}|f(x)|\mathrm{d}x<\varepsilon.$$

于是,

$$\left|\int_{A'}^{A''}f(x)\mathrm{d}x\right| \leqslant \int_{A'}^{A''}|f(x)|\mathrm{d}x<\varepsilon,$$

由柯西收敛原理知$\int_a^{+\infty}f(x)\mathrm{d}x$ 收敛.

事实上,利用柯西收敛原理还可证明前面给出的反常积分的其他一些判别准则.

五、反常积分的柯西主值

按前面反常积分的定义,无穷积分

$$\int_{-\infty}^{+\infty}f(x)\mathrm{d}x=\lim_{A\to+\infty}\int_c^A f(x)\mathrm{d}x+\lim_{B\to+\infty}\int_{-B}^{c}f(x)\mathrm{d}x$$

右端极限过程中的 A,B 是独立变化的.若考虑 A,B 的变化过程一致,即规定 $B=A$,则相应的无穷积分$\int_{-\infty}^{+\infty}f(x)\mathrm{d}x$ 称为$f(x)$ 在$(-\infty,+\infty)$上的无穷积分的柯西主值,记为 $P.V.\int_{-\infty}^{+\infty}f(x)\mathrm{d}x$.即

$$P.V.\int_{-\infty}^{+\infty} f(x)\,\mathrm{d}x=\lim_{A\to+\infty}\int_{-A}^{A} f(x)\,\mathrm{d}x.$$

若此极限值存在，则称反常积分$\int_{-\infty}^{+\infty} f(x)\,\mathrm{d}x$在柯西主值意义下收敛，否则称为发散.

类似地可定义与瑕积分相应的柯西主值为

$$P.V.\int_{a}^{b} f(x)\,\mathrm{d}x=\lim_{\varepsilon\to0^{+}}\left[\int_{a}^{c-\varepsilon} f(x)\,\mathrm{d}x+\int_{c+\varepsilon}^{b} f(x)\,\mathrm{d}x\right],$$

其中c为$f(x)$在(a,b)内的唯一瑕点.

例 14　讨论无穷积分$\int_{-\infty}^{+\infty}\sin x\mathrm{d}x$的敛散性及柯西主值意义上的敛散性.

解　由于

$$\int_{0}^{+\infty}\sin x\mathrm{d}x=(-\cos x)\Big|_{0}^{+\infty}=1-\lim_{x\to+\infty}\cos x,$$

而$\lim\limits_{x\to+\infty}\cos x$不存在，因此$\int_{0}^{+\infty}\sin x\mathrm{d}x$发散，从而$\int_{-\infty}^{+\infty}\sin x\mathrm{d}x$发散，但

$$P.V.\int_{-\infty}^{+\infty}\sin x\mathrm{d}x=\lim_{A\to+\infty}\int_{-A}^{A}\sin x\mathrm{d}x=0,$$

故$\int_{-\infty}^{+\infty}\sin x\mathrm{d}x$在柯西主值意义下收敛.

由此可见，无穷积分收敛，则必有相应的柯西主值意义上的无穷积分收敛，但反之不然.对于瑕积分，有完全类似的结论.

例 15　计算$\int_{a}^{b}\frac{\mathrm{d}x}{x-c}(a<c<b)$的柯西主值.

解　显然这是一个发散的瑕积分，但其柯西主值

$$\begin{aligned}P.V.\int_{a}^{b}\frac{\mathrm{d}x}{x-c}&=\lim_{\varepsilon\to0^{+}}\left(\int_{a}^{c-\varepsilon}\frac{\mathrm{d}x}{x-c}+\int_{c+\varepsilon}^{b}\frac{\mathrm{d}x}{x-c}\right)\\&=\lim_{\varepsilon\to0^{+}}\left[\ln(c-x)\Big|_{a}^{c-\varepsilon}+\ln(x-c)\Big|_{c+\varepsilon}^{b}\right]\\&=\ln\frac{b-c}{c-a}.\end{aligned}$$

习题 6-5

1. 用定义判断下列反常积分的敛散性，若收敛，则求其值：

(1) $\int_{\frac{2}{\pi}}^{+\infty}\frac{1}{x^{2}}\sin\frac{1}{x}\mathrm{d}x$；　　(2) $\int_{-\infty}^{+\infty}\frac{\mathrm{d}x}{x^{2}+2x+2}$；

(3) $\int_{0}^{+\infty}x^{n}\mathrm{e}^{-x}\mathrm{d}x(n\in\mathbf{N})$；　　(4) $\int_{0}^{a}\frac{\mathrm{d}x}{\sqrt{a^{2}-x^{2}}}(a>0)$；

(5) $\int_{1}^{\mathrm{e}}\frac{\mathrm{d}x}{x\sqrt{1-(\ln x)^{2}}}$；　　(6) $\int_{0}^{1}\frac{\mathrm{d}x}{\sqrt{x(1-x)}}$.

2. 讨论下列反常积分的敛散性：

(1) $\int_{2}^{+\infty} \frac{\mathrm{d}x}{x(\ln x)^{k}}$；　　(2) $\int_{a}^{b} \frac{\mathrm{d}x}{(b-x)^{k}}$ $(b>a)$.

3. 已知$\int_{0}^{+\infty} \frac{\sin x}{x}\mathrm{d}x=\frac{\pi}{2}$，求

(1) $\int_{0}^{+\infty} \frac{\sin x\cos x}{x}\mathrm{d}x$；　　(2) $\int_{0}^{+\infty} \frac{\sin^{2} x}{x^{2}}\mathrm{d}x$.

4. 用 Γ 函数表示下列积分，并指出这些积分收敛时 n 或 p 的取值范围：

(1) $\int_{0}^{+\infty} \mathrm{e}^{-x^{n}}\mathrm{d}x$ $(n>0)$；　　(2) $\int_{0}^{1}\left(\ln \frac{1}{x}\right)^{p}\mathrm{d}x$.

5. 计算下列反常积分的柯西主值：

(1) $P.V.\int_{-\infty}^{+\infty} \frac{x}{\sqrt{1+x^{2}}}\mathrm{d}x$；　　(2) $P.V.\int_{\frac{1}{2}}^{2} \frac{\mathrm{d}x}{x\ln x}$；

(3) $P.V.\int_{0}^{+\infty} \frac{\mathrm{d}x}{x^{2}-3x+2}$；　　(4) $P.V.\int_{0}^{3} \frac{\mathrm{d}x}{1-x}$.

综 合 题 六

1. 填空题：

(1) 设 $f(x)$ 为连续的偶函数，$F(x)$ 是 $f(x)$ 的原函数，且 $\int_{-1}^{1} F(x)\mathrm{d}x=1$，则 $F(x)=$ ________.

(2) 设 $f(x)$ 连续，且满足条件 $\int_{0}^{x} f(x-u)\mathrm{e}^{u}\mathrm{d}u=\sin x$，则 $f(x)=$ ________.

(3) 已知曲线 $y=f(x)$ 上任意点的切线的斜率为 $ax^{2}-3x-6$，且 $x=-1$ 时，$y=\frac{11}{2}$是极大值，则 $f(x)=$ ________，$f(x)$ 的极小值是________.

(4) 设 $f(x)$ 可导，且 $\lim\limits_{x\to+\infty} f(x)=1$，则 $\lim\limits_{x\to+\infty}\int_{x}^{x+2} t\sin\frac{3}{t}\cdot f(t)\mathrm{d}t=$ ________.

(5) $\int_{2}^{+\infty} \frac{\mathrm{d}x}{(x+7)\sqrt{x-2}}=$ ________.

2. 选择题：

(1) 设 $f(x)$ 是连续函数，$F(x)$ 是 $f(x)$ 的原函数，则下列结论正确的是(　　).

(A) 当 $f(x)$ 是奇函数时，$F(x)$ 必是偶函数

(B) 当 $f(x)$ 是偶函数时，$F(x)$ 必是奇函数

(C) 当 $f(x)$ 是周期函数时，$F(x)$ 必是周期函数

(D) 当 $f(x)$ 是单调增加函数时，$F(x)$ 必是单调增加函数

(2) 设$f(x)$有连续的导数,$f(0)=0,f'(0)\neq 0$, $F(x)=\int_0^x (x^2-t^2)f(t)\,dt$,且当$x\to 0$时,$F'(x)$ 与 x^k 是同阶无穷小,则 k 等于(　　).

(A) 1　　(B) 2　　(C) 3　　(D) 4

(3) 设函数$f(x)$在闭区间$[a,b]$上连续,且$f(x)>0$,则方程$\int_a^x f(t)\,dt+\int_b^x \frac{1}{f(t)}dt=0$在开区间$(a,b)$ 内的根有(　　).

(A) 0 个　　(B) 1 个　　(C) 2 个　　(D) 无穷多个

(4) 设$f(x)$在$[0,1]$上连续且单调减少,则函数 $F(t)=t\int_0^1 [f(tx)-f(x)]\,dx$ 在$(0,1)$ 内(　　).

(A) 单调增加　　(B) 单调减少

(C) 有极小值　　(D) 有极大值

3. 求下列极限:

(1) $\lim\limits_{n\to\infty}\left(\frac{1}{\sqrt{4n^2-1}}+\frac{1}{\sqrt{4n^2-2^2}}+\cdots+\frac{1}{\sqrt{4n^2-n^2}}\right)$;

(2) $\lim\limits_{x\to+\infty}\frac{\int_1^x [t^2(e^{\frac{1}{t}}-1)-t]\,dt}{x^2\ln\left(1+\frac{1}{x}\right)}$;

(3) $\lim\limits_{a\to 0^+}\frac{1}{a^2}\int_{-a}^{a}[f(x+a)-f(x-a)]\,dx$,其中$f'(x)$ 在 $x=0$ 处连续.

4. 确定常数 a,b,c 的值,使得

$$\lim_{x\to 0}\frac{ax-\sin x}{\int_b^x \frac{\ln(1+t^3)}{t}dt}=c\quad (c\neq 0).$$

5. 计算下列积分:

(1) $\int\frac{1+\sin x}{\cos x(2+3\sin x)}dx$;　　(2) $\int\frac{xe^x}{\sqrt{e^x-1}}dx$;

(3) $\int e^{2x}(\tan x+1)^2dx$;　　(4) $\int_0^{\pi}\frac{x\sin^3 x}{1+\cos^2 x}dx$;

(5) $\int_{\frac{1}{2}}^{\frac{3}{2}}\frac{1}{\sqrt{|x-x^2|}}dx$.

6. 已知$f(x)=\begin{cases}\sin x, & 0\leqslant x\leqslant 1,\\ x\ln x, & 1<x\leqslant 2,\\ 1, & x>2,\end{cases}$ 求 $\int_0^x f(t)\,dt$.

7. 设$f(x)$连续,$\varphi(x)=\int_0^1 f(xt)\,dt$,且$\lim\limits_{x\to 0}\frac{f(x)}{x}=A$($A$ 为常数),求 $\varphi'(x)$ 并讨论$\varphi'(x)$ 在$x=0$ 处的连续性.

8. 设$f(x)$在$[a,b]$上连续,且单调增加,求证

$$\int_a^b xf(x)\,\mathrm{d}x \geqslant \frac{a+b}{2}\int_a^b f(x)\,\mathrm{d}x.$$

9. 设函数$f(x)$在$[0,\pi]$上连续,且

$$\int_0^{\pi} f(x)\,\mathrm{d}x = 0,\quad \int_0^{\pi} f(x)\cos x\,\mathrm{d}x = 0,$$

试证明:在$(0,\pi)$内至少存在两个不同的点ξ_1,ξ_2,使得$f(\xi_1)=f(\xi_2)=0$.

综合题六

答案与提示

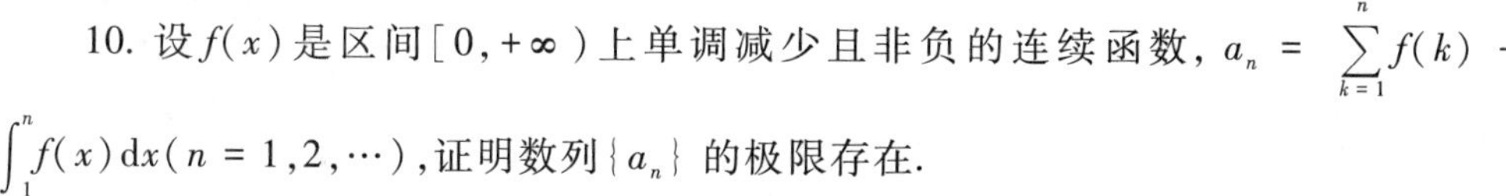

10. 设$f(x)$是区间$[0,+\infty)$上单调减少且非负的连续函数,$a_n=\sum\limits_{k=1}^{n}f(k)-\int_1^n f(x)\,\mathrm{d}x\ (n=1,2,\cdots)$,证明数列$\{a_n\}$的极限存在.

第七章

定积分的应用

第一节 微 元 法

我们先回顾一下在第六章求曲边梯形面积 S 的步骤：对区间$[a,b]$作划分：

$$a=x_0<x_1<x_2<\cdots<x_n=b,$$

然后在小区间$[x_{k-1},x_k]$中任取点 ξ_k，并记 $\Delta x_k=x_k-x_{k-1}$，这样就可计算小曲边梯形面积的近似值 $\Delta S_k=f(\xi_k)\Delta x_k$.最后，将所有的小曲边梯形面积的近似值相加，再取极限，得

$$S=\lim_{\lambda\to 0}\sum_{k=1}^{n}f(\xi_k)\Delta x_k=\int_a^b f(x)\,\mathrm{d}x\ .$$

对于上述过程，我们可以这样来看：将分点 x_{k-1} 和 x_k 分别记为 x 和 $x+\Delta x$，将区间$[x,x+\Delta x]$上的小曲边梯形的面积记为 ΔS，并取 $\xi_k=x$，则 $\Delta S\approx f(x)\Delta x$.然后令 $\Delta x\to 0$，于是 Δx 变成 $\mathrm{d}x$，ΔS 变成 $\mathrm{d}S$，因此有 $\mathrm{d}S=f(x)\mathrm{d}x$.最后，把对小曲边梯形面积的近似值相加，再取极限的过程看作是对 $\mathrm{d}S=f(x)\mathrm{d}x$ 在区间$[a,b]$上求定积分，就得到

$$S=\int_a^b f(x)\,\mathrm{d}x\ .$$

为进一步简化上述过程，往往一开始就形式地取小区间为$[x,x+\mathrm{d}x]$（$\mathrm{d}x$ 为 x 的微元），然后以$[x,x+\mathrm{d}x]$为底，函数值 $f(x)$ 为高的小矩形面积 $f(x)\mathrm{d}x$ 近似为区间$[x,x+\mathrm{d}x]$上的小曲边梯形面积，得 $\mathrm{d}S=f(x)\mathrm{d}x$，再在区间$[a,b]$上求定积分.

一般地，对于某一个所求量 Q，如果选好了积分变量 x 和积分区间$[a,b]$，求出 Q 的微元 $\mathrm{d}Q=f(x)\mathrm{d}x$，便可求得 $Q=\int_a^b f(x)\,\mathrm{d}x$.这种建立定积分数学模型的方法称为微元法.

应用这种方法时需注意以下两点：

（1）所求量 Q 对区间$[a,b]$具有可加性，即 Q 可以分解成每个小区间上部分量 ΔQ 的和；

（2）部分量 ΔQ 与微元 $\mathrm{d}Q=f(x)\mathrm{d}x$ 相差一个 $\mathrm{d}x$ 的高阶无穷小量（在许多实际问题中，这一事实往往比较明显）.

第二节　平面图形的面积

自本节开始我们应用第一节所提出的微元法求解几何和物理中的一些问题.首先要研究的是平面图形面积的计算问题.

根据第六章定积分的几何意义,我们知道:由曲线 $y=f(x)$,直线 $x=a$ 和 $x=b$ 及 x 轴所围成曲边梯形的面积可由定积分 $\int_a^b f(x)\,\mathrm{d}x$ 表示.一般地,由平面曲线所围成平面图形的面积,在边界曲线为已知时,均可用定积分来求得.

一、直角坐标情形

设一平面图形由连续曲线 $y=f(x)$,$y=g(x)$ 及直线 $x=a$ 和 $x=b(a<b)$ 所围(图 7-1).为了求面积 A,我们在 $[a,b]$ 上取典型小区间 $[x,x+\mathrm{d}x]$,相应于典型小区间的面积部分量 ΔA 近似地等于高为 $|f(x)-g(x)|$、宽为 $\mathrm{d}x$ 的窄矩形的面积,从而得到面积微元

$$\mathrm{d}A=|f(x)-g(x)|\,\mathrm{d}x,$$

所以

$$A=\int_a^b |f(x)-g(x)|\,\mathrm{d}x. \tag{1}$$

类似地,若平面图形由连续曲线 $x=\psi(y)$,$x=\varphi(y)$ 及直线 $y=c$ 和 $y=d(c<d)$ 所围成(图 7-2),则其面积 A 为

$$A=\int_c^d |\psi(y)-\varphi(y)|\,\mathrm{d}y. \tag{2}$$

我们看到(1)式的积分是以 x 为积分变量,(2)式的积分是以 y 为积分变量.

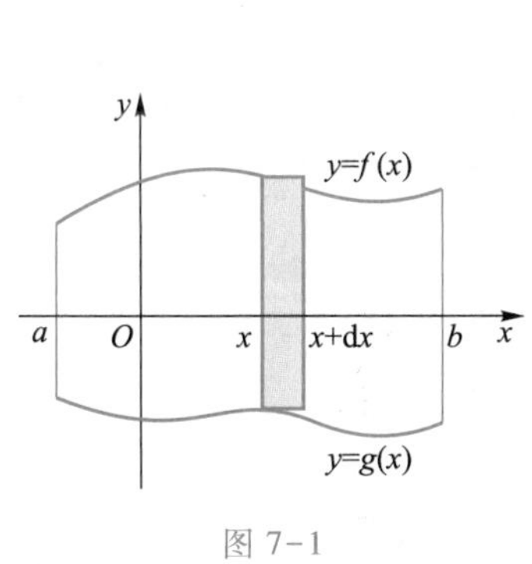

图 7-1

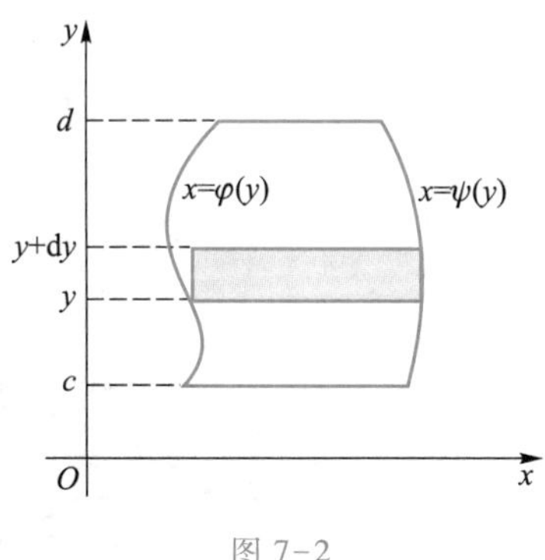

图 7-2

例 1　计算由抛物线 $y=-x^2+1$ 与 $y=x^2-x$ 所围图形的面积 A.

解　由

$$\begin{cases} y=-x^2+1, \\ y=x^2-x, \end{cases}$$

得两抛物线交点$\left(-\frac{1}{2},\frac{3}{4}\right)$及$(1,0)$，于是图形位于直线 $x=-\frac{1}{2}$ 与 $x=1$ 之间（图 7-3）.取 x 为积分变量，由(1)式得

$$A=\int_{-\frac{1}{2}}^{1}|(-x^2+1)-(x^2-x)|\,dx=\int_{-\frac{1}{2}}^{1}(-2x^2+x+1)\,dx$$

$$=\left(-\frac{2}{3}x^3+\frac{1}{2}x^2+x\right)\Big|_{-\frac{1}{2}}^{1}=\frac{9}{8}.$$

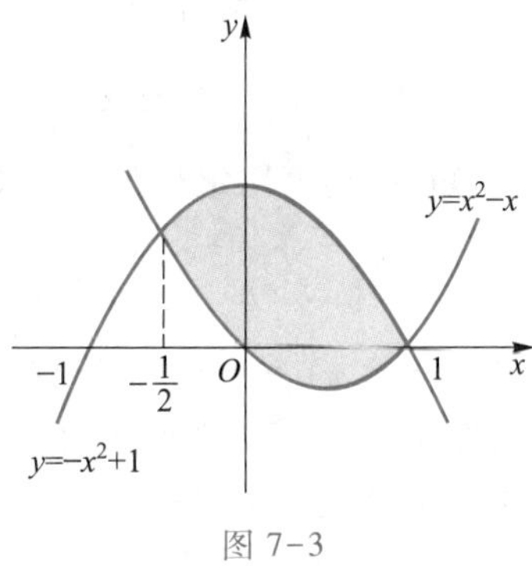

图 7-3

典型例题
求平面图形的面积

例 2　计算由抛物线 $y^2=2x$ 与直线 $y=x-4$ 所围成图形的面积 A.

解　由

$$\begin{cases}y^2=2x,\\ y=x-4,\end{cases}$$

解得两线交点为$(2,-2)$及$(8,4)$.于是图形（图 7-4）位于直线$y=-2$和 $y=4$ 之间，取 y 为积分变量，由(2)式得

$$A=\int_{-2}^{4}\left|y+4-\frac{y^2}{2}\right|dy=\left(\frac{y^2}{2}+4y-\frac{y^3}{6}\right)\Big|_{-2}^{4}=18.$$

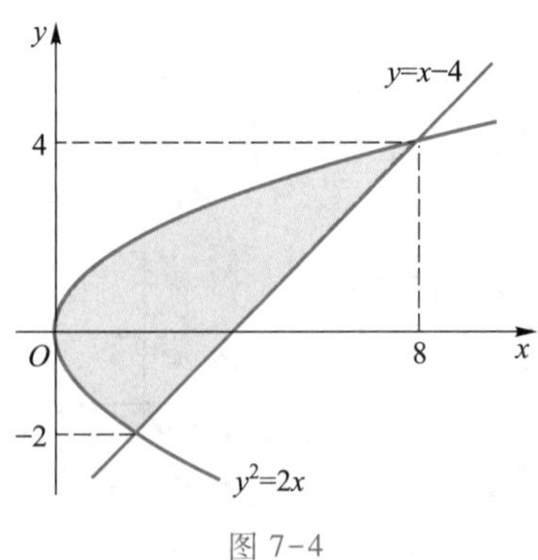

图 7-4

值得注意的是：若例 1 中取 y 为积分变量，例 2 中取 x 为积分变量，则所求面积的计算要复杂得多（具体做法请读者思考）.因此，积分变量选择得当可使计算简便.

当一个曲边梯形的曲边（连续曲线）由参数方程 $x=\varphi(t)$，$y=\psi(t)$ $(t_1\leqslant t\leqslant t_2)$ 给

出时,若其底边位于 x 轴上,$\varphi(t)$ 在 $[t_1,t_2]$ 上可导,则其面积微元为

$$\mathrm{d}A=|y|\mathrm{d}x=|\psi(t)\varphi'(t)|\mathrm{d}t.$$

面积为

$$A=\int_{t_1}^{t_2}|\psi(t)\varphi'(t)|\mathrm{d}t. \tag{3}$$

同理,若其底边位于 y 轴上,$\psi(t)$ 在 $[t_1,t_2]$ 上可导,则其面积为

$$A=\int_{t_1}^{t_2}|\varphi(t)\psi'(t)|\mathrm{d}t. \tag{4}$$

例 3　计算摆线 $\begin{cases}x=a(\theta-\sin\theta),\\ y=a(1-\cos\theta)\end{cases}(a>0)$ 的一拱 $(0\leqslant\theta\leqslant 2\pi)$ 与 x 轴所围图形的面积 A(图 7－5).

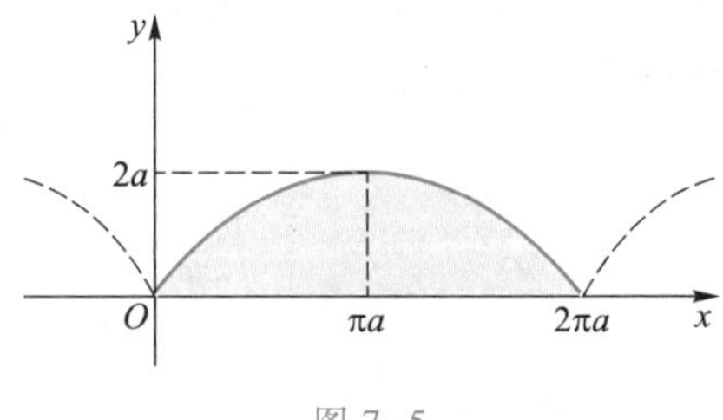

图 7-5

解　这里 $\varphi(\theta)=a(\theta-\sin\theta)$,$\psi(\theta)=a(1-\cos\theta)$. 由公式(3)得

$$\begin{aligned}A&=\int_0^{2\pi}a(1-\cos\theta)[a(\theta-\sin\theta)]'\mathrm{d}\theta=a^2\int_0^{2\pi}(1-\cos\theta)^2\mathrm{d}\theta\\&=a^2\int_0^{2\pi}\left(1-2\cos\theta+\frac{1+\cos 2\theta}{2}\right)\mathrm{d}\theta\\&=a^2\left(\frac{3}{2}\theta-2\sin\theta+\frac{1}{4}\sin 2\theta\right)\Big|_0^{2\pi}=3\pi a^2.\end{aligned}$$

二、极坐标情形

设一平面图形在极坐标系中由连续曲线 $r=r_1(\theta)$,$r=r_2(\theta)$ 及射线 $\theta=\alpha$ 和 $\theta=\beta(\alpha<\beta)$ 所围(图 7-6).为了求其面积,我们在 θ 的变化区间 $[\alpha,\beta]$ 上取一典型小区间 $[\theta,\theta+\mathrm{d}\theta]$,相应于典型小区间上面积的部分量近似于中心角为 $\mathrm{d}\theta$,半径为 $r_2(\theta)$ 及半径为 $r_1(\theta)$ 的两扇形的面积之差的绝对值.从而得到面积微元

极坐标

$$\mathrm{d}A=\frac{1}{2}|r_2^2(\theta)-r_1^2(\theta)|\mathrm{d}\theta,$$

所以

$$A=\frac{1}{2}\int_\alpha^\beta|r_2^2(\theta)-r_1^2(\theta)|\mathrm{d}\theta. \tag{5}$$

若曲线段 $r=r_1(\theta)(\alpha\leqslant\theta\leqslant\beta)$ 退化为极点 O,则图 7-6 中平面区域退化为“曲边扇形”.由(5)式知,由曲线 $r=r(\theta)$,射线 $\theta=\alpha$ 和 $\theta=\beta(\alpha<\beta)$ 所围成的曲边扇形面积为

$$A=\frac{1}{2}\int_\alpha^\beta r^2(\theta)\mathrm{d}\theta. \tag{6}$$

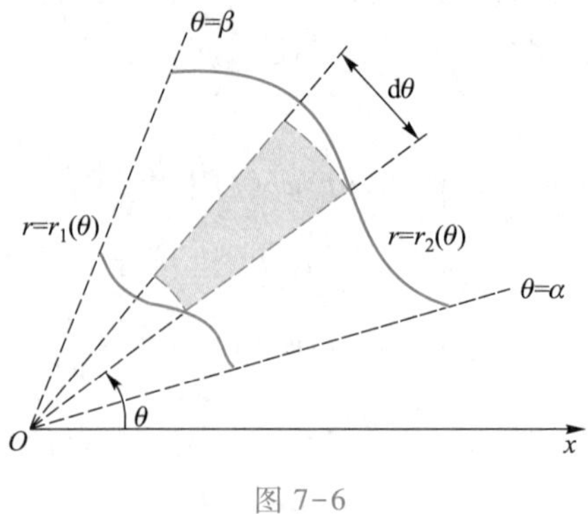

图 7-6

例 4　计算阿基米德（Archimedes）螺线 $r=a\theta(a>0)$ 上相应于 θ 从 0 变到 2π 一段弧与极轴所围成的图形（图 7-7）的面积.

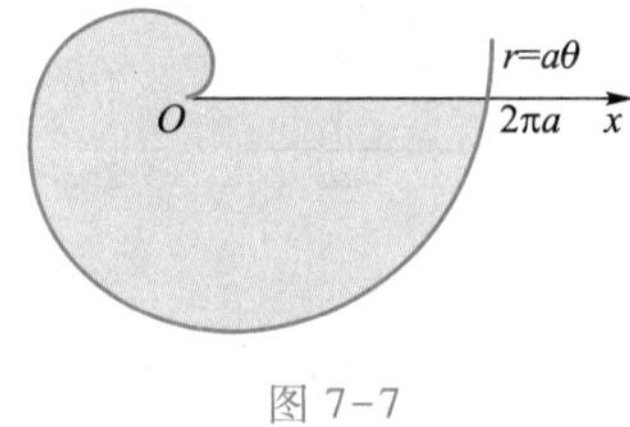

图 7-7

解　由（6）式得

$$A=\frac{1}{2}\int_0^{2\pi}(a\theta)^2\mathrm{d}\theta=\frac{1}{6}a^2\theta^3\Big|_0^{2\pi}=\frac{4}{3}a^2\pi^3.$$

例 5　求心形线 $r=1+\cos\theta$ 与圆 $r=3\cos\theta$ 所围图形的公共部分的面积 A（图 7-8）.

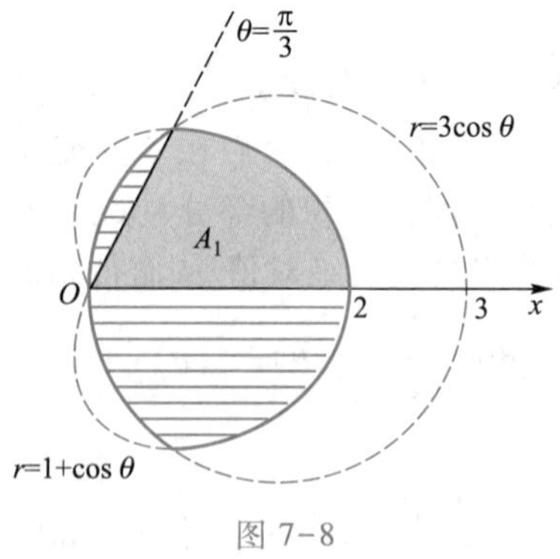

图 7-8

解　由对称性，整个公共部分的面积等于极轴上方部分面积 A_1 的 2 倍.

从 $\begin{cases}r=1+\cos\theta,\\ r=3\cos\theta\end{cases}$ 解得两曲线交点为 $\left(\frac{3}{2},\frac{\pi}{3}\right)$ 和 $\left(\frac{3}{2},-\frac{\pi}{3}\right)$. 另外，两曲线均过极点 O

(这是我们在求用极坐标方程表示的曲线的交点时应注意的).由(6)式有

$$A=2\left[\frac{1}{2}\int_0^{\frac{\pi}{3}}(1+\cos\theta)^2\mathrm{d}\theta+\frac{1}{2}\int_{\frac{\pi}{3}}^{\frac{\pi}{2}}(3\cos\theta)^2\mathrm{d}\theta\right]$$

$$=\left(\frac{3}{2}\theta+2\sin\theta+\frac{1}{4}\sin 2\theta\right)\Big|_0^{\frac{\pi}{3}}+9\left(\frac{1}{2}\theta+\frac{1}{4}\sin 2\theta\right)\Big|_{\frac{\pi}{3}}^{\frac{\pi}{2}}$$

$$=\frac{5}{4}\pi.$$

习题 7-2

1. 求由下列各曲线所围图形的面积:

(1) $y^2=x$ 和 $y=x$;　　(2) $y=x^2$ 和 $y=-x^2+2$;

(3) $y=3-x^2$ 和 $y=2x$;　　(4) $y=x,y=2x$ 和 $y=x^2$.

2. 求曲线 $\begin{cases}x=a\cos t,\\ y=b\sin t\end{cases}$ $(a,b>0)$ 所围图形的面积.

3. 求抛物线 $y=-x^2+4x-3$ 及其在点 $(0,-3)$ 和 $(3,0)$ 处的切线所围图形的面积.

4. 求下列用极坐标方程表示的曲线所围图形的面积:

(1) $r=a\cos\theta$ 和 $r=a\sin\theta(a>0)$ 所围图形的公共部分;

(2) $r=4\cos\theta$ 和射线 $\theta=-\dfrac{\pi}{4}$ 与 $\theta=\dfrac{\pi}{4}$.

5. 求由 y 轴,曲线 $y=\mathrm{e}^x$ 及其在点 $(1,\mathrm{e})$ 处的切线所围图形的面积.

6. 如图所示,若抛物线 $y=ax^2(a>0)$ 将长为 b,宽为 h 的矩形分成面积为 A_1 和 A_2 的左右两部分,且 $A_1:A_2=1:2$,求 a 的值.

7. 如图所示,对单调连续曲线 $y=f(x)(>0)$,试在横坐标 a 与 b 之间的区间上找一点 c,使直线 $x=c$ 两边阴影部分面积相等.

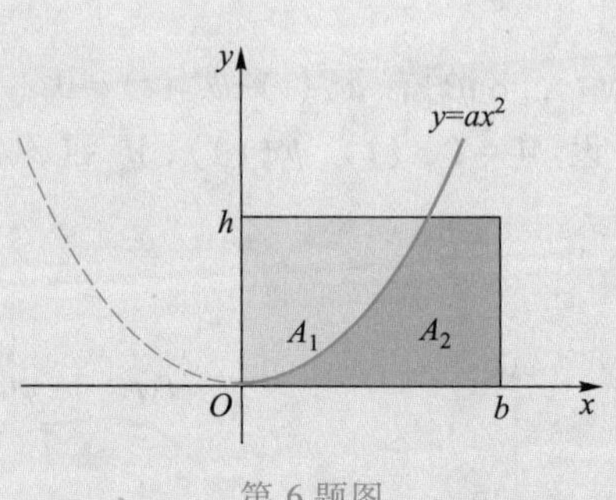

第 6 题图

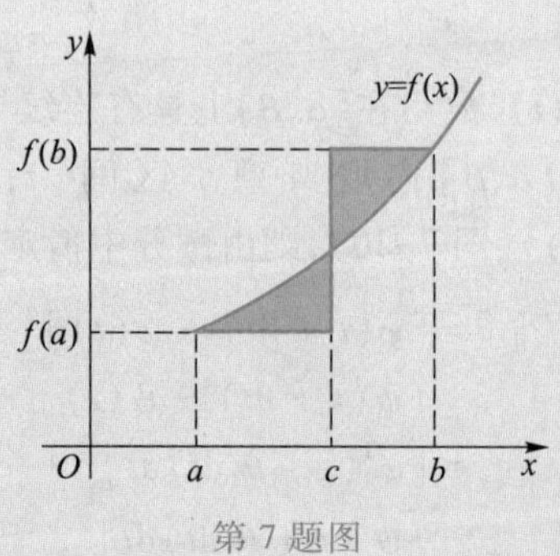

第 7 题图

8. 试确定正常数 a 的值,使曲线 $y=a(1-x^2)$ 与直线 $y=-\dfrac{1}{2a}(x+1)$ 和 $y=\dfrac{1}{2a}(x-1)$ 所围图形的面积最小.

第三节　平面曲线的弧长

一、弧长的概念

首先，我们给出平面曲线的弧长的定义.

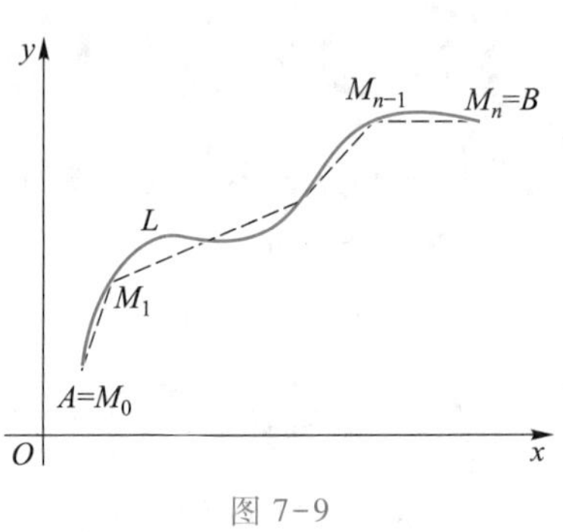

图 7-9

设 A、B 是曲线段 L 的两个端点，在弧 $\widehat{AB}$ 上任取分点 $A=M_0,M_1,M_2,\cdots,M_n=B$（图 7-9），连接 M_{i-1} 与 $M_i(i=1,2,\cdots,n)$，用 $\|\overline{M_{i-1}M_i}\|$ 表示直线段 $\overline{M_{i-1}M_i}$ 的长度. 则由线段 $\overline{M_0M_1},\overline{M_1M_2},\cdots,\overline{M_{n-1}M_n}$ 所组成的折线长度为

$$\sigma=\sum_{i=1}^{n}\|\overline{M_{i-1}M_i}\|.$$

记 $\lambda=\max\limits_{1\leqslant i\leqslant n}\{\|\overline{M_{i-1}M_i}\|\}$，如果 $\lim\limits_{\lambda\to 0}\sigma=s$ 存在，则称曲线段 L 是可求长的，并称极限值 s 为**曲线 L 的弧长**.

我们称曲线上每一点处都有切线，且切线随切点的移动而连续转动的曲线为光滑曲线. 由上述弧长的定义可以证明：光滑曲线是可求弧长的，且弧长可用定积分来表示.

下面，我们用微元法来推导弧长的计算公式.

二、弧长的计算

设曲线段 L 的参数方程为

$$\begin{cases}x=\varphi(t),\\ y=\psi(t),\end{cases}\quad \alpha\leqslant t\leqslant\beta,$$

其中 $\varphi(t),\psi(t)$ 在 $[\alpha,\beta]$ 上具有连续导数，且 $\forall t\in[\alpha,\beta]$ 有 $\varphi'^2(t)+\psi'^2(t)\neq 0$.

在 $[\alpha,\beta]$ 内取典型小区间 $[t,t+\mathrm{d}t]$，设 $M=(\varphi(t),\psi(t))$，$M'=(\varphi(t+\mathrm{d}t),\psi(t+\mathrm{d}t))$（图 7-10），则由微分中值定理有

$$\begin{aligned}\|\overline{MM'}\|^2&=[\varphi(t+\mathrm{d}t)-\varphi(t)]^2+[\psi(t+\mathrm{d}t)-\psi(t)]^2\\&=[\varphi'(t+\theta_1\mathrm{d}t)\mathrm{d}t]^2+[\psi'(t+\theta_2\mathrm{d}t)\mathrm{d}t]^2,\end{aligned}\tag{1}$$

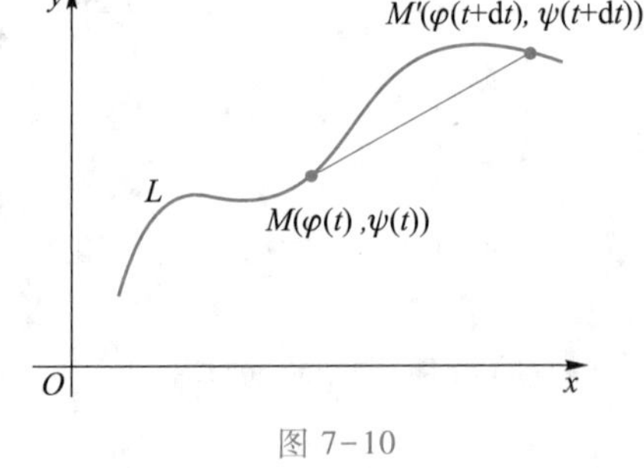

图 7-10

这里 $\theta_1,\theta_2\in(0,1)$. 因 $\varphi(t),\psi(t)$ 在 $[\alpha,\beta]$ 上有连续导数，所以

$$\begin{aligned}\varphi'(t+\theta_1\mathrm{d}t)&=\varphi'(t)+O(\mathrm{d}t),\\ \psi'(t+\theta_2\mathrm{d}t)&=\psi'(t)+O(\mathrm{d}t).\end{aligned}\tag{2}$$

从而，当 $\mathrm{d}t$ 充分小时，有

$$\begin{aligned}\|\overline{MM'}\|^2 &= [\varphi'(t)\mathrm{d}t]^2+[\psi'(t)\mathrm{d}t]^2+2\varphi'(t)\cdot o((\mathrm{d}t)^2)+\\&\quad 2\psi'(t)\cdot o((\mathrm{d}t)^2)+o((\mathrm{d}t)^3)\\&\approx[\varphi'(t)\mathrm{d}t]^2+[\psi'(t)\mathrm{d}t]^2.\end{aligned}\tag{3}$$

用典型小区间上线段$\overline{MM'}$的长度 $\|MM'\|$ 来近似表示弧$\widehat{MM'}$的长度 $\|\widehat{MM'}\|$，我们得到弧长的微元公式：

$$\begin{aligned}(\mathrm{d}s)^2&=[\varphi'(t)\mathrm{d}t]^2+[\psi'(t)\mathrm{d}t]^2\\&=(\mathrm{d}x)^2+(\mathrm{d}y)^2.\end{aligned}\tag{4}$$

(4)式是我们在第五章第四节讨论过的弧微分公式.当弧长增加方向与 t 增加方向一致时，有

$$\mathrm{d}s=\sqrt{\varphi'^2(t)+\psi'^2(t)}\,\mathrm{d}t.\tag{5}$$

所以

$$s=\int_\alpha^\beta\sqrt{\varphi'^2(t)+\psi'^2(t)}\,\mathrm{d}t.\tag{6}$$

例 1　计算摆线（图 7-5）

$$\begin{cases}x=a(\theta-\sin\theta),\\y=a(1-\cos\theta)\end{cases}$$

第一拱($0\leqslant\theta\leqslant2\pi$)的弧长 s，其中 $a>0$.

解　$\varphi'(t)=a(1-\cos\theta)$，$\psi'(t)=a\sin\theta$，由公式(5)有

$$\begin{aligned}\mathrm{d}s&=\sqrt{a^2(1-\cos\theta)^2+a^2\sin^2\theta}\,\mathrm{d}\theta\\&=a\sqrt{2(1-\cos\theta)}\,\mathrm{d}\theta=2a\left|\sin\frac{\theta}{2}\right|\mathrm{d}\theta.\end{aligned}$$

所以

$$s=\int_0^{2\pi}2a\left|\sin\frac{\theta}{2}\right|\mathrm{d}\theta=\int_0^{2\pi}2a\sin\frac{\theta}{2}\mathrm{d}\theta=2a\left(-2\cos\frac{\theta}{2}\right)\Big|_0^{2\pi}=8a.$$

若曲线段 L 由直角坐标方程

$$y=f(x)\quad(a\leqslant x\leqslant b)$$

给出，且 $f(x)$ 在 $[a,b]$ 上连续可导，则此时我们可将其看作以 x 为参数的参数方程

$$\begin{cases}x=x,\\y=f(x),\end{cases}\quad a\leqslant x\leqslant b,$$

从而当弧长增加方向与 x 增加方向一致时，有

$$\mathrm{d}s=\sqrt{1+f'^2(x)}\,\mathrm{d}x,\tag{7}$$

$$s=\int_a^b\sqrt{1+f'^2(x)}\,\mathrm{d}x.\tag{8}$$

类似地，若曲线段由直角坐标方程

$$x=g(y)\quad(c\leqslant y\leqslant d)$$

给出，且 $g(y)$ 在 $[c,d]$ 上连续可导，则当弧长增加方向与 y 增加方向一致时，有

$$\mathrm{d}s=\sqrt{1+g'^2(y)}\,\mathrm{d}y,\tag{9}$$

$$s=\int_c^d\sqrt{1+g'^2(y)}\,\mathrm{d}y.\tag{10}$$

例 2　曲线 $y=\dfrac{1}{2}(\mathrm{e}^x+\mathrm{e}^{-x})$ 被称为悬链线，它表示的是一两端悬挂在空中线缆的

形状，求此悬链线位于 $x=-1$ 和 $x=1$ 之间的长度.

解　$y'=\frac{1}{2}(e^x-e^{-x})$，由公式(8)，得

$$ds=\sqrt{1+\frac{1}{4}(e^{2x}+e^{-2x}-2)}\,dx=\frac{1}{2}(e^x+e^{-x})\,dx.$$

于是所求长度为

$$s=\int_{-1}^{1}\frac{1}{2}(e^x+e^{-x})\,dx=\frac{1}{2}(e^x-e^{-x})\Big|_{-1}^{1}=e-\frac{1}{e}.$$

例 3　求曲线 $y=\int_0^x \tan t\,dx\left(0\leqslant x\leqslant\frac{\pi}{4}\right)$ 的弧长.

解　由于 $ds=\sqrt{1+y'^2}\,dx=\sqrt{1+\tan^2 x}\,dx=\sec x\,dx$，因此所求弧长为

$$s=\int_0^{\frac{\pi}{4}}\sec x\,dx=\ln|\sec x+\tan x|\Big|_0^{\frac{\pi}{4}}=\ln(1+\sqrt{2}).$$

若曲线段 L 由极坐标方程 $r=r(\theta)\,(\alpha\leqslant\theta\leqslant\beta)$ 给出，则由极坐标与直角坐标的关系可得其参数方程

$$\begin{cases}x=r(\theta)\cos\theta,\\ y=r(\theta)\sin\theta,\end{cases}\quad \alpha\leqslant\theta\leqslant\beta,$$

从而

$$\begin{aligned}\varphi'(\theta)&=r'(\theta)\cos\theta-r(\theta)\sin\theta,\\ \psi'(\theta)&=r'(\theta)\sin\theta+r(\theta)\cos\theta,\\ \varphi'^2(\theta)+\psi'^2(\theta)&=[r'(\theta)\cos\theta-r(\theta)\sin\theta]^2+\\ &\quad[r'(\theta)\sin\theta+r(\theta)\cos\theta]^2\\ &=r^2(\theta)+r'^2(\theta).\end{aligned}$$

因此，当弧长增加的方向与 θ 增加的方向一致时，由(5)式有

$$ds=\sqrt{r^2(\theta)+r'^2(\theta)}\,d\theta. \tag{11}$$

所以

$$s=\int_\alpha^\beta\sqrt{r^2(\theta)+r'^2(\theta)}\,d\theta. \tag{12}$$

例 4　求心形线 $r=a(1+\cos\theta)\,(a>0)$ 的全长(图 7-11).

解　由公式(11)有

$$\begin{aligned}ds&=\sqrt{r+r'^2}\,d\theta\\ &=\sqrt{a^2(1+\cos\theta)^2+a^2\sin^2\theta}\,d\theta\\ &=a\sqrt{2(1+\cos\theta)}\,d\theta\\ &=2a\left|\cos\frac{\theta}{2}\right|d\theta.\end{aligned}$$

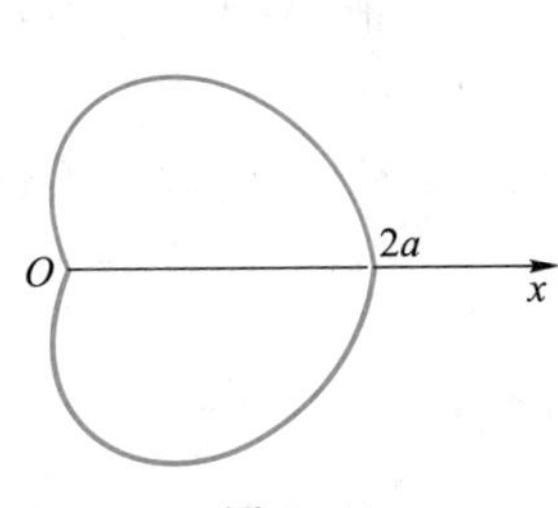

图 7-11

由对称性及公式(12)知，所求长度为

$$s=2\int_0^\pi 2a\left|\cos\frac{\theta}{2}\right|d\theta=8a\sin\frac{\theta}{2}\Big|_0^\pi=8a.$$

三、弧微分的几何意义

公式(4)(5)(7)(9)(11)均为弧微分公式，其中最基本的是(4)式，其余四个公式是公式(4)在不同坐标系下或不同的曲线方程形式下的不同表现形式.

下面以直角坐标方程为例，说明弧微分的几何意义.

设曲线 L 的方程为 $y=f(x), x\in[a,b], f(x)\in C^1([a,b])$. 考虑曲线上点 $M(x,f(x))$ 处，给 x 以增量 $\mathrm{d}x$，相应于 $[x,x+\mathrm{d}x]$ 处的弧微分为

$$\mathrm{d}s=\sqrt{(\mathrm{d}x)^2+(\mathrm{d}y)^2} \text{ 或 } \mathrm{d}s=\sqrt{1+f'^2(x)}\,\mathrm{d}x.$$

而由微分的几何意义知：函数的微分 $\mathrm{d}y=f'(x)\mathrm{d}x$ 表示点 $M(x,f(x))$ 处曲线切线上相应于横坐标增量为 $\mathrm{d}x$ 时的纵坐标的增量. 所以，弧微分 $\mathrm{d}s$ 是点 $M(x,f(x))$ 处曲线切线相应于区间 $[x,x+\mathrm{d}x]$ 上的线段长(图 7-12 所示).

可以证明：当 $\mathrm{d}x\to 0$ 时，

$$\|\overline{MM'}\| \sim \|\widehat{MM'}\| \sim \mathrm{d}s.$$

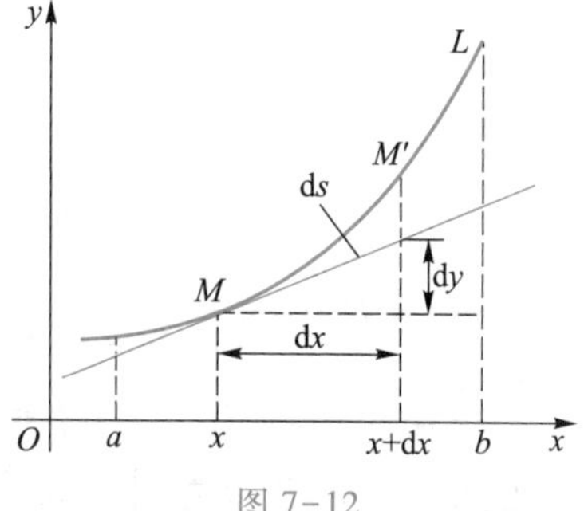

图 7-12

习题 7-3

1. 求下列曲线段的弧长：

(1) $y=\dfrac{2}{3}x^{\frac{3}{2}}$，　$0\leqslant x\leqslant 4$；　　(2) $y^2=2x$，　$0\leqslant x\leqslant 2$；

(3) $y=\ln x$，　$\sqrt{3}\leqslant x\leqslant\sqrt{8}$；　　(4) $x=a\cos t, y=a\sin t(a>0)$，　$0\leqslant t\leqslant\dfrac{\pi}{2}$.

2. 计算半立方抛物线 $y^2=\dfrac{2}{3}(x-1)^3$ 被抛物线 $y^2=\dfrac{1}{3}x$ 截得的一段弧的长度.

3. 将绕在半径为 a 的圆上的细线放开拉直，使细线与圆周始终相切，细线端点画出的轨迹叫做圆的渐开线(见图)，它的方程为

$$\begin{cases}x=a(\cos t+t\sin t),\\ y=a(\sin t-t\cos t),\end{cases}$$

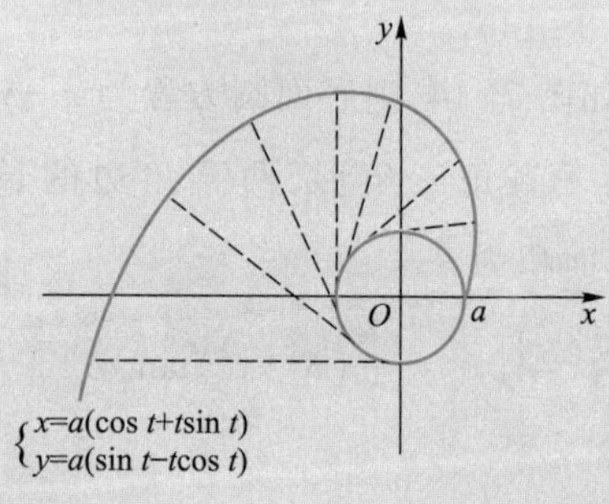

第 3 题图

求这曲线上相应于 t 从 0 变到 π 的一段弧的长度.

4. 求曲线段 $y=\int_{-\frac{\pi}{2}}^{x}\sqrt{\cos t}\,\mathrm{d}t\left(-\dfrac{\pi}{2}\leqslant x\leqslant\dfrac{\pi}{2}\right)$ 的弧长.

5. 求曲线段 $r=a\cos^3\left(\dfrac{\theta}{3}\right)\ (0\leqslant\theta\leqslant 3\pi)$ 的弧长.

第四节　立体的体积和旋转体的侧面积

一、平行截面面积为已知的立体体积

考虑介于过 x 轴上点 $x=a$ 及 $x=b$ 且垂直于 x 轴的两平行平面之间的立体(图7-13),设在 $x(a\leqslant x\leqslant b)$ 处垂直于 x 轴的截面面积可以用 x 的连续函数 $A(x)$ 来表示.为了求其体积,我们在$[a,b]$内取典型小区间$[x,x+\mathrm{d}x]$.用以底面积为 $A(x)$,高为 $\mathrm{d}x$ 的柱体体积近似于典型小区间$[x,x+\mathrm{d}x]$对应的体积部分量,则得体积元素 $\mathrm{d}V=A(x)\mathrm{d}x$.从而

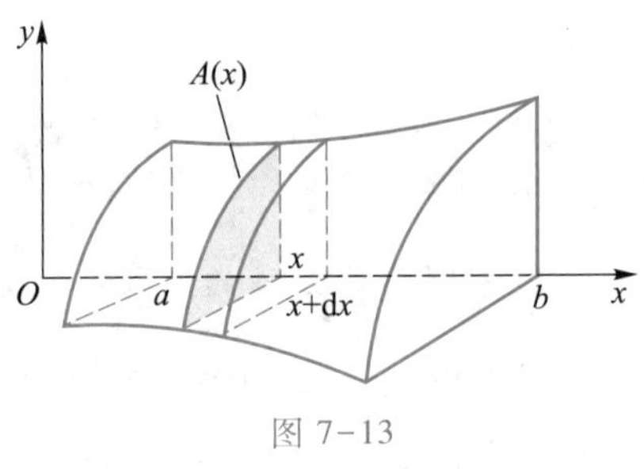

图 7-13

$$V=\int_a^b A(x)\,\mathrm{d}x. \tag{1}$$

类似地,考虑介于过 y 轴上点 $y=c$ 及 $y=d$ 且垂直于 y 轴的两平行平面之间的立体,若在$y(c\leqslant y\leqslant d)$处垂直于 y 轴的截面面积可以用 y 的连续函数 $B(y)$ 来表示,则其体积为

$$V=\int_c^d B(y)\,\mathrm{d}y. \tag{2}$$

例 1　一平面经过半径为 R 的圆柱体的底圆中心,与底面交角为 α,试计算这平面截得的楔形体体积 V(图 7-14).

解法一　建立坐标系如图 7-14,则底面圆方程为 $x^2+y^2=R^2$. $\forall x\in[-R,R]$,过点 x 且垂直于 x 轴的截面是一直角三角形,两直角边的长度分别为 $y=\sqrt{R^2-x^2}$ 和 $y\tan\alpha=\sqrt{R^2-x^2}\tan\alpha$,故其面积为

$$A(x)=\frac{1}{2}(R^2-x^2)\tan\alpha.$$

由(1)式得

$$V=\int_{-R}^{R}\frac{1}{2}(R^2-x^2)\tan\alpha\,\mathrm{d}x=\tan\alpha\int_0^R(R^2-x^2)\,\mathrm{d}x=\frac{2}{3}R^3\tan\alpha.$$

解法二　坐标系建立同解法一. $\forall y\in[0,R]$,在楔形体中过点 y 且垂直于 y 轴的截面是一个矩形(图 7-15),其长为 $2x=2\sqrt{R^2-y^2}$,高为 $y\tan\alpha$,故其面积为

$$B(y)=2y\sqrt{R^2-y^2}\tan\alpha.$$

由(2)式得

$$V=\int_0^R 2y\sqrt{R^2-y^2}\tan\alpha\,\mathrm{d}y=\frac{2}{3}R^3\tan\alpha.$$

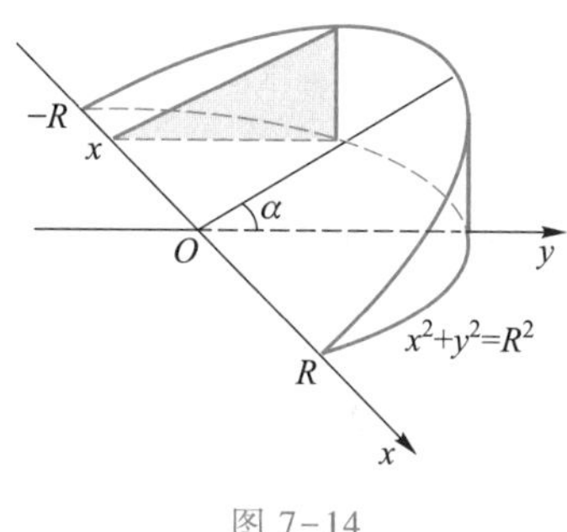

图 7-14

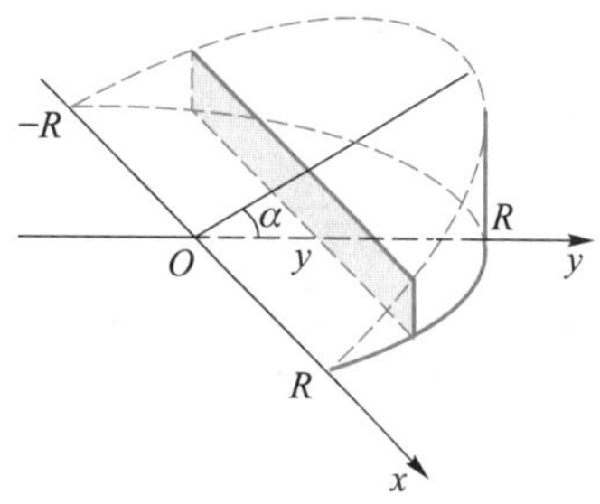

图 7-15

二、旋转体的体积

所谓旋转体就是由一平面图形绕这平面内一条定直线旋转一周而成的立体.

如图 7-16,设旋转体是由曲线 $y=f(x)$,直线 $x=a$,$x=b(a<b)$ 和 x 轴所围成的曲边梯形绕 x 轴旋转一周而成的,则 $\forall x\in[a,b]$,相应于 x 处垂直于 x 轴的截面是一个圆盘,其面积为 $\pi f^2(x)$,从而由(1)式知其体积

$$V=\pi\int_a^b f^2(x)\,\mathrm{d}x. \tag{3}$$

类似地,若旋转体是由曲线 $x=\varphi(y)$,直线 $y=c$,$y=d(c<d)$ 和 y 轴所围成的曲边梯形绕 y 轴旋转一周而成的,则其体积为

$$V=\pi\int_c^d \varphi^2(y)\,\mathrm{d}y. \tag{4}$$

例 2　计算由椭圆 $\dfrac{x^2}{a^2}+\dfrac{y^2}{b^2}=1$ 所围图形绕 x 轴旋转而成的旋转体(称之为旋转椭球体,图 7-17)的体积.

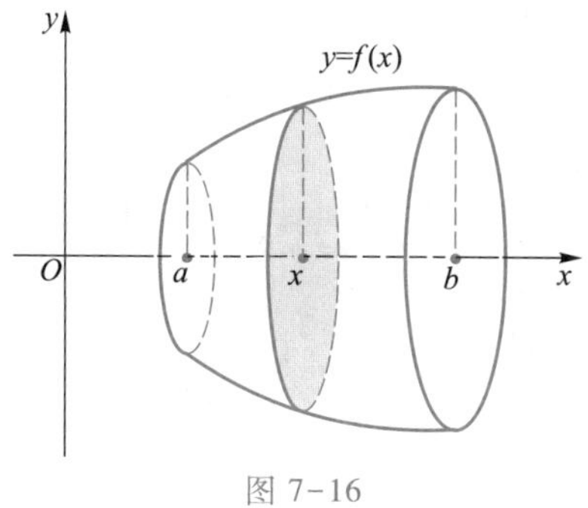

图 7-16

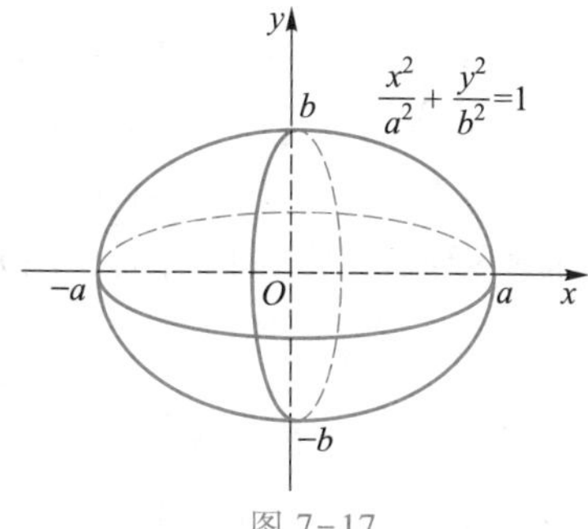

图 7-17

解　这个旋转体实际上就是半个椭圆 $y=\frac{b}{a}\sqrt{a^2-x^2}$ 及 x 轴所围曲边梯形绕 x 轴旋转而成的立体，于是由公式(3)得

$$V=\pi\int_{-a}^{a}\frac{b^2}{a^2}(a^2-x^2)\mathrm{d}x=2\pi\int_{0}^{a}\frac{b^2}{a^2}(a^2-x^2)\mathrm{d}x$$

$$=2\pi\frac{b^2}{a^2}\left(a^2x-\frac{x^3}{3}\right)\Big|_0^a=\frac{4}{3}\pi ab^2.$$

特别地，当 $a=b$ 时就得到半径为 a 的球的体积为 $\frac{4}{3}\pi a^3$.

典型例题　求旋转体的体积

例 3　圆弧 $y=\sqrt{2-x^2}$ 与抛物线 $y=\sqrt{x}$ 以及 y 轴围成曲边三角形 OAB（图 7-18），计算该曲边三角形分别绕 x 轴和 y 轴旋转一周所成的旋转体的体积.

解　所述图形绕 x 轴旋转一周生成的旋转体体积为

$$V_x=\int_0^1\pi(2-x^2-x)\mathrm{d}x=\frac{7}{6}\pi.$$

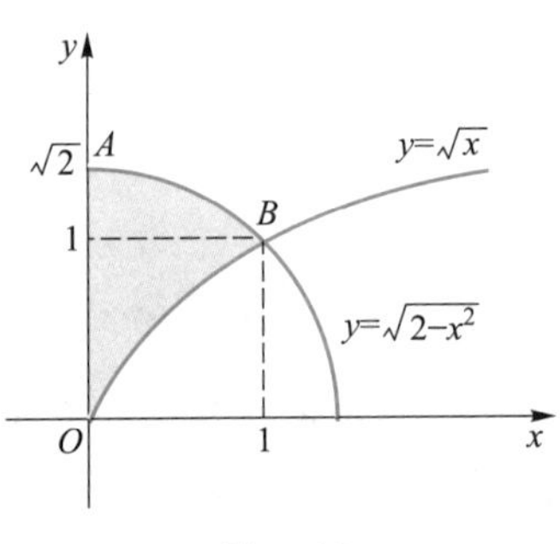

图 7-18

所述图形绕 y 轴旋转一周生成的旋转体体积为

$$V_y=\int_0^1\pi y^4\mathrm{d}y+\int_1^{\sqrt{2}}\pi(2-y^2)\mathrm{d}y$$

$$=\frac{\pi}{5}y^5\Big|_0^1+\pi\left(2y-\frac{1}{3}y^3\right)\Big|_1^{\sqrt{2}}$$

$$=\frac{20\sqrt{2}-22}{15}\pi.$$

三、旋转体的侧面积

现在我们利用弧微分及定积分微元法来求由曲线 $y=f(x)$，直线 $x=a,x=b(a<b)$ 及 x 轴所围曲边梯形绕 x 轴旋转而成旋转体（图 7-19）的侧面积. 这个旋转体的侧面可以看作是由 $[a,b]$ 上对应的一段曲线 $y=f(x)$ 绕 x 轴旋转一周而得. 为求其侧面积 A，我们在 $[a,b]$ 上取典型小区间 $[x,x+\mathrm{d}x]$，相应于这一典型小区间上的窄带形侧面可近似看成曲线段 $y=f(x)$ $(a\leqslant x\leqslant b)$ 对应于典型小区间 $[x,x+\mathrm{d}x]$ 的弧微分 $\mathrm{d}s$ 绕 x 轴旋转一周而成. 于是这一窄带侧面可以用一个半径为 $|f(x)|$，高为 $\mathrm{d}s$（而不是 $\mathrm{d}x$）的圆柱面来近似代替，从而得面积微元

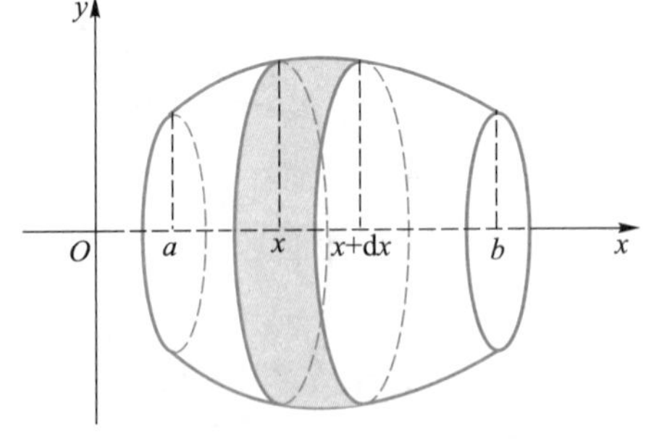

图 7-19

$$\mathrm{d}A=2\pi|f(x)|\mathrm{d}s.$$

利用本章第三节公式(7)得

$$\mathrm{d}A=2\pi|f(x)|\sqrt{1+f'^2(x)}\mathrm{d}x.$$

因此

$$A = 2\pi\int_a^b |f(x)| \sqrt{1 + f'^2(x)}\,dx, \tag{5}$$

这里假设 $f(x)$ 在 $[a,b]$ 上可导.

类似地,由曲线 $x=\varphi(y)$,直线 $y=c, y=d(c<d)$ 及 y 轴所围曲边梯形绕 y 轴旋转而成的旋转体的侧面积为

$$A = 2\pi\int_c^d |\varphi(y)| \sqrt{1 + \varphi'^2(y)}\,dy, \tag{6}$$

这里假定 $\varphi(y)$ 在 $[c,d]$ 上可导.

例 4　求半径为 R 的球的表面积 A.

解　以球心为原点建立一平面直角坐标系,则此球可看成是此坐标面上的圆盘 $0 \leqslant y \leqslant \sqrt{R^2-x^2}$ 绕 x 轴旋转一周而成的旋转体.由公式(5)得

$$A = 2\pi\int_{-R}^{R} \sqrt{R^2 - x^2} \cdot \sqrt{1 + \frac{x^2}{R^2 - x^2}}\,dx = 2\pi\int_{-R}^{R} R\,dx = 4\pi R^2.$$

习题 7-4

1. 计算以半径为 2 的圆为底,以平行于底且长度等于该圆的直径的线段为顶,高为 h 的正劈锥体(见图)的体积.

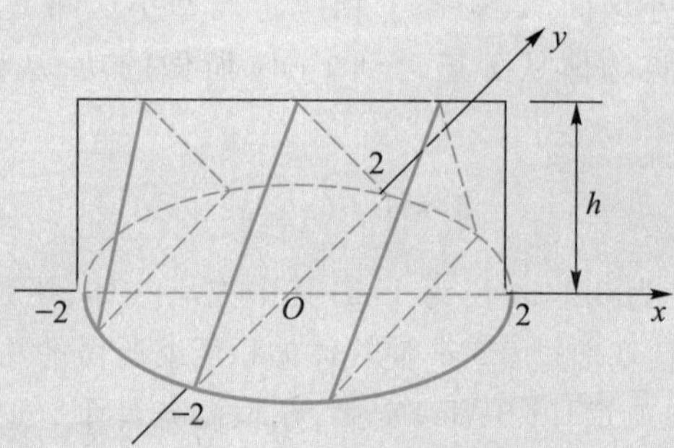

第 1 题图

2. 求由下列曲线围成平面图形绕指定轴旋转所得旋转体的体积:

(1) $y=x^3, x=2, y=0$,分别绕 y 轴,x 轴;

(2) 摆线 $\begin{cases} x=2(t-\sin t), \\ y=2(1-\cos t) \end{cases}$ 的一拱 $(0 \leqslant t \leqslant 2\pi)$,$y=0$,绕 x 轴;

(3) $y=\sin x (0 \leqslant x \leqslant \pi)$,$y=0$,分别绕 x 轴,y 轴与直线 $y=1$.

3. 求圆盘 $(x-2)^2+y^2 \leqslant 1$ 绕 y 轴旋转一周所成旋转体的体积.

4. 求半径为 R,高为 h 的球冠的表面积.

5. 求曲线段 $y=x^3 (0 \leqslant x \leqslant 1)$ 绕 x 轴旋转一周所得旋转曲面的面积.

第五节　定积分在物理及其他方面的应用

积分在物理学中的应用非常广泛，本节主要介绍在变力做功及在液体静压力计算中的应用.

一、变力做功

由物理学知道，若一个大小值为 F 且方向不变的力作用于一物体，使其沿力的方向做直线运动，移动了一段距离 S，则此力所做的功为

$$W=F\cdot S.$$

在物理和工程技术中，常常还要计算变力做功的问题.例如，设有大小随物体位置改变而连续变化的力 $F=F(x)$（方向与物体运动方向一致）作用在一物体上，使物体沿数轴从 $x=a$ 运动到 $x=b$（图 7-20），求力所做的功 W.

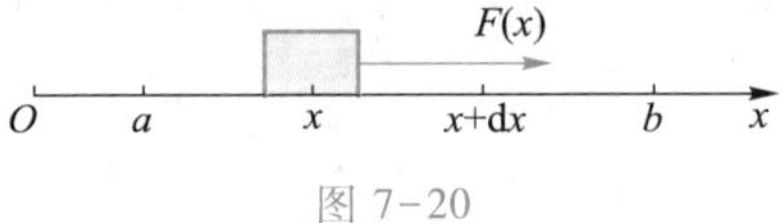

图 7-20

在$[a,b]$上取典型小区间$[x,x+\mathrm{d}x]$.相应于典型小区间上功的部分量近似于在点 x 处的作用力 $F(x)$ 将物体从 x 运动到 $x+\mathrm{d}x$ 所做的功，从而得到功的微元$\mathrm{d}W=F(x)\mathrm{d}x$.所以

$$W=\int_a^b F(x)\,\mathrm{d}x. \tag{1}$$

例 1　一汽缸直径为 0.2 m，长为 1 m，其中充满气体，压强为 $9.8\times10^5\ \mathrm{N/m^2}$，若温度保持固定，求推动活塞前进 0.5 m 使气体体积压缩所做的功（图 7-21）.

解　根据物理学中玻意耳（Boyle）定律，在恒温条件下，气体压强 P 与体积 V 的乘积是常数，即 $PV=k$.

取坐标系如图 7-21，活塞位置用 x 表示.因活塞面积 $A=0.1^2\times\pi$，故活塞位于 x 处时，$V=0.1^2\times\pi(1-x)$，于是

$$P(x)=\frac{k}{0.1^2\times\pi(1-x)},$$

从而作用在活塞上的压力为

$$F(x)=PA=\frac{k}{1-x}.$$

由题设，压缩前（即 $x=0$ 时）气体压强为 $9.8\times10^5\ \mathrm{N/m^2}$.所以

$$k=9.8\times10^5\times0.1^2\times\pi\times1=9\ 800\pi.$$

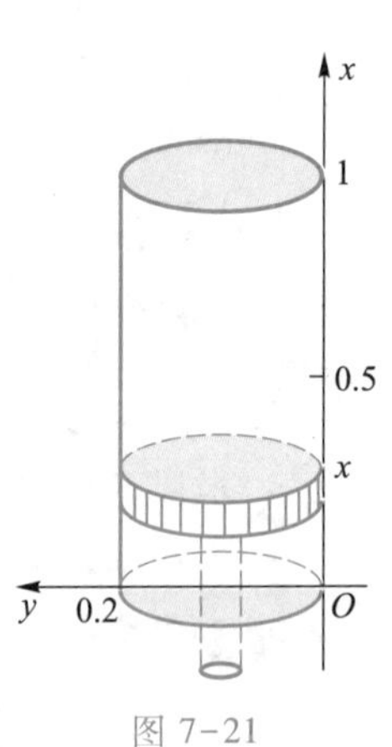

图 7-21

利用公式(1)得

$$W=\int_0^{0.5}\frac{9\ 800\pi}{1-x}\mathrm{d}x=9\ 800\pi[-\ln(1-x)]\Big|_0^{0.5}$$
$$=9\ 800\pi\times\ln 2\approx 2.13\times 10^4(\mathrm{J}).$$

例 2　从地面垂直向上发射一质量为 m 的火箭,求将火箭发射至离地面高 H 处所做的功.

解　发射火箭需要克服地球的引力做功.设地球半径为 R,质量为 M,则由万有引力定律知,地球对火箭的引力大小为

$$F=\frac{GMm}{r^2},$$

其中 r 为地心到火箭的距离,G 为万有引力常数.

当火箭在地面上时,$r=R$,引力为$\frac{GMm}{R^2}$.而另一方面,这引力应为 mg,其中 g 为重力加速度,故有$\frac{GMm}{R^2}=mg$,由此得

$$G=\frac{gR^2}{M}.$$

于是

$$F=mg\cdot\frac{R^2}{r^2}.$$

由公式(1),将火箭从 $r=R$ 发射至 $r=R+H$ 处所做功为

$$W=mgR^2\int_R^{R+H}\frac{1}{r^2}\mathrm{d}r=mgR^2\left(\frac{1}{R}-\frac{1}{R+H}\right).$$

例 3　地面上有一截面积为 $A=20\ \mathrm{m}^2$,深为 4 m 的长方体水池盛满水,用抽水泵把这池中的水全部抽到离池顶 3 m 高的地方去,问需做多少功?

解　取坐标系如图 7-22,y 轴与池顶相齐,x 轴垂直向下.在泵水过程中,水被提高的距离在不断变化.设想把池中的水分成很多薄层,则把池中的水全部抽出所做的功 W 等于将各薄层的水抽出所做的功的总和.现在$[0,4]$上取典型小区间$[x,x+\mathrm{d}x]$,相应于此区间的那一薄层水的体积为 $A\mathrm{d}x=20\mathrm{d}x$,水的密度为 $\rho=10^3\ \mathrm{kg/m^3}$,故这层水所受重力为 $20\rho g\mathrm{d}x$,其中 g 为重力加速度(取 9.8 $\mathrm{m/s^2}$),将其抽到离池顶 3 m 高处,克服重力所做的功(即微元)为

$$\mathrm{d}W=20\rho g(3+x)\mathrm{d}x,$$

从而将全部水抽到离池顶 3 m 高处所做的功为

$$W=\int_0^4 20\rho g(3+x)\mathrm{d}x=20\rho g\left(\frac{1}{2}x^2+3x\right)\Big|_0^4$$
$$=400\rho g=3.92\times 10^6(\mathrm{J}).$$

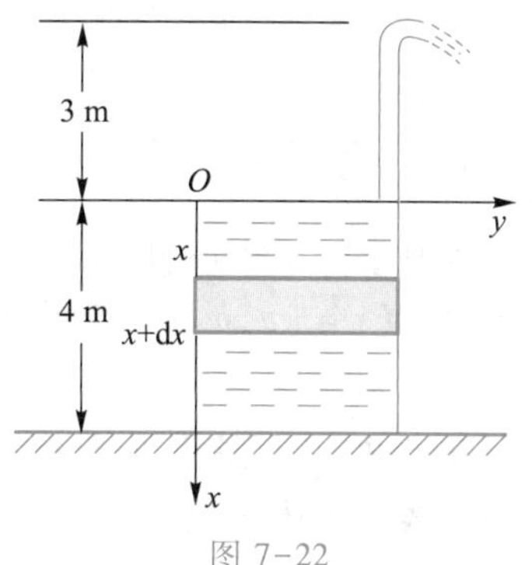

图 7-22

二、液体的静压力

由物理学中帕斯卡(Pascal)定律,在液面下深度为 h 的地方,液体重量产生的压强为 $P=\rho gh$,其中 ρ 为液体密度,g 为重力加速度,且每一点在各方向上所受压强相同.因此知压强随液体深度变化,而同一深度各方向上的压强相等.

考虑与液面垂直没入液体内的平面薄板,我们来求它的一面所受的压力 F.设薄板形状为一曲边梯形,其位置及坐标系选取如图7-23,y 轴与液面相齐,x 轴垂直向下,曲边梯形的曲边方程为 $y=f(x)$.当薄板被设想分成许多水平窄条时,相应于典型小区间 $[x,x+\mathrm{d}x]$ 的小窄条上深度变化不大,从而压强变化也不大,可近似地取为 ρgx,同时小窄条面积近似地为 $f(x)\mathrm{d}x$,故小窄条一面所受压力近似地为

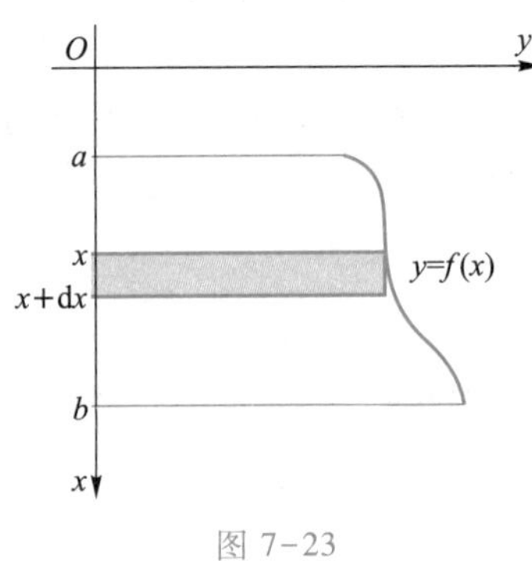

图 7-23

$$\mathrm{d}F=\rho g\cdot x\cdot f(x)\mathrm{d}x. \tag{2}$$

(2)式就是压力微元,从而

$$F=\rho g\int_a^b xf(x)\mathrm{d}x. \tag{3}$$

典型例题
定积分的物理应用

例 4　一横放的圆柱形水桶,桶内盛有半桶水,桶端面半径为0.6 m,计算桶的一个端面上所受的水压力 F($g=9.8\ \mathrm{m/s^2}$).

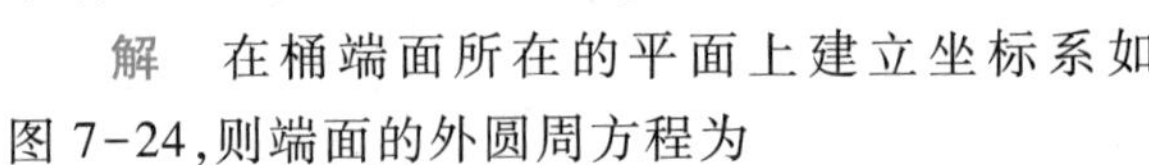

解　在桶端面所在的平面上建立坐标系如图 7-24,则端面的外圆周方程为

$$x^2+y^2=0.6^2.$$

利用上面介绍的方法,易求得端面的压力微元为

$$\mathrm{d}F=2\rho gx\sqrt{0.36-x^2}\,\mathrm{d}x,$$

其中 ρ 为水的密度,其值为 $10^3\ \mathrm{kg/m^3}$.从而桶的一个端面上所受的水压力为

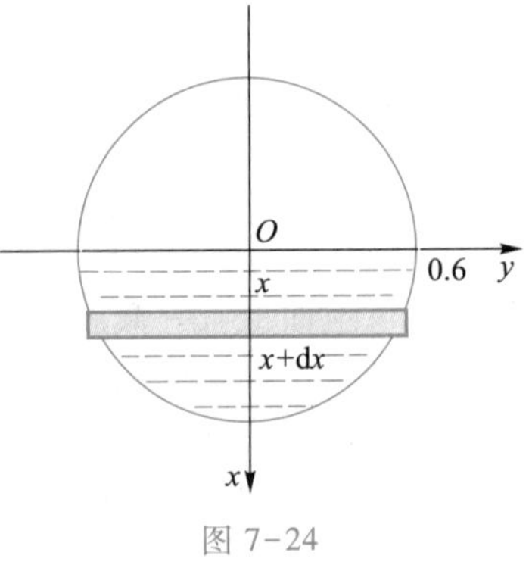

图 7-24

$$F=2\rho g\int_0^{0.6}x\sqrt{0.36-x^2}\,\mathrm{d}x$$
$$=\frac{2}{3}\rho g\times 0.6^3\approx 1.41\times 10^3(\mathrm{N}).$$

三、质量分布不均匀的线状物体的质量

设有一线状物体,位于 x 轴的 $[a,b]$ 区间上(图 7-25),物体的质量分布是非均匀的,即 $\forall x\in[a,b]$,x 点处物体的线密度为 $\rho=\rho(x)$.现在我们来求该线状物体的质量.

在区间 $[a,b]$ 上任取典型小区间 $[x,x+\mathrm{d}x]$,当 $\mathrm{d}x$ 充分小时,相应于这一典型小区间的线状体质量视为均匀分布,并以 x 处的线密度 $\rho(x)$ 作为该小段物体的线密度,从而其质量可近似为

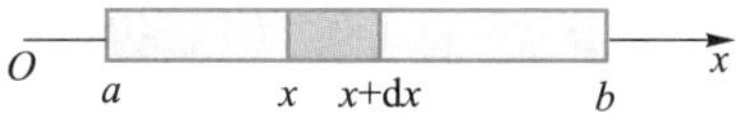

图 7-25

$$dm=\rho(x)\,dx, \tag{4}$$

(4)式称为质量元素.因此,线状物体的质量为

$$m=\int_a^b \rho(x)\,dx. \tag{5}$$

四、连续函数的平均值

从有限个数值的平均值概念出发,我们来定义和计算连续函数在区间上的平均值.

设 $y=f(x)\in C([a,b])$,把$[a,b]$分成 n 等份,设分点为

$$a=x_0<x_1<\cdots<x_{i-1}<x_i<\cdots<x_n=b,$$

则每个小区间的长度为

$$\Delta x_i=x_i-x_{i-1}=\frac{b-a}{n}\quad(i=1,2,\cdots,n).$$

在 n 个小区间的右端点,函数值的算术平均值 $\overline{y}_n$ 为

$$\overline{y}_n=\frac{f(x_1)+f(x_2)+\cdots+f(x_n)}{n}=\frac{1}{n}\sum_{i=1}^{n}f(x_i).$$

它可以近似地表达$f(x)$在$[a,b]$上的平均值.很显然,n 越大,分点越多,它反映平均状态的近似程度就越高,因此,我们定义

$$\overline{y}=\lim_{n\to\infty}\overline{y}_n=\lim_{n\to\infty}\frac{1}{n}\sum_{i=1}^{n}f(x_i)$$

为$f(x)$在$[a,b]$上的平均值.

下面我们通过定积分给出这个平均值的计算公式.

因$f(x)\in C([a,b])$,故$f(x)$在$[a,b]$上可积,从而

$$\begin{aligned}\overline{y}&=\lim_{n\to\infty}\frac{1}{n}\sum_{i=1}^{n}f(x_i)=\frac{1}{b-a}\lim_{n\to\infty}\sum_{i=1}^{n}f(x_i)\frac{b-a}{n}\\&=\frac{1}{b-a}\lim_{n\to\infty}\sum_{i=1}^{n}f(x_i)\Delta x_i=\frac{1}{b-a}\int_a^b f(x)\,dx.\end{aligned} \tag{6}$$

例 5 求自由落体运动的物体在 0 到 T 时间内的平均速度.

解 由物理学中知识知自由落体速度为 $v=gt$,所以由公式(6)知所求平均速度为

$$\bar{v}=\frac{1}{T-0}\int_0^T gt\,dt=\frac{1}{T}\left(\frac{1}{2}gt^2\right)\Bigg|_0^T=\frac{1}{2}gT.$$

例 6 设曲线段方程为 $x=a(t-\sin t)$,$y=a(1-\cos t)$ $(a>0,0\leqslant t\leqslant 2\pi)$,求此曲线段到原点距离的平方的平均值.

解 设曲线上的点(x,y)到原点距离的平方为$f(t)$,则

$$f(t)=(x-0)^2+(y-0)^2=a^2(t-\sin t)^2+a^2(1-\cos t)^2.$$

其平均值为

$$\bar{f}=\frac{1}{2\pi}\int_0^{2\pi}f(t)\,\mathrm{d}t=\frac{a^2}{2\pi}\int_0^{2\pi}(2+t^2-2t\sin t-2\cos t)\,\mathrm{d}t$$

$$=\frac{a^2}{2\pi}\left(2t+\frac{t^3}{3}+2t\cos t-4\sin t\right)\Big|_0^{2\pi}=\left(\frac{4}{3}\pi^2+4\right)a^2.$$

习题 7-5

1. 已知弹簧拉长 0.02 m 要 9.8 N 的力，求把弹簧拉长 0.1 m 所做的功.

2. 半径为 r 的球深入水中，其高点与水面相接，球的密度为 1，现将球从水中取出，问要做多少功？

3. 一容器为圆台形，高为 H，上底半径为 R，下底半径为 r，且 $R>r$，容器中盛满水，求把水从顶部全部抽出克服重力所做的功.

4. 一底为 8 cm，高为 6 cm 的等腰三角形薄片，垂直地沉没水中，顶在上，底在下且与水面平行，顶离水面 3 cm，试求它的一面所受的压力.

5. 设一直线状物体的质量是非均匀分布的，其上任一点处的线密度是该点到某个端点的距离的两倍，物体的总长为 L，求线状物体的质量 M.

6. 求下列函数在指定区间上的平均值：

(1) $y=\sin^2x$,　$\left[0,\frac{\pi}{2}\right]$；　(2) $y=2xe^{-x}$,　$[0,2]$.

7. 一单位质量的物体做简谐振动，其运动方程为 $S=a\cos nt$（a,n 为常数），试计算在四分之一周期的时间内其动能对时间的平均值.

8. 计算纯电阻电路中正弦交流电 $i=I_m\sin\omega t$ 在一个周期内的平均功率，这里 I_m 和 ω 均为常数.

综合题七

1. 填空题：

(1) 设封闭曲线 L 的极坐标方程为 $r=\cos 3\theta\left(-\frac{\pi}{6}\leqslant\theta\leqslant\frac{\pi}{6}\right)$，则 L 所围成平面图形的面积是__________.

(2) 由曲线 $y=\ln x$ 与两直线 $y=(e+1)-x$ 及 $y=0$ 所围成平面图形的面积是__________.

(3) 曲线 $r=ae^{\lambda\theta}(\lambda>0)$ 从 $\theta=0$ 到 $\theta=\alpha$ 的一段弧长 $s=$__________.

(4) 函数 $y=\frac{x^2}{\sqrt{1-x^2}}$ 在区间 $\left[\frac{1}{2},\frac{\sqrt{3}}{2}\right]$ 上的平均值为__________.

(5) 曲线 $y=-x^3+x^2+2x$ 与 x 轴所围成的图形的面积是__________.

2. 选择题：

(1) 设在区间 $[a,b]$ 上 $f(x)>0, f'(x)<0, f''(x)>0$. 记 $S_1=\int_a^b f(x)\mathrm{d}x$, $S_2=f(b)(b-a)$, $S_3=\frac{1}{2}[f(a)+f(b)](b-a)$, 则(　　).

(A) $S_1<S_2<S_3$　　(B) $S_2<S_3<S_1$

(C) $S_3<S_1<S_2$　　(D) $S_2<S_1<S_3$

(2) 设 $f(x)$, $g(x)$ 在区间 $[a,b]$ 上连续, 且 $g(x)<f(x)<m$(m 为常数), 则曲线 $y=g(x)$, $y=f(x)$, $x=a$ 及 $x=b$ 所围平面图形绕直线 $y=m$ 旋转而成的旋转体体积为(　　).

(A) $\int_a^b \pi[2m-f(x)+g(x)][f(x)-g(x)]\mathrm{d}x$

(B) $\int_a^b \pi[2m-f(x)-g(x)][f(x)-g(x)]\mathrm{d}x$

(C) $\int_a^b \pi[m-f(x)+g(x)][f(x)-g(x)]\mathrm{d}x$

(D) $\int_a^b \pi[m-f(x)-g(x)][f(x)-g(x)]\mathrm{d}x$

(3) 曲线 $y=x(x-1)(2-x)$ 与 x 轴所围图形的面积可表示为(　　).

(A) $-\int_0^2 x(x-1)(2-x)\mathrm{d}x$

(B) $\int_0^1 x(x-1)(2-x)\mathrm{d}x-\int_1^2 x(x-1)(2-x)\mathrm{d}x$

(C) $-\int_0^1 x(x-1)(2-x)\mathrm{d}x+\int_1^2 x(x-1)(2-x)\mathrm{d}x$

(D) $\int_0^2 x(x-1)(2-x)\mathrm{d}x$

(4) 横截面为 S, 深为 h 的水池装满水, 把水全部抽到高为 H 的水塔上, 所做功 $W=$(　　).

(A) $\int_0^h S(H+h-y)\mathrm{d}y$　　(B) $\int_0^H S(H+h-y)\mathrm{d}y$

(C) $\int_0^h S(H-y)\mathrm{d}y$　　(D) $\int_0^{h+H} S(H+h-y)\mathrm{d}y$

(5) 矩形闸门宽 a 米, 高 h 米, 垂直放在水中, 上沿与水面齐, 则闸门压力 $F=$(　　).

(A) $\int_0^h ah\mathrm{d}h$　　(B) $\int_0^a ah\mathrm{d}h$

(C) $\int_0^h \frac{1}{2}ah\mathrm{d}h$　　(D) $\int_0^h 2ah\mathrm{d}h$

3. 设 D 是由曲线 $y=x^{\frac{1}{3}}$, 直线 $x=a(a>0)$ 及 x 轴所围成的平面图形, V_x, V_y 分别是 D 绕 x 轴, y 轴旋转一周所得旋转体的体积, 若 $V_y=10V_x$, 求 a 的值.

4. 已知点 $A(a,0)$ 与点 $B(0,a)$ 是星形线 $x=a\cos^3 t$, $y=a\sin^3 t\left(0\leqslant t\leqslant\frac{\pi}{2}\right)$ 上两点,

试在$\widehat{AB}$上求一点 M，使得$\widehat{AM}$的长度为$\widehat{AB}$长度的$\frac{1}{4}$.

5. 当 $a(0\leqslant a\leqslant 4)$ 为何值时，两曲线 $y=-\frac{2}{3}x(x-a)$ 与 $y=(4-a)x(x-a)$ 所围图形面积最大？

6. 设抛物线 $y=ax^2+bx+c$ 通过点 $(0,0)$，且当 $x\in[0,1]$ 时，$y\geqslant 0$，试确定 a,b,c 的值，使得抛物线 $y=ax^2+bx+c$ 与直线 $x=1,y=0$ 所围图形的面积为$\frac{4}{9}$，且使该图形绕 x 轴旋转而成的旋转体的体积最小？

7. 求双纽线 $\rho^2=a^2\cos 2\theta(a>0)$ 所围图形 D 的面积及 D 绕极轴旋转一周所得旋转体的侧面积.

8. 设 $y=f(x)$ 是区间 $[0,1]$ 上的任一非负连续函数：

（1）试证存在 $x_0\in(0,1)$，使得在区间 $[0,x_0]$ 上以 $f(x_0)$ 为高的矩形面积，等于在区间 $[x_0,1]$ 上以 $y=f(x)$ 为曲边的梯形面积.

（2）又设 $f(x)$ 在 $(0,1)$ 内可导，且 $f'(x)>-\frac{f(x)}{x}$，证明（1）中的 x_0 是唯一的.

9. 一金属棒长 3 m，离棒左端 x m 处的线密度为 $\rho(x)=\frac{1}{\sqrt{x+1}}$（kg/m）. 问 x 为何值时，$[0,x]$ 一段的质量为全棒质量的一半.

综合题七
答案与提示

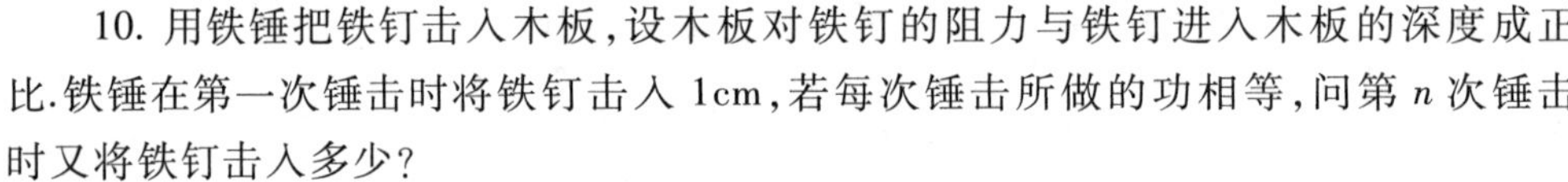

10. 用铁锤把铁钉击入木板，设木板对铁钉的阻力与铁钉进入木板的深度成正比. 铁锤在第一次锤击时将铁钉击入 1cm，若每次锤击所做的功相等，问第 n 次锤击时又将铁钉击入多少？

第八章

常微分方程

在解决自然科学与工程技术中的问题时，常常需要找出与问题有关的那些变量之间的函数关系.这种函数关系往往不能直接获得，但是根据问题所给的条件，有时可以引出要找的函数及其导数（或微分）的关系方程式.我们把这种含有未知函数（或微分）的关系方程式（当然其中未知函数的导数或微分是不可缺少的）称为**微分方程**.求满足微分方程的未知函数，称为解微分方程.

本章主要介绍微分方程的一些基本概念和几种常见的微分方程的解法.

第一节　微分方程的基本概念

在介绍微分方程基本概念之前，我们先对来自生态力学、电学、几何中的几个实际问题建立相应的微分方程模型，从中初步体会建立数学模型的方法.

一、常微分方程建模

1. 人口增长模型

根据百余年的人口统计资料，假设人口增长率与该时刻人口总量成正比，1798 年英国人口学家马尔萨斯得到了人口呈指数增长的著名论断，下面我们通过数学建模的方法说明该结论是如何得到的.

我们用 $x(t)$ 表示 t 时刻某个国家的人口总数，为了利用微积分这一数学工具，可以将人口数看作时间 t 的连续函数.记初始时刻（$t=0$）的人口为 x_0.假设单位时间人口增长率为 $rx(t)$（其中 r 为正常数）.由此得到最简单的人口增长模型

$$\frac{\mathrm{d}x}{\mathrm{d}t}=rx, \tag{1}$$

且

$$x(0)=x_0. \tag{2}$$

求得其解为

$$x(t)=x_0\mathrm{e}^{rt}. \tag{3}$$

这就是马尔萨斯人口论的根据.历史上，指数增长模型与 19 世纪以前欧洲一些国家

人口统计数据可以很好地吻合，但之后许多国家或地区的人口统计资料与指数模型比较有相当大的出入.事实上，随着人口的增长，由于受赖以生存的资源限制，假设 r 为常数有其局限性，因此，荷兰数学家韦吕勒(Verhulst)于 1838 年提出了以下人口增长模型

$$\frac{\mathrm{d}x}{\mathrm{d}t}=rx\left(1-\frac{x}{k}\right), \tag{4}$$

且

$$x(0)=x_0. \tag{5}$$

其中 k 是环境容纳量(称为人口最大容量).模型(4)就是著名的逻辑斯谛人口增长模型.

2. 弹簧运动模型

如图 8-1，弹簧左端固定在墙上，右端系着质量为 m 千克的物体 M，假设物体与水平面之间无摩擦，弹簧的平衡位置为坐标原点.t 时刻 M 对应的位移为 x，则由胡克定律可知：M 所受的外力

$$F=-kx,$$

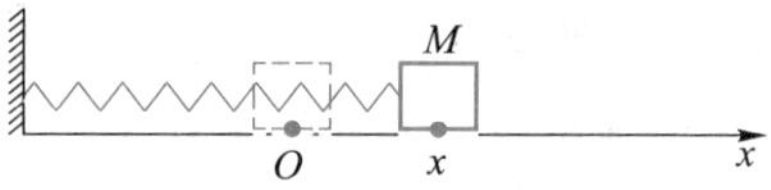

图 8-1

其中 k(称为劲度系数)为正常数.由牛顿第二定律可知，

$$m\frac{\mathrm{d}^2x}{\mathrm{d}t^2}=-kx. \tag{6}$$

若把方程改写为如下形式：

$$\frac{\mathrm{d}^2x}{\mathrm{d}t^2}=-\frac{k}{m}x,$$

该方程表明 x 的 2 阶导数与 x 成正比，并且比例系数 $-\frac{k}{m}$ 为负数.自然地，我们想到正弦和余弦函数具有该特性，事实上，后续常微分方程的理论表明方程(6)中的 x 可以用正弦函数和余弦函数表示出来，即

$$x=C_1\cos\sqrt{\frac{k}{m}}t+C_2\sin\sqrt{\frac{k}{m}}t, \tag{7}$$

其中 C_1,C_2 为常数.表达式(6)也可写成如下形式

$$x=A\sin\left(\sqrt{\frac{k}{m}}t+\varphi\right). \tag{8}$$

其中 $A=\sqrt{C_1^2+C_2^2}$，$\varphi=\arctan\frac{C_1}{C_2}$.表达式(8)表明物体 M 做周期为 $T=2\pi\sqrt{\frac{m}{k}}$ 的往复运动.

3. 物体冷却模型

假设一物体的温度为 100 ℃，将其放置在空气温度为 20 ℃的环境中冷却.根据冷却定律：物体温度的变化率与物体和当时环境温度之差成正比，设物体温度 T 与时间 t 的函数关系为 $T=T(t)$，则可建立起函数 $T(t)$ 满足的微分方程

$$\frac{\mathrm{d}T}{\mathrm{d}t}=-k(T-20),\tag{9}$$

且

$$T\big|_{t=0}=20,\tag{10}$$

其中 $k(k>0)$ 为比例常数.这就是物体冷却的数学模型.

4. *R*-*L* 电路模型

如图 8-2,电路中包含电感 L,电阻 R 和电源 E(假设 R,L,E 都是常数).设 $t=0$ 时电路没有电流,此时闭合开关 S,利用物理学中的基尔霍夫(Kirchhoff)第二定律:在闭合回路中,所有支路上的电压代数和等于零,可以得到下列等式

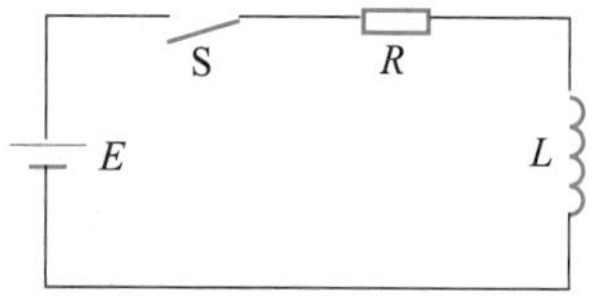

$$E-L\frac{\mathrm{d}I}{\mathrm{d}t}-RI=0,\tag{11}$$

图 8-2

即

$$\frac{\mathrm{d}I}{\mathrm{d}t}+\frac{R}{L}I=\frac{E}{L},\tag{12}$$

且 $I=I(t)$ 满足条件 $I(0)=0$.

如果在上述电路中假定在 $t=t_0$ 时,$I=I_0$,且电源 E 突然短路,因而 E 为零,此后亦保持为零,则电流 I 满足方程

$$\frac{\mathrm{d}I}{\mathrm{d}t}+\frac{R}{L}I=0,\tag{13}$$

且 $I(t_0)=I_0$.

5. 疾病流行的微分方程模型

1927 年,克马克(W.O.Kermach)和麦肯德里克(A.G.McHendrick)在研究传染病传播时把该地区的人群分成以下三类(即三个舱室):

易感者类:其数量记为 $S(t)$,表示 t 时刻未染病但有可能被该类疾病传染的人数.

感染者类:其数量记为 $I(t)$,表示 t 时刻已被感染而且能感染其他人的人数.

恢复者类:其数量记为 $R(t)$,表示 t 时刻已从感染者成为康复者.

为简单起见,假设总人口为常数.即不考虑人口的出生、死亡、流动等因素;单个患者能感染易染者的数目与此环境内易感者总数 $S(t)$ 成正比,比例系数为 β,由此得到在 t 时刻单位时间内被所有患者感染的人数为 $\beta S(t)I(t)$.同时,假设单位时间内从感染者类康复成为恢复者类的人数与感染者数量成正比,比例系数为 γ.由上述假设可以得一个十分简单的 SIR 传染病模型

$$\begin{cases}\dfrac{\mathrm{d}S}{\mathrm{d}t}=-\beta SI,\\[2mm]\dfrac{\mathrm{d}I}{\mathrm{d}t}=\beta SI-\gamma I,\\[2mm]\dfrac{\mathrm{d}R}{\mathrm{d}t}=\gamma I.\end{cases}\tag{14}$$

通过对该方程进行分析,可以得到结论:当初始时刻易感者数量 $S(0)=S_0>\frac{\gamma}{\beta}$ 时,随着时间增长,感染者数量 $I(t)$ 将先增加到最大值,然后再逐渐减小而最终消亡;当 $S(0)=S_0<\frac{\gamma}{\beta}$ 时,感染者数量将逐渐减小,疾病不会流行.

二、微分方程的通解与特解

前面我们介绍了来源于实际问题的几个微分方程模型.下面将对微分方程的一些基本概念做相应的介绍.

对于关系式(1)(4)(6)(9)(12)(13)和(14)都含有未知函数的导数(或微分),它们都是微分方程,如果在微分方程中,自变量的个数只有一个,我们就称之为常微分方程;上述所提到的微分方程均是常微分方程.为了方便,我们将常微分方程简称为微分方程或方程.

定义 1 微分方程中所出现的未知函数的导数(或微分)的最高阶数,称为**微分方程的阶**.

例如,方程(1)(4)(9)和(12)都是一阶微分方程;方程(6)是二阶微分方程.又如,方程

$$x^4y'''+x^3y''-4y'=3x^2$$

是三阶微分方程;方程

$$y^{(4)}-3y'''+10y''-12y'+5y=\sin 3x$$

是四阶微分方程.

一阶微分方程的一般形式可表示为

$$F(x,y,y')=0. \tag{15}$$

如果从(15)式中能将 y' 解出,则得到方程

$$y'=f(x,y) \tag{16}$$

或

$$M(x,y)\mathrm{d}x+N(x,y)\mathrm{d}y=0. \tag{17}$$

我们称(15)式为一阶隐式方程,(16)式为一阶显式方程,而(17)式为微分形式的一阶方程.

一般的,n 阶隐式方程的形式为

$$F(x,y,y',\cdots,y^{(n-1)},y^{(n)})=0, \tag{18}$$

这里等式的左端是由 $x,y,y',\cdots,y^{(n)}$ 所构成的表达式,关系式(18)中不一定显含自变量 x 及未知函数 $y,y',\cdots,y^{(n-1)}$,但必须显含 $y^{(n)}$.例如,四阶方程 $y^{(4)}+1=0$ 中,除 $y^{(4)}$ 外,其他量都没有出现.

如果能从方程(18)中解出最高阶导数,得

$$y^{(n)}=f(x,y,y',\cdots,y^{(n-1)}), \tag{19}$$

则式(19)为 n 阶微分方程的显式形式.

定义 2 如果把一个函数 $y=f(x)$ 代入微分方程,能使方程成为恒等式,那么此函数称为该**微分方程的解**.

例如,函数(3)是微分方程(1)的解;函数(8)是微分方程(6)的解.

如果微分方程的解中含有独立任意常数的个数与方程的阶数相等,则称这样的解为微分方程的通解.如函数(7)是微分方程(6)的通解.

根据具体问题的情况,提出确定通解中任意常数的条件,这样的条件称为定解条件.如微分方程(1)中的条件(2)、方程(4)中的条件(5)、方程(9)中的条件(10).

如果一个 n 阶方程的定解条件是由未知函数及其直到 $n-1$ 阶导数在某一点的值所给出,则称这样的定解条件为**初值条件**.一般地,n 阶方程的初值条件可以写成

$$y\big|_{x=x_0}=y_0,\quad y'\big|_{x=x_0}=y'_0,\quad \cdots,\quad y^{(n-1)}\big|_{x=x_0}=y_0^{(n-1)},$$

其中 $x_0,y_0,y'_0,\cdots,y_0^{(n-1)}$ 是给定的值.

将通解中的任意常数确定以后所得的解,称为**微分方程的特解**.例如,函数 $x=\mathrm{e}^{\gamma t}$ 是方程(1)的特解,函数 $x=\dfrac{k\mathrm{e}^{\gamma t}}{1+\mathrm{e}^{\gamma t}}$是方程(4)的特解.

求微分方程满足相应初值条件的特解问题称为**初值问题**.微分方程的特解的几何图形是一条曲线,称为微分方程的积分曲线.例如,考虑一阶方程的初值问题

$$\begin{cases}y'=f(x,y),\\ y\big|_{x=x_0}=y_0,\end{cases}$$

其几何意义就是在 xOy 平面上求方程通过点(x_0,y_0)的积分曲线.又如,考虑二阶方程的初值问题

$$\begin{cases}y''=f(x,y,y'),\\ y\big|_{x=x_0}=y_0,y'\big|_{x=x_0}=y'_0,\end{cases}$$

这一问题的几何意义就是求方程的通过点(x_0,y_0)且在该点处的切线的斜率为 y'_0的那一条积分曲线.

例 1 验证:函数

$$y=C_1\mathrm{e}^x+C_2\mathrm{e}^{2x}\quad (C_1,C_2\text{ 为任意常数})\tag{20}$$

是微分方程

$$\frac{\mathrm{d}^2y}{\mathrm{d}x^2}-3\frac{\mathrm{d}y}{\mathrm{d}x}+2y=0\tag{21}$$

的通解,并求该方程满足初值条件

$$y(0)=0,\quad y'(0)=1\tag{22}$$

的特解.

解 求出函数 y 的导数:

$$\frac{\mathrm{d}y}{\mathrm{d}x}=C_1\mathrm{e}^x+2C_2\mathrm{e}^{2x},\tag{23}$$

$$\frac{\mathrm{d}^2y}{\mathrm{d}x^2}=C_1\mathrm{e}^x+4C_2\mathrm{e}^{2x}.$$

将$\dfrac{\mathrm{d}^2y}{\mathrm{d}x^2},\dfrac{\mathrm{d}y}{\mathrm{d}x}$及 y 的表达式代入方程(21),得

$$C_1\mathrm{e}^x+4C_2\mathrm{e}^{2x}-3(C_1\mathrm{e}^x+2C_2\mathrm{e}^{2x})+2(C_1\mathrm{e}^x+C_2\mathrm{e}^{2x})\equiv 0.$$

所以函数(20)是方程(21)的解.又(20)式中所含独立的任意常数的个数与方程(21)的阶数相同,因此 $y=C_1\mathrm{e}^x+C_2\mathrm{e}^{2x}$是所给方程的通解.

将条件 $y(0)=0$ 代入(20)式,得

$$C_1+C_2=0. \tag{24}$$

再将条件 $y'(0)=1$ 代入(23)式,得

$$C_1+2C_2=1. \tag{25}$$

联立(24)式和(25)式,得 $C_1=-1, C_2=1$.故所求特解为

$$y=\mathrm{e}^{2x}-\mathrm{e}^{x}.$$

例 2 设微分方程的通解为 $y=C\mathrm{e}^{x^2}-\dfrac{1}{2}$($C$ 为任意常数),求此微分方程.

解 对 $y=C\mathrm{e}^{x^2}-\dfrac{1}{2}$两边关于 x 求导得

$$\frac{\mathrm{d}y}{\mathrm{d}x}=2Cx\mathrm{e}^{x^2}.$$

注意到 $C\mathrm{e}^{x^2}=y+\dfrac{1}{2}$,故

$$\frac{\mathrm{d}y}{\mathrm{d}x}=2x\left(y+\frac{1}{2}\right)=2xy+x,$$

即相应的微分方程为

$$\frac{\mathrm{d}y}{\mathrm{d}x}-2xy=x.$$

习题 8-1

1. 指出下列各微分方程的阶数:

(1) $y'^2+2xy'-2y=0$;

(2) $x^2y'''+2y''+xy=0$;

(3) $xy''-2y'+y^2=0$;

(4) $(1+y^2)\mathrm{d}x-(xy+x^3y)\mathrm{d}y=0$;

(5) $y=\sqrt{1+y'^2}$;

(6) $\dfrac{\mathrm{d}r}{\mathrm{d}\theta}+r=\sin\theta$.

2. 验证下面各题中所给出的函数是否为相应微分方程的解:

(1) $5\dfrac{\mathrm{d}y}{\mathrm{d}x}=3x^2+5x, y=\dfrac{x^3}{5}+\dfrac{x^2}{2}+C$ (C 为常数);

(2) $\dfrac{\mathrm{d}y}{\mathrm{d}x}=P(x)y, P(x)$ 在$(-\infty,+\infty)$上连续, $y=C\mathrm{e}^{\int P(x)\mathrm{d}x}$ (C 为常数);

(3) $(x+y)\mathrm{d}x+x\mathrm{d}y=0$, $y=\dfrac{C^2-x^2}{2x}$ (C 为常数);

(4) $y''=x^2+y^2$, $y=\dfrac{1}{x}$.

3. 验证 $y=Cx+\dfrac{1}{C}$是微分方程

$$x\left(\frac{dy}{dx}\right)^2-y\frac{dy}{dx}+1=0$$

的通解，并求该方程满足初值条件 $y\big|_{x=0}=2$ 的特解，其中 C 为任意的非零常数.

4. 验证 $x=C_1e^{-t}+C_2e^{3t}$ 是微分方程

$$\frac{d^2x}{dt^2}-2\frac{dx}{dt}-3x=0$$

的通解，并求满足初值条件

$$x\big|_{t=0}=4,\quad \left.\frac{dx}{dt}\right|_{t=0}=0$$

的特解.

5. 写出由下列条件确定的曲线所满足的微分方程：

(1) 曲线上点 (x,y) 处的切线介于坐标轴间的部分被切点分成相等的部分；

(2) 曲线上点 $P(x,y)$ 处的法线与 x 轴的交点为 Q，且线段 PQ 被 y 轴平分.

6. 求通解为 $y=Ce^x+x$ 的微分方程，这里 C 为任意常数.

第二节　一阶微分方程

本节介绍几种常见的一阶微分方程的解法.

一、变量可分离方程

形如

$$\frac{dy}{dx}=f(x)g(y) \tag{1}$$

的方程称为变量可分离方程，这里 $f(x)$，$g(y)$ 分别是 x，y 的连续函数.

当 $g(y)\neq 0$ 时，方程(1)可写为

$$\frac{dy}{g(y)}=f(x)\,dx,$$

这样，变量被“分离”开来，两边积分，得

$$\int\frac{dy}{g(y)}=\int f(x)\,dx. \tag{2}$$

由(2)式解出 $y=\varphi(x,C)$，即得到方程(1)的通解，而(2)式是方程(1)的通解的隐式表达式，称之为方程(1)的通积分.

(1)式中若 $g(y)=0$ 有实根 y_0，则 $y=y_0$(常函数)也是方程(1)的解.它可能不包含在方程(1)的通积分(2)中，此时必须予以补上.

例 1 求微分方程 $\frac{dy}{dx}=y^2\cos x$ 的通解，及满足初值条件 $y\big|_{x=0}=1$ 的特解.

解　当 $y\neq 0$ 时，将原方程变量分离，得

$$\frac{\mathrm{d}y}{y^2}=\cos x\mathrm{d}x.$$

典型例题 变量可分离方程 1

两边积分，即得

$$-\frac{1}{y}=\sin x+C,$$

因而，通解为

$$y=-\frac{1}{\sin x+C},$$

这里 C 是任意常数.

此外，方程还有解 $y=0$，它不包含在通解中.

为了确定所求特解，将 $y\big|_{x=0}=1$ 代入通解中，得 $C=-1$，因而所求特解为

$$y=\frac{1}{1-\sin x}.$$

例 2　求下面逻辑斯谛方程

$$\frac{\mathrm{d}x}{\mathrm{d}t}=rx\left(1-\frac{x}{k}\right) \tag{3}$$

的通解.

解　分离变量后积分，得

$$\int\frac{\mathrm{d}x}{x\left(1-\dfrac{x}{k}\right)}=\int r\mathrm{d}t,$$

典型例题 变量可分离方程 2

即

$$\int\frac{1}{x}\mathrm{d}x+\frac{1}{k}\int\frac{1}{1-\dfrac{x}{k}}\mathrm{d}x=\int r\mathrm{d}t.$$

求出原函数后经整理可得方程(3)的通解

$$x=\frac{k}{1+C\mathrm{e}^{-rt}}.$$

例 3　在一次谋杀发生后，尸体的温度按照牛顿冷却定律从原来的 37 ℃开始下降.假设两个小时后尸体温度变为 35 ℃，并且假定周围空气的温度保持 20 ℃不变，试求出尸体温度 T 随时间 t 的变化规律.又如果尸体被发现时的温度是 30 ℃，时间是下午 4 时整，那么谋杀是何时发生的？

解　根据物体冷却的数学模型，有

$$\begin{cases}\dfrac{\mathrm{d}T}{\mathrm{d}t}=-k(T-20), \quad k>0,\\ T(0)=37,\end{cases}$$

其中 $k>0$ 是常数.分离变量并求解得

$$T-20=C\mathrm{e}^{-kt},$$

代入初值条件 $T(0)=37$，可得 $C=17$.于是得该初值问题的解为

$$T=20+17\mathrm{e}^{-kt}.$$

由已知条件知

$$35=20+17\mathrm{e}^{-2k},$$

求得 $k\approx0.063$,于是温度函数

$$T=20+17\mathrm{e}^{-0.063t},$$

将 $T=30$ 代入上式求解 t,有

$$\frac{10}{17}=\mathrm{e}^{-0.063t},$$

解得 $t\approx8.4(\mathrm{h})$.

于是,可以判定谋杀发生在下午 4 时尸体被发现前的 8.4 h,所以谋杀发生时间为上午 7 : 36.

二、齐次方程

形如

$$\frac{\mathrm{d}y}{\mathrm{d}x}=f\left(\frac{y}{x}\right) \tag{4}$$

的方程称为齐次方程.

求解这类方程的方法是:利用变量替换,化成变量可分离的微分方程.

令 $u=\frac{y}{x}$,即 $y=xu$,则$\frac{\mathrm{d}y}{\mathrm{d}x}=u+x\frac{\mathrm{d}u}{\mathrm{d}x}$,代入(4)式得

$$u+x\frac{\mathrm{d}u}{\mathrm{d}x}=f(u),$$

即

$$x\frac{\mathrm{d}u}{\mathrm{d}x}=f(u)-u.$$

分离变量,得

$$\frac{\mathrm{d}u}{f(u)-u}=\frac{\mathrm{d}x}{x},$$

两边积分便可求出通解,再以 $u=\frac{y}{x}$代入,即得到原方程的通解.

例 4　求方程 $xy'-y=x\tan\frac{y}{x}$的通解.

解　这是齐次方程,化简得

$$\frac{\mathrm{d}y}{\mathrm{d}x}-\frac{y}{x}=\tan\frac{y}{x}.$$

令 $u=\frac{y}{x}$,则$\frac{\mathrm{d}y}{\mathrm{d}x}=u+x\frac{\mathrm{d}u}{\mathrm{d}x}$,方程化为

$$u+x\frac{\mathrm{d}u}{\mathrm{d}x}-u=\tan u \quad 或 \quad x\frac{\mathrm{d}u}{\mathrm{d}x}=\tan u.$$

分离变量,得

$$\frac{\mathrm{d}u}{\tan u}=\frac{\mathrm{d}x}{x}\quad(u\neq 0).$$

两边积分,得

$$\ln|\sin u|=\ln|x|+C_1,C_1\text{ 为任意常数}.$$

由此有

$$\sin u=\pm e^{C_1}x$$

代回原来的变量,并注意到:对应 $u=0$,原方程有解 $y=0$.故原方程的通解为

$$\sin\frac{y}{x}=Cx,\quad C\text{ 为任意常数}.$$

例 5　在 xOy 平面上有一曲线 L,曲线 L 绕 x 轴旋转一周形成一旋转曲面,假设由 O 点发出的光线经此旋转曲面形状的凹镜反射后都与 x 轴平行(图 8-3).求曲线 L 的方程

典型例题
齐次方程

解　设 O 点发出的某条光线经 L 上一点 $M(x,y)$ 反射后是一条与 x 轴平行的直线 MP.又设过 M 的切线 AT 与 x 轴的夹角是 α,即 $\angle PMT=\alpha$.由光学反射定律有 $\angle OMA=\angle PMT=\alpha$,故 $AO=OM$,但

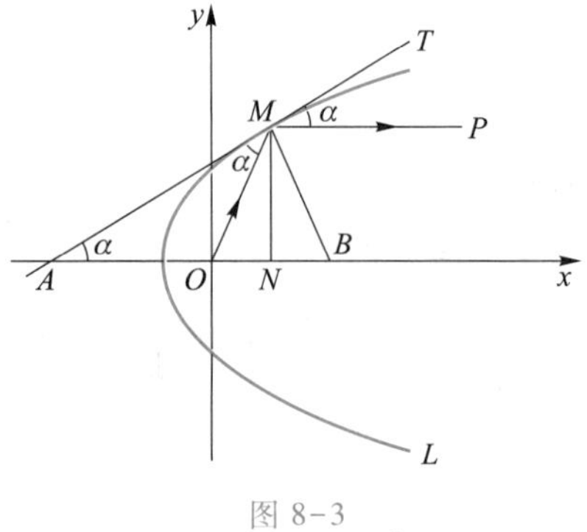

图 8-3

$$AO=AN-ON=MN\cot\alpha-ON=\frac{y}{y'}-x.$$

而 $OM=\sqrt{x^2+y^2}$,于是可得微分方程

$$\frac{y}{y'}-x=\sqrt{x^2+y^2},$$

即

$$\frac{\mathrm{d}x}{\mathrm{d}y}=\frac{x}{y}+\sqrt{\left(\frac{x}{y}\right)^2+1}.$$

这是齐次方程.视 y 为自变量,x 为未知函数.令 $\frac{x}{y}=u$,则 $x=yu$,有 $\frac{\mathrm{d}x}{\mathrm{d}y}=u+y\frac{\mathrm{d}u}{\mathrm{d}y}$,代入上式得

$$y\frac{\mathrm{d}u}{\mathrm{d}y}=\sqrt{u^2+1},$$

从而

$$\frac{\mathrm{d}u}{\sqrt{u^2+1}}=\frac{\mathrm{d}y}{y}.$$

两端积分,得

$$\ln(u+\sqrt{u^2+1})=\ln y-\ln C,$$

即

$$u+\sqrt{u^2+1}=\frac{y}{C}.$$

从而

$$\left(\frac{y}{C}-u\right)^2=u^2+1,$$

即

$$\frac{y^2}{C^2}-\frac{2yu}{C}=1.$$

把 $yu=x$ 代入上式，得

$$y^2=2C\left(x+\frac{C}{2}\right).$$

显然，该曲线是以 x 轴为对称轴，焦点在原点的抛物线.

有一些方程虽然其本身不是齐次方程，但通过适当的变量替换后可转化为齐次方程求解，如方程

$$\frac{\mathrm{d}y}{\mathrm{d}x}=f\left(\frac{ax+by+c}{a_1x+b_1y+c_1}\right), \tag{5}$$

当 $c=c_1=0$ 时是齐次的，否则不是齐次的.在非齐次的情形时，我们分两种情形讨论：

（1）当 $ab_1-a_1b\neq 0$ 时，方程组

$$\begin{cases}ax+by+c=0,\\a_1x+b_1y+c_1=0\end{cases}$$

存在唯一解 $x=x_0, y=y_0$.作变量替换

$$x=X+x_0,\quad y=Y+y_0,$$

则方程(5)化为齐次方程

$$\frac{\mathrm{d}Y}{\mathrm{d}X}=f\left(\frac{aX+bY}{a_1X+b_1Y}\right).$$

求出此方程的通解，再代回原变量，即得原方程的通解.

（2）当 $ab_1-a_1b=0$ 时，若 $ab\neq 0$，令 $\frac{a_1}{a}=\frac{b_1}{b}=\lambda$，则方程(5)可写为

$$\frac{\mathrm{d}y}{\mathrm{d}x}=f\left(\frac{ax+by+c}{\lambda(ax+by)+c_1}\right).$$

引入新变量 $v=ax+by$，可将方程(4)化为

$$\frac{\mathrm{d}v}{\mathrm{d}x}=a+bf\left(\frac{v+c}{\lambda v+c_1}\right),$$

这是变量可分离的方程.

对情形(2)中 $ab=0$ 的情况，方程为可分离变量情形，请读者自己考虑.

例 6　求方程 $\frac{\mathrm{d}y}{\mathrm{d}x}=\frac{y-x+1}{y+x+5}$ 的通解.

解　解方程组

$$\begin{cases}y-x+1=0,\\y+x+5=0,\end{cases}$$

得 $x_0=-2$，$y_0=-3$.令 $x=X-2, y=Y-3$，原方程化为

$$\frac{\mathrm{d}Y}{\mathrm{d}X}=\frac{Y-X}{Y+X}.$$

这是齐次方程,仿例 4 的方法可求得它的通解为

$$\ln(X^2+Y^2)+2\arctan\frac{Y}{X}=C.$$

代回原变量,即得原方程的通解为

$$\ln[(x+2)^2+(y+3)^2]+2\arctan\frac{y+3}{x+2}=C.$$

三、一阶线性微分方程

形如

$$\frac{\mathrm{d}y}{\mathrm{d}x}+p(x)y=q(x) \tag{6}$$

的方程称为**一阶线性微分方程**.之所以称为线性,是因为它关于未知函数 y 及其导数都是一次的.如果 $q(x)\equiv 0$,则方程(6)称为**一阶齐次线性微分方程**.如果$q(x)\neq 0$,则方程(6)称为**一阶非齐次线性微分方程**.

首先考虑齐次线性方程

$$\frac{\mathrm{d}y}{\mathrm{d}x}+p(x)y=0. \tag{7}$$

这是一个变量可分离的方程.显然,$y=0$ 是它的一个解.当 $y\neq 0$ 时,分离变量得

$$\frac{\mathrm{d}y}{y}=-p(x)\mathrm{d}x.$$

两边积分,得

$$\ln|y|=-\int p(x)\mathrm{d}x+C_1,$$

或

$$y=C\mathrm{e}^{-\int p(x)\mathrm{d}x}\quad (C=\pm\mathrm{e}^{C_1}).$$

这里,我们把积分常数 C_1 明确地表示出来了,而把 $\int p(x)\mathrm{d}x$ 理解为 $p(x)$ 的某一个原函数(以后,就相应情形,我们可作类似理解).但因 $y=0$ 也是解,如在上式中允许 $C=0$,则得方程(7)的通解为

$$y=C\mathrm{e}^{-\int p(x)\mathrm{d}x}, \tag{8}$$

其中 C 为任意常数.

下面我们来求非齐次线性方程(6)的通解.由于齐次方程(7)是非齐次方程(6)的特殊情形,因此我们可猜想这两者之间的解应该有一定的联系.显然,若(8)式中的 C 恒保持为常数,它必不可能成为方程(6)的解.于是,我们设想能将(8)式中的常数 C 用一个适当的函数 $C(x)$ 来代替,使得(8)式被替换之后能满足方程(6).为此,令

$$y=C(x)\mathrm{e}^{-\int p(x)\mathrm{d}x}. \tag{9}$$

将(9)式代入方程(6)中,得

$$\left[C(x)e^{-\int p(x)dx}\right]'+p(x)C(x)e^{-\int p(x)dx}=q(x),$$

即

$$C'(x)=q(x)e^{\int p(x)dx}.$$

两边积分,得

$$C(x)=\int q(x)e^{\int p(x)dx}dx+C,$$

其中 C 为任意常数.将上式代入(9)式,得非齐次线性方程(6)的通解为

$$y=e^{-\int p(x)dx}\left(\int q(x)e^{\int p(x)dx}dx+C\right).\qquad(10)$$

这种通过将齐次线性方程通解中的任意常数 C 变易为待定函数 $C(x)$ 去求非齐次线性方程通解的方法,称为常数变易法.

例 7 求方程 $xy'+y=e^x(x>0)$ 的通解.

解 将方程化为

$$y'+\frac{y}{x}=\frac{e^x}{x}.$$

利用公式(10),$p(x)=\dfrac{1}{x}$,$q(x)=\dfrac{e^x}{x}$,得到方程的通解为

$$\begin{aligned}y&=e^{-\int\frac{1}{x}dx}\left(\int\frac{e^x}{x}e^{\int\frac{1}{x}dx}dx+C\right)\\&=\frac{1}{x}(e^x+C).\end{aligned}$$

例 8 求方程$\dfrac{dy}{dx}=\dfrac{y}{2x-y^2}$的通解.

解 原方程不是未知函数 y 的线性方程,但我们可将其改写为

$$\frac{dx}{dy}=\frac{2x-y^2}{y},$$

即

$$\frac{dx}{dy}-\frac{2}{y}x=-y.$$

若把 x 看作未知函数,y 看作自变量,则上述方程就是一个一阶线性方程.因此原方程的通解为

$$x=e^{\int\frac{2}{y}dy}\left[\int(-ye^{-\int\frac{2}{y}dy})dy+C\right]=y^2(C-\ln|y|).$$

例 9 跳伞员在跳伞过程中,所受空气阻力与速度成正比.该跳伞员和降落伞以及所带物品的总质量为 m,求跳伞员下降速度 v 与时间 t 的关系.

解 跳伞员在下降过程中,同时受到重力和空气阻力的作用.重力大小为 mg,方向与 v 一致;阻力大小为 kv($k>0$ 为比例常数),方向与 v 相反.因此,跳伞员所受外力为 $mg-kv$,从而由牛顿第二定律,得

$$m\frac{\mathrm{d}v}{\mathrm{d}t}=mg-kv,$$

即

$$\frac{\mathrm{d}v}{\mathrm{d}t}+\frac{k}{m}v=g.$$

这是一阶非齐次线性方程.由通解公式(10),得

$$v(t)=\mathrm{e}^{-\int\frac{k}{m}\mathrm{d}t}\left(\int g\mathrm{e}^{\int\frac{k}{m}\mathrm{d}t}\mathrm{d}t+C\right)=\frac{mg}{k}+C\mathrm{e}^{-\frac{k}{m}t}.$$

于是有

$$\lim_{t\to+\infty}v(t)=\frac{mg}{k},$$

这说明,当时间 t 充分大后,跳伞员的速度近似于常数$\frac{mg}{k}$.

例 10　假设本章第一节中的 $R-L$ 电路模型的电源电动势 $E=E_m\sin\omega t$(E_m 和 ω 是常量),求电流 $I(t)$.

解　由本章第一节的(12)知:电流 I 满足方程

$$\frac{\mathrm{d}I}{\mathrm{d}t}+\frac{R}{L}I=\frac{E_m}{L}\sin\omega t.$$

设开关 S 闭合的时刻为 $t=0$,则 $I(t)$ 还应满足初值条件 $I(0)=0$.由一阶非齐次线性微分方程的通解公式(10)得

$$\begin{aligned}I(t)&=\mathrm{e}^{-\int\frac{R}{L}\mathrm{d}t}\left(\int\frac{E_m}{L}\sin\omega t\cdot\mathrm{e}^{\int\frac{R}{L}\mathrm{d}t}\mathrm{d}t+C\right)\\&=\left(\frac{\omega LE_m}{R^2+\omega^2L^2}+C\right)\mathrm{e}^{-\frac{R}{L}t}+\frac{E_m}{R^2+\omega^2L^2}(R\sin\omega t-\omega L\cos\omega t).\end{aligned}$$

由于 $I(0)=0$,由上式可知,$C=0$,因此

$$\begin{aligned}I(t)&=\frac{\omega LE_m}{R^2+\omega^2L^2}\mathrm{e}^{-\frac{R}{L}t}+\frac{E_m}{R^2+\omega^2L^2}(R\sin\omega t-\omega L\cos\omega t)\\&=\frac{\omega LE_m}{R^2+\omega^2L^2}\mathrm{e}^{-\frac{R}{L}t}+\frac{E_m}{\sqrt{R^2+\omega^2L^2}}\sin(\omega t-\varphi),\end{aligned}$$

其中 $\varphi=\arctan\frac{\omega L}{R}$.

当 t 充分大时,$I(t)$ 表达式中第一项(称为暂态电流)逐渐衰减而趋于零,第二项(称为稳态电流)是正弦函数,它的周期与电动势的周期相同,而相角落后 φ.

有一些方程虽然其本身不是线性方程,但通过适当的变量替换后可化为线性方程.例如,我们通常将形如

$$\frac{\mathrm{d}y}{\mathrm{d}x}+p(x)y=q(x)y^{\alpha}\quad(\alpha\neq0,1)\tag{11}$$

的方程称为**伯努利**(Bernoulli)**方程**,它虽然不是线性方程,但是通过适当的变量替换,可将其化为线性方程.事实上,当 $y\neq0$ 时,将方程两边除以 y^{α},得

$$y^{-\alpha}\frac{\mathrm{d}y}{\mathrm{d}x}+p(x)y^{1-\alpha}=q(x).$$

令 $z=y^{1-\alpha}$，有$\frac{\mathrm{d}z}{\mathrm{d}x}=(1-\alpha)y^{-\alpha}\frac{\mathrm{d}y}{\mathrm{d}x}$，代入上式得

$$\frac{\mathrm{d}z}{\mathrm{d}x}+(1-\alpha)p(x)z=(1-\alpha)q(x).$$

这是一阶线性方程，按前面所介绍的方法可求得其通解，然后代回原来的变量，便得到伯努利方程(11)的通解.此外，当 $\alpha>0$ 时，方程还有解 $y=0$.

例 11　求方程 $xy'-4y=2x^2\sqrt{y}\,(x\neq 0,y>0)$ 的通解.

解　将方程变形为

$$y'-\frac{4}{x}y=2xy^{\frac{1}{2}}.$$

这是一个 $\alpha=\frac{1}{2}$的伯努利方程.令 $z=y^{1-\frac{1}{2}}=y^{\frac{1}{2}}$，则上式化为

$$z'-\frac{2}{x}z=x.$$

解这个一阶线性方程，得通解为

$$z=x^2(\ln|x|+C).$$

将 z 换成 $y^{\frac{1}{2}}$，得原方程的通解为

$$y=x^4(\ln|x|+C)^2.$$

利用变量替换把一个微分方程化为较易求解的方程，这是求解微分方程的常用的方法.下面再举一个例子.

例 12　求解微分方程 $y'\cos y-\cos x\sin^2 y-\sin y=0$.

解　令 $u(x)=\sin y$，则原方程化为

$$u'-u=u^2\cos x. \tag{12}$$

这是一个 $\alpha=2$ 的伯努利方程.令 $z=u^{1-2}=u^{-1}$，则(11)式变为

$$z'+z=-\cos x.$$

这是一个一阶线性微分方程，应用公式(10)得

$$\begin{aligned} z &= \mathrm{e}^{-\int \mathrm{d}x}\left(-\int\cos x\,\mathrm{e}^{\int \mathrm{d}x}\mathrm{d}x+C\right)\\ &=\frac{1}{2}(-\cos x-\sin x)+C\mathrm{e}^{-x}, \end{aligned}$$

即

$$u^{-1}=\frac{1}{2}(-\cos x-\sin x)+C\mathrm{e}^{-x}.$$

代回原变量，得原方程的通解

$$\frac{1}{\sin y}=\frac{1}{2}(-\cos x-\sin x)+C\mathrm{e}^{-x}$$

或

$$\frac{2}{\sin y}+\sin x+\cos x=Ce^{-x}.$$

另外,还有 $u=0$ 即 $y=k\pi$(k 为整数)也是原方程的解.

习题 8-2

1. 求下列变量可分离的微分方程的通解:

(1) $xy'-y\ln y=0$;

(2) $y'=\sqrt{\dfrac{1-y^2}{1-x^2}}$;

(3) $y'-xy'=a(y^2+y')\ (a\neq 0)$;

(4) $(1+y^2)dx-(xy+x^3y)dy=0$;

(5) $(e^{x+y}-e^x)dx+(e^{x+y}+e^y)dy=0$;

(6) $\cos x\sin y dx+\sin x\cos y dy=0$.

2. 求下列微分方程满足所给初值条件的解:

(1) $y'=e^{2x-y},\quad y\big|_{x=0}=0$;

(2) $y'\sin x=y\ln y,\quad y\Big|_{x=\frac{\pi}{2}}=e$;

(3) $\cos y dx+(1+e^{-x})\sin y dy=0,\quad y\big|_{x=0}=\dfrac{\pi}{4}$;

(4) $(x^2-1)y'+2xy^2=0,\quad y\big|_{x=0}=1$;

(5) $(y^2+xy^2)dx-(x^2+yx^2)dy=0,\quad y\big|_{x=1}=-1$.

3. 镭的衰变有如下的规律:镭的衰变速度与它的现存量 R 成正比.由经验材料得知,镭经过1 600年后,只余原始量 R_0 的一半.试求镭的量 R 与时间 t 的函数关系.

4. 已知 $f(x)\int_0^x f(t)dt=1, x\neq 0$,试求函数 $f(x)$ 的一般表达式.

5. 求下列齐次方程的通解:

(1) $(x+2y)dx-xdy=0$;

(2) $(y^2-2xy)dx+x^2dy=0$;

(3) $(2x^2-y^2)+3xy\dfrac{dy}{dx}=0$;

(4) $\dfrac{dy}{dx}=\dfrac{x+y}{x-y}$;

(5) $y'=e^{\frac{y}{x}}+\dfrac{y}{x}$;

(6) $xy'-y=(x+y)\ln\dfrac{x+y}{x}$.

6. 作适当的变量替换求解下列方程:

(1) $\dfrac{dy}{dx}=\dfrac{1}{(x+y)^2}$;

(2) $\dfrac{dy}{dx}=\dfrac{2x-y+1}{x-2y+1}$;

(3) $\dfrac{dy}{dx}=\dfrac{x-y+5}{x-y-2}$;

(4) $(y+xy^2)dx+(x-x^2y)dy=0$(提示:令 $xy=u(x)$).

7. 求下列线性微分方程的通解：

(1) $y'+y=e^{-x}$；　(2) $y'+y\cos x=e^{-\sin x}$；

(3) $\frac{dy}{dx}+\frac{1-2x}{x^2}y-1=0$；　(4) $\frac{dy}{dx}-\frac{2y}{x+1}=(x+1)^3$；

(5) $\frac{dy}{dx}=\frac{y}{x+y^3}\left(提示：关于 x, \frac{dx}{dy}是线性的\right)$；

(6) $x(y'-y)=e^x$；　(7) $y\ln y dx+(x-\ln y)dy=0$；

(8) $(x^2+1)y'+2xy=4x^2$.

8. 求解下列初值问题：

(1) $xy'+y-e^{2x}=0,\quad y\big|_{x=\frac{1}{2}}=2e$；

(2) $\frac{ds}{dx}-s\tan x=\sec x,\quad s\big|_{x=0}=0$；

(3) $y'+3y=8,\quad y\big|_{x=0}=2$；

(4) $\frac{dy}{dx}+\frac{1}{x}y=\frac{1}{x}\sin x, y\big|_{x=\pi}=1$.

9. 求下列各题中的可微函数 $f(x)$：

(1) $f(x)+2\int_0^x f(t)dt=x^2$；　(2) $f(x)=\int_0^{3x} f\left(\frac{t}{3}\right)dt+3x-3$.

10. 初始质量为 $M_0(g)$，在空气中自由落下的雨点均匀地蒸发着，设每秒蒸发 $m(g)$，空气的阻力与雨点的速度成正比.如果开始雨点速度为零，试求雨点运动的速度和时间的关系.

11. 求下列伯努利方程的通解：

(1) $y'+y=y^2(\cos x-\sin x)$；　(2) $y'-3xy=xy^2$；

(3) $y'+\frac{y}{x}=2x^{-\frac{1}{2}}y^{-\frac{1}{2}}$；　(4) $y'+\frac{1}{3}y=\frac{1}{3}(1-2x)y^4$.

第三节　可降阶的高阶微分方程

二阶和二阶以上的微分方程称为**高阶微分方程**.一般说来，方程的阶数越高，求解的难度越大.但对有些高阶方程，可以通过变量替换等手段，降低其阶数，化为一阶方程，从而有可能运用前面所介绍的方法来求出它的解.这种求解方法通常称为降阶法.

下面介绍几类容易降阶的高阶微分方程的求解方法.

一、$y^{(n)}=f(x)$ 型的微分方程

微分方程

$$y^{(n)}=f(x) \tag{1}$$

的右端仅含自变量 x,此时,可把方程(1)看作是以 $y^{(n-1)}$ 为未知函数的一阶微分方程.于是,在方程(1)两边积分,得一个 $n-1$ 阶方程

$$y^{(n-1)}=\int f(x)\,\mathrm{d}x+C_1;$$

同理可得

$$y^{(n-2)}=\int\left[\int f(x)\,\mathrm{d}x+C_1\right]\mathrm{d}x+C_2.$$

如此下去,连续积分 n 次,便可得方程(1)的通解.

例 1　求方程 $y'''=x\mathrm{e}^x$ 的通解.

解　对方程两边关于 x 连续积分三次,得

$$y''=\int x\mathrm{e}^x\mathrm{d}x=x\mathrm{e}^x-\mathrm{e}^x+C_1.$$

$$y'=\int(x\mathrm{e}^x-\mathrm{e}^x+C_1)\,\mathrm{d}x=x\mathrm{e}^x-2\mathrm{e}^x+C_1x+C_2,$$

$$\begin{aligned}y&=\int(x\mathrm{e}^x-2\mathrm{e}^x+C_1x+C_2)\,\mathrm{d}x\\&=x\mathrm{e}^x-3\mathrm{e}^x+\frac{C_1}{2}x^2+C_2x+C_3.\end{aligned}$$

这就是所求的通解,其中 C_1,C_2,C_3 为任意常数.

例 2　质量为 m 的质点受力 $\boldsymbol{F}$ 的作用沿 Ox 轴方向做直线运动,力 $\boldsymbol{F}$ 的方向平行于 Ox 轴,大小为时间 t 的函数:$F(t)=\sin t$.设开始时质点位于原点,且初始速度为零,求该质点的运动规律.

解　设质点在时刻 t 的位移为 $s=s(t)$,由牛顿第二定律,得

$$m\frac{\mathrm{d}^2s}{\mathrm{d}t^2}=\sin t,\tag{2}$$

其初值条件为

$$s\big|_{t=0}=0,\quad \left.\frac{\mathrm{d}s}{\mathrm{d}t}\right|_{t=0}=0.$$

对方程(2)两边积分,得

$$\frac{\mathrm{d}s}{\mathrm{d}t}=-\frac{1}{m}\cos t+C_1.$$

将条件$\left.\frac{\mathrm{d}s}{\mathrm{d}t}\right|_{t=0}=0$ 代入,得 $C_1=\frac{1}{m}$,从而有

$$\frac{\mathrm{d}s}{\mathrm{d}t}=-\frac{1}{m}\cos t+\frac{1}{m}.$$

再对上式两边积分,得

$$s=-\frac{1}{m}\sin t+\frac{1}{m}t+C_2.$$

由条件 $s\big|_{t=0}=0$,得 $C_2=0$,故质点的运动规律为

$$s=\frac{1}{m}(t-\sin t).$$

二、$y''=f(x,y')$ 型的微分方程

方程

$$y''=f(x,y') \tag{3}$$

的右端不显含未知函数 y.若令 $y'=p$,则 $y''=\frac{\mathrm{d}p}{\mathrm{d}x}$,代入方程(3)得

$$\frac{\mathrm{d}p}{\mathrm{d}x}=f(x,p).$$

这是一个以 p 为未知函数的一阶方程.若能求出其通解为 $p=\varphi(x,C_1)$,亦即

$$\frac{\mathrm{d}y}{\mathrm{d}x}=\varphi(x,C_1),$$

则对上式两边积分,得方程(3)的通解

$$y=\int\varphi(x,C_1)\,\mathrm{d}x+C_2.$$

例 3　求方程 $(1+x^2)y''=2xy'$ 满足初值条件 $y\big|_{x=0}=1,y'\big|_{x=0}=3$ 的解.

典型例题
可降阶的微分方程

解　令 $y'=p$,代入方程并分离变量得

$$\frac{\mathrm{d}p}{p}=\frac{2x}{1+x^2}\mathrm{d}x.$$

两边积分,得

$$p=y'=C_1(1+x^2).$$

由条件 $y'\big|_{x=0}=3$ 得 $C_1=3$,所以

$$y'=3(1+x^2).$$

两边再积分一次,得

$$y=x^3+3x+C_2.$$

又由条件 $y\big|_{x=0}=1$ 得 $C_2=1$.因此所求特解为

$$y=x^3+3x+1.$$

例 4　追逐问题.敌舰在距离我舰正东 a 处,我舰发射制导鱼雷,且使鱼雷始终对准敌舰,敌舰以最大速度 v_0 向正北逃窜,设鱼雷的速度为 $v_1(v_1>v_0)$,求鱼雷的航迹方程,并问何时敌舰被鱼雷击中.

解　建立平面直角坐标系如图 8-4 所示,使初始时敌舰处于坐标原点 O 处,我舰处于点 $(-a,0)$ 处.设鱼雷发射后经过时间 t 位于航迹上的点 $M(x,y)$ 处,此时敌舰位于 $N(0,v_0t)$ 处,则

$$\frac{\mathrm{d}y}{\mathrm{d}x}=-\frac{v_0t-y}{x},$$

即

$$xy'=y-v_0t. \tag{4}$$

又

$$v_1^2=\left(\frac{\mathrm{d}x}{\mathrm{d}t}\right)^2+\left(\frac{\mathrm{d}y}{\mathrm{d}t}\right)^2=\left(\frac{\mathrm{d}x}{\mathrm{d}t}\right)^2+\left(y'\frac{\mathrm{d}x}{\mathrm{d}t}\right)^2=\left(\frac{\mathrm{d}x}{\mathrm{d}t}\right)^2(1+y'^2),$$

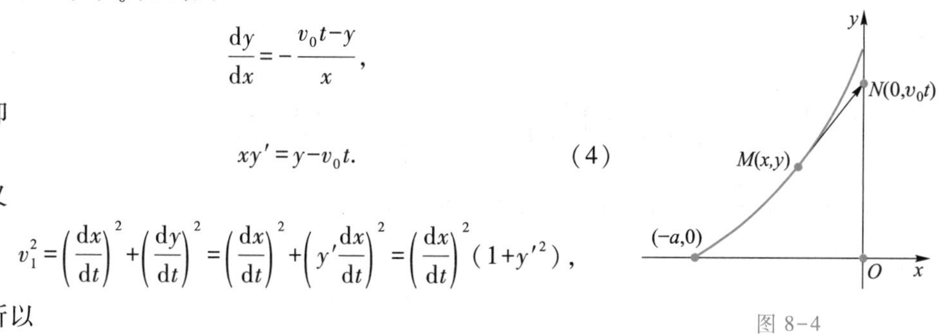

图 8-4

所以

$$\frac{\mathrm{d}t}{\mathrm{d}x}=\frac{\sqrt{1+y'^2}}{v_1}.$$

对(4)式两边关于 x 求导,得

$$xy''+y'=y'-v_0\frac{\mathrm{d}t}{\mathrm{d}x},$$

故鱼雷的航迹方程为

$$xy''=-\frac{v_0}{v_1}\sqrt{1+y'^2}.$$

令 $y'=p$,得

$$xp'=-\frac{v_0}{v_1}\sqrt{1+p^2},$$

于是

$$p+\sqrt{1+p^2}=C_1x^{-\frac{v_0}{v_1}}.$$

由初值条件:当 $t=0$ 时,$x=-a$,$y'=0$,得 $C_1=\left(-\frac{1}{a}\right)^{-\frac{v_0}{v_1}}$.从而

$$p+\sqrt{1+p^2}=\left(-\frac{x}{a}\right)^{-\frac{v_0}{v_1}},\tag{5}$$

将(5)式左端分子、分母同时乘($\sqrt{1+p^2}-p$),可得

$$-p+\sqrt{1+p^2}=\left(-\frac{x}{a}\right)^{\frac{v_0}{v_1}}.\tag{6}$$

将(5)式与(6)式结合,得

$$y'=p=\frac{1}{2}\left[\left(-\frac{x}{a}\right)^{-\frac{v_0}{v_1}}-\left(-\frac{x}{a}\right)^{\frac{v_0}{v_1}}\right],$$

积分,得

$$y=\frac{1}{2}\left[\left(-\frac{x}{a}\right)^{-\frac{v_0}{v_1}+1}\left(\frac{-av_1}{v_1-v_0}\right)+\left(-\frac{x}{a}\right)^{\frac{v_0}{v_1}+1}\frac{av_1}{v_1+v_0}\right]+C.$$

由初值条件:当 $t=0$ 时,$x=-a$,$y=0$,得

$$C=\frac{av_0v_1}{v_1^2-v_0^2},$$

所以

$$y=\frac{1}{2}\left[-\frac{av_1}{v_1-v_0}\left(-\frac{x}{a}\right)^{\frac{v_1-v_0}{v_1}}+\frac{av_1}{v_1+v_0}\left(-\frac{x}{a}\right)^{\frac{v_1+v_0}{v_1}}\right]+\frac{av_0v_1}{v_1^2-v_0^2}.$$

当 $x=0$ 时,$y=\frac{av_0v_1}{v_1^2-v_0^2}$,所以鱼雷击中敌舰的时间为

$$t=\frac{y}{v_0}=\frac{av_1}{v_1^2-v_0^2}.$$

三、$y''=f(y,y')$型的微分方程

方程

$$y''=f(y,y') \tag{7}$$

的右端不显含自变量 x,令 $y'=p$,将 p 看作 y 的函数,则有

$$y''=\frac{dp}{dx}=\frac{dp}{dy}\cdot\frac{dy}{dx}=p\frac{dp}{dy}.$$

代入(7)式得

$$p\frac{dp}{dy}=f(y,p).$$

这是以 p 为未知函数,y 为自变量的一阶方程,若能求出它的通解

$$p=\psi(y,C_1),$$

则有

$$\frac{dy}{dx}=\psi(y,C_1).$$

分离变量后再积分,得方程(7)的通解为

$$x=\int\frac{1}{\psi(y,C_1)}dy+C_2\quad(\psi(y,C_1)\neq 0\text{ 时}).$$

例 5 求方程 $y''y-(y')^2=0$ 的通解.

解 令 $y'=p$,则 $y''=p\frac{dp}{dy}$,代入方程,得

$$p\frac{dp}{dy}\cdot y-p^2=0.$$

当 $p\neq 0$ 时,方程变为

$$\frac{dp}{p}=\frac{dy}{y}.$$

两边积分,得

$$y'=p=C_1y,\quad C_1\neq 0.$$

这是一个变量可分离方程,易求得其通解为

$$y=C_2e^{C_1x}.$$

当 $p=0$ 时,$y=C$ 显然是解,若允许 $C_1=0$,则它可被包含在通解中.

例 6 从地面垂直向上发射质量为 m kg 的火箭,要使火箭距离地面 r m,火箭应至少具备多大的初速度?如果火箭脱离地球引力范围,火箭又应具备多大的初速度?(地球半径 $R=6.37\times10^6$ km,重力加速度取$g=9.8\ \mathrm{m/s^2}$空气阻力忽略不计.)

解 如图 8-5 所示,取地心为坐标原点,x 轴垂直向上,火箭在 t 时刻离地心的距离为 $x(t)$,火箭受地球引力大小为

$$F(x)=G\frac{mM}{x^2} \tag{8}$$

其中 M 为地球质量,G 为万有引力常数.由于,$mg=G\frac{mM}{R^2}$,所以由(8)有

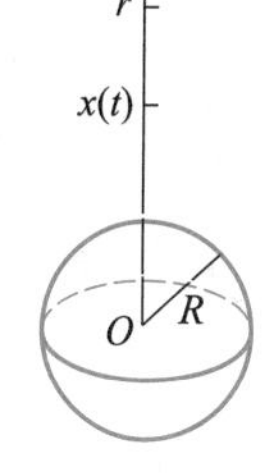

图 8-5

$$F(x)=\frac{R^2}{x^2}mg$$

因此,火箭运动应满足下列微分方程

$$\begin{cases} m\dfrac{\mathrm{d}^2x}{\mathrm{d}t^2}=-\dfrac{mgR^2}{x^2}, & (9)\\ x(0)=R, x'(T)=0, & (10)\end{cases}$$

其中 $x(T)=R+r$.

令 $\frac{\mathrm{d}x}{\mathrm{d}t}=v(x)$,则方程(9)可化为

$$v\frac{\mathrm{d}v}{\mathrm{d}x}=-\frac{gR^2}{x^2}.$$

解得

$$\frac{v^2}{2}=\frac{gR^2}{x}+C.$$

结合条件(10)解得 $C=-\frac{gR^2}{R+r}$,求得

$$v^2=2gR^2\left(\frac{1}{x}-\frac{1}{R+r}\right),$$

因此,

$$v=\sqrt{2gR^2\left(\frac{1}{x}-\frac{1}{R+r}\right)}.$$

从而,求得发射到高度为 r 时火箭至少应具备的初速度为

$$v_0=\sqrt{2gR^2\left(\frac{1}{R}-\frac{1}{R+r}\right)}\ \text{m/s}.$$

要使火箭脱离地球引力范围,即 $r\to+\infty$,所以,

$$v_0=\sqrt{2gR}=\sqrt{2\times9.8\times6.37\times10^6}\approx11.2\times10^3\ \text{m/s}.$$

四、可利用参变量降阶的方程

某些高阶微分方程,我们可以利用引入参变量的方法求解.

例 7　求 $\mathrm{e}^{y''}-y''=x+1$ 的通解.

解　此方程难以解出 y'',引入参变量 t,令 $y''=t$,则由原方程可得

$$x=\mathrm{e}^t-t-1.$$

因为

$$\mathrm{d}y'=y''\mathrm{d}x=t(\mathrm{e}^t-1)\mathrm{d}t,$$

所以

$$y'=\int t(\mathrm{e}^t-1)\mathrm{d}t=(t-1)\mathrm{e}^t-\frac{1}{2}t^2+C_1.$$

又

$$dy=y'dx=\left[(t-1)e^t-\frac{1}{2}t^2+C_1\right](e^t-1)dt,$$

积分得

$$y=\left(\frac{t}{2}-\frac{3}{4}\right)e^{2t}-\left(\frac{t^2}{2}-1-C_1\right)e^t+\frac{1}{6}t^3-C_1t+C_2.$$

从而可得原方程通解的参数表达式为

$$\begin{cases}x=e^t-t-1,\\ y=\left(\dfrac{t}{2}-\dfrac{3}{4}\right)e^{2t}-\left(\dfrac{t^2}{2}-1-C_1\right)e^t+\dfrac{1}{6}t^3-C_1t+C_2.\end{cases}$$

例 8　求解方程 $y''=(1+y'^2)^{\frac{3}{2}}$.

解　这是一个不显含未知函数与自变量的方程,可用前面介绍的降阶法求解,但此方程引入参变量求解更为方便.

令 $y'=t$,则 $y''=\dfrac{dt}{dx}$.于是原方程化为

$$\frac{dt}{dx}=(1+t^2)^{\frac{3}{2}}.$$

分离变量后积分得

$$x=\frac{t}{\sqrt{1+t^2}}+C_1.$$

又由 $dy=y'dx=\dfrac{tdt}{(1+t^2)^{\frac{3}{2}}}$,积分得

$$y=\frac{-1}{\sqrt{1+t^2}}+C_2.$$

故通解的参数表达式为

$$x=\frac{t}{\sqrt{1+t^2}}+C_1,\quad y=-\frac{1}{\sqrt{1+t^2}}+C_2.$$

若消去 t 得

$$(x-C_1)^2+(y-C_2)^2=1.$$

习题 8-3

1. 求下列微分方程的通解:

(1) $y''=x+\sin x$;　　(2) $y''=\dfrac{1}{1+x^2}$;

(3) $y''=y'+x$;　　(4) $y''=y'^3+y'$;

(5) $xy''+y'=0$;　　(6) $yy''+1=y'^2$;

(7) $y^3y''-1=0$;　　(8) $y''=\frac{1}{\sqrt{y}}$;

(9) $e^{y''}+y''=x$;　　(10) $ay''=(1+y'^2)^{\frac{3}{2}}(a\neq 0)$.

2. 求解下列初值问题：

(1) $y^3y''+1=0$, $y|_{x=1}=1$, $y'|_{x=1}=0$;

(2) $y''-ay'^2=0$, $y|_{x=0}=0$, $y'|_{x=0}=-1$;

(3) $y'''=e^{ax}$(a 为常数), $y|_{x=1}=y'|_{x=1}=y''|_{x=1}=0$;

(4) $y''=e^{2y}$, $y|_{x=0}=y'|_{x=0}=0$;

(5) $x^2y''+xy'=1$, $y|_{x=1}=0$, $y'|_{x=1}=1$;

(6) $y''+y'^2=1$, $y|_{x=0}=0$, $y'|_{x=0}=1$.

3. 证明曲率处处相等的曲线是圆弧.

4. 一个物体在大气中降落,初速度为零,空气阻力与速度的平方成正比例,求该物体的运动规律.

5. 设子弹以 200 m/s 的速度射入厚 0.1 m 的木板,受到的阻力大小与子弹的速度平方成正比,如果子弹穿出木板时的速度为 80 m/s,求子弹穿过木板的时间.

第四节　线性微分方程解的结构

定义 1　在 n 阶微分方程 $F(x,y,y',\cdots,y^{(n)})=0$ 中,若 $F(x,y,y',\cdots,y^{(n)})$ 为 y 及 $y',\cdots,y^{(n)}$ 的一次有理整式,则称此方程为 n **阶线性微分方程**,或简称为 n **阶线性方程**.

n 阶线性方程的一般形式为

$$y^{(n)}+p_1(x)y^{(n-1)}+\cdots+p_{n-1}(x)y'+p_n(x)y=f(x), \tag{1}$$

其中 $p_i(x)(i=1,2,\cdots,n)$ 和 $f(x)$ 为 x 的已知函数.

在方程(1)中,若 $f(x)\equiv 0$,则方程(1)变为

$$y^{(n)}+p_1(x)y^{(n-1)}+\cdots+p_{n-1}(x)y'+p_n(x)y=0. \tag{2}$$

称方程(2)为 n **阶齐次线性微分方程**.若 $f(x)\not\equiv 0$,称方程(1)为 n **阶非齐次线性微分方程**.通常称方程(2)为对应于方程(1)的齐次线性方程. $p_i(x)(i=1,2,\cdots,n)$ 为方程的系数, $f(x)$ 称为自由项.

下面着重讨论 n 阶线性微分方程的解的一些性质.首先讨论 n 阶齐次线性方程(2).

定理 1　如果函数 $y_1(x)$ 与 $y_2(x)$ 是方程(2)的两个解,则对任意常数 C_1 与 C_2,

$$y=C_1y_1(x)+C_2y_2(x) \tag{3}$$

也是方程(2)的解.

将(3)式直接代入方程(2)中验证即可得到此结论.

定理1表明,齐次线性微分方程的解符合叠加原理.类似地,不难将定理1进行推广.

推论1 若 $y_1(x),y_2(x),\cdots,y_n(x)$ 为方程(2)的 n 个解,则

$$y=C_1y_1(x)+C_2y_2(x)+\cdots+C_ny_n(x) \tag{4}$$

也是方程(2)的解.其中 $C_i(i=1,2,\cdots,n)$ 为任意常数.

需要指出的是,虽然(4)式从形式上看含有 n 个任意常数,但它不一定是方程(2)的通解.例如,设 y_1 是方程(2)的一个解,则 $y_i=iy_1(i=2,3,\cdots,n)$ 也是方程(2)的解,此时(4)式成为 $y=(C_1+2C_2+\cdots+nC_n)y_1$.因为 $C_1+2C_2+\cdots+nC_n$ 从本质上看只是一个任意常数,所以 $y=(C_1+2C_2+\cdots+nC_n)y_1$ 不是方程(2)的通解.那么在什么情况下(4)式才是方程(2)的通解呢?为了解决这个问题,可引入函数的线性相关和线性无关的概念.

定义2 设 $y_1(x),y_2(x),\cdots,y_n(x)$ 为定义在区间 I 上的 n 个函数.如果存在 n 个不全为零的常数 $k_1,k_2,\cdots,k_n$,使得对 $\forall x\in I$ 有

$$k_1y_1(x)+k_2y_2(x)+\cdots+k_ny_n(x)=0$$

恒成立,则称这 n 个函数在区间 I 上是**线性相关**的,否则称它们是**线性无关**的.

以后当我们说一组函数线性相关或线性无关,而没指明区间 I 时,是指这组函数在它们的公共定义域上线性相关或线性无关.

例1 函数组 $\{1,\cos^2x,\sin^2x\}$ 在任意区间上是线性相关的.

事实上,取 $k_1=k_2=1,k_3=-1$,则在任意区间上均有

$$1\cdot\sin^2x+1\cdot\cos^2x+(-1)\cdot1\equiv0.$$

例2 函数组 $\{1,x,\cdots,x^{n-1}\}$ 在 $(-\infty,+\infty)$ 内是线性无关的.

事实上,由代数学基本定理知,非零多项式 $k_11+k_2x+\cdots+k_nx^{n-1}$ 至多具有 $n-1$ 个零点,要使它在 $(-\infty,+\infty)$ 内恒为零,即有无穷多个零点,必须 $k_1=k_2=\cdots=k_n=0$.

应用上述概念可知,对于两个函数 $y_1(x)$ 与 $y_2(x)$ 的情形,它们在区间 I 上线性相关与否,只要看它们的比在区间 I 上是否为常数:如果 $\dfrac{y_1}{y_2}$ 在区间 I 上恒为常数,那么 y_1 与 y_2 在区间 I 上就线性相关;否则就线性无关.

有了线性无关的概念后,我们有如下关于 n 阶齐次线性微分方程(2)的通解结构定理.

定理2 如果 $y_1,y_2,\cdots,y_n$ 是方程(2)的 n 个线性无关的解(亦称基本解组),则方程(2)的通解为

$$y=C_1y_1+C_2y_2+\cdots+C_ny_n,$$

其中 $C_1,C_2,\cdots,C_n$ 是任意常数.

该定理的证明可以由推论1及线性无关和通解的定义得到.详细的证明请读者完成.

例3 给定方程 $y''+y=0$.容易验证,函数 $y_1=\cos x,y_2=\sin x$ 是此方程的两个线性无关的解,因而

$$y=C_1\cos x+C_2\sin x\quad(C_1,C_2\text{ 是任意常数})$$

是此方程的通解.

例 4　设 y_1 是方程

$$y''+p_1(x)y'+p_2(x)y=0 \tag{5}$$

的一个非零特解,求方程(5)的一个与 y_1 线性无关的解.

解　设 y_2 是方程(5)的一个与 y_1 线性无关的解,则由前面的讨论可知,$\dfrac{y_2}{y_1}\neq$ 常数.从而我们可设

$$y_2=C(x)y_1,\quad C(x)\text{为待定函数}.$$

由此有

$$y_2'=C'(x)y_1+C(x)y_1',$$
$$y_2''=C''(x)y_1+2C'(x)y_1'+C(x)y_1''.$$

将 y_2,y_2',y_2'' 代入(5)式,得

$$(y_1''+p_1(x)y_1'+p_2(x)y_1)C(x)+$$
$$(2y_1'+p_1(x)y_1)C'(x)+y_1C''(x)=0.$$

因 y_1 是方程(5)的解,故有 $y_1''+p_1(x)y_1'+p_2(x)y_1=0$,从而

$$(2y_1'+p_1(x)y_1)C'(x)+y_1C''(x)=0.$$

令 $C'(x)=z$,则上式成为

$$(2y_1'+p_1(x)y_1)z+y_1z'=0.$$

这是一个变量可分离的方程,易求得一特解为

$$C'(x)=z=\frac{1}{y_1^2}e^{-\int p_1(x)\mathrm{d}x}.$$

两边积分,得

$$C(x)=\int\frac{e^{-\int p_1(x)\mathrm{d}x}}{y_1^2}\mathrm{d}x.$$

于是有

$$y_2=y_1\int\frac{e^{-\int p_1(x)\mathrm{d}x}}{y_1^2}\mathrm{d}x. \tag{6}$$

由于$\dfrac{y_2}{y_1}=C(x)$(不恒为常数),因此 y_2 与 y_1 线性无关.求方程(5)的与解 y_1 线性无关的解 y_2 的公式(6)称为**刘维尔**(Liouville)**公式**.

利用刘维尔公式及定理 2 可知,若能求得二阶齐次线性方程(5)的一个非零特解,便可得其通解.

下面讨论 n 阶非齐次线性方程(1).

定理 3　设 y^* 是方程(1)的一个特解,$\overline{y}=C_1y_1+C_2y_2+\cdots+C_ny_n$ 是对应的齐次线性方程(2)的通解,则 $y=\overline{y}+y^*$ 是方程(1)的通解.

证　将 $y=\overline{y}+y^*$ 代入(1)式的左边,利用和的求导运算法则容易验证 $y=\overline{y}+y^*$ 是方程(1)的解.又由于其中包含有 n 个独立的任意常数,故它是方程(1)的通解.

例 5　方程 $y''+y=x^2$ 是二阶非齐次线性微分方程.由例 3 知 $\overline{y}=C_1\cos x+C_2\sin x$

是对应的齐次线性方程 $y''+y=0$ 的通解；又容易验证 $y^*=x^2-2$ 是所给方程的一个特解.因此

$$y=C_1\cos x+C_2\sin x+x^2-2$$

是所给方程的通解.

由定理 3 可知,在求出了齐次线性方程(2)的 n 个线性无关的解后,要求方程(1)的通解,关键是求出方程(1)的一个特解 y^*.对于二阶线性方程,若方程(5)的两个线性无关的特解 y_1 与 y_2 已经给出,则可求得二阶非齐次线性方程

$$y''+p_1(x)y'+p_2(x)y=f(x) \tag{7}$$

的一个特解为

$$y^*=y_1\int\frac{-y_2f(x)}{y_1y_2'-y_1'y_2}\mathrm{d}x+y_2\int\frac{y_1f(x)}{y_1y_2'-y_1'y_2}\mathrm{d}x.$$

从而方程(7)的通解为 $y=C_1y_1+C_2y_2+y^*$.其详细推导从略.

非齐次线性微分方程(1)的特解有时可借助下述定理来求出.

定理 4 若 $f(x)=f_1(x)+f_2(x)$,而 y_1^* 与 y_2^* 分别是方程

$$y^{(n)}+p_1(x)y^{(n-1)}+\cdots+p_{n-1}(x)y'+p_n(x)y=f_1(x) \tag{8}$$

与

$$y^{(n)}+p_1(x)y^{(n-1)}+\cdots+p_{n-1}(x)y'+p_n(x)y=f_2(x) \tag{9}$$

的特解,则 $y^*=y_1^*+y_2^*$ 是方程(1)的特解.

此定理的证明请读者自己完成.

推论 2 若 $y=y_1(x)\pm\mathrm{i}y_2(x)$是方程

$$y^{(n)}+p_1(x)y^{(n-1)}+\cdots+p_{n-1}(x)y'+p_n(x)y=f_1(x)\pm\mathrm{i}f_2(x)$$

的解,则 $y_1(x)$ 与 $y_2(x)$ 分别是方程(8)和(9)的解,其中 $y_k(x),f_k(x)(k=1,2),p_k(x)$ $(k=1,2,\cdots,n)$ 均为实值函数,$\mathrm{i}^2=-1$.

习题 8-4

1. 下列函数组在其公共定义域内哪些是线性无关的？

(1) x,x^2;　　(2) $x,3x$;

(3) $\cos 2x,\sin 2x$;　　(4) $\mathrm{e}^{-x},\mathrm{e}^{x}$;

(5) $\sin 2x,\cos x\sin x$;　　(6) $\mathrm{e}^{ax},\mathrm{e}^{bx}(a\neq b)$.

2. 验证 $y_1=\mathrm{e}^{x^2},y_2=x\mathrm{e}^{x^2}$ 都是方程 $y''-4xy'+(4x^2-2)y=0$ 的解,并写出该方程的通解.

3. 已知 $y_1=\cos x$, $y_2=\mathrm{e}^{-x}$是某二阶齐次线性方程的两个解,试建立此方程.

4. 设某微分方程的通解为 $y=C_1\mathrm{e}^x+C_2x$ (C_1, C_2 为任意常数),求此微分方程.

5. 证明下列各题：

(1) $y=C_1\mathrm{e}^x+C_2\mathrm{e}^{2x}+\dfrac{1}{12}\mathrm{e}^{5x}$($C_1,C_2$ 为任意常数)是方程 $y''-3y'+2y=\mathrm{e}^{5x}$ 的通解；

(2) $y=C_1\cos 3x+C_2\sin 3x+\frac{1}{32}(4x\cos x+\sin x)$ (C_1, C_2 为任意常数)是方程 $y''+9y=x\cos x$ 的通解；

(3) $y=C_1x^2+C_2x^2\ln x$ (C_1, C_2 为任意常数)是方程 $x^2y''-3xy'+4y=0$ 的通解.

6. 已知某一个二阶线性非齐次方程具有三个特解 $y_1=x, y_2=x+e^x$ 和 $y_3=1+x+e^x$，试求这个方程的通解.

7. 已知方程 $(x-1)y''-xy'+y=0$ 的一个解 $y_1=x$，试求其通解.

8. 已知齐次线性方程 $y''+y=0$ 的通解为 $\overline{y}=C_1\cos x+C_2\sin x$，求非齐次线性方程 $y''+y=\sec x$ 的通解.

第五节　高阶常系数线性微分方程

在第四节的 n 阶非齐次线性方程(1)中，若 $p_i(x)\equiv p_i(i=1,2,\cdots,n)$ 为常数，则称方程

$$y^{(n)}+p_1y^{(n-1)}+\cdots+p_{n-1}y'+p_ny=f(x) \tag{1}$$

为 n **阶常系数非齐次线性微分方程**.

由第四节的定理 3 知，要求出方程(1)的通解，只需求出相应的常系数齐次线性方程

$$y^{(n)}+p_1y^{(n-1)}+\cdots+p_{n-1}y'+p_ny=0 \tag{2}$$

的通解和方程(1)的一个特解即可. 因此，下面先介绍常系数齐次线性方程(2)的解法，然后再介绍常系数非齐次线性方程(1)的解法.

一、常系数齐次线性微分方程

先讨论二阶常系数齐次线性微分方程

$$y''+p_1y'+p_2y=0 \tag{3}$$

的解法，再把二阶方程的解法推广到 n 阶方程(2).

要求方程(3)的通解，必须先分析方程(3)可能有什么形式的特解. 因为方程(3)是 y, y', y'' 各乘上常数因子后相加等于零，所以如果有一个函数 $y=y(x)$，它和其导数 y', y'' 之间只相差一个常数因子，那么这样的函数就很有可能成为方程(3)的解. 显然，指数函数 e^{rx} 有这样的特点. 因此，可尝试去求形如 e^{rx} 的解，看能否选择适当的常数 r，使 $y=e^{rx}$ 满足方程(3).

设 $y=e^{rx}$ 是方程(3)的解，代入方程(3)中，得

$$(r^2+p_1r+p_2)e^{rx}=0.$$

由于 $e^{rx}\neq 0$，所以

$$r^2+p_1r+p_2=0. \tag{4}$$

这表明，如果 $y=\mathrm{e}^{rx}$ 是方程(3)的解，则 r 必是代数方程(4)的根；反之，若 r 是方程(4)的根，则 $y=\mathrm{e}^{rx}$ 必是方程(3)的解．于是方程(3)的求解问题就转化为代数方程(4)的求根问题．我们把代数方程(4)称为微分方程(3)的**特征方程**，且称特征方程(4)的根为**特征根**．

特征方程(4)是一个一元二次方程，其根有三种可能情形，下面分别就这三种情形讨论方程(3)的通解．

(1) 当 $p_1^2-4p_2>0$ 时，特征方程(4)有两相异的实根 r_1,r_2．由前面讨论知，$y_1=\mathrm{e}^{r_1x}$ 与 $y_2=\mathrm{e}^{r_2x}$ 是微分方程(3)的两个特解．由于

$$\frac{y_2}{y_1}=\mathrm{e}^{(r_2-r_1)x}$$

不恒为常数，因此 e^{r_1x} 和 e^{r_2x} 线性无关．故方程(3)的通解为

$$y=C_1\mathrm{e}^{r_1x}+C_2\mathrm{e}^{r_2x}.$$

(2) 当 $p_1^2-4p_2=0$ 时，特征方程(4)有两相等的实根 $r_1=r_2=r\left(=-\dfrac{p_1}{2}\right)$．此时，只能得到方程(3)的一个特解

$$y_1=\mathrm{e}^{rx}.$$

又由刘维尔公式，可得另一个与 y_1 线性无关的特解

$$y_2=y_1\int\frac{\mathrm{e}^{-\int p_1\mathrm{d}x}}{y_1^2}\mathrm{d}x=x\mathrm{e}^{rx}.$$

因此方程(3)的通解为

$$y=(C_1+C_2x)\mathrm{e}^{rx}.$$

(3) 当 $p_1^2-4p_2<0$ 时，特征方程(4)有一对共轭复根 $r=\alpha\pm\mathrm{i}\beta$．此时，$y_1=\mathrm{e}^{(\alpha+\mathrm{i}\beta)x}$ 与 $y_2=\mathrm{e}^{(\alpha-\mathrm{i}\beta)x}$ 是方程(3)的两个线性无关的特解．为了得到实值函数形式的特解，可利用欧拉(Euler)公式 $\mathrm{e}^{\mathrm{i}\theta}=\cos\theta+\mathrm{i}\sin\theta$，将 y_1 与 y_2 改写为

$$y_1=\mathrm{e}^{\alpha x}(\cos\beta x+\mathrm{i}\sin\beta x),$$

$$y_2=\mathrm{e}^{\alpha x}(\cos\beta x-\mathrm{i}\sin\beta x).$$

于是

$$y_1^*=\mathrm{e}^{\alpha x}\cos\beta x=\frac{1}{2}(y_1+y_2),$$

$$y_2^*=\mathrm{e}^{\alpha x}\sin\beta x=\frac{1}{2\mathrm{i}}(y_1-y_2),$$

由叠加原理知，y_1^* 与 y_2^* 仍是方程(3)的两个特解，且它们线性无关，因此方程(3)的通解为

$$y=C_1y_1^*+C_2y_2^*=\mathrm{e}^{\alpha x}(C_1\cos\beta x+C_2\sin\beta x).$$

综上所述，求二阶常系数齐次线性微分方程

$$y''+p_1y'+p_2y=0 \tag{5}$$

的通解的步骤如下：

第一步　写出方程(5)的特征方程

$$r^2+p_1r+p_2=0; \tag{6}$$

第二步 求出特征方程的两个根 r_1,r_2;

第三步 根据特征根 r_1,r_2 的不同情形,按表 8-1 写出方程(5)的通解.

表 8-1

$r^2+p_1r+p_2=0$ 的两个根	$y''+p_1y'+p_2y=0$ 的通解
两个不相等的实根 r_1,r_2	$y=C_1e^{r_1x}+C_2e^{r_2x}$
两个相等的实根 $r_1=r_2$	$y=(C_1+C_2x)e^{r_1x}$
一对共轭复根 $r_{1,2}=\alpha\pm i\beta$	$y=e^{\alpha x}(C_1\cos\beta x+C_2\sin\beta x)$

例 1 求方程 $y''-3y'-10y=0$ 的通解.

解 所给方程的特征方程为

$$r^2-3r-10=0,$$

其根为 $r_1=-2,r_2=5$,因此所求通解为

$$y=C_1e^{-2x}+C_2e^{5x}.$$

例 2 求方程 $y''-10y'+25y=0$ 满足条件 $y\big|_{x=0}=1,y'\big|_{x=0}=0$ 的特解.

解 所给方程的特征方程为

$$r^2-10r+25=0,$$

其根为 $r_1=r_2=5$,因此所求通解为

$$y=(C_1+C_2x)e^{5x}.$$

由条件 $y\big|_{x=0}=1$,得 $C_1=1$.所以 $y=(1+C_2x)e^{5x}$,于是

$$y'=(5+C_2+5C_2x)e^{5x}.$$

又由条件 $y'\big|_{x=0}=0$,得 $C_2=-5$.故所求特解为

$$y=(1-5x)e^{5x}.$$

例 3 求方程 $y''+2y'+5y=0$ 的通解.

解 特征方程为

$$r^2+2r+5=0,$$

其根为 $r=-1\pm2i$,因此所求通解为

$$y=e^{-x}(C_1\cos 2x+C_2\sin 2x).$$

例 4 一质量为 $M=10$ kg 的物体被系于一劲度系数为 $k=20$ kg/s^2 的弹簧上.该物体受到与运动速度成正比的摩擦力的作用,比例系数为 $C=20$ kg/s.在时刻 $t=0$ 时,物体被从高于平衡位置 2 m 的地方由静止状态自由放开,试求物体的运动规律.

解 设 x 表示物体离开平衡位置的位移,弹簧使物体回到平衡位置的弹性恢复力 $f=-kx$.所以由牛顿第二定律可得

$$M\frac{d^2x}{dt^2}=-kx-C\frac{dx}{dt}.$$

将 $M=10$ kg,$k=20$ kg/s^2 和 $C=20$ kg/s 代入上式,得

$$\frac{d^2x}{dt^2}+2\frac{dx}{dt}+2x=0. \tag{7}$$

由题意,上述方程满足初值条件

$$x\Big|_{t=0}=2,\quad \frac{dx}{dt}\Big|_{t=0}=0.$$

方程(7)的特征方程为 $r^2+2r+2=0$,其根 $r_{1,2}=-1\pm i$,因此方程的通解为

$$x=e^{-t}(C_1\cos t+C_2\sin t).$$

由初值条件得 $C_1=C_2=2$,故物体的运动规律为

$$x=2e^{-t}(\cos t+\sin t).$$

下面将以上讨论二阶常系数齐次线性微分方程所用的方法推广到 n 阶常系数齐次线性微分方程(2)中.

令 $y=e^{rx}$,代入方程(2)中,得

$$r^n+p_1r^{n-1}+p_2r^{n-2}+\cdots+p_{n-1}r+p_n=0. \tag{8}$$

如果 r 是方程(8)的根,则 $y=e^{rx}$ 是方程(2)的一个特解.称方程(8)为方程(2)的特征方程.根据特征方程(8)的根,可以相应地确定出方程(2)的特解,其具体法则如下(推导过程略):

(1) 若 r 为特征方程(8)的 k 重实根(当 $k=1$ 时,r 是单实根),则方程(2)有如下形式的 k 个线性无关的特解:

$$y_1=e^{rx},\quad y_2=xe^{rx},\quad \cdots,\quad y_k=x^{k-1}e^{rx};$$

(2) 若 $r=\alpha\pm i\beta$ 是特征方程(8)的一对 k 重共轭复根(当 $k=1$ 时,$r=\alpha+i\beta$ 是一对单复根),则方程(2)有如下形式的 $2k$ 个线性无关的特解:

$$y_1=e^{\alpha x}\cos\beta x,\quad y_2=xe^{\alpha x}\cos\beta x,\quad \cdots,\quad y_k=x^{k-1}e^{\alpha x}\cos\beta x,$$

$$y_{k+1}=e^{\alpha x}\sin\beta x,\quad y_{k+2}=xe^{\alpha x}\sin\beta x,\quad \cdots,\quad y_{2k}=x^{k-1}e^{\alpha x}\sin\beta x.$$

由代数学知,n 次代数方程(8)有 n 个根(重根按重数计算在内).于是根据上述方法,可得方程(2)的 n 个解,并且可以证明,这 n 个解是线性无关的.这样,我们就可以求得 n 阶常系数齐次线性微分方程(2)的通解.

例 5　求方程 $y'''+y=0$ 的通解.

解　特征方程为

$$r^3+1=0.$$

其根为 $r_1=-1$,$r_{2,3}=\frac{1}{2}\pm\frac{\sqrt{3}}{2}i$,对应的线性无关的特解为

$$y_1=e^{-x},\quad y_2=e^{\frac{x}{2}}\cos\frac{\sqrt{3}}{2}x,\quad y_3=e^{\frac{x}{2}}\sin\frac{\sqrt{3}}{2}x.$$

因此方程的通解为

$$y=C_1e^{-x}+e^{\frac{x}{2}}\left(C_2\cos\frac{\sqrt{3}}{2}x+C_3\sin\frac{\sqrt{3}}{2}x\right),$$

其中 C_1,C_2,C_3 为任意常数.

例 6　求方程 $y'''-3y''+3y'-y=0$ 的通解.

解 特征方程为

$$r^3-3r^2+3r-1=0,$$

即$(r-1)^3=0$. $r=1$为其三重根,所对应的线性无关的特解为

$$y_1=\mathrm{e}^x,\quad y_2=x\mathrm{e}^x,\quad y_3=x^2\mathrm{e}^x.$$

故方程的通解为

$$y=(C_1+C_2x+C_3x^2)\mathrm{e}^x,$$

其中C_1,C_2,C_3为任意常数.

例 7 求方程$y^{(4)}+2y''+y=0$的通解.

解 特征方程为

$$r^4+2r^2+1=0,$$

即$(r^2+1)^2=0$.特征根$r=\pm\mathrm{i}$是一对二重共轭复根,所对应的线性无关的特解为

$$y_1=\cos x,\quad y_2=x\cos x,\quad y_3=\sin x,\quad y_4=x\sin x.$$

故方程的通解为

$$y=(C_1+C_2x)\cos x+(C_3+C_4x)\sin x,$$

其中C_1,C_2,C_3,C_4为任意常数.

二、常系数非齐次线性微分方程

由第四节定理 3 知,求二阶常系数非齐次线性方程

$$y''+p_1y'+p_2y=f(x) \tag{9}$$

的通解,归结为求对应的齐次线性方程(3)的通解和方程(9)自身的一个特解.由于在前面已讨论了方程(3)通解的求法,因此现在只需讨论如何求方程(9)的一个特解.

下面介绍当$f(x)$取两种常见形式时求方程(9)特解的一种方法——待定系数法.

类型Ⅰ $f(x)=\mathrm{e}^{\lambda x}P_m(x)$,这里$\lambda$是常数,$P_m(x)$是$x$的$m$次多项式.

因为方程(9)的右边$f(x)$是多项式$P_m(x)$与指数函数$\mathrm{e}^{\lambda x}$的乘积,而多项式与指数函数乘积的导数仍然是同一类型的函数,因此可设方程(9)有特解形如$y^*=\mathrm{e}^{\lambda x}Q(x)$,其中$Q(x)$是某个多项式.将

$$y^*=\mathrm{e}^{\lambda x}Q(x),$$

$$y^{*\prime}=\mathrm{e}^{\lambda x}[\lambda Q(x)+Q'(x)],$$

$$y^{*\prime\prime}=\mathrm{e}^{\lambda x}[\lambda^2Q(x)+2\lambda Q'(x)+Q''(x)],$$

代入方程(9)并消去$\mathrm{e}^{\lambda x}$,得

$$Q''(x)+(2\lambda+p_1)Q'(x)+(\lambda^2+p_1\lambda+p_2)Q(x)=P_m(x). \tag{10}$$

(1) 若$\lambda^2+p_1\lambda+p_2\neq0$,即$\lambda$不是方程(3)的特征方程$r^2+p_1r+p_2=0$的根,则由(10)式知$Q(x)$的次数应与$P_m(x)$的次数相同,故可令

$$Q(x)=Q_m(x)=a_0x^m+a_1x^{m-1}+\cdots+a_{m-1}x+a_m,$$

其中$a_0,a_1,\cdots,a_{m-1},a_m$是待定常数.将$Q(x)$代入(10)式并比较等式两端$x$同次幂的系数即可确定这些待定常数,从而求得方程(9)的一个特解$y^*=\mathrm{e}^{\lambda x}Q_m(x)$.

(2) 若 $\lambda^2+p_1\lambda+p_2=0$，但 $2\lambda+p_1\neq 0$，即 λ 是特征方程 $r^2+p_1r+p_2=0$ 的一个单根，则由(10)式知 $Q'(x)$ 应是 m 次多项式.此时可设 $Q(x)=xQ_m(x)$，再用与(1)中同样的方法来确定 $Q_m(x)$ 中的系数，从而得到方程(9)的一个特解 $y^*=xe^{\lambda x}Q_m(x)$.

(3) 若 $\lambda^2+p_1\lambda+p_2=0$，且 $2\lambda+p_1=0$，即 λ 是特征方程 $r^2+p_1r+p_2=0$ 的重根，则由(10)式知 $Q''(x)$ 应是 m 次多项式.此时可设 $Q(x)=x^2Q_m(x)$，再用与(1)中同样的方法来确定 $Q_m(x)$ 中的系数，从而得到方程(9)的一个特解 $y^*=x^2e^{\lambda x}Q_m(x)$.

综上所述，如果 $f(x)=e^{\lambda x}P_m(x)$，则非齐次线性方程(9)具有形如

$$y^*=x^ke^{\lambda x}Q_m(x)$$

的特解，其中 $Q_m(x)$ 是与 $P_m(x)$ 同次(m 次)的多项式，常数 k 则按 λ 不是特征方程(4)的根、是特征方程(4)的单根或二重根而依次取 0，1 或 2.

上述结论可推广到 n 阶常系数非齐次线性方程(1)：若 $f(x)=e^{\lambda x}P_m(x)$，则方程(1)具有形如

$$y^*=x^kQ_m(x)e^{\lambda x}$$

的特解，其中 $Q_m(x)$ 是与 $P_m(x)$ 同次的多项式，而 k 是 λ 作为特征方程(8)的根的重数(当 λ 不是方程(8)的根时，$k=0$；当 λ 是方程(8)的 s 重根时，$k=s$).

例 8　求方程 $y''+y'-2y=x^2+3$ 的一个特解.

解　特征方程为

$$r^2+r-2=0,$$

其根为 $r_1=1,r_2=-2$.由于 $\lambda=0$ 不是特征方程的根，因此可设原方程的一特解为

$$y^*=ax^2+bx+c.$$

将其代入原方程，整理得

$$-2ax^2+(2a-2b)x+(2a+b-2c)=x^2+3.$$

比较等式两边 x 的同次幂的系数，得

$$-2a=1,\quad 2a-2b=0,\quad 2a+b-2c=3.$$

由此求得

$$a=-\frac{1}{2},\quad b=-\frac{1}{2},\quad c=-\frac{9}{4}.$$

故所求特解为

$$y^*=-\frac{1}{2}x^2-\frac{1}{2}x-\frac{9}{4}.$$

例 9　求方程 $y''-3y'+2y=3xe^x$ 的通解.

解　由特征方程

$$r^2-3r+2=0,$$

得 $r_1=1,r_2=2$.于是与原方程对应的齐次线性方程

$$y''-3y'+2y=0$$

的通解为

$$\overline{y}=C_1e^x+C_2e^{2x}.$$

由于 $\lambda=1$ 是特征方程的单根，因此可设特解为

$$y^*=x(ax+b)e^x.$$

将其代入原方程,整理得

$$-2ax+(2a-b)=3x.$$

比较等式两边 x 的同次幂的系数,得 $a=-\frac{3}{2}, b=-3$.故所求特解为

$$y^{*}=\left(-\frac{3}{2}x^{2}-3x\right)e^{x}.$$

从而原方程的通解为

$$y=\bar{y}+y^{*}=C_{1}e^{x}+C_{2}e^{2x}+\left(-\frac{3}{2}x^{2}-3x\right)e^{x}.$$

例 10 求方程 $y'''+3y''+3y'+y=e^{-x}(x-5)$ 的通解.

解 由特征方程

$$r^{3}+3r^{2}+3r+1=0,$$

得 $r_{1}=r_{2}=r_{3}=-1$.于是与原方程对应的齐次线性方程

$$y'''+3y''+3y'+y=0$$

的通解为

$$\bar{y}=(C_{1}+C_{2}x+C_{3}x^{2})e^{-x}.$$

由于 $\lambda=-1$ 是特征方程的三重根,因此可设特解为

$$y^{*}=x^{3}(ax+b)e^{-x}.$$

将其代入原方程,得

$$6b+24ax=x-5.$$

比较系数,得 $a=\frac{1}{24}, b=-\frac{5}{6}$.故所求特解为

$$y^{*}=\frac{x^{3}}{24}(x-20)e^{-x}.$$

典型例题
叠加原理

从而原方程的通解为

$$y=\bar{y}+y^{*}=(C_{1}+C_{2}x+C_{3}x^{2})e^{-x}+\frac{1}{24}x^{3}(x-20)e^{-x}.$$

类型Ⅱ $f(x)=e^{\alpha x}[P_{l}(x)\cos\beta x+Q_{n}(x)\sin\beta x]$,这里 α,β 是常数,$P_{l}=P_{l}(x)$,$Q_{n}=Q_{n}(x)$ 分别是 x 的 l 次和 n 次多项式.

利用欧拉公式,得

$$\begin{aligned} f(x)&=e^{\alpha x}(P_{l}\cos\beta x+Q_{n}\sin\beta x)\\ &=e^{\alpha x}\left(P_{l}\cdot\frac{e^{i\beta x}+e^{-i\beta x}}{2}+Q_{n}\cdot\frac{e^{i\beta x}-e^{-i\beta x}}{2i}\right)\\ &=P(x)e^{(\alpha+i\beta)x}+\bar{P}(x)e^{(\alpha-i\beta)x}, \end{aligned}$$

其中

$$P(x)=\frac{P_{l}}{2}+\frac{Q_{n}}{2i}=\frac{P_{l}}{2}-\frac{Q_{n}}{2}i,$$

$$\bar{P}(x)=\frac{P_{l}}{2}-\frac{Q_{n}}{2i}=\frac{P_{l}}{2}+\frac{Q_{n}}{2}i,$$

且 $P(x)$ 与 $\overline{P}(x)$ 是相互共轭的 m 次多项式，而 $m=\max\{l,n\}$.

根据类型 I 的有关结论知，方程

$$y''+p_1y'+p_2y=P(x)e^{(\alpha+i\beta)x} \tag{11}$$

具有形如

$$y_1^*=x^kR_m(x)e^{(\alpha+i\beta)x}$$

的特解，其中 k 表示 $\alpha+i\beta$ 是特征方程(4)的根的重数(当 $\alpha+i\beta$ 不是特征方程(4)的根时，$k=0$；当 $\alpha+i\beta$ 是特征方程(4)的单根时，$k=1$).

若 y_1^* 是方程(9)的特解，则与 y_1^* 共轭的函数

$$y_2^*=x^k\overline{R}_m(x)e^{(\alpha-i\beta)x}$$

必是方程

$$y''+p_1y'+p_2y=\overline{P}(x)e^{(\alpha-i\beta)x} \tag{12}$$

的特解，其中 $\overline{R}_m=\overline{R}_m(x)$ 是与 $R_m=R_m(x)$ 相互共轭的 m 次多项式. 因此，根据第四节定理 4 知，方程(9)具有形如

$$y^*=y_1^*+y_2^*=x^kR_me^{(\alpha+i\beta)x}+x^k\overline{R}_me^{(\alpha-i\beta)x}$$

的特解. 此时 y^* 又可写成

$$\begin{aligned}y^*&=x^ke^{\alpha x}(R_me^{i\beta x}+\overline{R}_me^{-i\beta x})\\&=x^ke^{\alpha x}[R_m(\cos\beta x+i\sin\beta x)+\overline{R}_m(\cos\beta x-i\sin\beta x)]\\&=x^ke^{\alpha x}[(R_m+\overline{R}_m)\cos\beta x+(R_m-\overline{R}_m)i\sin\beta x].\end{aligned}$$

由于 R_m 与 $\overline{R}_m$ 相互共轭，所以 $R_m+\overline{R}_m$ 与 $(R_m-\overline{R}_m)i$ 都无虚部. 故进一步可将 y^* 写成实函数的形式：

$$y^*=x^ke^{\alpha x}[R_m^{(1)}(x)\cos\beta x+R_m^{(2)}(x)\sin\beta x].$$

综上所述，如果 $f(x)=e^{\alpha x}[P_l(x)\cos\beta x+Q_n(x)\sin\beta x]$，则二阶常系数非齐次线性方程(7)的特解可设为

$$y^*=x^ke^{\alpha x}[R_m^{(1)}(x)\cos\beta x+R_m^{(2)}(x)\sin\beta x],$$

其中 $R_m^{(1)}(x)$ 与 $R_m^{(2)}(x)$ 是 x 的 m 次待定多项式，$m=\max\{l,n\}$. 而 k 表示 $\alpha+i\beta$ 是特征方程(4)的根的重数.

类似地，可将上述结论推广到 n 阶常系数非齐次线性方程中.

例 11　求方程 $y''-y=4x\sin x$ 的通解.

解　特征方程为

$$r^2-1=0,$$

其根为 $r_1=1,r_2=-1$，故对应的齐次线性方程的通解为

$$\overline{y}=C_1e^x+C_2e^{-x}.$$

由于 $\alpha\pm i\beta=\pm i$ 不是特征方程的根，且 $P_l(x)=0,Q_n(x)=4x$，因此可设原方程有如下形式的特解：

$$y^*=(ax+b)\cos x+(cx+d)\sin x.$$

将 y^* 代入原方程，得

$$-2cx\sin x-2ax\cos x+2(c-b)\cos x-2(a+d)\sin x=4x\sin x.$$

比较两边 x 的同次幂的系数,得 $a=0,b=-2,c=-2,d=0$.于是所求特解为

$$y^{*}=-2\cos x-2x\sin x.$$

故原方程的通解为

$$y=C_1\mathrm{e}^{x}+C_2\mathrm{e}^{-x}-2\cos x-2x\sin x.$$

例 12 设可微函数 $f(x)$ 满足方程

$$f(x)=\sin x-\int_0^x(x-t)f(t)\,\mathrm{d}t,$$

求 $f(x)$.

解 在方程两边关于 x 求导,得

$$f'(x)=\cos x-\int_0^x f(t)\,\mathrm{d}t.$$

再在上式两边关于 x 求导,得

$$f''(x)=-\sin x-f(x).$$

设 $y=f(x)$,则求解原方程可转化为求解初值问题:

$$\begin{cases}y''+y=-\sin x, & (13)\\ y\big|_{x=0}=0,\quad y'\big|_{x=0}=1. & (14)\end{cases}$$

因为特征方程 $r^2+1=0$ 的根 $r_{1,2}=\pm\mathrm{i}$,所以对应的齐次线性方程的通解为

$$\overline{y}=C_1\cos x+C_2\sin x.$$

又因 $\pm\mathrm{i}$ 是特征方程的根,故可设方程(13)的特解为

$$y^{*}=x(a\cos x+b\sin x).$$

代入方程(13)后解得 $a=\dfrac{1}{2},b=0$.于是 $y^{*}=\dfrac{1}{2}x\cos x$.因此方程(13)的通解为

$$y=C_1\cos x+C_2\sin x+\frac{1}{2}x\cos x.$$

由初值条件(14)得 $C_1=0,C_2=\dfrac{1}{2}$.故所求函数为

$$f(x)=\frac{1}{2}\sin x+\frac{1}{2}x\cos x.$$

例 13 求解方程 $y^{(4)}+2y''+y=\sin 2x$.

解 由例 7 知原方程对应的齐次线性方程的通解为

$$\overline{y}=(C_1+C_2x)\cos x+(C_3+C_4x)\sin x.$$

同时由例 7 知 $\pm 2\mathrm{i}$ 不是特征根,所以可设原方程有特解

$$y^{*}=a\cos 2x+b\sin 2x,$$

代入原方程,比较 x 的同次幂的系数,得 $a=0,b=\dfrac{1}{9}$.故

$$y^{*}=\frac{1}{9}\sin 2x.$$

因此,原方程的通解为

$$y=(C_1+C_2x)\cos x+(C_3+C_4x)\sin x+\frac{1}{9}\sin 2x.$$

习题 8–5

1. 求下列微分方程的通解：

(1) $y''+y'-2y=0$；

(2) $4y''-20y'+25y=0$；

(3) $y''+9y=0$；

(4) $4y''+12y'+9y=0$；

(5) $y''+4y'+12y=0$；

(6) $y''-5y'+4y=0$；

(7) $y^{(4)}-13y''+36y=0$；

(8) $y'''-4y''+y'+6y=0$；

(9) $y^{(4)}-5y'''+6y''+4y'-8y=0$；

(10) $y^{(5)}+2y'''+y'=0$.

2. 求下列微分方程满足所给初值条件的解：

(1) $y''+y'+y=0$，　$y\big|_{x=0}=0$，　$y'\big|_{x=0}=1$；

(2) $y''+2y'+y=0$，　$y\big|_{x=0}=4$，　$y'\big|_{x=0}=-2$；

(3) $y''-4y'+20y=0$，　$y\big|_{x=0}=0$，　$y'\big|_{x=0}=4$；

(4) $y''-4y'+3y=0$，　$y\big|_{x=0}=6$，　$y'\big|_{x=0}=10$.

3. 一直径为 0.5 m 的圆柱形浮筒，垂直放在水中，当稍向下压后突然放开，浮筒在水中上下振动的周期为 2 s，求浮筒的质量.

4. 求下列微分方程的通解：

(1) $y''-2y'-3y=3x+1$；

(2) $y''-8y'+7y=3x^2+7x+8$；

(3) $y''-5y'+6y=xe^{2x}$；

(4) $y''+3y'+2y=3xe^{-x}$；

(5) $y''+y=x\cos 2x$；

(6) $y''+9y=18\cos 3x-30\sin 3x$；

(7) $y''-5y'+6y=\cos x+x\sin x$；

(8) $y''+y=e^x+\cos x$；

(9) $y'''-4y''+5y'-2y=2x+3$；

(10) $y^{(4)}-2y''+y=x^2-3$；

(11) $y'''-y=\cos x$；

(12) $y'''-y=e^x$.

5. 求下列微分方程满足所给初值条件的解：

(1) $y''+10y'+9y=e^{2x}$，　$y\big|_{x=0}=\dfrac{6}{7}$，　$y'\big|_{x=0}=\dfrac{33}{7}$；

(2) $y''-y=4xe^x$，　$y\big|_{x=0}=0$，　$y'\big|_{x=0}=1$；

(3) $y''+y+\sin 2x=0$，　$y\big|_{x=\pi}=1$，　$y'\big|_{x=\pi}=1$.

6. 求微分方程 $y''+a^2y=\sin x$ 的通解，其中 a 为正常数.

7. 设函数 $\varphi(x)$ 可微，且满足

$$\varphi(x)=e^x+\int_0^x(t-x)\varphi(t)\,dt,$$

求 $\varphi(x)$.

8. 利用代换 $y=\dfrac{u}{\cos x}$ 将方程 $y''\cos x-2y'\sin x+3y\cos x=e^x$ 化简，并求出原方程的通解.

9. 长为 6 m 的链条自桌上无摩擦地向下滑动. 假定在运动起始时，链条自桌上垂下部分已有 1 m 长. 试问需要多长时间链条才能全部滑过桌子？

第六节 欧拉方程

变系数的高阶线性微分方程，一般说来是不容易求解的，但是有些特殊的变系数高阶线性微分方程，可以通过适当变量替换化为常系数线性微分方程，从而求其解，欧拉方程就是其中一种.

形如

$$x^n y^{(n)}+p_1 x^{n-1} y^{(n-1)}+\cdots+p_{n-1} x y'+p_n y=f(x) \tag{1}$$

的方程(其中 $p_1, p_2, \cdots, p_n$ 为常数)，称为**欧拉方程**.

设 $x>0$，作变换 $x=\mathrm{e}^t$ 或 $t=\ln x$，将自变量 x 换成 t，并用 D^k 表示关于 t 的 k 阶求导运算，即 $\mathrm{D}^k=\dfrac{\mathrm{d}^k}{\mathrm{d}t^k}$，则有

$$\frac{\mathrm{d}y}{\mathrm{d}x}=\frac{\mathrm{d}y}{\mathrm{d}t}\cdot\frac{\mathrm{d}t}{\mathrm{d}x}=\frac{1}{x}\frac{\mathrm{d}y}{\mathrm{d}t}=\frac{1}{x}\mathrm{D}y,$$

$$\frac{\mathrm{d}^2y}{\mathrm{d}x^2}=\frac{1}{x^2}\left(\frac{\mathrm{d}^2y}{\mathrm{d}t^2}-\frac{\mathrm{d}y}{\mathrm{d}t}\right)=\frac{1}{x^2}\mathrm{D}(\mathrm{D}-1)y,$$

$$\frac{\mathrm{d}^3y}{\mathrm{d}x^3}=\frac{1}{x^3}\left(\frac{\mathrm{d}^3y}{\mathrm{d}t^3}-3\frac{\mathrm{d}^2y}{\mathrm{d}t^2}+2\frac{\mathrm{d}y}{\mathrm{d}t}\right)=\frac{1}{x^3}\mathrm{D}(\mathrm{D}-1)(\mathrm{D}-2)y,$$

…………

$$\frac{\mathrm{d}^ny}{\mathrm{d}x^n}=\frac{1}{x^n}\mathrm{D}(\mathrm{D}-1)\cdots(\mathrm{D}-n+1)y.$$

我们也称 D^k 为 k 阶微分算子，它具有运算规律：

$$\mathrm{D}(\mathrm{D}-1)=\mathrm{D}^2-\mathrm{D},(\mathrm{D}-1)(\mathrm{D}-2)=\mathrm{D}^2-3\mathrm{D}+2,\cdots.$$

把各阶导数代入欧拉方程(1)中，便得到一个以 y 为未知函数，t 为自变量的常系数线性微分方程.在求出这个方程的解后，把 t 换成 $\ln x$，即得原方程的解.

对于 $x<0$ 的情形，可作变换 $x=-\mathrm{e}^t$，利用上面同样的讨论方法，可得到一样的结果.

今后为确定起见，认定 $x>0$，但最后结果应以 $t=\ln|x|$ 代回.

例 1 求解欧拉方程 $x^2y''+3xy'+y=0$.

解 令 $x=\mathrm{e}^t$，则

$$x\frac{\mathrm{d}y}{\mathrm{d}x}=\mathrm{D}y=\frac{\mathrm{d}y}{\mathrm{d}t},$$

$$x^2\frac{\mathrm{d}^2y}{\mathrm{d}x^2}=\mathrm{D}(\mathrm{D}-1)y=\mathrm{D}^2y-\mathrm{D}y=\frac{\mathrm{d}^2y}{\mathrm{d}t^2}-\frac{\mathrm{d}y}{\mathrm{d}t}.$$

代入原方程，得

$$\frac{\mathrm{d}^2y}{\mathrm{d}t^2}+2\frac{\mathrm{d}y}{\mathrm{d}t}+y=0,$$

其特征方程为

$$r^2+2r+1=0.$$

特征根 $r_1=r_2=-1$,故其通解为

$$y=(C_1+C_2t)e^{-t}\quad (C_1,C_2\text{ 为任意常数}).$$

将 t 用 $\ln|x|$ 代回,得原方程的通解为

$$y=(C_1+C_2\ln|x|)\frac{1}{x}\quad (C_1,C_2\text{ 为任意常数}).$$

例 2　求解欧拉方程 $x^3y'''+x^2y''-4xy'=3x^2$.

解　令 $x=e^t$,原方程化为

$$D(D-1)(D-2)y+D(D-1)y-4Dy=3e^{2t},$$

即

$$D^3y-2D^2y-3Dy=3e^{2t},$$

或

$$\frac{d^3y}{dt^3}-2\frac{d^2y}{dt^2}-3\frac{dy}{dt}=3e^{2t}. \tag{2}$$

方程(2)所对应的齐次线性方程为

$$\frac{d^3y}{dt^3}-2\frac{d^2y}{dt^2}-3\frac{dy}{dt}=0, \tag{3}$$

其特征方程为

$$r^3-2r^2-3r=0.$$

它有三个根 $r_1=0,r_2=-1,r_3=3$.所以方程(3)的通解为

$$\overline{y}=C_1+C_2e^{-t}+C_3e^{3t}\quad (C_1,C_2,C_3\text{ 为任意常数}).$$

又因为 $\lambda=2$ 不是特征方程的根,$P_m(x)\equiv 3$,从而方程(2)具有如下形式的特解

$$y^*=be^{2t}.$$

将 y^* 代入(2)式中,求得 $b=-\dfrac{1}{2}$,故

$$y^*=-\frac{1}{2}e^{2t}.$$

从而方程(2)的通解为

$$y=C_1+C_2e^{-t}+C_3e^{3t}-\frac{1}{2}e^{2t}.$$

将 t 用 $\ln|x|$ 代回,即得所给欧拉方程的通解为

$$y=C_1+\frac{C_2}{x}+C_3x^3-\frac{1}{2}x^2\quad (C_1,C_2,C_3\text{ 为任意常数}).$$

若在欧拉方程(1)中,令 $f(x)\equiv 0$,则得到

$$x^ny^{(n)}+p_1x^{n-1}y^{(n-1)}+\cdots+p_{n-1}xy'+p_ny=0. \tag{4}$$

由于变换 $x=e^t$($x>0$ 时,对 $x<0$ 可类似考虑)将方程(4)转化为以 t 为自变量的常系数齐次线性方程,而对于以 y 为未知函数,t 为自变量的常系数齐次线性方程,一定有形如 $y=e^{\lambda t}$的解,从而方程(4)有形如 $y=x^{\lambda}$ 的解.因此,可以直接求欧拉

方程(4)的形如 $y=x^{\lambda}$ 的解,以 $y=x^{\lambda}$ 代入(4)并约去因子 x^{λ},就得到确定 λ 的代数方程

$$\lambda(\lambda-1)\cdots(\lambda-n+1)+p_1\lambda(\lambda-1)\cdots(\lambda-n+2)+\cdots+p_n=0. \tag{5}$$

可以证明这正是方程(4)在变换 $x=\mathrm{e}^t$ 下所得到的以 t 为自变量的常系数齐次线性方程的特征方程.因此,方程(5)的 k 重实根 $\lambda=\lambda_0$ 对应于方程(4)的 k 个线性无关解

$$x^{\lambda_0},x^{\lambda_0}\ln|x|,x^{\lambda_0}\ln^2|x|,\cdots,x^{\lambda_0}\ln^{k-1}|x|.$$

而方程(5)的 k 重虚根 $\lambda=\alpha\pm\mathrm{i}\beta$,对应于方程(4)的 $2k$ 个线性无关实值解:

$$x^{\alpha}\cos(\beta\ln|x|),x^{\alpha}\ln|x|\cos(\beta\ln|x|),\cdots,x^{\alpha}\ln^{k-1}|x|\cos(\beta\ln|x|),$$
$$x^{\alpha}\sin(\beta\ln|x|),x^{\alpha}\ln|x|\sin(\beta\ln|x|),\cdots,x^{\alpha}\ln^{k-1}|x|\sin(\beta\ln|x|).$$

例 3 求解方程 $x^2\dfrac{\mathrm{d}^2y}{\mathrm{d}x^2}-x\dfrac{\mathrm{d}y}{\mathrm{d}x}+y=0.$

解 寻找方程的形如 $y=x^{\lambda}$ 的解,得到 λ 应满足的方程

$$\lambda(\lambda-1)-\lambda+1=0,\quad 即\quad (\lambda-1)^2=0.$$

由此有 $\lambda_1=\lambda_2=1$,因此,方程的通解为

$$y=(C_1+C_2\ln|x|)x,$$

其中 C_1,C_2 是任意常数.

例 4 求解方程 $x^2\dfrac{\mathrm{d}^2y}{\mathrm{d}x^2}+3x\dfrac{\mathrm{d}y}{\mathrm{d}x}+5y=0.$

解 设 $y=x^{\lambda}$,得到 λ 应满足的方程

$$\lambda(\lambda-1)+3\lambda+5=0,\quad 即\quad \lambda^2+2\lambda+5=0.$$

由此有 $\lambda_{1,2}=-1\pm2\mathrm{i}$,从而方程的通解为

$$y=x^{-1}[C_1\cos(2\ln|x|)+C_2\sin(2\ln|x|)],$$

其中 C_1,C_2 是任意常数.

习题 8-6

求下列欧拉方程的通解:

1. $x^2y''+xy'-y=0.$
2. $x^3y'''+3x^2y''-2xy'+2y=0.$
3. $x^2y''-4xy'+6y=x.$
4. $x^2y''-2y=2x\ln x.$
5. $x^3y'''+3x^2y''+xy'=24x^2.$
6. $x^2y''-xy'+4y=x\sin(\ln x).$
7. $x^3y'''+2xy'-2y=x^2\ln x+3x.$
8. $(2x+1)^2y''-2(2x+1)y'+4y=0.$

综合题八

1. 填空题：

(1) 微分方程 $y'+y=\mathrm{e}^{-x}\cos x$ 满足条件 $y(0)=0$ 的解为 $y=$____________.

(2) 微分方程 $xy'+y(\ln x-\ln y)=0$ 满足条件 $y(1)=\mathrm{e}^3$ 的解为 $y=$____________.

(3) 若函数 $f(x)$ 满足方程 $f''(x)+f'(x)-2f(x)=0$ 及 $f''(x)+f(x)=2\mathrm{e}^x$，则 $f(x)=$____________.

(4) 微分方程 $y\mathrm{d}x+(x-3y^2)\mathrm{d}y=0$ 满足条件 $y\big|_{x=1}=1$ 的解为 $y=$____________.

(5) 已知 $y_1=\mathrm{e}^{3x}-x\mathrm{e}^{2x}$，$y_2=\mathrm{e}^x-x\mathrm{e}^{2x}$，$y_3=-x\mathrm{e}^{2x}$ 是某二阶常系数非齐次线性微分方程的三个解，该方程的通解为 $y=$____________.

2. 选择题：

(1) 设 $y_1(x)$ 是 $y'+p(x)y=q(x)$ 的一个特解，C 为任意常数，则该方程的通解为(　　).

(A) $y=y_1+\mathrm{e}^{-\int p(x)\mathrm{d}x}$　　(B) $y=y_1+C\mathrm{e}^{-\int p(x)\mathrm{d}x}$

(C) $y=Cy_1+\mathrm{e}^{\int p(x)\mathrm{d}x}$　　(D) $y=y_1+C\mathrm{e}^{\int p(x)\mathrm{d}x}$

(2) 设 $y=f(x)$ 是 $y''-2y'+4y=0$ 的一个解，若 $f(x_0)>0$ 且 $f'(x_0)=0$，则 $f(x)$ 在点 x_0 处(　　).

(A) 取得极大值　　(B) 取得极小值

(C) 某个邻域内单调增加　　(D) 某个邻域内单调减少

(3) 方程 $y''-2y'+3y=\mathrm{e}^x\sin\sqrt{2}x$ 的特解形式为(　　).

(A) $\mathrm{e}^x(A\cos\sqrt{2}x+B\sin\sqrt{2}x)$　　(B) $x\mathrm{e}^x(A\cos\sqrt{2}x+B\sin\sqrt{2}x)$

(C) $A\mathrm{e}^x\sin\sqrt{2}x$　　(D) $A\mathrm{e}^x\cos\sqrt{2}x$

(4) 设 $y=y(x)$ 在点 $(0,1)$ 处与抛物线 $y=x^2-x+1$ 相切，并满足方程 $y''-3y'+2y=2\mathrm{e}^x$，则 $y(x)=$(　　).

(A) $\mathrm{e}^{2x}-x\mathrm{e}^x$　　(B) $2\mathrm{e}^{2x}-\mathrm{e}^x+x\mathrm{e}^x$

(C) $(1-2x)\mathrm{e}^x$　　(D) $(1-x)\mathrm{e}^x$

(5) 设线性无关函数 y_1,y_2,y_3 都是二阶非齐次线性方程 $y''+p(x)y'+q(x)y=f(x)$ 的解，C_1,C_2 是待定常数，则此方程的通解是(　　).

(A) $C_1y_1+C_2y_2+y_3$　　(B) $C_1y_1+C_2y_2-(C_1+C_2)y_3$

(C) $C_1y_1+C_2y_2-(1-C_1-C_2)y_3$　　(D) $C_1y_1+C_2y_2+(1-C_1-C_2)y_3$

3. 求下列微分方程的通解：

(1) $\dfrac{\mathrm{d}y}{\mathrm{d}x}=\dfrac{y-\sqrt{x^2+y^2}}{x}$；　　(2) $xy'\ln x+y=ax(\ln x+1)$；

(3) $\dfrac{\mathrm{d}y}{\mathrm{d}x}=\dfrac{1}{x\cos y+\sin 2y}$；　　(4) $\dfrac{\mathrm{d}y}{\mathrm{d}x}+\dfrac{2}{x}y=3x^2y^{\frac{4}{3}}$；

（5）$xy''=y'(\ln y'-\ln x)$；　　（6）$(1+y')^2=2yy''$；

（7）$y''+y=\sin x-2\mathrm{e}^{-x}$；　　（8）$y'''-4y''+4y'=x^2-1$.

4. 已知函数 $y=y(x)$ 满足微分方程 $x^2+y^2y'=1-y'$，且 $y(2)=0$，求 $y(x)$ 的极大值与极小值.

5. 求可导函数 $f(x)$，使之满足

$$\int_0^1 f(tx)\,\mathrm{d}t=f(x)+x\sin x.$$

6. 函数 $f(x)$ 在 $[0,+\infty)$ 上可导，$f(0)=1$，且满足等式

$$f'(x)+f(x)-\frac{1}{x+1}\int_0^x f(t)\,\mathrm{d}t=0$$

（1）求导数 $f'(x)$；

（2）证明：当 $x\geqslant 0$ 时，成立不等式 $\mathrm{e}^{-x}\leqslant f(x)\leqslant 1$.

7. 设 L 是一条平面曲线，其上任意一点 $P(x,y)\,(x>0)$ 到坐标原点的距离恒等于该点处的切线在 y 轴上的截距，且 L 经过点 $\left(\frac{1}{2},0\right)$.

（1）试求曲线 L 的方程；

（2）求 L 位于第一象限部分的一条切线，使该切线与 L 以及两坐标轴所围图形的面积最小.

8. 某湖泊水量为 V，每年排入湖泊含污物 A 的污水量为 $\frac{V}{6}$，流入湖中不含污物 A 的水量为 $\frac{V}{6}$，流出湖泊的水量为 $\frac{V}{3}$. 已知 2013 年底，湖中污物 A 的含量为 $5m_0$，超过国家规定指标. 为治理污染，从 2014 年初开始，限定排入湖泊中含 A 的污水浓度不得超过 $\frac{m_0}{V}$，问至少要经过多少年，使湖泊中污物 A 的含量降至 m_0 以内（设湖水中 A 的浓度是均匀的）？

综合题八
答案与提示

9. 求下列欧拉方程的通解：

（1）$x^2y''+xy'-4y=x^3$；

（2）$x^2y''-3xy'+4y=x+x^2\ln x$.

附录

积　分　表

（其中 C 为任意常数）

一、含有 $ax+b$ 的积分（a,b 为常数，且 $a\neq0$）

1. $\int \frac{dx}{ax+b}=\frac{1}{a}\ln|ax+b|+C$

2. $\int (ax+b)^{\mu}dx=\frac{1}{a(\mu+1)}(ax+b)^{\mu+1}+C\ (\mu\neq-1)$

3. $\int \frac{x}{ax+b}dx=\frac{1}{a^2}(ax+b-b\ln|ax+b|)+C$

4. $\int \frac{x^2}{ax+b}dx=\frac{1}{a^3}\left[\frac{1}{2}(ax+b)^2-2b(ax+b)+b^2\ln|ax+b|\right]+C$

5. $\int \frac{dx}{x(ax+b)}=-\frac{1}{b}\ln\left|\frac{ax+b}{x}\right|+C$

6. $\int \frac{dx}{x^2(ax+b)}=-\frac{1}{bx}+\frac{a}{b^2}\ln\left|\frac{ax+b}{x}\right|+C$

7. $\int \frac{x}{(ax+b)^2}dx=\frac{1}{a^2}\left(\ln|ax+b|+\frac{b}{ax+b}\right)+C$

8. $\int \frac{x^2}{(ax+b)^2}dx=\frac{1}{a^3}\left(ax+b-2b\ln|ax+b|-\frac{b^2}{ax+b}\right)+C$

9. $\int \frac{dx}{x(ax+b)^2}=\frac{1}{b(ax+b)}-\frac{1}{b^2}\ln\left|\frac{ax+b}{x}\right|+C$

二、含有 $\sqrt{ax+b}$ 的积分（a,b 为常数，且 $a\neq0$）

10. $\int \sqrt{ax+b}\,dx=\frac{2}{3a}\sqrt{(ax+b)^3}+C$

11. $\int x\sqrt{ax+b}\,dx=\frac{2}{15a^2}(3ax-2b)\sqrt{(ax+b)^3}+C$

12. $\int x^2\sqrt{ax+b}\,dx=\frac{2}{105a^3}(15a^2x^2-12abx+8b^2)\sqrt{(ax+b)^3}+C$

13. $\int \frac{x}{\sqrt{ax+b}}\mathrm{d}x = \frac{2}{3a^2}(ax-2b)\sqrt{ax+b}+C$

14. $\int \frac{x^3}{\sqrt{ax+b}}\mathrm{d}x = \frac{2}{15a^3}(3a^2x^2-4abx+8b^2)\sqrt{ax+b}+C$

15. $\int \frac{\mathrm{d}x}{x\sqrt{ax+b}} = \begin{cases} \frac{1}{\sqrt{b}}\ln\left|\frac{\sqrt{ax+b}-\sqrt{b}}{\sqrt{ax+b}+\sqrt{b}}\right|+C & (b>0) \\ \frac{2}{\sqrt{-b}}\arctan\sqrt{\frac{ax+b}{-b}}+C & (b<0) \end{cases}$

16. $\int \frac{\mathrm{d}x}{x^2\sqrt{ax+b}} = -\frac{\sqrt{ax+b}}{bx}-\frac{a}{2b}\int\frac{\mathrm{d}x}{x\sqrt{ax+b}}$

17. $\int \frac{\sqrt{ax+b}}{x}\mathrm{d}x = 2\sqrt{ax+b}+b\int\frac{\mathrm{d}x}{x\sqrt{ax+b}}$

18. $\int \frac{\sqrt{ax+b}}{x^2}\mathrm{d}x = -\frac{\sqrt{ax+b}}{x}+\frac{a}{2}\int\frac{\mathrm{d}x}{x\sqrt{ax+b}}$

三、含有 $x^2 \pm a^2$ 的积分（a 为常数，且 $a \neq 0$）

19. $\int \frac{\mathrm{d}x}{x^2+a^2} = \frac{1}{a}\arctan\frac{x}{a}+C$

20. $\int \frac{\mathrm{d}x}{(x^2+a^2)^n} = \frac{x}{2(n-1)a^2(x^2+a^2)^{n-1}}+\frac{2n-3}{2(n-1)a^2}\int\frac{\mathrm{d}x}{(x^2+a^2)^{n-1}}$

21. $\int \frac{\mathrm{d}x}{x^2-a^2} = \frac{1}{2a}\ln\left|\frac{x-a}{x+a}\right|+C$

四、含有 ax^2+b 的积分（a,b 为常数，且 $a>0$）

22. $\int \frac{\mathrm{d}x}{ax^2+b} = \begin{cases} \frac{1}{\sqrt{ab}}\arctan\sqrt{\frac{a}{b}}x+C & (b>0) \\ \frac{1}{2\sqrt{-ab}}\ln\left|\frac{\sqrt{a}x-\sqrt{-b}}{\sqrt{a}x+\sqrt{-b}}\right|+C & (b<0) \end{cases}$

23. $\int \frac{x}{ax^2+b}\mathrm{d}x = \frac{1}{2a}\ln|ax^2+b|+C$

24. $\int \frac{x^2}{ax^2+b}\mathrm{d}x = \frac{x}{a}-\frac{b}{a}\int\frac{\mathrm{d}x}{ax^2+b}$

25. $\int \frac{\mathrm{d}x}{x(ax^2+b)} = \frac{1}{2b}\ln\frac{x^2}{|ax^2+b|}+C$

26. $\int \frac{\mathrm{d}x}{x^2(ax^2+b)} = -\frac{1}{bx}-\frac{a}{b}\int\frac{\mathrm{d}x}{ax^2+b}$

27. $\int \frac{dx}{x^3(ax^2+b)} = \frac{a}{2b^2}\ln\frac{|ax^2+b|}{x^2} - \frac{1}{2bx^2} + C$

28. $\int \frac{dx}{(ax^2+b)^2} = \frac{x}{2b(ax^2+b)} + \frac{1}{2b}\int\frac{dx}{ax^2+b}$

五、含有 ax^2+bx+c 的积分（a,b,c 为常数，且 $a>0$）

29. $\int \frac{dx}{ax^2+bx+c}$

$$= \begin{cases} \frac{2}{\sqrt{4ac-b^2}}\arctan\frac{2ax+b}{\sqrt{4ac-b^2}} + C & (b^2<4ac) \\ \frac{1}{\sqrt{b^2-4ac}}\ln\left|\frac{2ax+b-\sqrt{b^2-4ac}}{2ax+b+\sqrt{b^2-4ac}}\right| + C & (b^2>4ac) \end{cases}$$

30. $\int \frac{x}{ax^2+bx+c}dx = \frac{1}{2a}\ln|ax^2+bx+c| - \frac{b}{2a}\int\frac{dx}{ax^2+bx+c}$

六、含有 $\sqrt{x^2+a^2}$ 的积分（a 为常数，且 $a>0$）

31. $\int \frac{dx}{\sqrt{x^2+a^2}} = \operatorname{arsh}\frac{x}{a} + C_1 = \ln(x+\sqrt{x^2+a^2}) + C$

32. $\int \frac{dx}{\sqrt{(x^2+a^2)^3}} = \frac{x}{a^2\sqrt{(x^2+a^2)}} + C$

33. $\int \frac{x}{\sqrt{x^2+a^2}}dx = \sqrt{x^2+a^2} + C$

34. $\int \frac{x}{\sqrt{(x^2+a^2)^3}}dx = -\frac{1}{\sqrt{x^2+a^2}} + C$

35. $\int \frac{x^2}{\sqrt{x^2+a^2}}dx = \frac{x}{2}\sqrt{x^2+a^2} - \frac{a^2}{2}\ln(x+\sqrt{x^2+a^2}) + C$

36. $\int \frac{x^2}{\sqrt{(x^2+a^2)^3}}dx = -\frac{x}{\sqrt{x^2+a^2}} + \ln(x+\sqrt{x^2+a^2}) + C$

37. $\int \frac{dx}{x\sqrt{x^2+a^2}} = \frac{1}{a}\ln\frac{\sqrt{x^2+a^2}-a}{|x|} + C$

38. $\int \frac{dx}{x^2\sqrt{x^2+a^2}} = -\frac{\sqrt{x^2+a^2}}{a^2x} + C$

39. $\int \sqrt{x^2+a^2}\,dx = \frac{x}{2}\sqrt{x^2+a^2} + \frac{a^2}{2}\ln(x+\sqrt{x^2+a^2}) + C$

40. $\int \sqrt{(x^2+a^2)^3}\,dx = \frac{x}{8}(2x^2+5a^2)\sqrt{x^2+a^2} + \frac{3}{8}a^4\ln(x+\sqrt{x^2+a^2}) + C$

41. $\int x\sqrt{x^2+a^2}\,dx = \frac{1}{3}\sqrt{(x^2+a^2)^3} + C$

42. $\int x^2\sqrt{x^2+a^2}\,dx = \frac{x}{8}(2x^2+a^2)\sqrt{x^2+a^2} - \frac{a^4}{8}\ln(x+\sqrt{x^2+a^2}) + C$

43. $\int \frac{\sqrt{x^2+a^2}}{x}dx = \sqrt{x^2+a^2} + a\ln\frac{\sqrt{x^2+a^2}-a}{|x|} + C$

44. $\int \frac{\sqrt{x^2+a^2}}{x^2}dx = -\frac{\sqrt{x^2+a^2}}{x} + \ln(x+\sqrt{x^2+a^2}) + C$

七、含有$\sqrt{x^2-a^2}$的积分(a为常数，且$a>0$)

45. $\int \frac{dx}{\sqrt{x^2-a^2}} = \frac{x}{|x|}\text{arch}\frac{|x|}{a} + C_1 = \ln|x+\sqrt{x^2-a^2}| + C$

46. $\int \frac{dx}{\sqrt{(x^2-a^2)^3}} = -\frac{x}{a^2\sqrt{x^2-a^2}} + C$

47. $\int \frac{x}{\sqrt{x^2-a^2}}dx = \sqrt{x^2-a^2} + C$

48. $\int \frac{x}{\sqrt{(x^2-a^2)^3}}dx = -\frac{1}{\sqrt{x^2-a^2}} + C$

49. $\int \frac{x^2}{\sqrt{x^2-a^2}}dx = \frac{x}{2}\sqrt{x^2-a^2} + \frac{a^2}{2}\ln|x+\sqrt{x^2-a^2}| + C$

50. $\int \frac{x^2}{\sqrt{(x^2-a^2)^3}}dx = -\frac{x}{\sqrt{x^2-a^2}} + \ln|x+\sqrt{x^2-a^2}| + C$

51. $\int \frac{dx}{x\sqrt{x^2-a^2}} = \frac{1}{a}\arccos\frac{a}{|x|} + C$

52. $\int \frac{dx}{x^2\sqrt{x^2-a^2}} = \frac{\sqrt{x^2-a^2}}{a^2x} + C$

53. $\int \sqrt{x^2-a^2}\,dx = \frac{x}{2}\sqrt{x^2-a^2} - \frac{a^2}{2}\ln|x+\sqrt{x^2-a^2}| + C$

54. $\int \sqrt{(x^2-a^2)^3}\,dx = \frac{x}{8}(2x^2-5a^2)\sqrt{x^2-a^2} + \frac{3}{8}a^4\ln|x+\sqrt{x^2-a^2}| + C$

55. $\int x\sqrt{x^2-a^2}\,dx = \frac{1}{3}\sqrt{(x^2-a^2)^3} + C$

56. $\int x^2\sqrt{x^2-a^2}\,dx = \frac{x}{8}(2x^2-a^2)\sqrt{x^2-a^2} - \frac{a^4}{8}\ln|x+\sqrt{x^2-a^2}| + C$

57. $\int \frac{\sqrt{x^2-a^2}}{x}dx = \sqrt{x^2-a^2} - a\arccos\frac{a}{|x|} + C$

58. $\int \frac{\sqrt{x^2-a^2}}{x^2}dx = -\frac{\sqrt{x^2-a^2}}{x} + \ln|x+\sqrt{x^2-a^2}| + C$

八、含有$\sqrt{a^2-x^2}$的积分（a为常数，且$a>0$）

59. $\int \frac{dx}{\sqrt{a^2-x^2}} = \arcsin\frac{x}{a} + C$

60. $\int \frac{dx}{\sqrt{(a^2-x^2)^3}} = \frac{x}{a^2\sqrt{a^2-x^2}} + C$

61. $\int \frac{x}{\sqrt{a^2-x^2}}dx = -\sqrt{a^2-x^2} + C$

62. $\int \frac{x}{\sqrt{(a^2-x^2)^3}}dx = \frac{1}{\sqrt{a^2-x^2}} + C$

63. $\int \frac{x^2}{\sqrt{a^2-x^2}}dx = -\frac{x}{2}\sqrt{a^2-x^2} + \frac{a^2}{2}\arcsin\frac{x}{a} + C$

64. $\int \frac{x^2}{\sqrt{(a^2-x^2)^3}}dx = \frac{x}{\sqrt{a^2-x^2}} - \arcsin\frac{x}{a} + C$

65. $\int \frac{dx}{x\sqrt{a^2-x^2}} = \frac{1}{a}\ln\frac{a-\sqrt{a^2-x^2}}{|x|} + C$

66. $\int \frac{dx}{x^2\sqrt{a^2-x^2}} = -\frac{\sqrt{a^2-x^2}}{a^2x} + C$

67. $\int \sqrt{a^2-x^2}\,dx = \frac{x}{2}\sqrt{a^2-x^2} + \frac{a^2}{2}\arcsin\frac{x}{a} + C$

68. $\int \sqrt{(a^2-x^2)^3}\,dx = \frac{x}{8}(5a^2-2x^2)\sqrt{a^2-x^2} + \frac{3}{8}a^4\arcsin\frac{x}{a} + C$

69. $\int x\sqrt{a^2-x^2}\,dx = -\frac{1}{3}\sqrt{(a^2-x^2)^3} + C$

70. $\int x^2\sqrt{a^2-x^2}\,dx = \frac{x}{8}(2x^2-a^2)\sqrt{a^2-x^2} + \frac{a^4}{8}\arcsin\frac{x}{a} + C$

71. $\int \frac{\sqrt{a^2-x^2}}{x}dx = \sqrt{a^2-x^2} + a\ln\frac{a-\sqrt{a^2-x^2}}{|x|} + C$

72. $\int \frac{\sqrt{a^2-x^2}}{x^2}dx = -\frac{\sqrt{a^2-x^2}}{x} - \arcsin\frac{x}{a} + C$

九、含有$\sqrt{\pm ax^2+bx+c}$的积分（a,b,c为常数，且$a>0$）

73. $\int \frac{dx}{\sqrt{ax^2+bx+c}} = \frac{1}{\sqrt{a}}\ln\left|2ax+b+2\sqrt{a}\sqrt{ax^2+bx+c}\right| + C$

74. $\int \sqrt{ax^2+bx+c}\,dx = \frac{2ax+b}{4a}\sqrt{ax^2+bx+c} +$

$\frac{4ac-b^2}{8\sqrt{a^3}}\ln\left|2ax+b+2\sqrt{a}\sqrt{ax^2+bx+c}\right| + C$

75. $\int \frac{x}{\sqrt{ax^2+bx+c}}\mathrm{d}x=\frac{1}{a}\sqrt{ax^2+bx+c}-\frac{b}{2\sqrt{a^3}}\ln\left|2ax+b+2\sqrt{a}\sqrt{ax^2+bx+c}\right|+C$

76. $\int \frac{\mathrm{d}x}{\sqrt{c+bx-ax^2}}=\frac{1}{\sqrt{a}}\arcsin\frac{2ax-b}{\sqrt{b^2+4ac}}+C$

77. $\int \sqrt{c+bx-ax^2}\,\mathrm{d}x=\frac{2ax-b}{4a}\sqrt{c+bx-ax^2}+\frac{b^2+4ac}{8\sqrt{a^3}}\arcsin\frac{2ax-b}{\sqrt{b^2+4ac}}+C$

78. $\int \frac{x}{\sqrt{c+bx-ax^2}}\mathrm{d}x=-\frac{1}{a}\sqrt{c+bx-ax^2}+\frac{b}{2\sqrt{a^3}}\arcsin\frac{2ax-b}{\sqrt{b^2+4ac}}+C$

十、含有$\sqrt{\pm\frac{x-a}{x-b}}$或$\sqrt{(x-a)(b-x)}$的积分($a,b$为常数,且$a\neq b$)

79. $\int \sqrt{\frac{x-a}{x-b}}\mathrm{d}x=(x-b)\sqrt{\frac{x-a}{x-b}}+(b-a)\ln\left(\sqrt{|x-a|}+\sqrt{|x-b|}\right)+C$

80. $\int \sqrt{\frac{x-a}{b-x}}\mathrm{d}x=(x-b)\sqrt{\frac{x-a}{b-x}}+(b-a)\arcsin\sqrt{\frac{x-a}{b-a}}+C$

81. $\int \frac{\mathrm{d}x}{\sqrt{(x-a)(b-x)}}=2\arcsin\sqrt{\frac{x-a}{b-a}}+C\ (a<b)$

82. $\int \sqrt{(x-a)(b-x)}\,\mathrm{d}x=\frac{2x-a-b}{4}\sqrt{(x-a)(b-x)}+\frac{(b-a)^2}{4}\arcsin\sqrt{\frac{x-a}{b-a}}+C\ (a<b)$

十一、含有三角函数的积分(其中a,b为常数)

83. $\int \sin x\mathrm{d}x=-\cos x+C$

84. $\int \cos x\mathrm{d}x=\sin x+C$

85. $\int \tan x\mathrm{d}x=-\ln|\cos x|+C$

86. $\int \cot x\mathrm{d}x=\ln|\sin x|+C$

87. $\int \sec x\mathrm{d}x=\ln\left|\tan\left(\frac{\pi}{4}+\frac{x}{2}\right)\right|+C=\ln|\sec x+\tan x|+C$

88. $\int \csc x\mathrm{d}x = \ln\left|\tan\frac{x}{2}\right| + C = \ln|\csc x - \cot x| + C$

89. $\int \sec^2 x\mathrm{d}x = \tan x + C$

90. $\int \csc^2 x\mathrm{d}x = -\cot x + C$

91. $\int \sec x\tan x\mathrm{d}x = \sec x + C$

92. $\int \csc x\cot x\mathrm{d}x = -\csc x + C$

93. $\int \sin^2 x\mathrm{d}x = \frac{x}{2} - \frac{1}{4}\sin 2x + C$

94. $\int \cos^2 x\mathrm{d}x = \frac{x}{2} + \frac{1}{4}\sin 2x + C$

95. $\int \sin^n x\mathrm{d}x = -\frac{1}{n}\sin^{n-1}x\cos x + \frac{n-1}{n}\int \sin^{n-2}x\mathrm{d}x$

96. $\int \cos^n x\mathrm{d}x = \frac{1}{n}\cos^{n-1}x\sin x + \frac{n-1}{n}\int \cos^{n-2}x\mathrm{d}x$

97. $\int \frac{\mathrm{d}x}{\sin^n x} = -\frac{1}{n-1}\cdot\frac{\cos x}{\sin^{n-1}x} + \frac{n-2}{n-1}\int\frac{\mathrm{d}x}{\sin^{n-2}x}$

98. $\int \frac{\mathrm{d}x}{\cos^n x} = \frac{1}{n-1}\cdot\frac{\sin x}{\cos^{n-1}x} + \frac{n-2}{n-1}\int\frac{\mathrm{d}x}{\cos^{n-2}x}$

99. $$\begin{aligned}\int \cos^m x\sin^n x\mathrm{d}x &= \frac{1}{m+n}\cos^{m-1}x\sin^{n+1}x + \frac{m-1}{m+n}\int \cos^{m-2}x\sin^n x\mathrm{d}x \\ &= -\frac{1}{m+n}\cos^{m+1}x\sin^{n-1}x + \frac{m-1}{m+n}\int \cos^m x\sin^{n-2}x\mathrm{d}x\end{aligned}$$

100. $\int \sin ax\cos bx\mathrm{d}x = -\frac{1}{2(a+b)}\cos(a+b)x - \frac{1}{2(a-b)}\cos(a-b)x + C$

101. $\int \sin ax\sin bx\mathrm{d}x = -\frac{1}{2(a+b)}\sin(a+b)x + \frac{1}{2(a-b)}\sin(a-b)x + C$

102. $\int \cos ax\cos bx\mathrm{d}x = \frac{1}{2(a+b)}\sin(a+b)x + \frac{1}{2(a-b)}\sin(a-b)x + C$

103. $\int \frac{\mathrm{d}x}{a + b\sin x} = \frac{2}{\sqrt{a^2-b^2}}\arctan\frac{a\tan\frac{x}{2}+b}{\sqrt{a^2-b^2}} + C \quad (a^2 > b^2)$

104. $\int \frac{\mathrm{d}x}{a + b\sin x} = \frac{1}{\sqrt{b^2-a^2}}\ln\left|\frac{a\tan\frac{x}{2}+b-\sqrt{b^2-a^2}}{a\tan\frac{x}{2}+b+\sqrt{b^2-a^2}}\right| + C \quad (a^2 < b^2)$

105. $\int \frac{\mathrm{d}x}{a + b\cos x} = \frac{2}{a+b}\sqrt{\frac{a+b}{a-b}}\arctan\left(\sqrt{\frac{a-b}{a+b}}\tan\frac{x}{2}\right) + C \quad (a^2 > b^2)$

106. $\int \frac{\mathrm{d}x}{a+b\cos x}=\frac{1}{a+b}\sqrt{\frac{a+b}{b-a}}\ln\left|\frac{\tan\frac{x}{2}+\sqrt{\frac{a+b}{b-a}}}{\tan\frac{x}{2}-\sqrt{\frac{a+b}{b-a}}}\right|+C \quad (a^2<b^2)$

107. $\int \frac{\mathrm{d}x}{a^2\cos^2x+b^2\sin^2x}=\frac{1}{ab}\arctan\left(\frac{b}{a}\tan x\right)+C$

108. $\int \frac{\mathrm{d}x}{a^2\cos^2x-b^2\sin^2x}=\frac{1}{2ab}\ln\left|\frac{b\tan x+a}{b\tan x-a}\right|+C$

109. $\int x\sin ax\mathrm{d}x=\frac{1}{a^2}\sin ax-\frac{1}{a}x\cos ax+C$

110. $\int x^2\sin ax\mathrm{d}x=-\frac{1}{a}x^2\cos ax+\frac{2}{a^2}x\sin ax+\frac{2}{a^3}\cos ax+C$

111. $\int x\cos ax\mathrm{d}x=\frac{1}{a^2}\cos ax+\frac{1}{a}x\sin ax+C$

112. $\int x^2\cos ax\mathrm{d}x=\frac{1}{a}x^2\sin ax+\frac{2}{a^2}x\cos ax-\frac{2}{a^3}\sin ax+C$

十二、含有反三角函数的积分（其中 a 为常数，且 $a>0$）

113. $\int \arcsin\frac{x}{a}\mathrm{d}x=x\arcsin\frac{x}{a}+\sqrt{a^2-x^2}+C$

114. $\int x\arcsin\frac{x}{a}\mathrm{d}x=\left(\frac{x^2}{2}-\frac{a^2}{4}\right)\arcsin\frac{x}{a}+\frac{x}{4}\sqrt{a^2-x^2}+C$

115. $x^2\arcsin\frac{x}{a}\mathrm{d}x=\frac{x^3}{3}\arcsin\frac{x}{a}+\frac{1}{9}(x^2+2a^2)\sqrt{a^2-x^2}+C$

116. $\int \arccos\frac{x}{a}\mathrm{d}x=x\arccos\frac{x}{a}-\sqrt{a^2-x^2}+C$

117. $\int x\arccos\frac{x}{a}\mathrm{d}x=\left(\frac{x^2}{2}-\frac{a^2}{4}\right)\arccos\frac{x}{a}-\frac{x}{4}\sqrt{a^2-x^2}+C$

118. $\int x^2\arccos\frac{x}{a}\mathrm{d}x=\frac{x^3}{3}\arccos\frac{x}{a}-\frac{1}{9}(x^2+2a^2)\sqrt{a^2-x^2}+C$

119. $\int \arctan\frac{x}{a}\mathrm{d}x=x\arctan\frac{x}{a}-\frac{a}{2}\ln(a^2+x^2)+C$

120. $\int x\arctan\frac{x}{a}\mathrm{d}x=\frac{1}{2}(a^2+x^2)\arctan\frac{x}{a}-\frac{a}{2}x+C$

121. $\int x^2\arctan\frac{x}{a}\mathrm{d}x=\frac{x^3}{3}\arctan\frac{x}{a}-\frac{a}{6}x^2+\frac{a^3}{6}\ln(a^2+x^2)+C$

十三、含有指数函数的积分（其中 a,b 为常数）

122. $\int a^x\mathrm{d}x=\frac{1}{\ln a}a^x+C$

123. $\int e^{ax}dx = \frac{1}{a}e^{ax} + C$

124. $\int xe^{ax}dx = \frac{1}{a^2}(ax - 1)e^{ax} + C$

125. $\int x^n e^{ax}dx = \frac{1}{a}x^n e^{ax} - \frac{n}{a}\int x^{n-1}e^{ax}dx$

126. $\int xa^x dx = \frac{x}{\ln a}a^x - \frac{1}{(\ln a)^2}a^x + C$

127. $\int x^n a^x dx = \frac{1}{\ln ax^n}a^x - \frac{n}{(\ln a)}\int x^{n-1}a^x dx$

128. $\int e^{ax}\sin bx dx = \frac{1}{a^2 + b^2}e^{ax}(a\sin bx - b\cos bx) + C$

129. $\int e^{ax}\cos bx dx = \frac{1}{a^2 + b^2}e^{ax}(b\sin bx + a\cos bx) + C$

130. $\int e^{ax}\sin^n bx dx = \frac{1}{a^2 + b^2 n^2}e^{ax}\sin^{n-1}bx(a\sin bx - nb\cos bx) + \frac{n(n-1)b^2}{a^2 + b^2 n^2}\int e^{ax}\sin^{n-2}bx dx$

131. $\int e^{ax}\cos^n bx dx = \frac{1}{a^2 + b^2 n^2}e^{ax}\cos^{n-1}bx(a\cos bx + nb\sin bx) + \frac{n(n-1)b^2}{a^2 + b^2 n^2}\int e^{ax}\cos^{n-2}bx dx$

十四、含有对数函数的积分

132. $\int \ln x dx = x\ln x - x + C$

133. $\int \frac{dx}{x\ln x} = \ln|\ln x| + C$

134. $\int x^n \ln x dx = \frac{1}{n+1}x^{n+1}\left(\ln x - \frac{1}{n+1}\right) + C$

135. $\int (\ln x)^n dx = x(\ln x)^n - n\int (\ln x)^{n-1}dx$

136. $\int x^m (\ln x)^n dx = \frac{1}{m+1}x^{m+1}(\ln x)^n - \frac{n}{m+1}\int x^m (\ln x)^{n-1}dx$

十五、含有双曲函数的积分

137. $\int \operatorname{sh} x dx = \operatorname{ch} x + C$

138. $\int \operatorname{ch} x dx = \operatorname{sh} x + C$

139. $\int \operatorname{th} x dx = \ln\operatorname{ch} x + C$

140. $\int \operatorname{sh}^2 x\mathrm{d}x = -\dfrac{x}{2} + \dfrac{1}{4}\operatorname{sh} 2x + C$

141. $\int \operatorname{ch}^2 x\mathrm{d}x = \dfrac{x}{2} + \dfrac{1}{4}\operatorname{sh} 2x + C$

十六、定积分

142. $\int_{-\pi}^{\pi} \cos nx\mathrm{d}x = \int_{-\pi}^{\pi} \sin nx\mathrm{d}x = 0$

143. $\int_{-\pi}^{\pi} \cos mx\sin nx\mathrm{d}x = 0$

144. $\int_{-\pi}^{\pi} \cos mx\cos nx\mathrm{d}x = \begin{cases} 0, & m \neq n \\ \pi, & m = n \end{cases}$

145. $\int_{-\pi}^{\pi} \sin mx\sin nx\mathrm{d}x = \begin{cases} 0, & m \neq n \\ \pi, & m = n \end{cases}$

146. $\int_{0}^{\pi} \sin mx\sin nx\mathrm{d}x = \int_{0}^{\pi} \cos mx\cos nx\mathrm{d}x = \begin{cases} 0, & m \neq n \\ \pi/2, & m = n \end{cases}$

147. $I_n = \int_0^{\frac{\pi}{2}} \sin^n x\mathrm{d}x = \int_0^{\frac{\pi}{2}} \cos^n x\mathrm{d}x$

$$I_n = \frac{n-1}{n} I_{n-2}$$

$$\begin{cases} I_n = \dfrac{n-1}{n} \cdot \dfrac{n-3}{n-2} \cdot \cdots \cdot \dfrac{4}{5} \cdot \dfrac{2}{3}(n \text{ 为大于 1 的正奇数}), I_1 = 1 \\ I_n = \dfrac{n-1}{n} \cdot \dfrac{n-3}{n-2} \cdot \cdots \cdot \dfrac{3}{4} \cdot \dfrac{1}{2} \cdot \dfrac{\pi}{2}(n \text{ 为正偶数}), I_0 = \dfrac{\pi}{2} \end{cases}$$